新时代高等学校计算机类专业教材

计算机软件技术基础

第五版

徐士良　葛兵　编著

清华大学出版社
北　京

内 容 简 介

本书针对高等学校的本科生、研究生以及科技工作者与研究人员对计算机软件应用技术的需要，介绍计算机软件设计的基础知识、方法与实用技术，主要内容包括集合与算法的基本概念、基本数据结构及其运算、查找与排序技术、资源管理技术、数据库设计技术、应用软件设计与开发技术、大数据技术与人工智能概述。每章都配有一定数量的习题。

本书内容丰富，通俗易懂，实用性强，可作为高等学校相关课程的教材，也可作为广大从事计算机应用工作的科技人员的参考书。

图书在版编目(CIP)数据

计算机软件技术基础/徐士良，葛兵编著. -- 5版. -- 北京：清华大学出版社，2025.3.
（新时代高等学校计算机类专业教材）. -- ISBN 978-7-302-68536-4

Ⅰ. TP31

中国国家版本馆 CIP 数据核字第 20250AH675 号

责任编辑： 郭　赛
封面设计： 常雪影
责任校对： 郝美丽
责任印制： 刘　菲

出版发行： 清华大学出版社
网　　址： https://www.tup.com.cn，https://www.wqxuetang.com
地　　址： 北京清华大学学研大厦 A 座　　**邮　　编：** 100084
社 总 机： 010-83470000　　**邮　　购：** 010-62786544
投稿与读者服务： 010-62776969，c-service@tup.tsinghua.edu.cn
质量反馈： 010-62772015，zhiliang@tup.tsinghua.edu.cn
课件下载： https://www.tup.com.cn，010-83470236
印 装 者： 三河市铭诚印务有限公司
经　　销： 全国新华书店
开　　本： 185mm×260mm　　**印　　张：** 25.5　　**字　　数：** 624 千字
版　　次： 2002 年 2 月第 1 版　2025 年 4 月第 5 版　　**印　　次：** 2025 年 4 月第1次印刷
定　　价： 69.90 元

产品编号：107166-01

第五版前言

本书的前身是《软件应用技术基础》，该书曾获电子工业部优秀教材一等奖，经过修改后取名为《计算机软件技术基础》，后又经过多次修订再版，总计已销售20多万册。其中，第二版被评为普通高等教育"十一五"国家级规划教材，并被评为2008年普通高等教育精品教材。本书不仅可以作为高等学校计算机软件技术基础相关课程的教材，也可以作为计算机软件的培训教材以及有关计算机软件考试的参考书。

本书涉及的软件环境为Visual C++ 6.0。

本书具有如下特点：

1. 系统性。针对软件应用技术的需要，为读者提供软件设计与开发过程中所需要的系统知识和典型技术。

2. 应用性。以应用为目的，提炼系统软件中的技术用于开发应用软件。书中实例丰富，有利于读者理解和掌握。习题丰富，有利于读者通过自己的练习提高能力。

3. 可读性。本书深入浅出，使读者容易接受。

4. 对算法的描述尽量采用最合适的程序设计方法。例如，对于同一批数据的不同操作的单个算法（如不同的排序方法）采用面向过程的方法；对于基本的数据结构与基本运算（如顺序存储与链式存储的线性表、栈、队列等）采用面向对象的方法，将数据与运算封装成类，以便在其他应用程序中直接使用。这样，书中的所有算法就可以直接在实际应用中方便地使用。

本书的第五版修订继承了前四版的特点，保持了第四版的基本结构。但在以下几方面作了修改和补充。

(1) 删除了编译技术概述的内容。

(2) 增加了大数据与人工智能概述的内容。

(3) 在算法程序中增添了注释。

(4) 局部内容作了相应的更新。

本书内容丰富，通俗易懂，实用性强，书中所有算法程序均通过上机调试。本书可作为高等学校的本科生或研究生的教材，也可作为广大从事计算机应用工作的科技人员的参考书。

由于作者水平有限，书中难免有错误或不妥之处，恳请读者批评指正。

作　者

2025年1月于清华大学

第四版前言

本书第二版是普通高等教育"十一五"国家级规划教材,并被评为2008年普通高等教育精品教材。

本次修订保持了前三版的特点,在第三版的基础上进行了如下几方面的调整与修改。

(1) 所有算法程序均采用C++语言进行描述。由于C++语言既可用于面向过程的程序设计,又支持面向对象的程序设计,因此,作者在对算法进行描述时,尽量采用最合适的程序设计方法。例如,对于同一批数据进行同类操作的单个算法采用面向过程的方法;对于基本的数据结构(如顺序存储与链式存储的线性表、栈、队列等)采用面向对象的方法,将数据与运算封装成类,以便在其他应用程序中直接使用。这样,书中的所有算法都可以直接在实际应用中方便地使用。

(2) 在第2章的2.7节中增加了最短距离问题的内容。

(3) 在第3章中增加了字符串匹配的内容。

本书内容丰富,通俗易懂,实用性强,书中所有算法程序均上机调试通过。本书可作为高等学校的本科生或研究生的教材,也可作为广大从事计算机应用工作的科技人员的参考书。

由于作者水平有限,书中难免有错误或不妥之处,恳请读者批评指正。

作　者

第三版前言

本书第二版是普通高等教育“十一五”国家级规划教材，并被评为2008年普通高等教育精品教材。

本次修订保持了第二版的特点(见第二版前言)，主要在内容上作了如下几方面的调整。

(1) 在第1章中增加了集合方面的基本知识，对算法方面的基本内容进行了适当的精简。

(2) 在第2章中增加了索引存储结构的内容。

(3) 在第5章中删去了关系数据库语言SQL的内容。

(4) 新增加了编译技术概述一章。

本书内容丰富，通俗易懂，实用性强，书中所有算法程序均上机调试通过。本书可作为高等学校的本科生或研究生的教材，也可作为广大从事计算机应用工作的科技人员的参考书。

由于作者水平有限，书中难免有错误或不妥之处，恳请读者批评指正。

作　者

第二版前言

高等学校非计算机专业的学生(包括广大科技人员)如何学习和掌握软件技术,是一个很重要的问题。他们不可能像计算机专业的学生那样学习软件的各门课程,因此有必要将主要的软件技术和知识在一门课程中介绍,但又不能是拼盘式的组合。国外根本没有这样的教材,国内这样的教材也不多。有的教材虽然名称叫"软件技术",但实际上是一些新软件的使用。本教材介绍的是软件技术,而不是软件的使用。

本教材主要针对高等学校非计算机专业的学生学习计算机软件技术的需要,介绍有关软件基础知识及应用技术。其特点如下:

(1) 系统性。本教材不是将计算机专业各门课程的内容简单地拼装在一起,而是针对学生对软件应用技术的需要将其有机结合,为读者提供软件开发中所需要的软件知识和技术。全书以数据结构与算法为基础,以软件技术为线索,系统性较强。

(2) 强调应用。本教材强调以应用为目的,书中实例比较丰富,内容围绕解决软件开发中所遇到的软件技术问题来展开。在介绍系统软件(如操作系统)时,为了便于读者理解,也适当介绍一些原理,但主要还是介绍实现系统软件中的技术,以便读者将这些技术用到应用软件的开发中。

(3) 可读性强。本书深入浅出,通过实例引出基本概念,便于读者接受。

此次对本书的修订主要是前三章。书中所有的算法均采用 C++ 描述。由于 C++ 语言既可用于面向过程的程序设计,又支持面向对象的程序设计,因此,作者在对算法进行描述时,尽量采用最合适的程序设计方法。例如,对于基本的数据结构(如顺序存储与链式存储的线性表、栈、队列等)采用面向对象的方法,将数据与运算封装成类,以便在其他应用程序中直接使用;而对于同一批数据进行同类操作的各种算法(如对线性表的各种排序方法)则采用面向过程的方法,将各种不同的算法用普通函数来描述。这样,书中的所有算法都可以直接应用。

本书内容丰富,通俗易懂,实用性强,书中所有算法程序(C++ 描述)均上机调试通过。本书可作为高等学校非计算机专业的本科生或研究生的教材,也可作为广大从事计算机应用工作的科技人员的参考书。

由于作者水平有限,书中难免有错误或不妥之处,恳请读者批评指正。

作　者

第一版前言

随着计算机技术的深入发展，计算机技术的应用已经渗透到各个领域，特别是计算机软件的设计与开发，已经不只是计算机专业人员的事情了。现在，越来越多的软件需要非计算机专业的人员来设计与开发，很多系统软件与应用软件由非计算机专业人员来使用，并在此基础上进行二次开发。因此，普及计算机软件技术已经是大势所趋。

本书在《软件应用技术基础》(该书由清华大学出版社出版，获电子工业部优秀教材一等奖)一书的基础上改写而成，可满足广大非计算机专业的学生学习软件设计与开发的需要。作为应用计算机的科技人员，除了要掌握现有计算机软件的使用外，从实际应用出发，还必须要掌握软件设计与开发的基本知识和有关技术，如数据的组织、程序的组织、计算机资源的利用、数据的处理技术等，以便得心应手地进行应用软件的设计与开发。

全书共分 6 章，每章后面都附有一定数量的习题。

第 1 章介绍算法。内容主要包括算法的基本概念、算法的基本设计方法、算法的复杂度分析等内容。

第 2 章介绍基本数据结构及其运算。内容主要包括数据结构的基本概念，线性表、栈、队列及其在顺序存储结构下的运算和应用，线性链表及其运算，数组，二叉树的概念、存储及其应用，图的存储及其遍历。

第 3 章介绍常用的查找与排序技术。内容主要包括基本的查找技术、哈希表技术、基本的排序技术、二叉排序树及其查找、多层索引树及其查找、拓扑分类。

第 4 章介绍资源管理技术。内容主要包括操作系统的功能与任务、多道程序设计、存储空间的组织。

第 5 章介绍数据库技术。内容主要包括数据库基本概念、关系代数、数据库设计、关系数据库语言 SQL。

第 6 章介绍应用软件设计与开发技术。内容主要包括软件工程概述、软件详细设计的表达、结构化分析与设计方法、测试与调试基本技术、软件开发新技术。

本书内容丰富，通俗易懂，实用性强，书中所有算法程序均上机调试通过。本书可作为高等学校非计算机专业的本科生或研究生的教材，也可作为广大从事计算机应用工作的科技人员的参考书。

由于作者水平有限，书中难免有错误或不妥之处，恳请读者批评指正。

作　者

目　录

第 1 章　预备知识

1.1 集合

1.1.1　集合及其基本运算

1. 集合的基本概念

所谓集合，是指若干个或无穷多个具有相同属性的元(元素)的集体。通常，一个集合名称用大写字母表示，而集合中的某个元素用小写字母表示。

如果集合 M 由 $n(n\geqslant 0)$ 个元素 $a_1,a_2,\cdots,a_n$ 组成，则称集合 M 为有限集。例如，大于 1 而小于 100 的所有整数构成的集合 A 为有限集。如果一个集合中有无穷多个元素，则称此集合为无限集。例如，所有整数构成的集合 Z，所有实数构成的集合 R，大于 0 而小于 1 的所有实数构成的集合 B 等均为无限集。不包括任何元素的集合称为空集。例如，大于 1 而小于 2 的整数构成的集合为空集。空集通常用 $\varnothing$ 表示。

如果 M 是一个集合，a 是集合 M 中的一个元素，则记作 $a\in M$，称元素 a 属于集合 M；如果 a 不是集合 M 中的元素，则记作 $a\notin M$，称元素 a 不属于集合 M。

对于一个集合，通常用以下两种方法表示。

(1) 列举法。用列举法表示一个集合是将此集合中的元素全部列出来，或者列出若干项但能根据规律可知其所有的元素。例如，上述举出的几个集合的例子可以用如下列举法表示：

大于 1 而小于 100 的所有整数的集合 A 可以表示为

$$A=\{2,3,4,\cdots,99\}$$

有限集。

所有整数构成的集合 $\mathbf{Z}$ 可以表示为

$$\mathbf{Z}=\{0,\pm 1,\pm 2,\pm 3,\cdots\}$$

无限集。

空集表示为

$$\varnothing=\{\}$$

(2) 性质叙述法。用性质叙述法表示一个集合是将集合中的元素所具有的属性描述出来。例如：

大于 1 而小于 100 的所有整数的集合 A 可以表示为

$$A=\{a\mid 1<a<100\text{ 的所有整数}\}$$

所有整数构成的集合 $\mathbf{Z}$ 可以表示为

$$\mathbf{Z}=\{z\mid z\text{ 为一切整数}\}$$

大于 0 而小于 1 的所有实数构成的集合 B 可以表示为

$$B=\{b \mid 0<b<1 \text{ 的所有实数}\}$$

所有实数构成的集合 **R** 可以表示为

$$\mathbf{R}=\{r \mid r \text{ 为一切实数}\}$$

设 M 与 N 为两个集合。如果集合 M 中的每一个元素也都为集合 N 的元素,则称集合 M 为 N 的子集,记作 $M \subseteq N$ 或 $N \supseteq M$。如果 $M \subseteq N$,且 N 中至少有一个元素 $a \notin M$,则称 M 是 N 的真子集,记作 $M \subset N$ 或 $N \supset M$。如果 $M \subseteq N$ 且 $N \subseteq M$,则称集合 M 和集合 N 相等,记作 $M=N$。

2. 集合的基本运算

1) 两个集合的并(union)

设有两个集合 M 和 N,它们的并集记作 $M \cup N$,其定义如下:

$$M \cup N=\{\alpha \mid \alpha \in M \text{ 或 } \alpha \in N\}$$

即两个集合 M 与 N 的并集是指 M 与 N 中所有元素(去掉重复的元素)组成的集合。

2) 两个集合的交(intersection)

设有两个集合 M 和 N,它们的交集记作 $M \cap N$,其定义如下:

$$M \cap N=\{\alpha \mid \alpha \in M \text{ 且 } \alpha \in N\}$$

即两个集合 M 与 N 的交集是指 M 与 N 中所有共同元素组成的集合。

两个集合 M 与 N 的并、交均满足交换律,即

$$M \cup N=N \cup M$$
$$M \cap N=N \cap M$$

3) 两个集合的差(difference)

设有两个集合 M 和 N,M 和 N 的差集记作 $M-N$,其定义如下:

$$M-N=\{\alpha \mid \alpha \in M \text{ 但 } \alpha \notin N\}$$

两个集合的差不满足交换律,即

$$M-N \neq N-M$$

例 1.1 设集合

$$A=\{a, b, c, d, e\}$$
$$B=\{d, e, f, g, h\}$$

则

$$A \cup B=\{a, b, c, d, e, f, g, h\}$$
$$A \cap B=\{d, e\}$$
$$A-B=\{a, b, c\}$$
$$B-A=\{f, g, h\}$$

对于集合的并、交、差有以下几个基本性质。

- 结合律

$$(A \cap B) \cap C=A \cap(B \cap C)$$
$$(A \cup B) \cup C=A \cup(B \cup C)$$

- 分配律

$$A \cap(B \cup C)=(A \cap B) \cup(A \cap C)$$
$$A \cup(B \cap C)=(A \cup B) \cap(A \cup C)$$

- $(A-B)\cup(B-A)=(A\cup B)-(A\cap B)$
- $B\cap(A-B)=\varnothing$

  $(A\cap B)\cup(A-B)=A$

3. 映射

定义 1.1 设 A、B 是两个非空集。如果根据一定的法则 f,对于每一个 $x\in A$,在 B 中都有唯一确定的元素 y 与之对应,则称 f 是定义在 A 上而在 B 中取值的映射,记作 $f: A\to B$,并将 x 与 y 的关系记作 $y=f(x)$。x 称为自变元,y 称为在 f 作用下 x 的像。

集合 A 称为 f 的定义域,$f(A)=\{f(x)|x\in A\}$称为 f 的值域。

定义 1.2 设给定映射 $f:A\to B$,且 $B=f(A)$(f 的像充满整个 B)。如果对于每个 $y\in B$,仅有唯一的 $x\in A$ 使 $f(x)=y$,则称 f 有逆映射 f^{-1}(它是定义在 $f(A)$上而取值于 A 的映射)。当映射 $f:A\to f(A)$有逆映射时,则称 f 是一一映射。

定义 1.3 若 A、B 两集合有一一映射 f 存在,使 $f(A)=B$,则称 A 与 B 成一一对应。

如果集合 A 与 B 为一一对应,则称它们互相对等,并记作 $A\sim B$。当两个集合互相对等时,称它们有相等的浓度(或相等的元素个数)。

例 1.2 设两集合为

$$A=\{1,2,\cdots,10\}=\{x \mid 1\leqslant x\leqslant 10 \text{ 的整数}\}$$
$$B=\{1,2,\cdots,20\}=\{y \mid 1\leqslant y\leqslant 20 \text{ 的整数}\}$$

若映射 $f:A\to B$ 为

$$y=2x$$

其中定义域为 A,值域为

$$f(A)=\{2,4,6,\cdots,20\}$$

显然,映射 f 不是一一映射。

例 1.3 设两集合为

$$A=\{x \mid 0\leqslant x\leqslant 4 \text{ 的所有实数}\}$$
$$B=\{y \mid 0\leqslant y\leqslant 2 \text{ 的所有实数}\}$$

考虑映射 $f:A\to B$

$$y=\sqrt{x}$$

其中定义域为 A,值域为 $f(A)=B$。

显然,f 为一一映射,集合 A 与 B 互相对等,即 $A\sim B$。

集合的对等满足以下性质。

- 自反性。即 $A\sim A$。
- 对称性。即若 $A\sim B$,则 $B\sim A$。
- 传递性。即若 $A\sim B$ 且 $B\sim C$,则 $A\sim C$。

1.1.2 自然数集与数学归纳法

由所有自然数组成的集合

$$\{1,2,3,\cdots\}$$

称为自然数集。自然数集是一个无限集。

由自然数组成的集合均是自然数集的子集。自然数集的子集可以是有限集,也可以是无限集。

与自然数集对等(具有相等浓度)的集合称为可列集(或可数集)。任一可列集中的元素排列时可标以正整数下标,即任意可列集 M 均可写成

$$M=\{a_1,a_2,\cdots,a_n,\cdots\}$$

关于自然数集及其子集有以下两个命题成立。

定理 1.1 在自然数集的任一非空子集 M 中,必定有一个最小数。即在集合 M 中有不大于其他任意数的数。

证明:因为 M 非空,所以在 M 中可以取得一自然数 n。

显然,M 中所有不大于 n 的自然数形成的非空子集 N 包含在 M 中,即 $N\subset M$。如果 N 中有最小数,则此最小数就是 M 的最小数。

而在 N 中最多有 n 个自然数($1\sim n$),因此,N 中有一个最小数。

综上所述,在自然数集的任一非空子集 M 中,必定有一个最小数。定理得证。

定理 1.2 设 M 是由自然数形成的集合,如果它含有 $1,2,\cdots,k$,并且当它含有数 $n-1$,$n-2,\cdots,n-k(n>k)$时,也含有数 n,那么它含有所有的自然数,即 M 是自然数集。

证明:设 N 是所有不属于 M 的自然数形成的集合,则 $1,2,\cdots,k\notin N$。

现假设 N 不是空集,则由定理 1.1 可知:在 N 中必定有一个最小数。设此最小数为 c。

由于 c 是 N 中的最小数,即 $c\in N$,因此,$c\notin M$,且 $c\neq 1,2,\cdots,k$,同时,$c-1,c-2,\cdots$,$c-k$ 均为自然数。又由于 c 是 N 中的最小数,所以自然数 $c-1,c-2,\cdots,c-k\notin N$,即 $c-1$,$c-2,\cdots,c-k\in M$,而根据定理中的条件应有 $c\in M$。

由上所述,一方面有 $c\notin M$,另一方面又有 $c\in M$,这就导致了矛盾。这个矛盾是由于一开始假设 N 不是空集所造成的。因此,N 只能为空集,即所有自然数均在 M 中,M 为自然数集。定理得证。

定理 1.2 是数学归纳法的基础。通常,为了证明一个命题对于所有的自然数是真,采用数学归纳法证明的步骤如下。

(1) 证明命题对于自然数 $1,2,\cdots,k$ 是真的。

(2) 假设命题对于自然数 $n-k,n-k+1,\cdots,n-1(n>k)$是真的(这一步称为归纳假设)。

(3) 证明命题对于自然数 n 也是真的。

上述步骤(1)中 k 值的选取决定于在步骤(3)的证明过程中要用到归纳假设的最小自然数。在步骤(3)中,为了证明命题对于自然数 n 是真,要用到归纳假设的最小自然数。如果为 $n-k$,则在步骤(1)中要对 1 到 k 中的所有自然数证明命题为真。

例 1.4 证明下列命题:

对于任意的自然数 n,必存在一对非负整数(i,j)有

$$7+n=3i+5j$$

下面用数学归纳法证明这个命题。

证明:

(1) 当 $n=1$ 时,有 $7+1=3+5$,即 $i=1,j=1$。命题成立。

当 $n=2$ 时,有 $7+2=3\times3+5\times0$,即 $i=3,j=0$。命题成立。

当 $n=3$ 时,有 $7+3=3\times0+5\times2$,即 $i=0,j=2$。命题成立。

(2) 假设命题对于自然数 $n-1, n-2, n-3(n>3)$ 成立(归纳假设)。

(3) 考虑自然数 n,有

$$7+n=[7+(n-3)]+3$$

根据归纳假设,对于自然数 $n-3$ 命题成立,设存在一对非负整数 i_1, j_1 有

$$7+(n-3)=3i_1+5j_1$$

则有

$$7+n=[7+(n-3)]+3=3(i_1+1)+5j_1=3i+5j$$

其中 $i=i_1+1, j=j_1$ 均为非负整数。即对于自然数 n 命题也成立。

由此得出结论,对于所有的自然数 n 命题成立。

在这个例子中,由于步骤(3)的证明过程中要用到归纳假设的最小自然数为 $n-3$,因此在步骤(1)中取 $k=3$。

1.1.3 笛卡儿积

1.1.1 节介绍了集合的并、交、差运算。对于集合,还有一种很重要的运算——笛卡儿积(Cartesian Product)。

设有 n 个集合 $D_1, D_2, \cdots, D_n$,此 n 个集合的笛卡儿积定义为

$$D_1 \times D_2 \times \cdots \times D_n=\{(d_1, d_2, \cdots, d_n) \mid d_i \in D_i, i=1,2, \cdots, n\}$$

其中 $(d_1, d_2, \cdots, d_n)$ 称为 n 元组(n-tuple),d_i 称为 n 元组的第 i 个分量。

由笛卡儿积的定义可以看出,n 个集合的笛卡儿积是以 n 元组为元素的集合,而每一个 n 元组中的第 i 个分量取自于第 i 个集合 D_i。

例 1.5 设有 3 个集合

$$A=\{a_1, a_2, a_3\}, B=\{b_1, b_2\}, C=\{c_1, c_2\}$$

则它们的笛卡儿积为

$$\begin{aligned} A \times B \times C=\{&(a_1, b_1, c_1),(a_1, b_1, c_2),(a_1, b_2, c_1),(a_1, b_2, c_2), \\ &(a_2, b_1, c_1)(a_2, b_1, c_2),(a_2, b_2, c_1),(a_2, b_2, c_2), \\ &(a_3, b_1, c_1),(a_3, b_1, c_2),(a_3, b_2, c_1),(a_3, b_2, c_2)\} \end{aligned}$$

如果 n 个集合 $D_1, D_2, \cdots, D_n$ 中的元素个数分别为 $m_1, m_2, \cdots, m_n$,则其笛卡儿积中共有 $m_1 \times m_2 \times \cdots \times m_n$ 个 n 元组。即 n 个集合的笛卡儿积是所有 n 元组组成的集合。

1.1.4 二元关系

定义 1.4 设 M 和 N 是两个集合,则其笛卡儿积

$$M \times N=\{(x, y) \mid x \in M \text{ 且 } y \in N\}$$

的每一个子集称为在 $M \times N$ 上的一个二元关系。

如果 $M=N$,则其笛卡儿积

$$M \times M=\{(x, y) \mid x, y \in M\}$$

的每一个子集称为在集合 M 上的一个二元关系,简称为在集合 M 上的一个关系。

例 1.6 设集合 M 为

$$M=\{a, b, c, d, e, f\}$$

则下列每一个二元组的集合是在集合 M 上的一个关系:

$$R_1=\{(a,b),(b,c),(c,d),(d,e),(e,f)\}$$

$$R_2=\{(a,e),(a,a),(c,f),(d,b),(e,a),(f,c),(b,d)\}$$

$$R_3=\{(a,a),(b,b),(c,c),(d,d),(e,e),(f,f),(c,f),(e,a)\}$$

$$R_4=\{(a,b),(b,e),(c,d),(d,f),(a,e),(c,f)\}$$

集合 M 上的一个关系实际上反映了集合 M 中各元素之间的联系。

定义 1.5 设 R 是集合 M 上的一个关系。

(1) 如果 $(a,b)\in R$,则称 a 是 b 的关于 R 的前件(predecessor),b 是 a 的关于 R 的后件(successor)。

(2) 如果对于每一个 $a\in M$,都有 $(a,a)\in R$,则称关系 R 是自反的(reflexive);如果对于任何 $a\in M$,$(a,a)\in R$ 均不成立,则称关系 R 是非自反的(antireflexive)。

(3) 如果 $(a,b)\in R$ 时必有 $(b,a)\in R$,则称关系 R 是对称的(symmetric)。

(4) 如果当 $(a,b)\in R$ 且 $(b,c)\in R$ 时必有 $(a,c)\in R$,则称关系 R 是传递的(transitive)。

在例 1.6 中,关系 R_1 是非自反的,但不是对称的,也不是传递的;关系 R_2 是对称的,但不是自反的,不是非自反的,也不是传递的;关系 R_3 是自反的,但不是对称的,也不是传递的;关系 R_4 是传递的,且是非自反的,但不是对称的。

由此可以看出,集合 M 中的各元素之间的逻辑关系可以由集合 M 上的一个关系来描述。

定义 1.6 设 R 是 M 上的一个传递关系,且 $T\subseteq R$。若对于任何 $(x,y)\in R$,在 M 中有元素 $x_0,x_1,x_2,\cdots,x_n(n\geqslant 1)$满足:(1)$x_0=x$;(2)$x_n=y$;(3)$(x_{i-1},x_i)\in T(i=1,2,\cdots,n)$,则称关系 T 是关系 R 的基(basis),又称关系 R 是关系 T 的传递体(transitive hull)。

例 1.7 设集合 M 为

$$M=\{1,2,3,4,5\}$$

集合 M 上的一个关系为

$$R=\{(1,2),(2,3),(3,5),(3,4),(1,3),(1,4),(2,4),(2,5),(1,5)\}$$

可以验证,关系 R 是非自反的,且是传递的。现考虑集合 M 上的另一个关系

$$T=\{(1,2),(2,3),(3,5),(3,4)\}$$

显然 $T\subseteq R$,并且可以验证,对于关系 R 中的每一个二元组 (x,y),在 M 中存在元素 $x_0,x_1,x_2,\cdots,x_n$,满足定义 1.6 中的 3 个条件。因此,T 是 R 的具有 4 个元素(二元组)的基。

同样还可以验证关系

$$T_1=\{(1,2),(1,4),(2,3),(3,5),(3,4)\}$$

是 R 的具有 5 个元素(二元组)的基。但关系

$$T_2=\{(1,2),(2,3),(3,4),(4,5)\}$$

不是 R 的基,因为 $(4,5)\notin R$。

1.2 算法

1.2.1 算法的基本概念

什么是算法呢？概括地说,算法是指解题方案的准确而完整的描述。

对于一个问题,如果可以通过一个计算机程序,在有限的存储空间内运行有限长的时间

而得到正确的结果，则称这个问题是算法可解的。但算法不等于程序，也不等于计算方法。当然，程序也可以作为算法的一种描述，但程序通常还需考虑很多与方法和分析无关的细节问题，这是因为在编写程序时要受到计算机系统运行环境的限制。通常，程序的编制不可能优于算法的设计。

作为一个算法，一般应具有以下几个基本特征。

1. 能行性(effectiveness)

算法的能行性包括以下两方面：

(1) 算法中的每一个步骤必须能够实现。例如在算法中不允许执行分母为 0 的操作，在实数范围内不能求一个负数的平方根等。

(2) 算法执行的结果要能够达到预期的目的。

针对实际问题设计的算法，人们总是希望能够得到满意的结果。但一个算法又总是在某个特定的计算工具上执行的，因此，算法在执行过程中往往要受到计算工具的限制，使执行结果产生偏差。例如，在进行数值计算时，如果某计算工具具有 7 位有效数字(如程序设计语言中的单精度运算)，则在计算下列 3 个量

$$A = 10^{12}, B = 1, C = -10^{12}$$

的和时，如果采用不同的运算顺序，就会得到不同的结果，即

$$A + B + C = 10^{12} + 1 + (-10^{12}) = 0$$

$$A + C + B = 10^{12} + (-10^{12}) + 1 = 1$$

而在数学上，$A+B+C$ 与 $A+C+B$ 是完全等价的。因此，算法与计算公式是有差别的。在设计一个算法时，必须要考虑它的可行性，否则不会得到满意的结果。

2. 确定性(definiteness)

算法的确定性是指算法中的每一个步骤都必须有明确的定义，不允许有模棱两可的解释，也不允许有多义性。这一性质也反映了算法与数学公式的明显差别。在解决实际问题时，可能会出现这样的情况：针对某种特殊问题，数学公式是正确的，但按此数学公式设计的计算过程可能会使计算机系统无所适从。这是因为根据数学公式设计的计算过程只考虑了正常使用的情况，而当出现异常情况时，此计算过程就不能适应了。

3. 有穷性(finiteness)

算法的有穷性是指算法必须能在有限的时间内做完，即算法必须能在执行有限个步骤之后终止。数学中的无穷级数在实际计算时只能取有限项，即计算无穷级数值的过程只能是有穷的。因此，一个数的无穷级数表示只是一个计算公式，而根据精度要求确定的计算过程才是有穷的算法。

算法的有穷性还应包括合理的执行时间。这是因为如果一个算法需要执行千万年，显然就失去了实用价值。

4. 拥有足够的情报

一个算法是否有效还取决于为算法所提供的情报是否足够。通常，算法中的各种运算总是要施加到各个运算对象上，而这些运算对象又可能具有某种初始状态，这是算法执行的起点或是依据。因此，一个算法执行的结果总是与输入的初始数据有关，不同的输入会有不同的结果输出。当输入不够或输入错误时，算法本身也就无法执行或导致执行有错。一般来说，当算法拥有足够的情报时，此算法才是有效的；而当提供的情报不够时，算法并不是有

效的。

综上所述,所谓算法,是一组严谨地定义运算顺序的规则,并且每一个规则都是有效且明确的,此顺序将在有限的次数内终止。

1.2.2 算法设计基本方法

本节介绍工程上常用的几种算法设计方法。在实际应用时,各种方法之间往往存在着一定的联系。

1. 列举法

列举法的基本思想是,根据提出的问题列举所有可能的情况,并用问题中给定的条件检验哪些是需要的,哪些是不需要的。因此,列举法常用于解决“是否存在”或“有多少种可能”等类型的问题,例如求解不定方程的问题。

列举法的特点是算法比较简单。但当列举的可能情况较多时,执行列举算法的工作量将会很大。因此,在用列举法设计算法时,使方案优化,尽量减少运算工作量是应该重点注意的。通常,在设计列举算法时,只要对实际问题进行详细的分析,将与问题有关的知识条理化、完备化、系统化,从中找出规律,或对所有可能的情况进行分类,引出一些有用的信息,就可以大大减少列举量。

下面举例说明利用列举算法解决问题时如何对算法进行优化。

例 1.8 设每只母鸡值 3 元,每只公鸡值 2 元,两只小鸡值 1 元。现要用 100 元钱买 100 只鸡,请设计买鸡方案。

假设买母鸡 I 只,公鸡 J 只,小鸡 K 只。根据题意,粗略的列举算法用 C++ 描述如下。

```
//baiji1.cpp
    #include<iostream>
    using namespace std;
    int main()
    {
        int i, j, k;
        for (i=0; i<=100; i++)
        for (j=0; j<=100; j++)
        for (k=0; k<=100; k++)
        {
            if ((i+j+k==100) && (3*i+2*j+0.5*k==100.0))
                cout<<i<<"   "<<j<<"   "<<k<<endl;
        }
      return 0;
    }
```

在这个算法中,共嵌套有三层循环,每层循环各需要循环 101 次,因此,总循环次数为 101^3。但只要对问题进行分析,就会发现对这个算法还可以进行优化,即减少大量不必要的循环次数。

首先,考虑到母鸡为 3 元一只,因此,母鸡最多只能买 33 只,即算法中的外循环没有必要从 0 到 100,而只需要从 0 到 33 就可以了。

其次,考虑到公鸡为 2 元一只,因此,公鸡最多只能买 50 只。又考虑到对公鸡的列举是在算法的第二层循环中,此时已经买了 I 只母鸡,且买一只母鸡的价钱相当于买 1.5 只公鸡。因此，由第一层循环已经确定买 I 只母鸡的前提下，公鸡最多只能买 $50-1.5I$ 只，即第二层对 J 的循环只需从 0 到 $50-1.5I$ 只就可以了。

最后，考虑到买的总鸡数为 100，而由第一层循环已确定买 I 只母鸡，由第二层循环已确定买 J 只公鸡，因此，买小鸡的数量只能是 $K=100-I-J$ 只，即第三层循环已经没有必要了。

经过以上分析，可以将上述算法进行修改。经修改后的算法用 C++ 描述如下：

```
//baiji2.cpp
    #include<iostream>
    using namespace std;
    int main()
    {
        int i, j, k;
        for (i=0; i<=33; i++)
        for (j=0; j<=50-1.5*i; j++)
        {
            k=100-i-j;
            if (3*i+2*j+0.5*k==100.0)
                cout<<i<<"    "<<j<<"    "<<k<<endl;
        }
        return 0;
    }
```

不难分析，经修改后的算法的列举量（循环次数）为

$$\sum_{I=0}^{33}(51-1.5I)\approx 894$$

这个程序的运行结果如下：

```
 2  30  68
 5  25  70
 8  20  72
11  15  74
14  10  76
17   5  78
20   0  80
```

列举原理是计算机应用领域中十分重要的原理。许多实际问题，若采用人工列举是不可想象的，但由于计算机的运算速度快，擅长重复操作，可以很方便地进行大量列举。列举算法虽然是一种比较笨拙而原始的方法，其运算量比较大，但在有些实际问题中（如寻找路径、查找、搜索等问题），局部使用列举法却是很有效的。因此，列举算法是计算机算法中的一个基础算法。

2. 归纳法

归纳法的基本思想是通过列举少量的特殊情况，经过分析，最后找出一般的关系。显然，归纳法要比列举法更能反映问题的本质，并且可以解决列举量为无限的问题。但是，从一个实际问题中总结归纳出一般的关系并不是一件容易的事情，尤其是要归纳出一个数学模型更为困难。从本质上讲，归纳就是通过观察一些简单而特殊的情况，最后总结出有用的

结论或解决问题的有效途径。

归纳是一种抽象,即从特殊现象中找出一般关系。但由于在归纳的过程中不可能对所有的情况进行列举,因此,最后由归纳得到的结论还只是一种猜测,还需要对这种猜测加以必要的证明。实际上,通过精心观察得到的猜测最后得不到证实或证明是错的,也是常有的事。

3. 递推

所谓递推,是指从已知的初始条件出发,逐次推出所要求的各中间结果和最后结果。其中,初始条件或是问题本身已经给定,或是通过对问题的分析与化简而得到确定。递推本质上也属于归纳法,工程上许多递推关系式实际上是通过对实际问题的分析与归纳而得到的,因此,递推关系式往往是归纳的结果。

递推算法在数值计算中是极为常见的。但是,对于数值型的递推算法,必须注意数值计算的稳定性问题。

4. 递归

人们在解决一些复杂问题时,为了降低问题的复杂程度(如问题的规模等),一般总是将问题逐层分解,最后归结为一些最简单的问题。这种将问题逐层分解的过程,实际上并没有对问题进行求解,而是在解决了最后那些最简单的问题后,再沿着原来分解的逆过程逐步进行综合,这就是递归的基本思想。由此可以看出,递归的基础也是归纳。在工程实际中,有许多问题就是用递归来定义的,数学中的许多函数也是用递归来定义的。递归在可计算性理论和算法设计中占有很重要的地位。

下面用一个简单的例子来说明递归的基本思想。

例 1.9 编写一个过程,对于输入的参数 n,依次打印输出自然数 $1 \sim n$。

这是一个很简单的问题,实际上不用递归就能解决。对应的算法用 C++ 描述如下:

```
#include<iostream>
using namespace std;
void wrt(int  n)
{ int  k;
  for (k=1; k<=n; k++)  cout<<k<<endl;
  return;
}
```

这个问题还可以用递归来解决。对应的算法用 C++ 描述如下:

```
#include<iostream>
using namespace std;
void wrt1(int n)
{ if (n!=0)
    { wrt1(n-1);  cout<<n<<endl; }
  return;
}
```

在递归函数 wrt1()中,n 是形参。在开始执行函数 wrt1()时,首先要判断形参变量值(开始时为 n)是否不等于 0,如果不等于 0,则将形参值减 1($n-1$)后作为新的实参再调用函数 wrt1();在调用函数 wrt1()时,又需判断形参值(此时已变为 $n-1$)是否不等于 0,如果不等于 0,则又将形参值减 1($n-2$)后作为新的实参再次调用函数 wrt1()……这个过程一直进行下去，直到函数 wrt1()的形参值等于 0 为止。此时，由于在先前各层的函数调用中，函数 wrt1()实际上没有执行完，即各层中的形参值还没有被打印输出，这就需要逐层返回，以便打印输出各层中的输入参数 1，2，…，n。为此，在递归算法的执行过程中，需要记忆各层调用中的参数，以便在逐层返回时恢复这些参数继续进行处理。具体来说，在函数 wrt1()开始执行后，随着各次的递归调用，逐次记忆各层调用中的输入参数 n，$n-1$，$n-2$，…，2，1 在逐层返回时，又依次(按记忆的相反次序)将这些参数打印输出。

在程序设计中，递归是一个很有用的工具。对于一些比较复杂的问题，设计成递归算法可使结构清晰，可读性也强。

由上例可以看出，自己调用自己的过程称为递归调用过程。

递归分为直接递归与间接递归两种。如果一个算法 P 显式地调用自己，则称为直接递归。例如上述递归函数 wrt1()是一个直接递归的算法。如果算法 P 调用另一个算法 Q，而算法 Q 又调用算法 P，则称为间接递归调用。

递归是一种很重要的算法设计方法之一。实际上，递归过程能将一个复杂的问题归结为若干个较简单的问题，然后将这些较简单的每一个问题再归结为更简单的问题，这个过程可以一直做下去，直到最简单的问题为止。

有些实际问题既可以归纳为递推算法，又可以归纳为递归算法。递推与递归的实现方法是大不一样的。递推是从初始条件出发，逐次推出所需求的结果；而递归则是从算法本身到达递归边界的。通常，递归算法要比递推算法清晰易读，其结构比较简练。特别是在许多比较复杂的问题中，很难找到从初始条件推出所需结果的全过程，此时，设计递归算法要比递推算法容易得多，但递归算法的执行效率比较低。

5. 减半递推技术

解决实际问题的复杂程度往往与问题的规模有着密切的关系，因此，降低问题的规模是算法设计的关键，而分治法是降低问题规模的一种有效方法。所谓分治法，即对问题分而治之。工程上常用的分治法是减半递推技术，这个技术在快速算法的研究中有很重要的实用价值。

所谓“减半”，是指将问题的规模减半，而问题的性质不变。所谓“递推”，是指重复“减半”的过程。

下面举例说明利用减半递推技术设计算法的基本思想。

例 1.10　设方程 $f(x)=0$ 在区间$[a,b]$上有实根，且 $f(a)$与 $f(b)$异号。利用二分法求该方程在区间$[a,b]$上的一个实根。

二分法求方程实根的减半递推过程如下。

- 首先取给定区间的中点 $c=(a+b)/2$。
- 然后判断 $f(c)$是否为 0。若 $f(c)=0$，则说明 c 即为所求的根，求解过程结束；如果 $f(c)\neq 0$，则根据以下原则将原区间减半。

若 $f(a)f(c)<0$，则取原区间的前半部分；若 $f(b)f(c)<0$，则取原区间的后半部分。

- 最后判断减半后的区间长度是否已经很小。

若$|a-b|<\varepsilon$，则过程结束，取$(a+b)/2$ 为根的近似值；若$|a-b|\geq\varepsilon$，则重复上述的减半过程。

这个算法留给读者自己去描述。

6. 回溯法

前面讨论的递推和递归算法本质上是对实际问题进行归纳的结果,而减半递推技术也是归纳法的一个分支。在工程上,有些实际问题很难归纳出一组简单的递推公式或直观的求解步骤,并且也不能进行无限列举。对于这类问题,一种有效的方法是"试"。通过对问题的分析,找出一个解决问题的线索,然后沿着这个线索逐步试探。对于每一步试探,若试探成功,就得到问题的解;若试探失败,就逐步回退,换其他路线再进行试探。这种方法称为回溯法。回溯法在处理复杂数据结构方面有着广泛的应用。

下面举例说明回溯法的基本思想。

例 1.11 求解皇后问题。

由 n^2 个方块排成 n 行 n 列的正方形称为"n 元棋盘"。如果两个皇后位于棋盘上的同一行或同一列或同一对角线上,则称它们为互相攻击。现要求找使 n 元棋盘上的 n 个皇后互不攻击的所有布局。

n 个皇后在 n 元棋盘上的布局共有 n^n 种,为了从中找出互不攻击的布局,需要对此 n^n 种方案逐个进行检查,将有攻击的布局剔除。这是一种列举法,但这种方法对于较大的 n,其运算量会急剧增加。而在实际上,逐一列举也是没有必要的。例如,如果第一行上的皇后在第一列,则第二行上的皇后就不可能在第一列。

下面用回溯法来求解皇后问题。

假设棋盘上的每一行放置一个皇后,分别用自然数进行编号为 $1,2,\cdots,n$。

首先定义一个长度为 n 的一维数组 q,其中每一个元素 $q[i](i=1,2,\cdots,n)$随时记录第 i 行上的皇后所在的列号。

初始时,先将各皇后放在各行的第 1 列,即数组 q 的初值为

$$q[i]=1, i=1,2,\cdots,n$$

第 i 行与第 j 行上的皇后在某一对角线上的条件为

$$|q[i]-q[j]|=|i-j|$$

而它们在同一列上的条件为

$$q[i]=q[j]$$

回溯法的步骤如下。

从第 1 行($i=1$)开始进行以下过程。

设前 $i-1$ 行上的皇后已经布局好,即它们均互不攻击。现在考虑安排第 i 行上的皇后的位置,使之与前 $i-1$ 行上的皇后也都互不攻击。为了实现这一目的,可以从第 i 行皇后的当前位置 $q[i]$开始按如下规则向右进行搜索。

(1) 若 $q[i]=n+1$,则说明第 i 个皇后暂时无法安排,将第 i 个皇后放在第 1 列(置 $q[i]=1$),且回退一行,考虑重新安排第 $i-1$ 行上的皇后与前 $i-2$ 行上的皇后均互不攻击的下一个位置。此时如果已退到第 0 行(实际没有这一行),则过程结束。

(2) 若 $q[i]\leqslant n$,则需检查第 i 行上的皇后与前 $i-1$ 行的皇后是否互不攻击。若有攻击,则将第 i 行上的皇后右移一个位置(置 $q[i]=q[i]+1$),重新进行这个过程;若无攻击,则考虑安排下一行上的皇后位置,即置 $i=i+1$。

(3) 若当前安排好的皇后是在最后一行(第 n 行),则说明已经找到了 n 个皇后互不攻击的一个布局,将这个布局输出(输出 $q[i], i=1,2,\cdots,n$),然后将第 n 行上的皇后右移一

个位置(置 $q[n]=q[n]+1$),重新进行这个过程,以便寻找下一个布局。

以上介绍了几种工程上常用的算法设计的基本方法。实际上,算法设计的方法还有很多,如数字模拟法、用于数值近似的数值法等,在此不再一一介绍了,有兴趣的读者可参看有关算法方面的著作。

1.2.3 算法的复杂度分析

算法的复杂度主要包括时间复杂度和空间复杂度。

1. 算法的时间复杂度

所谓算法的时间复杂度,是指执行算法所需要的计算工作量。

为了能够比较客观地反映出一个算法的效率,在度量一个算法的工作量时,不仅应该与所使用的计算机、程序设计语言以及程序编制者无关,还应该与算法实现过程中的许多细节无关。为此,可以用算法在执行过程中所需基本运算的执行次数来度量算法的工作量。基本运算反映了算法运算的主要特征,因此,用基本运算的次数来度量算法工作量是客观的,也是实际可行的,有利于比较同一问题的几种算法的优劣。例如,在考虑两个矩阵相乘时,可以将两个实数之间的乘法运算作为基本运算,而对于所用的加法(或减法)运算可以忽略不计。又如,当需要在一个表中进行查找时,可以将两个元素之间的比较作为基本运算。

算法所执行的基本运算次数还与问题的规模有关。例如,两个20阶矩阵相乘与两个10阶矩阵相乘,所需要的基本运算(两个实数的乘法)次数显然是不同的,前者需要更多的运算次数。因此,在分析算法的工作量时,还必须对问题的规模进行度量。

综上所述,算法的工作量用算法所执行的基本运算次数来度量,而算法所执行的基本运算次数是问题规模的函数,即

$$\text{算法的工作量}=f(n)$$

其中 n 是问题的规模。例如,两个 n 阶矩阵相乘所需要的基本运算(两个实数的乘法)次数为 n^3,即计算工作量为 n^3,也就是时间复杂度为 n^3。

在具体分析一个算法的工作量时,还会存在这样的问题:对于一个固定的规模,算法所执行的基本运算次数还可能与特定的输入有关,而实际上又不可能将所有可能情况下算法所执行的基本运算次数都列举出来。例如,“在长度为 n 的一维数组中查找值为 x 的元素”,若采用顺序搜索法,即从数组的第一个元素开始,逐个与被查值 x 进行比较。显然,如果第一个元素恰为 x,则只需要比较一次。但如果 x 为数组的最后一个元素,或者 x 不在数组中,则需要比较 n 次才能得到结果。因此,在这个问题的算法中,其基本运算(比较)的次数与具体的被查值 x 有关。

在同一问题规模下,如果算法执行所需的基本运算次数取决于某一特定输入时,可以用以下两种方法来分析算法的工作量。

1) 平均性态(Average Behavior)

所谓平均性态分析,是指用各种特定输入下的基本运算次数的带权平均值来度量算法的工作量。

设 x 是所有可能输入中的某个特定输入,$p(x)$ 是 x 出现的概率(输入为 x 的概率),$t(x)$ 是算法在输入为 x 时所执行的基本运算次数,则算法的平均性态定义为

$$A(n) = \sum_{x \in D_n} p(x)t(x)$$

其中 D^n 表示当规模为 n 时,算法执行时所有可能输入的集合。这个式子中的 $t(x)$ 可以通过分析算法来加以确定;而 $p(x)$ 必须由经验或用算法中有关的一些特定信息来加以确定,通常是不能解析地加以计算的。如果确定 $p(x)$ 比较困难,则会给平均性态的分析带来困难。

2) 最坏情况复杂性(Worst-Case Complexity)

所谓最坏情况分析,是指在规模为 n 时,算法所执行的基本运算的最大次数,它定义为

$$W(n) = \max_{x \in D_n}\{t(x)\}$$

显然,$W(n)$ 的计算要比 $A(n)$ 的计算方便得多。由于 $W(n)$ 实际上是给出了算法工作量的一个上界,因此,它比 $A(n)$ 更具有实用价值。

下面通过一个例子来说明算法复杂度的平均性态分析与最坏情况分析。

例 1.12 采用顺序搜索法,在长度为 n 的一维数组中查找值为 x 的元素,即从数组的第一个元素开始,逐个与被查值 x 进行比较。基本运算为 x 与数组元素的比较。

首先考虑平均性态分析。

设被查项 x 在数组中的概率为 q。当需要查找的 x 为数组中第 i 个元素时,则在查找过程中需要做 i 次比较。当需要查找的 x 不在数组中时(数组中没有 x 这个元素),则需要和数组中所有的元素进行比较,即

$$t_i = \begin{cases} i, & 1 \leqslant i \leqslant n \\ n, & i = n+1 \end{cases}$$

其中 $i=n+1$ 表示 x 不在数组中的情况。

如果假设需要查找的 x 出现在数组中每个位置上的可能性是一样的,则 x 出现在数组中每一个位置上的概率为 q/n(因为前面已经假设 x 在数组中的概率为 q),而 x 不在数组中的概率为 $1-q$,即

$$p_i = \begin{cases} q/n, & 1 \leqslant i \leqslant n \\ 1-q, & i = n+1 \end{cases}$$

其中 $i=n+1$ 表示 x 不在数组中的情况。

因此,用顺序搜索法在长度为 n 的一维数组中查找值为 x 的元素时,在平均情况下需要的比较次数为

$$A(n) = \sum_{i=1}^{n+1} p_i t_i = \sum_{i=1}^{n} (q/n)i + (1-q)n = (n+1)q/2 + (1-q)n$$

如果已知需要查找的 x 一定在数组中,此时 $q=1$,则 $A(n)=(n+1)/2$。这就是说,在这种情况下,用顺序搜索法在长度为 n 的一维数组中查找值为 x 的元素时,在平均情况下需要检查数组中一半的元素。

如果已知需要查找的 x 有一半的机会在数组中,此时 $q=1/2$,则

$$A(n) = [(n+1)/4] + n/2 \approx 3n/4$$

这就是说,在这种情况下,用顺序搜索法在长度为 n 的一维数组中查找值为 x 的元素,在平均情况下需要检查数组中 3/4 的元素。

再考虑最坏情况分析。

在这个例子中，最坏情况发生在需要查找的 x 是数组中的最后一个元素或 x 不在数组中的时候，此时显然有

$$W(n)=\max\{t_i \mid 1\leqslant i\leqslant n+1\}=n$$

在上述例子中，算法执行的工作量是与具体的输入有关的，$A(n)$只是它的加权平均值。实际上对于某个特定的输入，其计算工作量未必是 $A(n)$，且 $A(n)$也不一定等于 $W(n)$。在另外一些情况下，算法的计算工作量与输入无关，即当规模为 n 时，在所有可能的输入下，算法所执行的基本运算次数是一定的，此时有 $A(n)=W(n)$。例如，两个 n 阶的矩阵相乘，都需要做 n^3 次实数乘法，而与输入矩阵的具体元素无关。

2. 算法的空间复杂度

一个算法的空间复杂度，一般是指执行这个算法所需要的内存空间。

一个算法所占用的存储空间包括算法程序所占的空间、输入的初始数据所占的存储空间以及算法执行过程中所需要的额外空间。其中，额外空间包括算法程序执行过程中的工作单元以及某种数据结构所需要的附加存储空间(例如，在链式结构中，除了要存储数据本身外，还需要存储链接信息)。如果额外空间量相对于问题规模来说是常数，则称该算法是原地(in place)工作的。在许多实际问题中，为了减少算法所占的存储空间，通常采用压缩存储技术，以便尽量减少不必要的额外空间。

习题

1.1 设集合 $M=\{d_1,d_2,d_3,d_4,d_5,d_6\}$上的一个关系 R 如下：

$$R=\{(d_1,d_2),(d_2,d_4),(d_5,d_4),(d_1,d_5),(d_1,d_4),(d_1,d_6),(d_1,d_3),(d_3,d_6)\}$$

试验证

$$T_1=\{(d_1,d_2),(d_2,d_4),(d_1,d_3),(d_3,d_6),(d_5,d_4),(d_1,d_5)\}$$

是 R 的具有 6 个元素的基，而

$$T_2=\{(d_2,d_4),(d_1,d_3),(d_1,d_2),(d_6,d_5)\}$$

不是 R 的基。

1.2 设给定 3 个整数 a,b,c，试写出寻找其中一个数的算法(用 C++ 描述)，并分析在平均情况与最坏情况下，算法分别要进行多少次比较。

1.3 利用减半递推技术，写出求长度为 n 的数组中最大元素的递归算法(用 C++ 描述)。设 $n=2^k$，其中 $k\geqslant 1$。

1.4 编写二分法求方程实根的减半递推算法(用 C++ 描述)。

1.5 编写用回溯法求解皇后问题的算法(用 C++ 描述)。

1.6 设有 12 个小球。其中 11 个小球的重量相同，称为好球；有一个小球的重量与 11 个好球的重量不同(或轻或重)，称这个小球为坏球。试编写一个算法(用 C++ 描述)，用一个无砝码的天平称 3 次即找出这个坏球，并确定其比好球轻还是重。

第2章　基本数据结构及其运算

利用计算机进行数据处理是计算机应用的重要领域。在进行数据处理时，实际需要处理的数据元素一般有很多，而这些数据元素都需要存放在计算机中，因此，大量的数据元素在计算机中如何组织，以便提高数据处理的效率，并且节省计算机的存储空间，是进行数据处理的关键问题。

显然，杂乱无章的数据是不便于处理的。而将大量的数据随意地存放在计算机中，实际上也是“自找苦吃”，对数据处理更是不利。

数据结构作为计算机的一门学科，主要研究和讨论以下三方面的问题。

(1) 数据集合中各数据元素之间固有的逻辑关系，即数据的逻辑结构。

(2) 在对数据进行处理时，各数据元素在计算机中的存储关系，即数据的存储结构。

(3) 对各种数据结构进行的运算。

讨论以上各问题的主要目的是提高数据处理的效率。所谓提高数据处理的效率，主要包括两方面：一是提高数据处理的速度，二是尽量节省数据处理过程中所占用的计算机存储空间。

本章主要讨论工程上实用的一些基本数据结构，它们是软件设计的基础。

2.1　数据结构的基本概念

计算机已被广泛用于数据处理。实际问题中的各数据元素之间总是相互关联的。所谓数据处理，是指对数据集合中的各元素以各种方式进行运算，包括插入、删除、查找、更改等运算，也包括对数据元素进行分析。在数据处理领域中，建立数学模型有时并不十分重要，事实上，许多实际问题是无法表示成数学模型的。人们最感兴趣的是知道数据集合中各数据元素之间存在什么关系，为了提高处理效率，应如何组织它们，即如何表示所需要处理的数据元素。

2.1.1　什么是数据结构

简单地说，数据结构是指相互有关联的数据元素的集合。例如，向量和矩阵就是数据结构，在这两个数据结构中，数据元素之间有着位置上的关系。又如，图书馆中的图书卡片目录是一个较为复杂的数据结构，对于列在各卡片上的各种书，它们可能在主题、作者等问题上相互关联，甚至一本书本身也有不同的相关成分。

数据元素具有广泛的含义。一般来说，现实世界中客观存在的一切个体都可以是数据元素。例如：

描述一年四季的季节名

春，夏，秋，冬

可以作为季节的数据元素。

表示数值的各个数

18,11,35,23,16,…

可以作为数值的数据元素。

表示家庭成员的各成员名

父亲,儿子,女儿

可以作为家庭成员的数据元素。甚至每一个客观存在的事件,如一次演出、一次借书、一次比赛等也可以作为数据元素。

总之,在数据处理领域中,每一个需要处理的对象都可以抽象成数据元素。数据元素一般简称为元素。

在实际应用中,被处理的数据元素一般有很多,而且,作为某种处理,其中的数据元素一般具有某种共同特征。例如,{春,夏,秋,冬}这四个数据元素有一个共同特征,即它们都是季节名,分别表示一年中的四个季节,从而这四个数据元素构成了季节名的集合。又如,{父亲,儿子,女儿}这三个数据元素也有一个共同特征,即它们都是家庭的成员名,从而构成了家庭成员名的集合。一般来说,人们不会同时处理特征完全不同且互相之间没有任何关系的各类数据元素,对于具有不同特征的数据元素,总是分别进行处理。

一般情况下,在具有相同特征的数据元素集合中,各个数据元素之间存在有某种关系(联系),这种关系反映了该集合中的数据元素固有的一种结构。在数据处理领域中,通常把数据元素之间这种固有的关系简单地用前后件关系(或直接前驱与直接后继关系)来描述。

例如,在考虑一年四个季节的顺序关系时,“春”是“夏”的前件(直接前驱,下同),而“夏”是“春”的后件(直接后继,下同)。同样,“夏”是“秋”的前件,“秋”是“夏”的后件;“秋”是“冬”的前件,“冬”是“秋”的后件。

在考虑家庭成员间的辈分关系时,则“父亲”是“儿子”和“女儿”的前件,而“儿子”与“女儿”都是“父亲”的后件。

前后件关系是数据元素之间的一个基本关系,但前后件关系所表示的实际意义是随具体对象的不同而不同。一般来说,数据元素之间的任何关系都可以用前后件关系来描述。

1. 数据的逻辑结构

前面提到,数据结构是指反映数据元素之间关系的数据元素集合的表示。更通俗地说,数据结构是指带有结构的数据元素的结合。在此,所谓结构,实际上就是指数据元素之间的前后件关系。

由上所述,一个数据结构应包含以下两方面的信息:

(1) 表示数据元素的信息。

(2) 表示各数据元素之间的前后件关系。

在以上所述的数据结构中,其中数据元素之间的前后件关系是指它们的逻辑关系,而与它们在计算机中的存储位置无关。因此,上面所述的数据结构实际上是数据的逻辑结构。

所谓数据的逻辑结构,是指反映数据元素之间逻辑关系的数据结构。

由前面的叙述可以知道，数据的逻辑结构有两个要素：一是数据元素的集合，通常记为 D；二是 D 上的关系，它反映了 D 中各数据元素之间的前后件关系，通常记为 R，即一个数据结构可以表示为

$$B=(D,R)$$

其中 B 表示数据结构。为了反映 D 中各数据元素之间的前后件关系，一般用二元组来表示。例如，假设 a 与 b 是 D 中的两个数据，则二元组 (a,b) 表示 a 是 b 的前件，b 是 a 的后件。这样，D 中的每两个元素之间的关系都可以用这种二元组来表示。

例 2.1 一年四季的数据结构可以表示成

$$B=(D,R)$$
$$D=\{春,夏,秋,冬\}$$
$$R=\{(春,夏),(夏,秋),(秋,冬)\}$$

例 2.2 家庭成员数据结构可以表示成

$$B=(D,R)$$
$$D=\{父亲,儿子,女儿\}$$
$$R=\{(父亲,儿子),(父亲,女儿)\}$$

例 2.3 n 维向量

$$\boldsymbol{X}=(x_1,x_2,\cdots,x_n)$$

也是一种数据结构，即 $X=(D,R)$，其中数据元素的集合为

$$D=\{x_1,x_2,\cdots,x_n\}$$

关系为

$$R=\{(x_1,x_2),(x_2,x_3),\cdots,(x_{n-1},x_n)\}$$

对于一些复杂的数据结构来说，它的数据元素可以是另一种数据结构。

例如，$m\times n$ 的矩阵

$$\boldsymbol{A}=\begin{bmatrix} a_{11} & a_{12} & \cdots & a_{1n} \\ a_{21} & a_{22} & \cdots & a_{2n} \\ \vdots & \vdots & \ddots & \vdots \\ a_{m1} & a_{m2} & \cdots & a_{mn} \end{bmatrix}$$

是一个数据结构。在这个数据结构中，矩阵的每一行

$$A_i=(a_{i1},a_{i2},\cdots,a_{in}),i=1,2,\cdots,m$$

可以看成它的一个数据元素，即这个数据结构的数据元素的集合为

$$D=\{A_1,A_2,\cdots,A_m\}$$

D 上的一个关系为

$$R=\{(A_1,A_2),(A_2,A_3),\cdots,(A_{m-1},A_m)\}$$

显然，数据结构 A 中的每一个数据元素 $A_i(i=1,2,\cdots,m)$ 又是另一个数据结构，即数据元素的集合为

$$D_i=\{a_{i1},a_{i2},\cdots,a_{in}\}$$

D_i 上的一个关系为

$$R_i=\{(a_{i1},a_{i2}),(a_{i2},a_{i3}),\cdots,(a_{i,n-1},a_{in})\}$$

2. 数据的存储结构

数据处理是计算机应用的一个重要领域，在实际进行数据处理时，被处理的各数据元素总是被存放在计算机的存储空间中，并且，各数据元素在计算机存储空间中的位置关系与它们的逻辑关系不一定是相同的，而且一般也不可能相同。例如，在前面提到的一年四个季节的数据结构中，“春”是“夏”的前件，“夏”是“春”的后件。在对它们进行处理时，在计算机存储空间中，“春”这个数据元素的信息不一定被存储在“夏”这个数据元素信息的前面，而可能在后面，也可能不是紧邻在前面，而是中间被其他信息所隔开。又如，在家庭成员的数据结构中，“儿子”和“女儿”都是“父亲”的后件。在计算机存储空间中，根本不可能将“儿子”和“女儿”这两个数据元素的信息都紧邻存放在“父亲”这个数据元素信息的后面，即在存储空间中，与“父亲”紧邻的只可能是其中的一个。由此可以看出，一个数据结构中的各数据元素在计算机存储空间中的位置关系与逻辑关系有可能是不同的。

数据的逻辑结构在计算机存储空间中的存放形式称为数据的存储结构（也称数据的物理结构）。

由于数据元素在计算机存储空间中的位置关系可能与逻辑关系不同，因此，为了表示存放在计算机存储空间中的各数据元素之间的逻辑关系（前后件关系），在数据的存储结构中，不仅要存放各数据元素的信息，还需要存放各数据元素之间的前后件关系的信息。

一般来说，一种数据的逻辑结构根据需要可以表示成多种存储结构，常用的存储结构有顺序、链接、索引等存储结构。采用不同的存储结构，其数据处理的效率是不同的。因此，在进行数据处理时，选择合适的存储结构是很重要的。

2.1.2　数据结构的图形表示

一个数据结构除了用二元关系表示外，还可以直观地用图形表示。在数据结构的图形表示中，对于数据集合 D 中的每一个数据元素，用中间标有元素值的方框表示，一般称为数据结点，并简称为结点；为了进一步表示各数据元素之间的前后件关系，对于关系 R 中的每一个二元组，用一条有向线段从前件结点指向后件结点。

例如，一年四季的数据结构可以用图 2.1 所示的图形来表示。又如，反映家庭成员间辈分关系的数据结构可以用图 2.2 所示的图形表示。

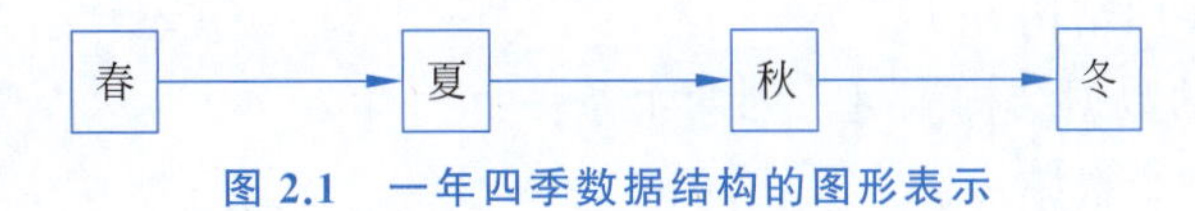

图 2.1　一年四季数据结构的图形表示

显然，用图形方式表示一个数据结构是很方便的，并且也比较直观。有时在不会引起误会的情况下，在前件结点到后件结点连线上的箭头可以省去。例如，在图 2.2 中，即使将“父亲”结点与“儿子”结点连线上的箭头以及“父亲”结点与“女儿”结点连线上的箭头都去掉，也同样表示了“父亲”是“儿子”与“女儿”的前件，“儿子”与“女儿”均是“父亲”的后件，而不会引起误会。

例 2.4　用图形表示数据结构 $B=(D,R)$，其中

$$D=\{d_i \mid 1\leqslant i\leqslant 7\}=\{d_1,d_2,d_3,d_4,d_5,d_6,d_7\}$$

$$R=\{(d_1,d_3),(d_1,d_7),(d_2,d_4),(d_3,d_6),(d_4,d_5)\}$$

这个数据结构的图形表示如图 2.3 所示。

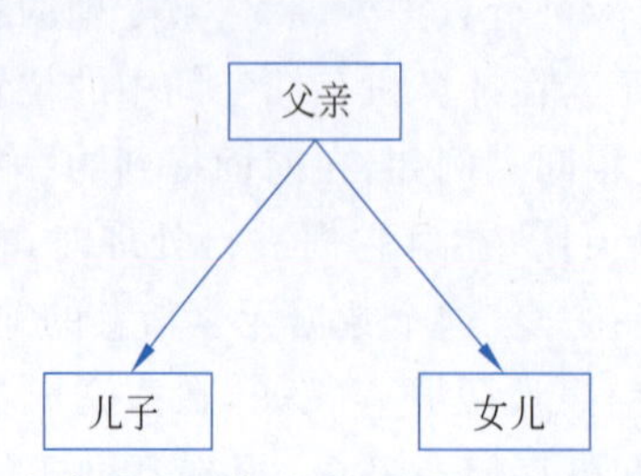

图 2.2 家庭成员间辈分关系数据结构的图形表示

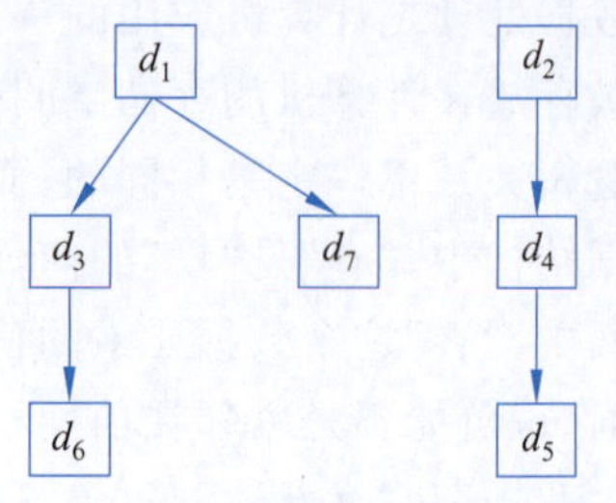

图 2.3 例 2.4 数据结构的图形表示

在数据结构中,没有前件的结点称为根结点;没有后件的结点称为终端结点(也称为叶子结点)。例如,在图 2.1 所示的数据结构中,元素"春"所在的结点(简称为结点"春",下同)为根结点,结点"冬"为终端结点;在图 2.2 所示的数据结构中,结点"父亲"为根结点,结点"儿子"与"女儿"均为终端结点;在图 2.3 所示的数据结构中,有两个根结点 d_1 与 d_2,有三个终端结点 d_6、d_7、d_5。数据结构中除了根结点与终端结点外的其他结点一般称为内部结点。

通常,一个数据结构中的元素结点可能是在动态变化的。根据需要或在处理过程中,可以在一个数据结构中增加一个新结点(称为插入运算),也可以删除数据结构中的某个结点(称为删除运算)。插入与删除是对数据结构的两种基本运算。除此之外,对数据结构的运算还有查找、分类、合并、分解、复制和修改等。在对数据结构的处理过程中,不仅数据结构中的结点(数据元素)个数在动态变化,而且,各数据元素之间的关系也有可能在动态变化。例如,一个无序表可以通过排序处理而变成有序表;一个数据结构中的根结点被删除后,它的某一个后件可能就变成了根结点;在一个数据结构中的终端结点后插入一个新结点后,则原来的那个终端结点就不再是终端结点,而成为内部结点。有关数据结构的基本运算,将在后面讲到具体数据结构时再介绍。

如果在一个数据结构中一个数据元素都没有,则称该数据结构为空的数据结构。在一个空的数据结构中插入一个新的元素后就变为非空;在只有一个数据元素的数据结构中,将该元素删除后就变为空的数据结构。

根据数据结构中各数据元素之间前后件关系的复杂程度,一般将数据结构分为两大类型:线性结构与非线性结构。

如果一个非空的数据结构满足下列两个条件:

(1) 有且只有一个根结点。

(2) 每一个结点最多有一个前件,最多有一个后件。

则称该数据结构为线性结构。线性结构又称线性表。

由此可以看出,在线性结构中,各数据元素之间的前后件关系是很简单的。如例 2.1 中的一年四季这个数据结构,以及例 2.3 中的 n 维向量数据结构,它们都属于线性结构。

需要特别说明的是,在一个线性结构中插入或删除任何一个结点后还应是线性结构。根据这一点,如果一个数据结构满足上述两个条件,但当在此数据结构中插入或删除任何一个结点后就不满足这两个条件了,则该数据结构不能称为线性结构。例如,图 2.4 所示的数据结构显然是满足上述两个条件的,但它不属于线性结构这个类型,因为如果在这个数据结构中删除结点 A 后,就不满足上述的条件(1)了。

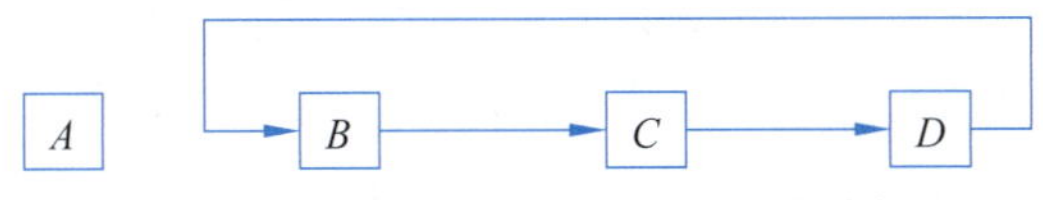

图 2.4 不是线性结构的数据结构特例

如果一个数据结构不是线性结构，则称为非线性结构。如例 2.2 中反映家庭成员间辈分关系的数据结构，以及例 2.4 中的数据结构，它们都不是线性结构，而是属于非线性结构。显然，在非线性结构中，各数据元素之间的前后件关系要比线性结构复杂，因此，对非线性结构的存储与处理比线性结构复杂得多。

线性结构与非线性结构都可以是空的数据结构。一个空的数据结构究竟是属于线性结构还是属于非线性结构，这要根据具体情况来确定。如果对该数据结构的运算是按线性结构的规则来处理的，则属于线性结构；否则属于非线性结构。

2.2 线性表及其顺序存储结构

2.2.1 线性表及其运算

1. 什么是线性表

线性表(Linear List)是最简单、最常用的一种数据结构。

线性表由一组数据元素构成。数据元素的含义很广泛，在不同的具体情况下，它可以有不同的含义。例如，一个 n 维向量($x_1, x_2, \cdots, x_n$)是一个长度为 n 的线性表，其中的每一个分量就是一个数据元素。又如，英文小写字母表($a, b, \cdots, z$)是一个长度为 26 的线性表，其中的每一个小写字母就是一个数据元素。再如，一年中的四个季节(春，夏，秋，冬)是一个长度为 4 的线性表，其中的每一个季节名就是一个数据元素。

矩阵也是一个线性表，只不过它是一个比较复杂的线性表。在矩阵中，既可以把每一行看成一个数据元素(一个行向量为一个数据元素)，也可以把每一列看成一个数据元素(一个列向量为一个数据元素)。其中，每一个数据元素(一个行向量或一个列向量)实际上又是一个简单的线性表。

数据元素可以是简单项(如上述例子中的数、字母、季节名等)。在稍微复杂的线性表中，一个数据元素还可以由若干个数据项组成。例如，某班的学生情况登记表是一个复杂的线性表，表中每一个学生的情况就组成了线性表中的每一个元素，每一个数据元素包括姓名、学号、性别、年龄和健康状况这 5 个数据项，如表 2.1 所示。在这种复杂的线性表中，由若

表 2.1 学生情况登记表

姓　名	学　号	性　别	年　龄	健康状况
王　强	800356	男	19	良好
刘建平	800357	男	20	一般
赵　军	800361	女	19	良好
葛文华	800367	男	21	较差
⋮	⋮	⋮	⋮	⋮

干数据项组成的数据元素称为记录(record),由多个记录构成的线性表称为文件(file)。因此,上述学生情况登记表就是一个文件,其中每一个学生的情况就是一个记录。

综上所述,线性表是由 $n(n \geqslant 0)$ 个数据元素 $a_1, a_2, \cdots, a_n$ 组成的一个有限序列。表中的每一个数据元素,除了第一个外,有且只有一个前件;除了最后一个外,有且只有一个后件,即线性表或是一个空表,或可以表示为

$$(a_1, a_2, \cdots, a_i, \cdots, a_n)$$

其中 $a_i (i=1,2,\cdots,n)$ 是属于数据对象的元素,通常也称其为线性表中的一个结点。

显然,线性表是一种线性结构。数据元素在线性表中的位置只取决于它们自己的序号,即数据元素之间的相对位置是线性的。

非空线性表有如下一些结构特征:

(1) 有且只有一个根结点 a_1,无前件。

(2) 有且只有一个终端结点 a_n,无后件。

(3) 除根结点与终端结点外,其他所有结点有且只有一个前件,也有且只有一个后件。线性表中结点的个数 n 称为线性表的长度。当 $n=0$ 时,称为空表。

2. 线性表的顺序存储结构

在计算机中存放线性表最简单的方法是顺序存储,也称为顺序分配。

线性表的顺序存储结构具有以下两个基本特点:

(1) 线性表中所有元素所占的存储空间是连续的。

(2) 线性表中各数据元素在存储空间中是按逻辑顺序依次存放的。

由此可以看出,在线性表的顺序存储结构中,其前后件两个元素在存储空间中是紧邻的,且前件元素一定存储在后件元素的前面。

在线性表的顺序存储结构中,如果线性表中各数据元素所占的存储空间(字节数)相等,则要在该线性表中查找某一个元素是很方便的。

假设线性表中的第一个数据元素的存储地址(指第一个字节的地址,即首地址)为 $\mathrm{ADR}(a_1)$,每一个数据元素占 k 字节,则线性表中第 i 个元素 a_i 在计算机存储空间中的存储地址为

$$\mathrm{ADR}(a_i) = \mathrm{ADR}(a_1) + (i-1)k$$

即在顺序存储结构中,线性表中每一个数据元素在计算机存储空间中的存储地址由该元素在线性表中的位置序号唯一确定。一般来说,长度为 n 的线性表

$$(a_1, a_2, \cdots, a_i, \cdots, a_n)$$

在计算机中的顺序存储结构如图 2.5 所示。

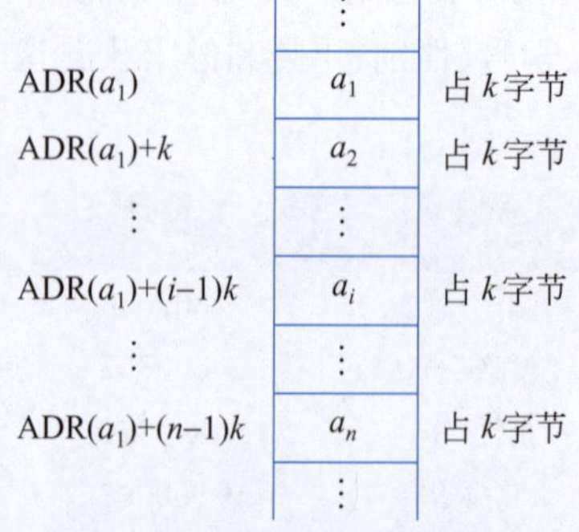

图 2.5 线性表的顺序存储结构

在程序设计语言中,通常定义一个一维数组来表示线性表的顺序存储空间。因为程序设计语言中的一维数组与计算机中实际的存储空间结构是类似的,这就便于用程序设计语言对线性表进行各种运算处理。

在用一维数组存放线性表时,该一维数组的长度通常要定义得比线性表的实际长度大一些,以便对线性表进行各种运算,特别是插入运算。在一般情况下,如果线

性表的长度在处理过程中是动态变化的,则在开辟线性表的存储空间时要考虑到线性表在动态变化过程中可能达到的最大长度。如果开始时所开辟的存储空间太小,则在线性表动态增长时可能会因存储空间不够而无法再插入新的元素;但如果开始时所开辟的存储空间太大,而实际上又用不着那么大的存储空间,则会造成存储空间的浪费。在实际应用中,可以根据线性表动态变化过程中的一般规模来决定开辟的存储空间量。

建立一个容量为 m 的空线性表的顺序存储空间(初始化线性表的顺序存储空间)的C++描述如下:

```
//ch2_1.cpp
    template<typename T>        //模板声明,T为类型参数
    void  init_sq_LList(T * v, int m, int * n)
    {  v=new T[m];              //动态申请存储空间
       * n=0;                   //线性表长度置0
       return;
    }
```

在上述描述中,T为线性表中元素的虚拟数据类型。

要释放线性表的顺序存储空间时,可以用“delete[] v;”命令。

在线性表的顺序存储结构下,可以对线性表进行各种处理。主要的运算有以下几种:

(1) 在线性表的指定位置处加入一个新的元素(线性表的插入)。

(2) 在线性表中删除指定的元素(线性表的删除)。

(3) 在线性表中查找某个(或某些)特定的元素(线性表的查找)。

(4) 对线性表中的元素进行整序(线性表的排序)。

(5) 按要求将一个线性表分解成多个线性表(线性表的分解)。

(6) 按要求将多个线性表合并成一个线性表(线性表的合并)。

(7) 复制一个线性表(线性表的复制)。

(8) 逆转一个线性表(线性表的逆转)。

本节先讨论线性表在顺序存储结构下的插入与删除问题。对于线性表在其他存储方式下的插入与删除以及其他运算将放在后面的有关章节中讨论,或者作为练习由读者自行完成。

3. 线性表在顺序存储下的插入运算

首先举一个例子来说明如何在顺序存储结构的线性表中插入一个新元素。

例2.5 图2.6(a)为一个长度为8的线性表顺序存储在长度为10的存储空间中。现在要求在第2个元素(18)之前插入一个新元素87,其插入过程如下。

首先从最后一个元素开始直到第2个元素,将其中的每一个元素均依次往后移动一个位置;然后将新元素87插入第2个位置。插入一个新元素后,线性表的长度变成了9,如图2.6(b)所示。

如果还要在线性表的第9个元素之前插入一个新元素14,则采用类似的方法:将第9个元素往后移动一个位置,然后将新元素插入第9个位置。插入后,线性表的长度变成了10,如图2.6(c)所示。

现在,为线性表开辟的存储空间已经满了,不能再插入新的元素了。如果还要插入,则会造成称为“上溢”的错误。

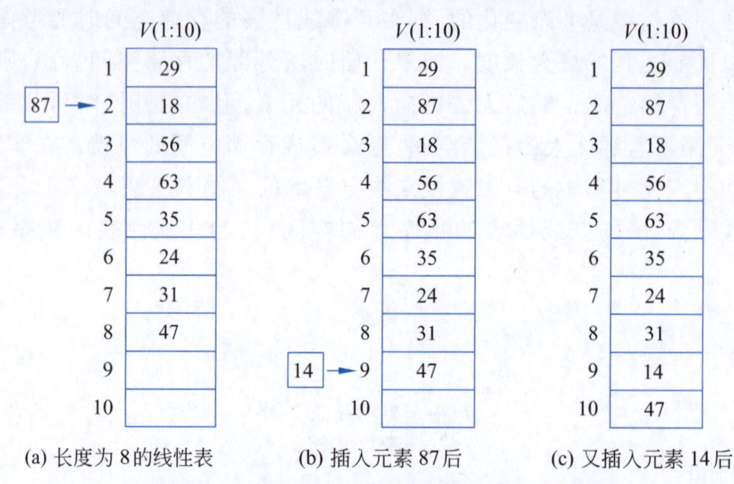

(a) 长度为8的线性表　　(b) 插入元素87后　　(c) 又插入元素14后

图 2.6　线性表在顺序存储结构下的插入例

一般来说,设长度为 n 的线性表为

$$(a_1, a_2, \cdots, a_i, \cdots, a_n)$$

现要在线性表的第 i 个元素 a_i 之前插入一个新元素 b,插入后得到长度为 $n+1$ 的线性表为

$$(a'_1, a'_2, \cdots, a'_j, a'_{j+1}, \cdots, a'_n, a'_{n+1})$$

则插入前后的两线性表中的元素满足如下关系:

$$a'_j = \begin{cases} a_j & 1 \leqslant j \leqslant i-1 \\ b & j = i \\ a_{j-1} & i+1 \leqslant j \leqslant n+1 \end{cases}$$

在一般情况下,要在第 $i(1 \leqslant i \leqslant n)$ 个元素之前插入一个新元素时,首先要从最后一个(第 n 个)元素开始,直到第 i 个元素之间共 $n-i+1$ 个元素依次向后移动一个位置。移动结束后,第 i 个位置就被空出,然后将新元素插入第 i 项。插入结束后,线性表的长度就增加了1。

显然,线性表采用顺序存储结构时,如果插入运算在线性表的末尾进行,即在第 n 个元素之后(可以认为是在第 $n+1$ 个元素之前)插入新元素,则只要在表的末尾增加一个元素即可,不需要移动表中的元素;如果要在线性表的第一个元素之前插入一个新元素,则需要移动表中所有的元素。在一般情况下,如果插入运算在第 $i(1 \leqslant i \leqslant n)$ 个元素之前进行,则原来第 i 个元素之后(包括第 i 个元素)的所有元素都必须移动。在平均情况下,要在线性表中插入一个新元素,需要移动表中一半的元素。因此,在线性表顺序存储的情况下,要插入一个新元素,其效率是很低的,特别是在线性表比较大的情况下更为突出,这是因为数据元素的移动消耗了较多的处理时间。

假设线性表的存储空间为 $V(1:m)$,线性表的长度为 $n(n \leqslant m)$,插入的位置为 i(i 表示在第 i 个元素之前插入)。要插入新元素 b,则插入的过程如下。

(1) 处理以下3种异常情况:

- 当存储空间已满($n=m$)时,为"上溢"错误,不能进行插入,算法结束;
- 当 $i>n$ 时,认为在最后一个元素之后(第 $n+1$ 个元素之前)插入;
- 当 $i<1$ 时,认为在第1个元素之前插入。

(2) 从最后一个元素开始,直到第 i 个元素,其中每一个元素均往后移动一个位置。

(3) 将新元素 b 插入第 i 个位置,并且将线性表的长度增加 1。

线性表在顺序存储结构下插入算法的 C++ 描述如下:

```
//ch2_2.cpp
    #include<iostream>
    using namespace std;
    template<typename T>         //模板声明,T为类型参数
    void ins_sq_LList(T *v, int m, int *n, int i, T b)
    {
        int k;
        if (*n==m)               //存储空间已满,上溢错误
         { cout<<"overflow!\n";   return; }
        if (i>*n) i=*n+1;        //默认为在最后一个元素之后插入
        if (i<1) i=1;            //默认为在第一个元素之前插入
        for (k=*n; k>=i; k--)
           v[k]=v[k-1];          //从最后一个元素开始,直到第i个元素均往后移动一个位置
        v[i-1]=b;                //插入新元素
        *n=*n+1;                 //线性表长度增加1
        return;
    }
```

由于 C++ 中数组的下标是从 0 开始的,即 C++ 数组中的第一个元素的下标为 0。因此,在 C++ 描述的算法中,涉及数组下标的变量均要减去 1,在本书以后的用 C++ 描述的所有算法中均是如此。

4. 线性表在顺序存储下的删除运算

与线性表的插入运算一样,首先举一个例子来说明如何在顺序存储结构的线性表中删除一个元素。

例 2.6 图 2.7(a)为一个长度为 8 的线性表顺序存储在长度为 10 的存储空间中。现在要求删除线性表中的第一个元素(删除元素 29),其删除过程如下。

从第 2 个元素开始直到最后一个元素,将其中的每一个元素均依次往前移动一个位置。此时,线性表的长度变成了 7,如图 2.7(b)所示。

如果要再删除线性表中的第 6 个元素,则采用类似的方法:将第 7 个元素往前移动一个位置。此时,线性表的长度变成了 6,如图 2.7(c)所示。

一般来说,设长度为 n 的线性表为

$$(a_1, a_2, \cdots, a_i, \cdots, a_n)$$

现要删除第 i 个元素,删除后得到长度为 $n-1$ 的线性表为

$$(a'_1, a'_2, \cdots, a'_j, \cdots, a'_{n-1})$$

则删除前后的两线性表中的元素满足如下关系:

$$a'_j = \begin{cases} a_j & 1 \leqslant j \leqslant i-1 \\ a_{j+1} & i \leqslant j \leqslant n-1 \end{cases}$$

在一般情况下,要删除第 $i(1 \leqslant i \leqslant n)$ 个元素时,则要从第 $i+1$ 个元素开始,直到第 n 个元素之间共 $n-i$ 个元素依次向前移动一个位置。删除结束后,线性表的长度就减小了 1。

显然,在线性表采用顺序存储结构时,如果删除运算在线性表的末尾进行,即删除第 n

	(a) V(1:10)	(b) V(1:10)	(c) V(1:10)
1	29	18	18
2	18	56	56
3	56	63	63
4	63	35	35
5	35	24	24
6	24	31	47
7	31	47	
8	47		
9			
10			

(a) 长度为8的线性表　　(b) 删除元素29后　　(c) 又删除元素31后

图 2.7　线性表在顺序存储结构下的删除例

个元素，则不需要移动表中的元素；如果要删除线性表中的第一个元素，则需要移动表中所有的元素。在一般情况下，如果要删除第 $i(1\leqslant i\leqslant n)$ 个元素，则原来第 i 个元素之后的所有元素都必须依次往前移动一个位置。在平均情况下，要在线性表中删除一个元素，需要移动表中一半的元素。因此，在线性表顺序存储的情况下，要删除一个元素，其效率也是很低的，特别是在线性表比较大的情况下更为突出，由于数据元素的移动而消耗较多的处理时间。

假设线性表的存储空间为 $V(1:m)$，线性表的长度为 $n(n\leqslant m)$，删除的位置为 i(表示删除第 i 个元素)，则删除的过程如下。

(1) 处理以下两种异常情况：

- 当线性表为空($n=0$)时，为“下溢”错误，不能进行删除，算法结束；
- 当 $i<1$ 或 $i>n$ 时，表中没有这个元素，算法结束 。

(2) 从第 $i+1$ 个元素开始，直到最后一个元素，其中每一个元素均依次往前移动一个位置。

(3) 将线性表的长度减 1。

线性表在顺序存储结构下删除算法的 C++ 描述如下：

```
//ch2_3.cpp
    #include<iostream>
    using namespace std;
    template<class T>          //模板声明,T 为类型参数
    void del_sq_LList(T * v, int m, int * n, int i)
    {
        int k;
        if (* n==0)            //线性表为空,下溢错误
          { cout<<"underflow!\n";  return; }
        if ((i<1)||(i> * n))  //线性表中没有这个元素
          {
            cout<< "Not this element in the list!\n";
            return;
```

```
    }
    for (k=i; k< * n; k++)
     v[k-1]=v[k];              //从第 i 个元素开始,直到最后一个元素均往前移动一个位置
     * n= * n-1;               //线性表长度减 1
    return;
}
```

从线性表在顺序存储结构下的插入与删除运算可以看出,线性表的顺序存储结构对于小线性表或者其中元素不常变动的线性表来说是合适的,因为顺序存储的结构比较简单。但这种顺序存储的方式对于元素经常需要变动的大线性表就不太合适了,因为插入与删除的效率比较低。

5. 顺序表类

从前面对顺序表的插入与删除算法描述中可以看出,对一个顺序表的插入与删除是通过调用插入函数或删除函数来实现的,其中插入函数与删除函数是普通函数,它们对所有的顺序表是公开的。在这种机制中,任何用户都可以通过调用插入函数或删除函数对任意一个顺序表进行插入或删除操作,这是一种面向过程的程序设计方法。C++ 既可用于面向过程的结构化程序设计,又可用于面向对象的程序设计。利用 C++ 支持面向对象的机制,通过类结构可将顺序表这种数据结构和一些常用的基本运算封装在一起。

下面的描述是将顺序表的数据和基本操作(初始化、输出、插入与删除操作)封装成一个 sq_LList 类。

```
//sq_LList.h
    #include<iostream>
    using namespace std;
    template<class T>                    //模板声明,数据元素虚拟类型为 T
    class  sq_LList                      //顺序表类
    { private:                           //数据成员
        int mm;                          //存储空间容量
        int nn;                          //顺序表长度
        T * v;                           //顺序表存储空间首地址
      public:                            //成员函数
        sq_LList(){ mm=0; nn=0; return;}
        sq_LList(int);                   //建立空顺序表,申请存储空间
        void prt_sq_LList();             //顺序输出顺序表中的元素与顺序表长度
        int flag_sq_LList();             //检测顺序表的状态
        void ins_sq_LList(int, T);       //在表的指定元素前插入新元素
        void del_sq_LList(int);          //在表中删除指定元素
    };
    //建立空顺序表
    template<class T>
    sq_LList<T>::sq_LList(int m)
    { mm=m;                              //存储空间容量
      v=new T[mm];                       //动态申请存储空间
      nn=0;                              //顺序表长度为 0,即建立空顺序表
      return;
    }
    //顺序输出顺序表中的元素与顺序表长度
```

```
template<class T>
void sq_LList<T>::prt_sq_LList()
{ int i;
  cout<<"nn="<<nn<<endl;
  for (i=0; i<nn; i++) cout<<v[i]<<endl;
  return;
}
//检测顺序表的状态
template<class T>
int sq_LList<T>::flag_sq_LList()
{ if (nn==mn)  return(-1);         //存储空间已满,返回-1
  if (nn==0)  return(0);           //顺序表为空,返回 0
  return(1);                       //正常返回 1
}
//在表的指定元素前插入新元素
template<class T>
void sq_LList<T>::ins_sq_LList(int i, T b)
{ int k;
  if (nn==mm)                      //存储空间已满,上溢错误
     { cout<<"overflow"<<endl;   return; }
  if (i>nn) i=nn+1;                //默认为在最后一个元素之后插入
  if (i<1) i=1;                    //默认为在第一个元素之前插入
  for (k=nn; k>=i; k--)
    v[k]=v[k-1];                   //从最后一个元素直到第 i 个元素均后移一个位置
  v[i-1]=b;                        //插入新元素
  nn=nn+1;                         //顺序表长度加 1
  return;
}
//在顺序表中删除指定元素
template<class T>
void sq_LList<T>::del_sq_LList(int i)
{ int k;
  if (nn==0)                       //顺序表为空,下溢错误
     { cout<<"underflow!"<<endl;   return; }
  if ((i<1)||(i>nn))               //顺序表中没有这个元素
     { cout<<"Not this element in the list!"<<endl;
       return;
     }
  for (k=i; k<nn; k++)
    v[k-1]=v[k];                   //从第 i 个元素直到最后一个元素均前移一个位置
  nn=nn-1;                         //顺序表长度减 1
  return;
}
```

下面是使用顺序表类的主函数的例子。

例 2.7　建立容量为 100 的空顺序表,然后输出该空顺序表。在该顺序表中依次在第 0 个元素前插入 1.5、在第 1 个元素前插入 2.5 以及在第 4 个元素前插入 3.5,再输出该顺序表。依次删除该顺序表中的第 0 个元素以及删除该顺序表中的第 1 个元素,再输出该顺序表。主函数如下:

```
//ch2_4.cpp
  #include "sq_LList.h"
```

```
int main()
{ sq_LList<double>s1(100);      //建立容量为 100 的空顺序表对象 s1
  cout<<"第 1 次输出顺序表对象 s1:"<<endl;
  s1.prt_sq_LList();
  s1.ins_sq_LList(0,1.5);       //在第 0 个元素前插入 1.5
  s1.ins_sq_LList(1,2.5);       //在第 1 个元素前插入 2.5
  s1.ins_sq_LList(4,3.5);       //在第 4 个元素前插入 3.5
  cout<<"第 2 次输出顺序表对象 s1:"<<endl;
  s1.prt_sq_LList();
  s1.del_sq_LList(0);           //删除顺序表 s1 中的第 0 个元素
  s1.del_sq_LList(2);           //删除顺序表 s1 中的第 1 个元素
  cout<<"第 3 次输出顺序表对象 s1:"<<endl;
  s1.prt_sq_LList();
  return 0;
}
```

上述程序的运行结果如下：

```
第 1 次输出顺序表对象 s1:
nn=0
第 2 次输出顺序表对象 s1:
nn=3
2.5
1.5
3.5
Not this element in the list!     //指删除顺序表 s1 中的第 0 个元素
第 3 次输出顺序表对象 s1:
nn=2
2.5
3.5
```

需要特别指出的是，在上述用 C++ 描述的算法中，当需要在顺序表中插入一个新元素时，虽然在成员函数 ins_sq_LList()中判断了顺序表是否满，如果满了就不再进行插入，并输出上溢错误信息，但这个上溢错误信息没有返回给调用程序，调用程序就无法处理这种情况。利用顺序表类中的成员函数 flag_sq_LList()就可以解决这个问题。成员函数 flag_sq_LList()的功能是检测顺序表的当前状态。若顺序表满，则返回函数值－1；若顺序表空，则返回函数值 0；正常情况则返回函数值 1。因此，在实际应用中，当需要在顺序表中插入新元素时，先调用检测函数 flag_sq_LList()检测顺序表是否处于满的状态，如果顺序表非满，则调用插入的成员函数 ins_sq_LList()进行插入，否则不做插入操作，而需要做上溢处理。即需要在顺序表中插入新元素时，建议采用如下方法（假设要在顺序表 s 的第 3 个元素之前插入新元素 25）：

```
if (s.flag_sq_LList()!=-1) s.ins_sq_LList(3, 25);     //顺序表非满进行插入操作
else   { 上溢处理 }
```

同样的道理，当需要在顺序表中删除一个元素时，先调用检测函数 flag_sq_LList()检测顺序表是否处于空的状态。如果顺序表非空，则调用删除的成员函数 del_sq_LList()进行删除操作，否则不做删除操作，而需要做下溢处理，即需要在顺序表中删除一个元素时，建议采用如下方法（假设需要删除顺序表 s 中第 3 个元素）：

```
if (s.flag_sq_LList()!=0) s.del_sq_LList(3);      //顺序表非空进行删除操作
else   { 下溢处理 }
```

在上述主函数中,由于插入与删除操作都是示意性的,因此在插入与删除操作之前没有利用检测函数 flag_sq_LList()进行检测。

2.2.2 栈及其应用

1. 什么是栈

栈实际上也是线性表,只不过它是一种特殊的线性表。为了认识栈这种数据结构,首先看一个例子。

图 2.8 给出了具有嵌套调用关系的 5 个程序,其中主程序要调用子程序 SUB1,SUB1 要调用子程序 SUB2,SUB2 要调用子程序 SUB3,SUB3 要调用子程序 SUB4,SUB4 不再调用其他子程序了。

```
    MAIN          SUB1          SUB2          SUB3          SUB4
     …             …             …             …             …
    CALL SUB1     CALL SUB2     CALL SUB3     CALL SUB4      …
 A: …          B: …          C: …          D: …             …
     …             …             …             …             …
    END           RETURN        RETURN        RETURN        RETURN
```

图 2.8　主程序与子程序之间的调用关系

下面来看一看计算机系统是如何处理它们之间的调用关系的。关键是要正确处理好执行过程中的调用层次和返回的路径,这就需要记忆每一次调用时的返回点。计算机系统在处理时要用一个线性表来动态记忆调用过程中的路径,其基本原则如下:

(1) 在开始执行程序前,建立一个线性表,其初始状态为空。

(2) 当发生调用时,将当前调用的返回点地址(在图 2.8 中用语句标号表示)插入线性表的末尾。

(3) 当遇到从某个子程序返回时,其返回点地址从线性表的末尾取出(删除线性表的最后一个元素)。

根据以上原则,可以跟踪图 2.8 中的 5 个程序在执行过程中的调用顺序以及线性表中元素变化的情况如下:

(1) 主程序开始执行前,建立一个空线性表,即线性表的状态为()。

(2) 开始执行主程序 MAIN,当要调用子程序 SUB1 时,先将本次调用的返回点地址 A 插入线性表的末尾。此时,线性表的状态为(A)。

(3) 开始调用执行子程序 SUB1,当要调用子程序 SUB2 时,先将本次调用的返回点地址 B 插入线性表的末尾。此时,线性表的状态为(A,B)。

(4) 开始调用执行子程序 SUB2,当要调用子程序 SUB3 时,先将本次调用的返回点地址 C 插入线性表的末尾。此时,线性表的状态为(A,B,C)。

(5) 开始调用执行子程序 SUB3,当要调用子程序 SUB4 时,先将本次调用的返回点地址 D 插入线性表的末尾。此时,线性表的状态为(A,B,C,D)。

由上述逐步调用的过程可以看出,每次发生调用时,都需要将当前调用的返回点地址插入线性表的末尾，而这种对线性表的插入操作是不需要移动线性表中的原有元素的，并且，各返回点地址在线性表中的存放顺序恰好是调用顺序。

(6) 开始调用执行子程序 SUB4，由于子程序 SUB4 不再调用其他子程序，执行完子程序 SUB4 后要返回到子程序 SUB3 的地址 D 处。其中，返回点地址 D 取自线性表的最后一个元素。取出 D 后，线性表的状态为(A,B,C)。

(7) 返回到子程序 SUB3 的 D 处继续执行，执行完子程序 SUB3 后要返回到子程序 SUB2 的地址 C 处。其中，返回点地址 C 取自线性表的最后一个元素。取出 C 后，线性表的状态为(A,B)。

(8) 返回到子程序 SUB2 的 C 处继续执行，执行完子程序 SUB2 后要返回到子程序 SUB1 的地址 B 处。其中，返回点地址 B 取自线性表的最后一个元素。取出 B 后，线性表的状态为(A)。

(9) 返回到子程序 SUB1 的 B 处继续执行，执行完子程序 SUB1 后要返回到主程序 MAIN 的地址 A 处。其中，返回点地址 A 取自线性表的最后一个元素。取出 A 后，线性表变空，即线性表的状态为( )。

(10) 返回到主程序 MAIN 的 A 处继续执行，直到主程序 MAIN 执行完成。

由上述逐步返回的过程可以看出，当由子程序返回到上一个调用程序时，需要从线性表的末尾取出返回点地址，即从线性表中删除最后一个元素，而这种对线性表的删除操作也是不需要移动线性表中的其他数据元素的。由于各返回点地址在线性表中的存放顺序恰好是对应的调用顺序，因此，每次从线性表的末尾取出的返回点地址正好对应了各次调用的正确的返回顺序。

由这个例子可以看出，在这种特殊的线性表中，其插入与删除运算都只在线性表的一端进行，即在这种线性表的结构中，一端是封闭的，不允许进行插入与删除元素；另一端是开口的，允许插入与删除元素。在顺序存储结构下，对这种类型线性表的插入与删除运算是不需要移动表中其他数据元素的，这种线性表称为栈。

栈(stack)是限定在一端进行插入与删除的线性表。

在栈中，允许插入与删除的一端称为栈顶，而不允许插入与删除的另一端称为栈底。栈顶元素总是最后被插入的元素，从而也是最先能被删除的元素；栈底元素总是最先被插入的元素，从而也是最后才能被删除的元素，即栈是按照“先进后出”(First In Last Out,FILO)或“后进先出”(Last In First Out,LIFO)的原则组织数据的，因此，栈也被称为“先进后出”表或“后进先出”表。由此可以看出，栈具有记忆作用。

通常用指针 top 来指示栈顶的位置，用指针 bottom 指向栈底。

往栈中插入一个元素称为入栈运算，从栈中删除一个元素(删除栈顶元素)称为退栈运算。栈顶指针 top 动态反映了栈中元素的变化情况。图 2.9 是栈的示意图。栈这种数据结构在日常生活中也是常见的。例如，子弹夹是一种栈的结构，最后压入的子弹总是最先被弹出，而最先压入的子弹最后才能被弹出。又如，在用一端为封闭另一端为开口的容器装物品时，也是遵循“先进后出”或“后进先出”原则的。

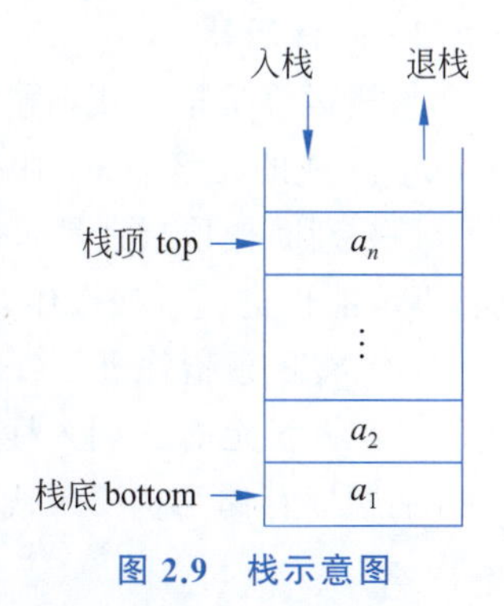

图 2.9 栈示意图

2. 栈的顺序存储及其运算

与一般的线性表一样,在程序设计语言中,用一维数组 $S(1:m)$ 作为栈的顺序存储空间,其中 m 为栈的最大容量。通常,栈底指针指向栈空间的低地址一端(数组的起始地址这一端)。图 2.10(a)是容量为 10 的栈顺序存储空间,栈中已有 6 个元素;图 2.10(b)与图 2.10(c)分别为入栈与退栈后的状态。

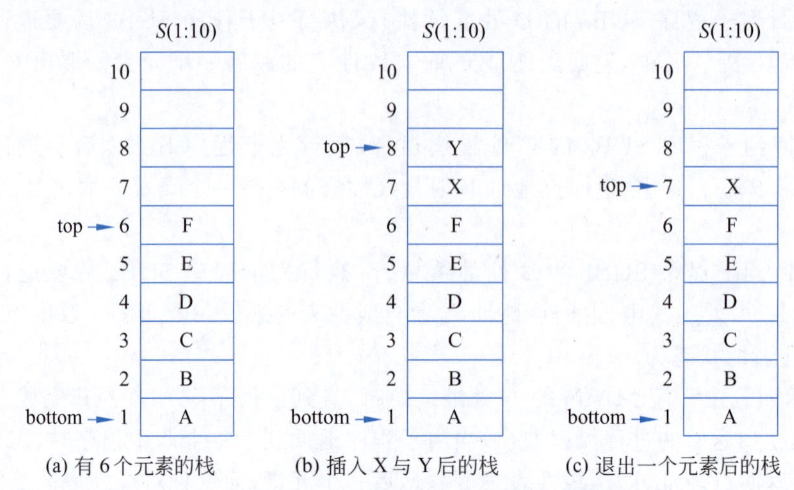

图 2.10　栈在顺序存储结构下的运算

在栈的顺序存储空间 $S(1:m)$ 中,S(bottom)通常为栈底元素(在栈非空的情况下),S(top)为栈顶元素。top=0 表示栈空;top=m 表示栈满。

建立一个空栈的顺序存储空间(初始化栈的顺序存储空间)的 C++ 描述如下:

```
//ch2_5.cpp
    template<typename T>                //模板声明,T 为类型参数
    void init_Stack (T * s, int m, int * top)
    { s=new T[m];                       //动态申请容量为 m 的存储空间
      * top=0;                          //栈顶指针置 0,即栈空
      return;
    }
```

当要释放栈的顺序存储空间时,可以用"delete[] s;"命令。

栈的基本运算有三种:入栈、退栈与读栈顶元素。下面分别介绍在顺序存储结构下栈的这三种运算。

1) 入栈运算

入栈运算是指在栈顶位置插入一个新元素。设栈顺序存储空间为 $S(1:m)$,栈顶指针为 top,入栈的元素为 x,则入栈运算的操作过程如下:

(1) 判断栈顶指针是否已经指向存储空间的最后一个位置。如果是,则说明栈空间已满,不可能再进行入栈操作,这种情况称为栈"上溢"错误,算法结束。

(2) 将栈顶指针进一(top 加 1)。

(3) 将新元素 x 插入栈顶指针指向的位置。

在顺序存储结构下入栈算法的 C++ 描述如下:

```
//ch2_6.cpp
    #include<iostream>
    using namespace std;
    template<typename T>
    void  push(T * s, int m, int * top, T x)
    {
        if  (* top==m)  { cout<<"Stack-overflow\n"; return; }
        * top= * top+1;
        s[ * top-1]=x;
        return;
    }
```

2）退栈运算

退栈运算是指取出栈顶元素并赋给一个指定的变量。设栈顺序存储空间为 $S(1:m)$，栈顶指针为 top，则退栈运算的操作过程如下：

（1）判断栈顶指针是否为 0，如果是，则说明栈空，不可能进行退栈操作。这种情况称为栈"下溢"错误，算法结束。

（2）将栈顶元素（栈顶指针指向的元素）赋给一个指定的变量。

（3）将栈顶指针退一（top 减 1）。

在顺序存储结构下退栈算法的 C++ 描述如下：

```
//ch2_7.cpp
    #include<iostream>
    using namespace std;
    template<typename T>
    T pop(T * s, int m, int * top)
    {
        T y;
        if  (* top==0)  { cout<<"Stack- underflow\n"; return; }
        y=s[ * top-1];
        * top= * top-1;
        return(y);
    }
```

3）读栈顶元素

读栈顶元素是指将栈顶元素赋给一个指定的变量。设栈顺序存储空间为 $S(1:m)$，栈顶指针为 top，则读栈顶元素的操作过程如下：

（1）判断栈顶指针是否为 0，如果是，则说明栈空，读不到栈顶元素，算法结束。

（2）将栈顶元素赋给指定的变量 y。

必须注意，这个运算不删除栈顶元素，只是将它的值赋给一个变量，因此，在这个运算中，栈顶指针不会改变。

在顺序存储结构下读栈顶元素算法的 C++ 描述如下：

```
//ch2_8.cpp
    #include<iostream>
    using namespace std;
    template<typename T>
    T  top(T * s, int m,int * top)
```

```
    {
        T y;
        if  (*top==0)  { cout<<"Stack  empty\n"; return; }
        y=s[*top-1];
        return(y);
    }
```

3. 顺序栈类

下面的描述是将顺序存储结构下的栈的数据和基本操作(初始化、入栈、退栈、读栈顶元素以及顺序输出栈顶指针与栈中的元素)封装成一个顺序栈类 sq_Stack。

```
//sq_Stack.h
    #include<iostream>
    using namespace std;
    //定义顺序栈类
    template<class T>                      //模板声明,数据元素虚拟类型为 T
    class  sq_Stack                        //顺序栈类
    { private:                             //数据成员
        int mm;                            //存储空间容量
        int top;                           //栈顶指针
        T *s;                              //顺序栈存储空间首地址
      public:                              //成员函数
        sq_Stack(int);                     //构造函数,建立空栈,即栈初始化
        void prt_sq_Stack();               //顺序输出栈顶指针与栈中的元素
        int flag_sq_Stack();               //检测顺序栈的状态
        void ins_sq_Stack(T);              //入栈
        T del_sq_Stack();                  //退栈
        T read_sq_Stack();                 //读栈顶元素
    };
    //建立容量为 mm 的空栈
    template<class T>
    sq_Stack<T>::sq_Stack(int m)
    { mm=m;                                //存储空间容量
      s=new T[mm];                         //动态申请存储空间
      top=0;                               //栈顶指针为 0,即建立空栈
      return;
    }
    //顺序输出栈顶指针与栈中的元素
    template<class T>
    void sq_Stack<T>::prt_sq_Stack()
    { int i;
      cout<<"top="<<top<<endl;
      for (i=top; i>0; i--) cout<<s[i-1]<<endl;
      return;
    }
    //检测顺序栈的状态
    template<class T>
    int sq_Stack<T>::flag_sq_Stack()
    { if (top==mm) return(-1);             //存储空间已满,返回-1
      if (top==0) return(0);               //栈为空,返回 0
      return(1);                           //正常返回 1
    }
    //入栈
```

```
template<class T>
void sq_Stack<T>::ins_sq_Stack(T x)
{ if (top==mm)                                          //存储空间已满,上溢错误
    { cout<<"Stack overflow!"<<endl;   return; }
  top=top+1;                                            //栈顶指针进 1
  s[top-1]=x;                                           //新元素入栈
  return;
}
//退栈
template<class T>
T sq_Stack<T>::del_sq_Stack()
{ T y;
if (top==0)                                             //栈为空,下溢错误
      { cout<<"Stack underflow!"<<endl;  return(0); }
  y=s[top-1];                                           //将栈顶元素赋给指定的变量 y
  top=top-1;                                            //栈顶指针退 1
  return(y);                                            //返回退出栈的元素
}
//读栈顶元素
template<class T>
T sq_Stack<T>::read_sq_Stack()
{ if (top==0)                                           //栈为空
      { cout<<"Stack empty!"<<endl;  return(0); }
  return(s[top-1]);                                     //返回栈顶元素
}
```

与前面顺序表类的情况一样,顺序栈类中定义的成员函数 flag_sq_Stack()的功能是检测顺序栈的当前状态。若顺序栈满,则返回函数值−1;若顺序栈空,返回函数值 0,正常情况则返回函数值 1。在实际应用中,当需要在顺序栈中做入栈操作时,先调用检测函数 flag_sq_Stack()检测顺序栈是否处于满的状态。如果顺序栈非满,则调用入栈的成员函数 ins_sq_Stack()进行入栈,否则不做入栈操作,而需要做上溢处理,即需要在顺序栈中做入栈操作时,建议采用如下方法(假设要在顺序栈 s 中插入新元素 25):

```
if (s.flag_sq_Stackt()!=-1) s.ins_sq_Stack(25);  //顺序栈非满进行插入操作
else   { 上溢处理 }
```

同样的道理,当需要在顺序栈中删除一个元素(退栈)或读栈顶元素时,先调用检测函数 flag_sq_Stack()检测顺序栈是否处于空的状态。如果顺序栈非空,则调用退栈的成员函数 del_sq_Stack()或读栈顶元素的成员函数 read_sq_Stack()进行退栈操作或读栈顶元素的操作,否则不做这些操作,而需要做下溢处理,即需要在顺序栈中删除一个元素时,建议采用如下方法(假设需要对顺序栈 s 做退栈操作):

```
if (s.flag_sq_Stack()!=0) y=s.del_sq_Stack();     //顺序栈非空进行退栈操作
else   { 下溢处理 }
```

当需要读顺序栈栈顶元素时,建议采用如下方法(假设需要读顺序栈 s 的栈顶元素):

```
if (s.flag_sq_Stack()!=0) y=s.read_sq_Stack();//顺序栈非空读栈顶操作
else   { 下溢处理 }
```

在下列主函数中,由于入栈、退栈与读栈顶元素等操作都是示意性的,因此,在这些操作

之前没有利用检测函数 flag_sq_Stack()进行检测。

下面是使用顺序栈类的主函数例子。

例 **2.8** 建立容量为 10 的空栈,依次将 50,60,70,80,90,100 入栈,然后输出栈顶指针与栈中的元素,输出栈顶元素,输出连续 3 次退栈的元素,最后再次输出栈顶指针与栈中的元素。主函数如下:

```
//ch2_9.cpp
    #include "sq_Stack.h"
    int main()
    { sq_Stack<int>s(10);                    //建立容量为 10 的空栈 s,元素为整型
      s.ins_sq_Stack(50);                    //将 50 入栈 s
      s.ins_sq_Stack(60);                    //将 60 入栈 s
      s.ins_sq_Stack(70);                    //将 70 入栈 s
      s.ins_sq_Stack(80);                    //将 80 入栈 s
      s.ins_sq_Stack(90);                    //将 90 入栈 s
      s.ins_sq_Stack(100);                   //将 100 入栈 s
      cout<<"输出栈顶指针与栈中的元素:"<<endl;
      s.prt_sq_Stack();                      //输出栈顶指针与栈中的元素
      cout<<"栈顶元素:"<<s.read_sq_Stack()<<endl;        //输出栈顶元素
      cout<<"输出退栈元素:"<<endl;
      cout<<s.del_sq_Stack()<<endl;          //输出从栈退出的元素
      cout<<s.del_sq_Stack()<<endl;          //输出从栈退出的元素
      cout<<s.del_sq_Stack()<<endl;          //输出从栈退出的元素
      cout<<"再次输出栈顶指针与栈中的元素:"<<endl;
      s.prt_sq_Stack();                      //再次输出栈顶指针与栈中的元素
      return 0;
    }
```

上述程序的运行结果如下:

```
输出栈顶指针与栈中的元素:
top=6
100
90
80
70
60
50
栈顶元素: 100
输出退栈元素:
100
90
80
再次输出栈顶指针与栈中的元素:
top=3
70
60
50
```

4. 表达式的计算

在计算机软件设计中,栈的应用很广泛。2.2.1 节中讨论的子程序嵌套调用就是栈的一个实际应用。栈还用于实现递归调用过程、表达式的处理和中断的处理。栈的所有应用本

质上是利用了栈的记忆作用。

本节主要介绍如何利用栈来处理表达式的计算问题。为简单起见，主要以读者熟悉的算术表达式为例，并且假设在表达式中只有加、减、乘、除四个四则运算符，所有的运算对象均为单变量。

大家知道，表达式中的各种运算符具有不同的运算优先级。在没有括号的情况下，运算符的优先级决定了对表达式的运算顺序。因此，计算一个表达式的值，实际上是根据各种运算符的优先级来处理运算顺序。根据数学上的运算规则，乘法运算符“*”和除法运算符“/”的优先级大于加法运算符“＋”和减法运算符“－”，而乘法运算符“*”和除法运算符“/”具有相同的优先级，加法运算符“＋”和减法运算符“－”也具有相同的优先级。为了便于处理，假设在表达式的最后有一个结束符“;”。

计算机系统在具体处理表达式前，首先设置以下两个栈：一是运算符栈，用于在表达式处理过程中存放运算符，在开始时，运算符栈中先压入一个表达式结束符“;”；二是操作数栈，用于在表达式处理过程中存放操作数，然后从左到右依次读出表达式中的各个符号（运算符或操作数），每读出一个符号按以下原则进行处理：

(1) 若读出的是操作数，则将该操作数压入操作数栈，并依次读下一个符号。

(2) 若读出的是运算符，则作进一步判断。

① 若读出运算符的优先级大于运算符栈栈顶运算符的优先级，则将读出的运算符压入运算符栈，并依次读下一个符号。

② 若读出的是表达式结束符“;”，且运算符栈栈顶的运算符也是表达式结束符“;”，则表达式处理结束，最后的计算结果在操作数栈的栈顶位置。

③ 若读出运算符的优先级不大于运算符栈栈顶运算符的优先级，则从操作数栈连续退出两个操作数，并从运算符栈退出一个运算符，然后作相应的运算（运算符为刚从运算符栈退出的运算符，运算对象为刚从操作数栈退出的两个操作数），并将运算结果压入操作数栈。在这种情况下，当前读出的运算符下次将重新考虑（不再读下一个符号）。

下面以表达式“A＋B*C－D/E;”为例来说明处理过程。其中“;”为表达式结束符。

(1) 建立操作数栈 OVS（栈顶指针为 topv）与运算符栈 OPS（栈顶指针为 topp），其中操作数栈初始状态为空，在运算符栈中已压入一个表达式结束符“;”，如图 2.11(a)所示。

(2) 读出操作数 A 进 OVS 栈，读出运算符“＋”进 OPS 栈，读出操作数 B 进 OVS 栈，读出运算符“*”进 OPS 栈，读出操作数 C 进 OVS 栈，如图 2.11(b)所示。

(3) 读出运算符“－”，由于运算符“－”的优先级不大于 OPS 栈栈顶运算符“*”的优先级，因此从 OVS 栈依次弹出操作数 C 与 B，从 OPS 栈弹出运算符“*”，然后作运算 T1＝B*C，并将运算结果 T1 压入 OVS 栈，如图 2.11(c)所示。在这种情况下，刚读出的运算符“－”下次将重新考虑。

(4) 运算符“－”的优先级不大于 OPS 栈栈顶运算符“＋”的优先级，因此从 OVS 栈依次弹出操作数 T1 与 A，从 OPS 栈弹出运算符“＋”，然后作运算 T2＝A＋T1，并将运算结果 T2 压入 OVS 栈，如图 2.11(d)所示。在这种情况下，运算符“－”下次将重新考虑。

(5) 运算符“－”进 OPS 栈，读出操作数 D 进 OVS 栈，读出运算符“/”进 OPS 栈，读出操作数 E 进 OVS 栈，如图 2.11(e)所示。

(6) 读出运算符“;”，由于运算符“;”的优先级不大于 OPS 栈栈顶运算符“/”的优先级，因此从 OVS 栈依次弹出操作数 E 与 D,从 OPS 栈弹出运算符“/”,然后作运算 T3＝D/E,并将运算结果 T3 压入 OVS 栈,如图 2.11(f)所示。在这种情况下,刚读出的运算符“;”下次将重新考虑。

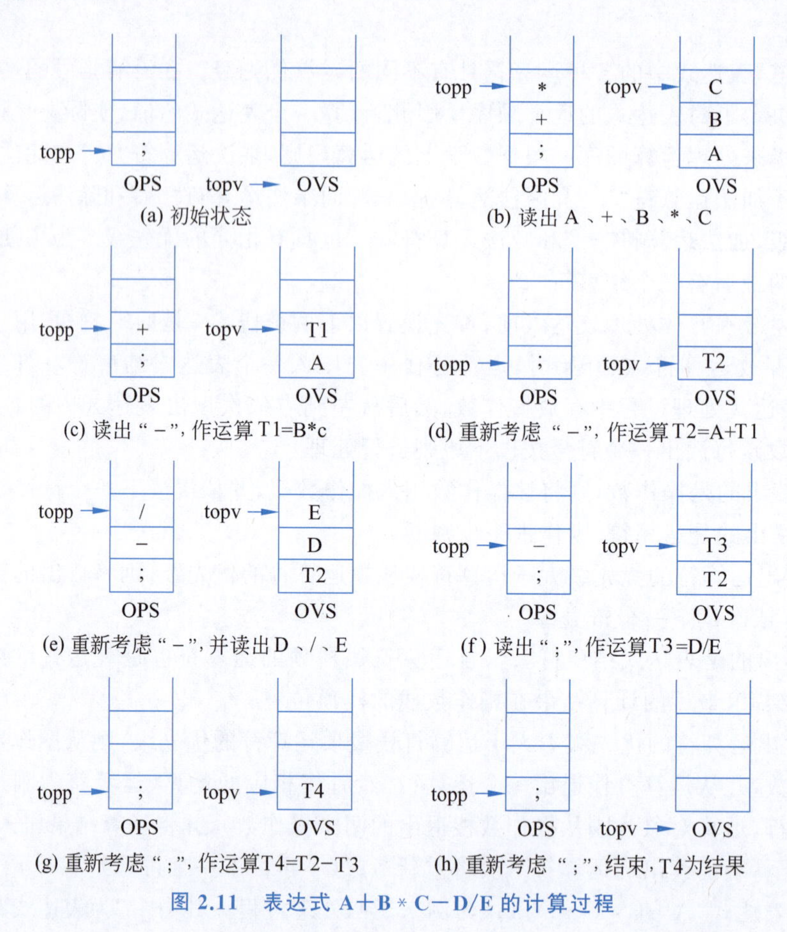

图 2.11　表达式 A＋B＊C－D/E 的计算过程

(7) 运算符“;”的优先级不大于 OPS 栈栈顶运算符“－”的优先级,因此从 OVS 栈依次弹出操作数 T3 与 T2,从 OPS 栈弹出运算符“－”,然后作运算 T4＝T2－T3,并将运算结果 T4 压入 OVS 栈,如图 2.11(g)所示。在这种情况下,运算符“;”下次将重新考虑。

(8) 运算符“;”与 OPS 栈栈顶的运算符“;”(它们都是表达式结束符)相遇,弹出 OVS 栈中的 T4 即为表达式的计算结果,计算过程结束,如图 2.11(h)所示。

如果需要处理带有括号的表达式,则在依次读出表达式中的一个符号后,其处理过程要稍微复杂一些。当读出的符号为运算符时,要做如下进一步判断。

① 若读出的符号为左括号“(”,或读出的运算符的优先级大于运算符栈栈顶运算符的优先级,则将读出的符号进运算符栈,然后依次读下一个符号。

② 若读出的符号为表达式结束符“;”,且运算符栈栈顶运算符也是“;”,则表达式处理结束,最后计算结果在操作数栈的栈顶。

③ 若读出的符号为右括号“)”,且运算符栈栈顶运算符为左括号“(”,则说明这对括号内的运算全部处理完,从运算符栈栈顶退出左括号“(”,然后依次读下一个符号。

④ 若读出的运算符优先级不大于运算符栈栈顶运算符的优先级,则从操作数栈连续退

出两个操作数，并从运算符栈退出一个运算符，然后作相应的运算（运算符为刚从运算符栈退出的运算符，运算对象为刚从操作数栈退出的两个操作数），并将运算结果压入操作数栈。在这种情况下，当前读出的运算符下次将重新考虑（不再读下一个符号）。

利用上述处理原则，读者可自行模拟下列表达式的处理过程：

$$A*(B+C/D)-E*F;$$

以上讨论的是对表达式直接进行运算的过程。由于表达式中各运算符的优先级是不同的，因此，在计算表达式时，通常并不总是严格地从左到右进行。此外，在计算表达式时还要考虑括号的结构。利用栈可以记忆表达式中已经扫描到但由于优先级低而暂时还不能进行的运算。

5. 递归的实现

第 1 章关于递归算法的设计中提到，人们在解决一些复杂问题时，为了降低问题的复杂程度（如问题的规模等），一般总是将问题逐层分解，最后归结为一些最简单的问题。这种将问题逐层分解的过程，实际上并没有对问题进行求解，而只是当解决了最后那些最简单的问题后，再沿着原来分解的逆过程逐步进行综合，这就是递归的基本思想。从递归的基本思想可以看出，计算机在执行递归过程时，需要记忆各步分解的状态，以便当解决完最简单的问题后逐步返回进行综合，这可以用栈来实现。

在第 1 章的递归函数 wrt1()中，n 是算法的输入参数。在开始执行递归函数 wrt1()时，首先要判断输入参数（开始时为 n）是否不等于 0。如果不等于 0，则将输入参数减 1（$n-1$）作为新的输入参数再调用该函数；在调用该函数时，又需要判断输入参数（此时已变为 $n-1$）是否不等于 0，如果不等于 0，则又将输入参数减 1（$n-2$）作为新的输入参数再次调用该函数……这个过程一直进行下去，直到该函数的输入参数等于 0 为止。此时，由于在先前各层的函数调用中，函数实际上没有执行完，即各层中的输入参数还没有被打印输出，这就需要逐层返回，以便打印输出各层中的输入参数 $1,2,\cdots,n$。为此，在递归函数 wrt1()的执行过程中，需要用栈来记忆各层调用中的参数，以便在逐层返回时恢复这些参数以继续进行处理。具体来说，在递归函数 wrt1()开始执行时，栈为空，随着递归调用，逐步将各层中的输入参数 $n,n-1,n-2,\cdots,2,1$ 进栈，在逐层返回时，又依次从栈中取出这些参数打印输出。

用栈可以实现递归，同样，也可以利用栈将递归算法转化为非递归算法。对此有兴趣的读者可参阅有关著作。

2.2.3 队列及其应用

1. 什么是队列

在计算机系统中，如果一次只能执行一个用户程序，则在多个用户程序需要执行时，这些用户程序必须先按照到来的顺序进行排队等待，这通常是由计算机操作系统来进行管理的。

在操作系统中，用一个线性表来组织管理用户程序的排队执行，原则是：

(1) 初始时线性表为空；

(2) 当有用户程序来到时，将该用户程序加入线性表的末尾进行等待；

(3) 当计算机系统执行完当前的用户程序后，就从线性表的头部取出一个用户程序执行。

由这个例子可以看出,在这种线性表中,需要加入的元素总是插入线性表的末尾,并且又总是从线性表的头部取出(删除)元素,这种线性表称为队列。

队列(queue)是指允许在一端进行插入,而在另一端进行删除的线性表。允许插入的一端称为队尾,通常用一个称为尾指针(rear)的指针指向队尾元素,即尾指针总是指向最后被插入的元素;允许删除的一端称为排头(也称为队头),通常也用一个排头指针(front)指向排头元素的前一个位置。显然,在队列这种数据结构中,最先插入的元素能够被最先删除,反之,最后插入的元素最后才能被删除。因此,队列又称为"先进先出"(First In First Out,FIFO)或"后进后出"(Last In Last Out,LILO)的线性表,它体现了"先来先服务"的原则。在队列中,队尾指针 rear 与排头指针 front 共同反映了队列中元素动态变化的情况。图 2.12 是具有 6 个元素的队列示意图。

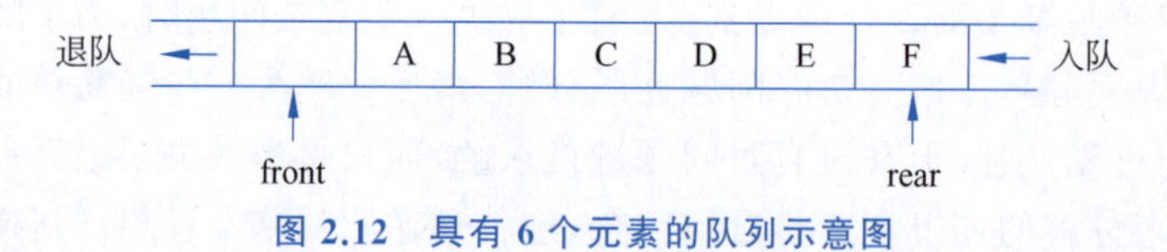

图 2.12　具有 6 个元素的队列示意图

往队列的队尾插入一个元素称为入队运算,从队列的排头删除一个元素称为退队运算。

图 2.13 是在队列中进行插入与删除的示意图。由图 2.13 可以看出,在队列的末尾插入一个元素(入队运算)只涉及队尾指针 rear 的变化,而要删除队列中的排头元素(退队运算)只涉及排头指针 front 的变化。

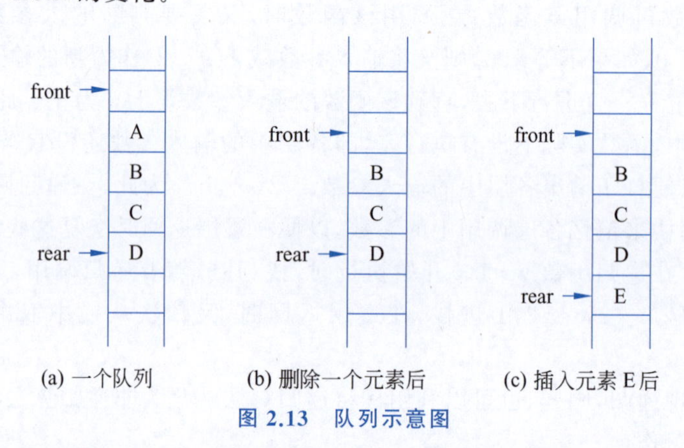

图 2.13　队列示意图

与栈类似,在程序设计语言中,用一维数组作为队列的顺序存储空间。

2. 循环队列及其运算

在实际应用中,队列的顺序存储结构一般采用循环队列的形式。

所谓循环队列,就是将队列存储空间的最后一个位置绕到第一个位置,形成逻辑上的环状空间,供队列循环使用,如图 2.14 所示。在循环队列结构中,当存储空间的最后一个位置已被使用而要再进行入队运算时,只要存储空间的第一个位置空闲,便可将元素加入第一个位置,即将存储空间的第一个位置作为队尾。

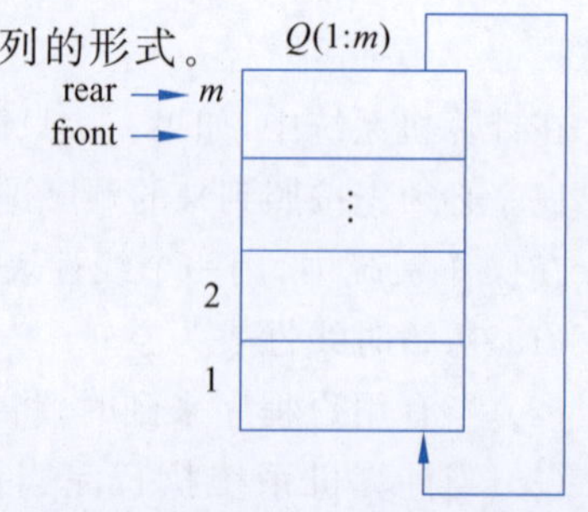

图 2.14　循环队列存储空间示意图

在循环队列中,用队尾指针 rear 指向队列中的队尾元素，用排头指针 front 指向排头元素的前一个位置，因此，从排头指针 front 指向的后一个位置直到队尾指针 rear 指向的位置之间所有的元素均为队列中的元素。

循环队列的初始状态为空，即 rear=front=m，如图 2.14 所示。

循环队列主要有两种基本运算：入队运算与退队运算。每进行一次入队运算，队尾指针就进一。当队尾指针 rear=m+1 时，则置 rear=1。每进行一次退队运算，排头指针就进一。当排头指针 front=m+1 时，则置 front=1。

图 2.15(a)是一个容量为 8 的循环队列存储空间，且其中已有 6 个元素。图 2.15(b)是在图 2.15(a)的循环队列中又加入了两个元素后的状态。图 2.15(c)是在 2.15(b)的循环队列中退出了一个元素后的状态。由图 2.15 中循环队列动态变化的过程可以看出，当循环队列满时有 front=rear，而当循环队列空时也有 front=rear，即在循环队列中，当 front=rear 时，不能确定是队列满还是队列空。在实际使用循环队列时，为了能区分队列满还是队列空，通常还需增加一个标志 s，s 值的定义如下：

$$s=\begin{cases}0 & \text{表示队列空}\\ 1 & \text{表示队列非空}\end{cases}$$

由此可以得出队列空与队列满的条件如下：

- 队列空的条件为 $s=0$；
- 队列满的条件为 ($s=1$)且 front=rear。

建立一个循环队列顺序存储空间(初始化循环队列顺序存储空间)算法的 C++ 描述如下：

```
//ch2_10.cpp
    template<typename T>     //模板声明,T 为类型参数
    void  init_Queue(T * q,int m,int * front,int * rear,int * s)
    {   q=new T[m];
        * front=m; * rear=m; * s=0;
        return;
    }
```

当要释放循环队列的顺序存储空间时，可以用“delete[] q;”命令。

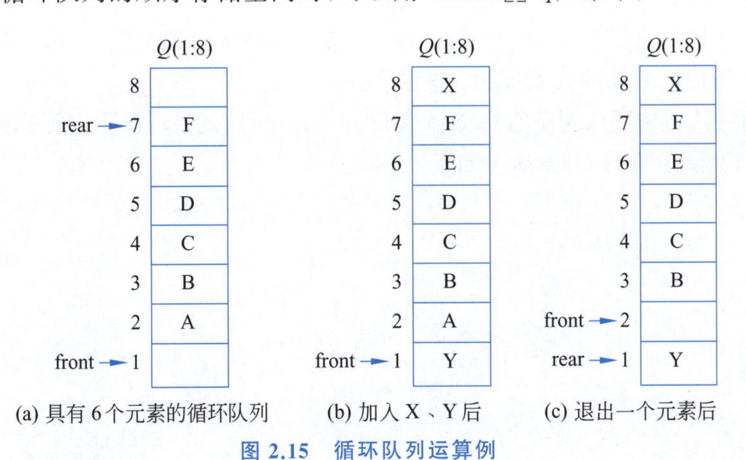

图 2.15　循环队列运算例

下面具体介绍循环队列入队与退队的算法。

假设循环队列的初始状态为空，即 $s=0$，且 front=rear=m。

1）入队运算

入队运算是指在循环队列的队尾加入一个新元素。设循环队列顺序存储空间为Q(1:m)，队尾指针为 rear；排头指针为 front；标志 s 入队的元素为 x，则入队运算的操作过程如下：

(1) 判断循环队列是否满。当循环队列非空($s=1$)且队尾指针等于排头指针时，说明循环队列已满，不能进行入队运算。这种情况称为“上溢”，此时算法结束。

(2) 将队尾指针进一(rear＝rear＋1)，并当 rear＝$m+1$ 时置 rear＝1。

(3) 将新元素 x 插入队尾指针指向的位置，并且置循环队列非空标志。

循环队列入队运算的 C++ 描述如下：

```
//ch2_11.cpp
    #include<iostream>
    using namespace std;
    template<typename T>     //模板声明,T 为类型参数
    void  addcq(T *q, int m, int *rear, int *front, int *s, T x)
    {
        if  ((*s==1) && (*rear==*front))
                    { cout<<"Queue-OVERFLOW \n";  return; }
        *rear=*rear+1;
        if  (*rear==m+1)   *rear=1;
        q[*rear-1]=x;   *s=1;  return;
    }
```

2）退队运算

退队运算是指在循环队列的排头位置退出一个元素并赋给指定的变量。设循环队列顺序存储空间为 $Q(1:m)$，队尾指针为 rear，排头指针为 front，标志为 s，则退队运算的操作过程如下：

(1) 判断循环队列是否为空。当循环队列为空($s=0$)时，不能进行退队运算。这种情况称为“下溢”，此时算法结束。

(2) 将排头指针进一(front＝front＋1)，并当 front＝$m+1$ 时置 front＝1。

(3) 将排头指针指向的元素赋给指定的变量。

(4) 判断退队后循环队列是否为空。当 front＝rear 时，置循环队列空标志($s=0$)。

循环队列退队运算的 C++ 描述如下：

```
//ch2_12.cpp
    #include<iostream>
    using namespace std;
    template<typename T>          //模板声明,T 为类型参数
    T  delcq(T *q, int m, int *rear, int *front, int *s)
    {
        T y;
        if  (*s==0)   { cout<<"Queue- UNDERFLOW \n";  return; }
        *front=*front+1;
        if  (*front==m+1)   *front=1;
```

```
       * y=q[ * front-1];
      if  ( * front== * rear)   * s=0;
      return;
  }
```

3. 循环队列类

下面的描述是将循环队列的数据和基本操作(初始化、入队、退队、输出排头与队尾指针以及循环队列中的元素)封装成一个循环队列类 sq_Queue。

```
//sq_Queue.h
    #include<iostream>
    using namespace std;
    //定义循环队列类
    template<class T>                           //模板声明,数据元素虚拟类型为 T
    class  sq_Queue
    { private:                                  //数据成员
        int mm;                                 //存储空间容量
        int front;                              //排头指针
        int rear;                               //队尾指针
        int s;                                  //标志
        T * q;                                  //循环队列存储空间首地址
      public:                                   //成员函数
        sq_Queue(int);                          //构造函数,建立空循环队列
        void prt_sq_Queue();                    //输出排头与队尾指针以及队中元素
        int flag_sq_Queue();                    //检测循环队列的状态
        void ins_sq_Queue(T);                   //入队
        T del_sq_Queue();                       //退队
    };
    //建立容量为 mm 的空循环队列
    template<class T>
    sq_Queue<T>::sq_Queue(int m)
    { mm=m;                                     //存储空间容量
      q=new T[mm];                              //动态申请存储空间
      front=mm;   rear=mm;  s=0;
      return;
    }
    //输出排头与队尾指针以及队中元素
    template<class T>
    void sq_Queue<T>::prt_sq_Queue()
    { int i;
      cout<<"front="<<front<<endl;
      cout<<"rear="<<rear<<endl;
      if (s==0) { cout<<"队列空!"<<endl; return; }
      i=front;
      do { i=i+1;
           if (i==mm+1) i=1;
           cout<<q[i-1]<<endl;
         } while (i!=rear);
      return;
    }
    //检测循环队列的状态
    template<class T>
```

```
int sq_Queue<T>::flag_sq_Queue()
{ if ((s==1)&&(rear==front)) return(-1);        //存储空间已满,返回-1
  if (s==0) return(0);                          //循环队列为空,返回 0
  return(1);                                    //正常返回 1
}
//入队
template<class T>
void sq_Queue<T>::ins_sq_Queue(T x)
{ if ((s==1)&&(rear==front))                    //存储空间已满,上溢错误
     { cout<<"Queue_overflow!"<<endl;   return; }
  rear=rear+1;                                  //队尾指针进一
  if (rear==mm+1) rear=1;
  q[rear-1]=x;                                  //新元素入队
  s=1;                                          //入队后队列非空
  return;
}
//退队
template<class T>
T sq_Queue<T>::del_sq_Queue()
{ T y;
  if (s==0)                                     //队列为空,下溢错误
     { cout<<"Queue_underflow!"<<endl;  return(0); }
  front=front+1;                                //排头指针进一
  if (front==mm+1) front=1;
  y=q[front-1];                                 //将退队元素赋给变量
  if (front==rear) s=0;
  return(y);                                    //返回退队的元素
}
```

与前面顺序表类与顺序栈类的情况一样,循环队列类中定义的成员函数 flag_sq_Queue()的功能是检测顺序栈的当前状态。若循环队列满,则返回函数值−1;若循环队列空,返回函数值 0;正常情况则返回函数值 1。在实际应用中,当需要在循环队列中进行入队操作时,先调用检测函数 flag_sq_Queue()检测循环队列是否处于满的状态。如果循环队列非满,则调用入队的成员函数 ins_sq_Queue()进行入队,否则不做入队操作,而需要做上溢处理,即需要在循环队列中做入队操作时,建议采用如下方法(假设要在循环队列 q 中插入新元素 25):

```
if (q.flag_sq_Queue()!=-1) q.ins_sq_Queue(25);     //循环队列非满进行插入操作
else  { 上溢处理 }
```

同样的道理,当需要在循环队列中删除一个元素(退队)时,先调用检测函数 flag_sq_Queue()检测循环队列是否处于空的状态。如果循环队列非空,则调用退队的成员函数 del_sq_Queue()进行退队操作,否则不做这个操作,而需要做下溢处理,即需要在循环队列中删除一个元素时,建议采用如下方法(假设需要对循环队列 q 做退队操作):

```
if (q.flag_sq_Queue()!=0) y=q.del_sq_Queue();     //循环队列非空进行退队操作
else  { 下溢处理 }
```

在下列主函数中,由于入队与退队等操作都是示意性的,因此,在这些操作之前没有利用检测函数 flag_sq_Queue()进行检测。

下面是使用循环队列类的主函数的例子。

例 2.9　建立容量为 10 的空循环队列，然后输出排头与队尾指针以及队中元素。依次将 50，60，70，80，90，100 入队，再输出排头与队尾指针以及队中元素。输出连续 3 次退队的元素，最后再输出排头与队尾指针以及队中元素。主函数如下：

```
//ch2_13.cpp
    #include "sq_Queue.h"
    int main()
    { sq_Queue<int>q(10);              //建立容量为 10 的空循环队列,元素为整型
      cout<<"输出排头与队尾指针以及队中元素:"<<endl;
      q.prt_sq_Queue();                //输出排头与队尾指针以及队中元素
      q.ins_sq_Queue(50);
      q.ins_sq_Queue(60);
      q.ins_sq_Queue(70);
      q.ins_sq_Queue(80);
      q.ins_sq_Queue(90);
      q.ins_sq_Queue(100);
      cout<<"输出排头与队尾指针以及队中元素:"<<endl;
      q.prt_sq_Queue();                //输出排头与队尾指针以及队中元素
      cout<<"输出退队元素:"<<endl;
      cout<<q.del_sq_Queue()<<endl;
      cout<<q.del_sq_Queue()<<endl;
      cout<<q.del_sq_Queue()<<endl;
      cout<<"再次输出排头与队尾指针以及队中元素:"<<endl;
      q.prt_sq_Queue();                //再次输出排头与队尾指针以及队中元素
      return 0;
    }
```

上述程序的运行结果如下：

```
输出排头与队尾指针以及队中元素:
front=10
rear=10
队列空!
输出排头与队尾指针以及队中元素:
front=10
rear=6
50
60
70
80
90
100
输出退队元素:
50
60
70
再次输出排头与队尾指针以及队中元素:
front=3
rear=6
80
90
100
```

4. 队列的应用

在计算机软件设计中，队列的应用是很普遍的。例如，操作系统中的作业排队，输入/输出缓冲区等都采用队列结构。日常生活中的队列例子就更多了。总之，凡是采用“先来先服务”(“先进先出”)原则的问题，都可以用队列结构来解决。

下面再介绍三个模拟队列结构来解决的问题。

1）给工人分配工作的模拟

假设某单位每天要有一批工人向调度员报到，并等待分配工作。当有工作需要分配时，调度员就从等待分配的工人中派一名去做该项工作；当某个工人完成了分配给他的任务后，就又回到调度室等待再次分配工作。

那么调度员如何进行调度呢？一种比较自然的原则是，在保证人人有工作的前提下，鼓励勤快与熟练的工人。在这种原则下，工人们按照报到的先后进行排队，先来的先分配；完成了分配任务的工人以及后来的工人都要依次排队。这种分配原则的优点是，每个工人都有可能分配到工作，但完成任务快，或者勤快、技术熟练的工人能得到较多的工作机会。对应于这种分配原则所采用的数据结构就是队列。

采用队列作为给工人分配工作的数据结构时，调度员要做以下工作：

(1) 开辟一个队列结构的线性表。

(2) 设置一个排头指针和一个队尾指针，初始时队列为空。

(3) 每当有一个工人到调度员处报到时(包括新来的与完成任务后返回的)，都将他加入队尾；当需要一名工人去做某项工作时，就派排头的工人去做该项工作。

这是一个在日常生活中反映按队列处理的例子。

2）输入/输出缓冲区的结构

在计算机系统中，经常会遇到两个设备之间传送数据的问题，而不同的设备对数据操作的速度往往是不同的，这就存在两个设备在传送数据时速度不匹配的矛盾。

例如，计算机处理一批数据，并要将处理结果在打印机上打印输出。如果计算机处理一个数据元素需要 4ms 的时间，而打印机要将一数据元素的处理结果打印输出需要 15ms 的时间。显然，当计算机连续处理一批数据时，打印机的打印速度是跟不上的，这就产生了矛盾。如果不设法解决这个矛盾，就会使处理结果因来不及打印输出而丢失；或者计算机每处理完一个数据后，均要停下来等待一段时间再处理下一个数据，从而使计算机的处理效率大大降低。

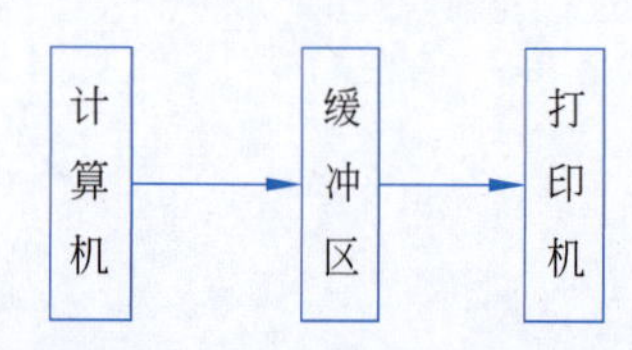

图 2.16　通过缓冲区传送数据

为了解决上述这种两个设备操作速度不匹配的矛盾，通常是在两个设备之间设置一个缓冲区，如图 2.16 所示。

由图 2.16 可以看出，当计算机处理完一个数据后，将处理结果传送给缓冲区，此时相当于往缓冲区加入一个元素；当打印机打印完一个处理结果后，就从缓冲区取出下一个处理结果进行打印，此时相当于从缓冲区取出一个元素。有了这个缓冲区后，计算机就不必每次等待打印机打印完当前结果才去继续处理下一个元素。在这种情况下，由于打印机的输出速度比计算机的处理速度慢，因此，来不及打印的处理结果将积累在缓冲区中等待打印，只要缓冲区足够大，就不会发生丢失处理结果的情况。开辟的缓冲区究竟需要多大，这需要由传送的数据量以及两个设备操作速度的差别来决定。

通常，缓冲区是一个顺序存储空间。为了体现“先进先出”（先处理的结果应先打印输出）的原则，并充分利用缓冲区的存储空间，缓冲区应设计成循环队列的结构。为循环队列结构的缓冲区设置一个队尾指针和一个排头指针，初始时该循环队列为空。然后，计算机每处理完一个数据，就将处理结果加入循环队列的队尾；打印机每打印完一个结果，就从循环队列的排头位置取出下一个结果再次打印输出。利用循环队列结构的缓冲区，就解决了计算机处理数据与打印机打印输出的速度不匹配的矛盾，实现了两个设备之间数据的正常传送。

3）汽车加油站的工作模拟

设某汽车加油站有两台油泵，每台油泵为一辆汽车加油的时间为 d 分钟。现已知该加油站的到车率为 $1/g$（辆/分钟）。用计算机来模拟该汽车加油站的工作情况。

首先，用一个容量为 m 的循环队列来组织等待加油的汽车，并对到达加油站的汽车按先后顺序用自然数给予编号。假设循环队列的存储空间用一维数组 cq(1:m)模拟，初始状态为 rear=front=m，并假设该循环队列不会发生队列满的情况。

其次，假设模拟的时间长度为 time 分钟，并用时间步长法进行模拟，取采样时间间隔为 dt，即每隔 dt 分钟对汽车加油站的工作情况测试一次，同时输出汽车排队的情况及每台油泵的工作情况。

整个模拟除了需要定义循环队列类以外，还包括三个子模块，最后用主模块来组织它们。

（1）模拟汽车排队。

由给定的条件可知，一分钟来一辆车的概率为 $1/g$。因此，在采样时间间隔 dt 分钟内来一辆车的概率为 dt/g。但在这种情况下，要求采样的时间间隔 d$t<g$。否则当 d$t\geqslant g$ 时，d$t/g\geqslant 1$，即每隔 dt 分钟至少有一辆车来到，这显然是不对的，失去了模拟的实际意义。

在实际模拟时，每隔 dt 分钟（每次采样测试时）产生一个 0～1 均匀分布的随机数 rnd。若 rnd$\leqslant$dt/g，则认为有一辆车到达，并将它编号，加入循环队列。

（2）模拟油泵工作。

分别给两台油泵编号为 1 和 2，并用标志 flag(i)表示第 i(i=1,2)台油泵的工作进程，aut(i)表示第 i 台油泵服务的对象（汽车的编号）。

当第 i 台油泵开始为一辆车加油服务时，置工作进程标志为 flag(i)=$d-$dt；以后每经过 dt 分钟，令 flag(i)=flag(i)$-$dt。

当 flag(i)<0 时，说明第 i 台油泵刚完成对一辆汽车的加油服务，可以从循环队列的排头取出一辆汽车进行服务。若此时队列为空，则置油泵为空闲状态，即置 flag(i)=0。

（3）采样测试结果输出。

每隔 dt 分钟将汽车队列的情况以及每台油泵工作情况的模拟结果打印输出。

在输出结果中，分以下两种情况。

① 当 aut(i)>0 时：

- 若 flag(i)>0，则 aut(i)值为油泵 i 正在服务的对象；
- 若 flag(i)<0，则 aut(i)值为油泵 i 刚服务完的对象；
- 若 flag(i)=0，则 aut(i)值为油泵 i 已经服务完的对象。

② 当 aut(i)=-1 时，表示油泵 i 还未服务过。

(4) 主模块。

在主模块中,要对汽车加油站的工作状态进行初始化,主要包括以下几项:

- 分配循环队列空间 CQ(1:m),并置循环队列为空,即置 front=rear=m。
- 置每台油泵为空闲,即置 flag(1)=flag(2)=0。
- 置每台油泵还无服务对象,即置 aut(1)=aut(2)=−1。

下面是汽车加油站工作模拟的完整的 C++ 描述:

```
//ch2_14.cpp
    #include "sq_Queue.h"                              //包含循环队列类
    //模拟汽车排队
    template<class T>
    void simuauto(sq_Queue<T>&cq, int *num, double dt, double g, double rnd)
    { if (rnd<=dt/g)
        { *num=*num+1;
          cq.ins_sq_Queue(*num);
        }
      return;
    }
    //模拟油泵工作
    template<class T>
    void simupump(sq_Queue<T>&cq,double dt,double d,double *flag,int *aut,int i)
    { int n;
      if (flag[i-1]<=0)
        { n=cq.del_sq_Queue();
          if (n==0)  flag[i-1]=0;
          else
            { aut[i-1]=n;
              flag[i-1]=d-dt;
            }
        }
      else  flag[i-1]=flag[i-1]-dt;
      return;
    }
    //模拟结果输出
    template<class T>
    void out(sq_Queue<T>&cq, double flag[], int aut[])
    { cq.prt_sq_Queue();
      cout<<"flag(1)="<<flag[0]<<", "<<"aut[1]="<<aut[0]<<endl;
      cout<<"flag(2)="<<flag[1]<<", "<<"aut[2]="<<aut[1]<<endl;
      cout<<"----------------------------------------"<<endl;
      return;
    }
    //主模块
    int main()
    { sq_Queue<int>cq(10);                             //建立容量为10的循环队列空间
      int  aut[2], num=0;
      double  flag[2], time, dt, t=0, g, d, rnd, r=1.0, s;
      aut[0]=-1; aut[1]=-1;                            //置每台油泵还未服务过
      flag[0]=0;  flag[1]=0;                           //置每台油泵为空闲
      cout<<"输入来一辆车的平均时间 g:";
      cin >>g;
      cout<<"输入油泵为一辆车加油所需要的时间 d:";
```

```
    cin >>d;
    cout<<"输入总的模拟时间长度 time:";
    cin >>time;
    cout<<"输入采样时间间隔 dt:";
    cin >>dt;
    cout<<"---------------------------------------"<<endl;
    while (t<time)                          //模拟时间未结束
      { r=2053.0*r+13849.0;
        s=(int)(r/65536.0);
        r=r-s*65536.0;
        rnd=r/65536.0;                      //产生一个 0~1 的随机数
        simuauto(cq, &num, dt, g, rnd);     //模拟汽车排队
        simupump(cq, dt, d, flag, aut, 1);  //模拟油泵 1 工作
        simupump(cq, dt, d, flag, aut, 2);  //模拟油泵 2 工作
        out(cq, flag, aut);                 //模拟结果输出
        t=t+dt;
      }
    return 0;
}
```

上述程序的运行结果如下(带有下画线的为键盘输入)：

```
输入来一辆车的平均时间 g: 3
输入油泵为一辆车加油所需要的时间 d: 8
输入总的模拟时间长度 time: 10
输入采样时间间隔 dt: 2
---------------------------------------
Queue_underflow!
front=1
rear=1
队列空!
flag(1)=6, aut[1]=1
flag(2)=0, aut[2]=-1
---------------------------------------
front=2
rear=2
队列空!
flag(1)=4, aut[1]=1
flag(2)=6, aut[2]=2
---------------------------------------
front=2
rear=3
3
flag(1)=2, aut[1]=1
flag(2)=4, aut[2]=2
---------------------------------------
front=2
rear=3
3
flag(1)=0, aut[1]=1
flag(2)=2, aut[2]=2
---------------------------------------
front=3
```

```
rear=4
4
flag(1)=6, aut[1]=3
flag(2)=0, aut[2]=2
----------------------------------------
```

2.3 线性链表

2.3.1 线性链表的基本概念

2.2 节主要讨论了线性表的顺序存储结构以及在顺序存储结构下的运算。线性表的顺序存储结构具有简单、运算方便等优点,特别是对于小线性表或长度固定的线性表,采用顺序存储结构的优越性更为突出。

但是,线性表的顺序存储结构在某些情况下就显得不那么方便了,运算效率不那么高。实际上,线性表的顺序存储结构存在以下几方面的缺点。

(1) 在一般情况下,要在顺序存储的线性表中插入一个新元素或删除一个元素时,为了保证插入或删除后的线性表仍然为顺序存储,在插入或删除过程中需要移动大量的数据元素。在平均情况下,为了在顺序存储的线性表中插入或删除一个元素,需要移动线性表中约一半的元素;在最坏情况下,则需要移动线性表中所有的元素。因此,对于大的线性表,特别是在元素的插入或删除很频繁的情况下,采用顺序存储结构是很不方便的,插入与删除运算的效率都很低。

(2) 当为一个线性表分配顺序存储空间后,当线性表的存储空间已满,但还需要插入新的元素时,就会发生"上溢"错误。在这种情况下,如果在原线性表的存储空间中找不到与之连续的可用空间,则会导致运算的失败或中断。显然,这种情况的出现对运算是很不方便的。也就是说,在顺序存储结构下,线性表的存储空间不便于扩充。

(3) 在实际应用中,往往同时有多个线性表共享计算机的存储空间。例如,在一个处理中,可能要用到若干个线性表(包括栈与队列)。在这种情况下,存储空间的分配将是一个难题。如果将存储空间平均分配给各线性表,则有可能造成有的线性表的空间不够用,而有的线性表根本用不着分配给它的那么多的空间,这就使得在有的线性表空间无用而处于空闲的情况下,另外一些线性表的操作由于"上溢"而无法进行。这种情况实际上是因为计算机的存储空间得不到充分利用而造成的。如果多个线性表共享存储空间,要对每一个线性表的存储空间进行动态分配,则为了保证每一个线性表的存储空间连续且顺序分配,就会导致在对某个线性表进行动态分配存储空间时,必须要移动其他线性表中的数据元素。这就是说,线性表的顺序存储结构不便于对存储空间进行动态分配。

由于线性表的顺序存储结构存在以上缺点,因此,对于大的线性表,特别是元素变动频繁的大线性表不宜采用顺序存储结构,而是采用下面要介绍的链式存储结构。

假设数据结构中的每一个数据结点对应于一个存储单元,则这种存储单元称为存储结点,简称结点。

在链式存储方式中,要求每个结点由两部分组成:一部分用于存放数据元素值,称为数据域;另一部分用于存放指针,称为指针域。其中,指针用于指向该结点的前一个或后一个

结点(前件或后件)。在链式存储结构中,存储数据结构的存储空间可以不连续,各数据结点的存储顺序与数据元素之间的逻辑关系可以不一致,而数据元素之间的逻辑关系是由指针域来确定的。链式存储方式既可用于表示线性结构,也可用于表示非线性结构。在用链式结构表示较复杂的非线性结构时,其指针域的个数要多一些。

线性表的链式存储结构称为线性链表。为了适应线性表的链式存储结构,计算机存储空间被划分为一个个小块,每一小块占若干字节,通常称这些小块为存储结点。为了存储线性表中的每一个元素,一方面要存储数据元素的值,另一方面要存储各数据元素之间的前后件关系。为此目的,将存储空间中的每一个存储结点分为两部分:一部分用于存储数据元素的值,称为数据域;另一部分用于存放下一个数据元素的存储序号(存储结点的地址),即指向后件结点,称为指针域。由此可知,在线性链表中,存储空间的结构如图 2.17 所示。

在程序设计语言中,线性链表的存储空间可以用两个同样大小的一维数组(但它们的数据类型不同)表示,分别为 $V(1:m)$ 和 NEXT$(1:m)$。其中 $V(i)$ 表示第 i 个存储结点的数据域,NEXT(i) 表示第 i 个存储结点的指针域,线性链表中存储结点的结构如图 2.18 所示。

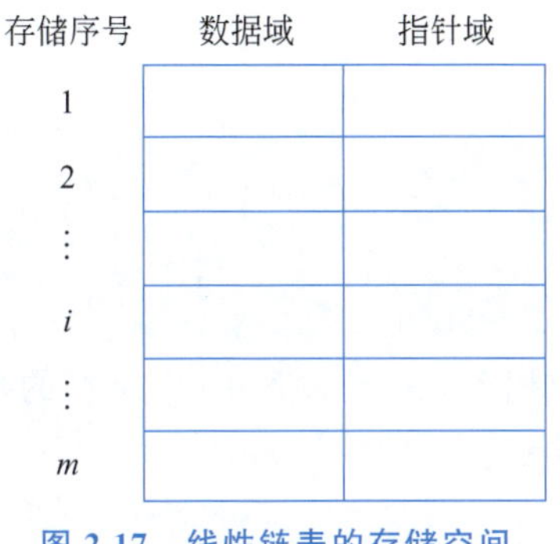

图 2.17　线性链表的存储空间

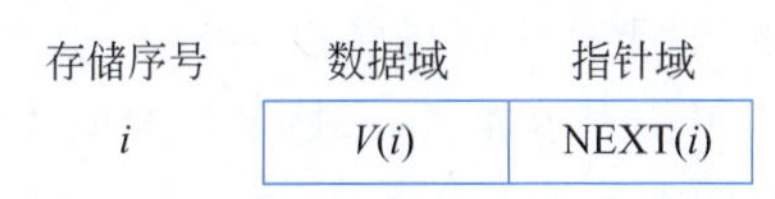

图 2.18　线性链表的一个存储结点

在线性链表中,用一个专门的指针 HEAD 指向线性链表中第一个数据元素的结点(存放线性表中第一个数据元素的存储结点的序号)。线性表中最后一个元素没有后件,因此,线性链表中最后一个结点的指针域为空(用 NULL 或 0 表示),表示链表终止。线性链表的逻辑结构如图 2.19 所示。

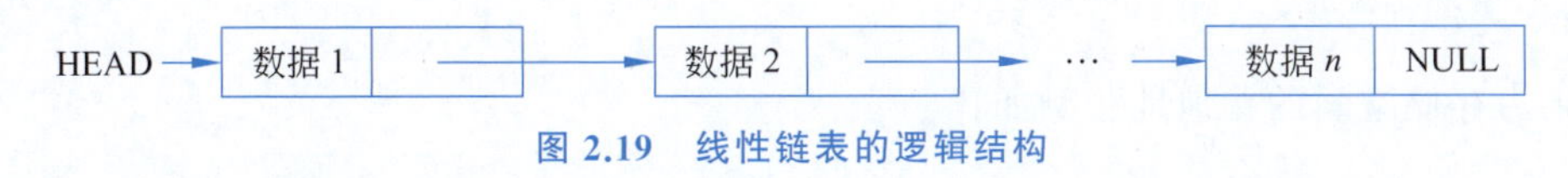

图 2.19　线性链表的逻辑结构

下面举一个例子来说明线性链表的存储结构。

设线性表为$(a_1, a_2, a_3, a_4, a_5)$,存储空间具有 10 个存储结点,该线性表在存储空间中的物理状态如图 2.20(a)所示。为了直观地表示该线性链表中各元素之间的前后件关系,还可以用图 2.20(b)所示的逻辑状态来表示,其中每一个结点上面的数字表示该结点的存储序号(简称结点号)。

一般来说,在线性表的链式存储结构中,各数据结点的存储序号是不连续的,并且各结点在存储空间中的位置关系与逻辑关系也不一致。在线性链表中,各数据元素之间的前后件关系是由各结点的指针域来指示的。指向线性表中第一个结点的指针 HEAD 称为头指针。当 HEAD=NULL(或 0)时,称为空表。

HEAD: 3

i	$V(i)$	NEXT(i)
1	a_2	9
2		
3	a_1	1
4		
5	a_4	10
6		
7		
8		
9	a_3	5
10	a_5	0

(a) 线性链表的物理状态

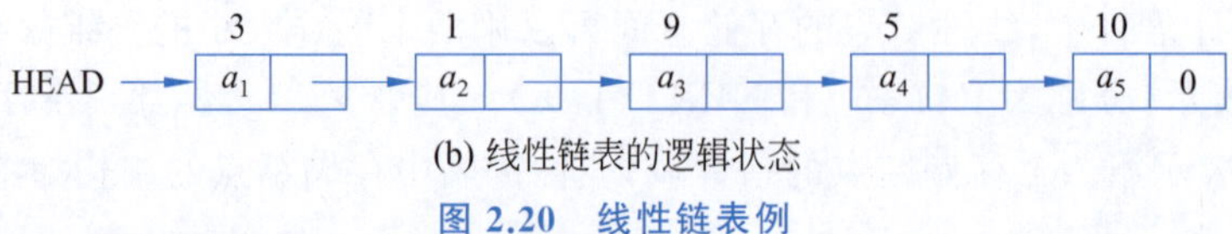

(b) 线性链表的逻辑状态

图 2.20　线性链表例

在 C++ 中,定义链表结点结构的一般形式如下:

```
struct  结构体类型名
{  数据成员表;
   结构体类型名   *指针变量名;
};
```

例如,下面定义的结点类型中,数据域包含两个数据项:一是包含 10 个字符的数组(字符串),用于表示姓名;二是字符类型数据,用于表示性别。

```
struct  node
{ char  name[10];           //数据域
  char  sex;                //数据域
  node  *next;              //指针域
  };
```

在 C++ 中,可以用 new 运算符申请分配链表结点的存储空间,其形式为

```
new 类型名     或     new 类型名[m]
```

其结果为存储空间的首地址。例如:

```
new node
```

为申请分配能存放一个链表结点 node 类型数据的存储空间,返回这个存储空间的首地址。而

```
new node[m]
```

为申请分配能存放 m 个链表结点 node 类型数据的存储空间,返回这个存储空间的首地址。

下面的 C++ 程序段定义了一种结点类型 node;并定义了该类型的指针变量 p(用于指向该种结点类型的存储空间的首地址);最后申请分配该结点类型的一个存储空间,其首地址存放在指针变量 p 中。

```
struct  node                //定义结点类型
{  int  d;                  //数据域
   node  * next;            //指针域
};
int main()
{  node   * p;              //定义该类型的指针变量 p
    …
   p=new node;              //申请分配结点存储空间
    …
   delete p;                //释放结点存储空间
   return 0;
}
```

对于线性链表,可以从头指针开始,沿各结点的指针扫描到链表中的所有结点。

上面讨论的线性链表又称为线性单链表。在这种链表中,每一个结点只有一个指针域,由这个指针只能找到后件结点,但不能找到前件结点。因此,在这种线性链表中,只能顺指针向链尾方向进行扫描,这对于某些问题的处理会带来不便。因为在这种链接方式下,由某一个结点出发,只能找到它的后件,要找出它的前件,就必须从头指针开始重新寻找。

为了弥补线性单链表的这个缺点,在某些应用中,对线性链表中的每个结点设置两个指针。其中,一个称为左指针(Llink),用来指向其前件结点;另一个称为右指针(Rlink),用来指向其后件结点。这样的线性链表称为双向链表,其逻辑状态如图 2.21 所示。

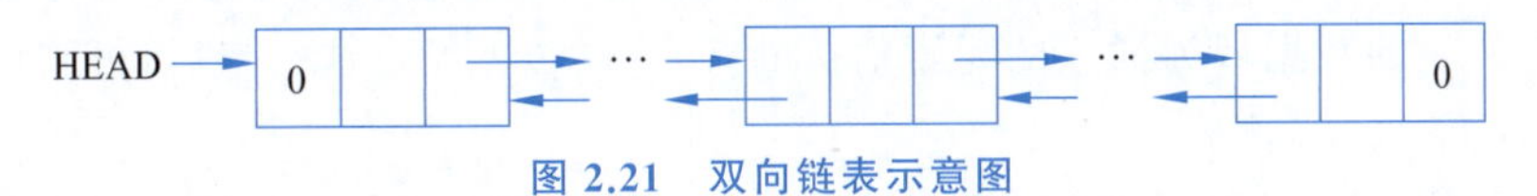

图 2.21 双向链表示意图

2.3.2 线性链表的插入与删除

线性链表的运算主要有以下几个。

(1) 在线性链表中包含指定元素的结点之前插入一个新元素。

(2) 在线性链表中删除包含指定元素的结点。

(3) 将两个线性链表按要求合并成一个线性链表。

(4) 将一个线性链表按要求进行分解。

(5) 逆转线性链表。

(6) 复制线性链表。

(7) 线性链表的排序。

(8) 线性链表的查找。

本节主要讨论前两个运算。

1. 线性链表的插入

线性链表的插入是指在链式存储结构下的线性表中插入一个新元素。

为了在线性链表中插入一个新元素,首先要给该元素分配一个新结点,以便用于存储该元素的值。新结点可以从可利用栈中取得,然后将存放新元素值的结点链接到线性链表中指定的位置。

假设可利用栈与线性链表如图 2.22(a)所示。现在要在线性链表中包含元素 x 的结点

之前插入一个新元素 b,其插入过程如下:

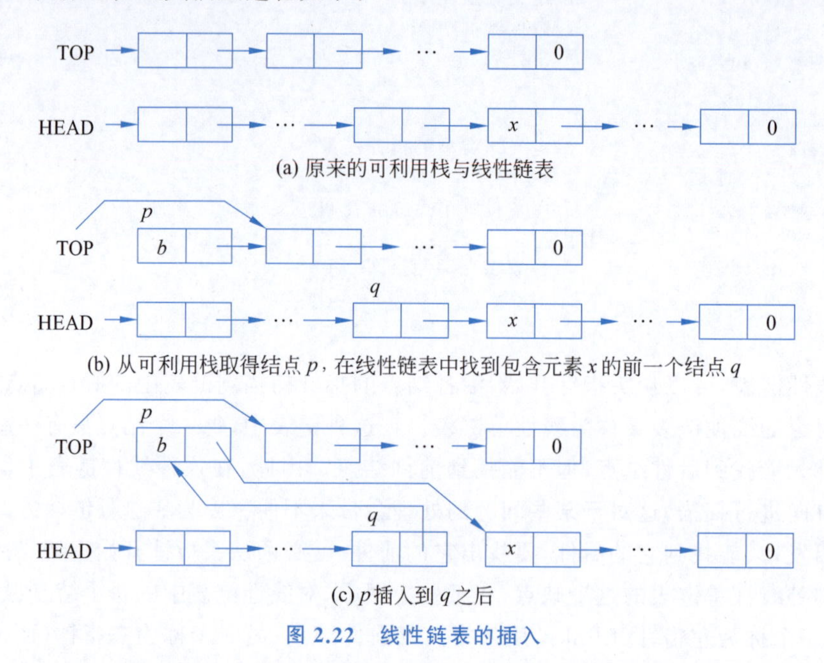

(a) 原来的可利用栈与线性链表

(b) 从可利用栈取得结点 p,在线性链表中找到包含元素 x 的前一个结点 q

(c) p 插入到 q 之后

图 2.22　线性链表的插入

(1) 从可利用栈中取得一个结点,设该结点号为 p(取得结点的存储序号存放在变量 p 中);并置结点 p 的数据域为插入的元素值 b,即 $V(p)=b$。经过这一步后,可利用栈的状态如图 2.22(b)所示。

(2) 在线性链表中寻找包含元素 x 的前一个结点,设该结点的存储序号为 q。线性链表如图 2.22(b)所示。

(3) 将结点 p 插入结点 q 之后。为了实现这一步,只要改变以下两个结点的指针域内容:

① 使结点 p 指向包含元素 x 的结点(结点 q 的后件结点),即

$$\mathrm{NEXT}(p)=\mathrm{NEXT}(q)$$

② 使结点 q 的指针域内容改为指向结点 p,即

$$\mathrm{NEXT}(q)=p$$

这一步的结果如图 2.22(c)所示,此时插入就完成了。

从线性链表的插入过程可以看出,由于插入的新结点取自于可利用栈,因此,只要可利用栈不空,在线性链表插入时总能取到存储插入元素的新结点,不会发生“上溢”的情况。而且,由于可利用栈是公用的,多个线性链表可以共享它,从而很方便地实现了存储空间的动态分配。另外,线性链表在插入过程中不发生数据元素移动的现象,只需改变有关结点的指针即可,从而提高了插入的效率。

2. 线性链表的删除

线性链表的删除是指在链式存储结构下的线性表中删除包含指定元素的结点。为了在线性链表中删除包含指定元素的结点,首先要在线性链表中找到这个结点,然后将要删除结点放回到可利用栈。

假设可利用栈与线性链表如图 2.23(a)所示。现在要在线性链表中删除包含元素 x 的

结点，其删除过程如下。

(1) 在线性链表中寻找包含元素 x 的前一个结点，设该结点序号为 q，则包含元素 x 的结点序号 $p=\text{NEXT}(q)$。

(2) 将结点 q 后的结点 p 从线性链表中删除，即让结点 q 的指针指向包含元素 x 的结点 p 的指针指向的结点，即

$$\text{NEXT}(q)=\text{NEXT}(p)$$

经过上述两步后，线性链表如图 2.23(b)所示。

(3) 将包含元素 x 的结点 p 送回可利用栈。经过这一步后，可利用栈的状态如图 2.23(c)所示。此时，线性链表的删除运算完成。

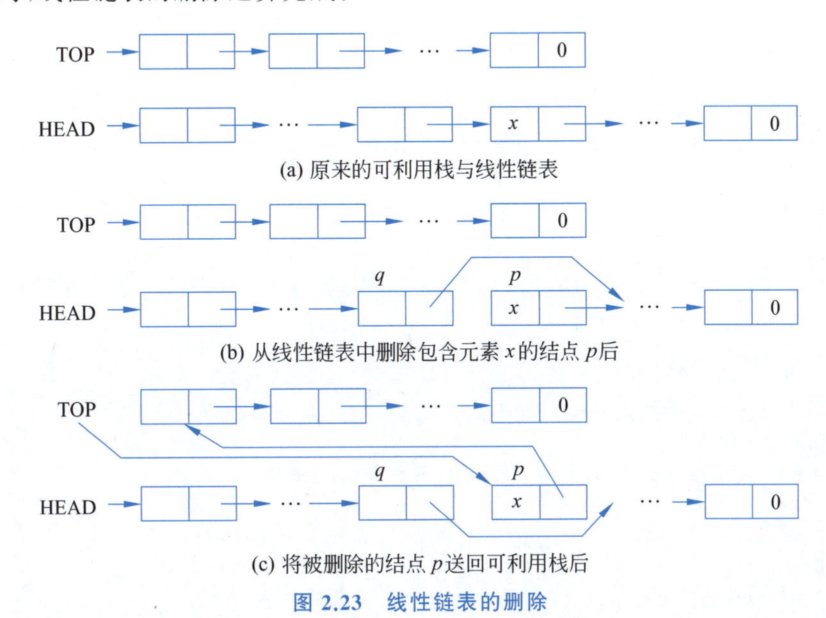

图 2.23　线性链表的删除

从线性链表的删除过程可以看出，在线性链表中删除一个元素后，不需要移动表的数据元素，只需改变被删除元素所在结点的前一个结点的指针域即可。另外，由于可利用栈用于收集计算机中所有的空闲结点，因此，当从线性链表中删除一个元素后，该元素的存储结点就变为空闲，应将该空闲结点送回可利用栈。

3. 线性链表类

下面的描述是将线性链表的数据和基本操作(初始化、扫描输出、插入与删除操作等)封装成一个线性链表类。

```
//linked_List.h
    #include<iostream>
    using namespace std;
    //定义结点类型
    template<class T>                          //T 为虚拟类型
    struct node
    { T d;
      node * next;
    };
    //定义线性链表类
```

```
template<class T>                              //模板声明,数据元素虚拟类型为 T
class  linked_List
{ private:                                     //数据成员
     node<T> * head;                           //链表头指针
   public:                                     //成员函数
     linked_List();                            //构造函数,建立空链表
     void prt_linked_List();                   //扫描输出链表中的元素
     void ins_linked_List(T, T);               //在包含元素 x 的结点前插入新元素 b
     int del_linked_List(T);                   //删除包含元素 x 的结点
};
//建立空链表
template<class T>
linked_List<T>::linked_List()
{ head=NULL;  return; }
//扫描输出链表中的元素
template<class T>
void linked_List<T>::prt_linked_List()
{ node<T> * p;
  p=head;
  if (p==NULL) { cout<<"空链表!"<<endl; return; }
  do { cout<<p->d<<endl;
       p=p->next;
     } while (p!=NULL);
  return;
}
//在包含元素 x 的结点前插入新元素 b
template<class T>
void linked_List<T>::ins_linked_List(T x, T b)
{ node<T> * p,  * q;
  p=new node<T>;                               //申请一个新结点
  p->d=b;                                      //置新结点的数据域
  if (head==NULL)                              //原链表为空
  { head=p; p->next=NULL; return;}
  if (head->d==x)                              //在第一个结点前插入
  { p->next=head;  head=p;  return; }
  q=head;
  while ((q->next!=NULL)&&(((q->next)->d)!=x))
      q=q->next;                               //寻找包含元素 x 的前一个结点 q
  p->next=q->next;  q->next=p;                 //新结点 p 插入结点 q 之后
  return;
}
//删除包含元素 x 的结点元素
template<class T>
int linked_List<T>::del_linked_List(T x)
{ node<T> * p,  * q;
  if (head==NULL) return(0);                   //链表为空,无删除的元素
  if ((head->d)==x)                            //删除第一个结点
  { p=head->next; delete head; head=p; return(1); }
  q=head;
  while ((q->next!=NULL)&&(((q->next)->d)!=x))
      q=q->next;                               //寻找包含元素 x 的前一个结点 q
  if (q->next==NULL) return(0);                //链表中无删除的元素
  p=q->next; q->next=p->next;                  //删除 q 的下一个结点 p
```

```
        delete p;                                    //释放结点 p 的存储空间
        return(1);
    }
```

下面举例说明。

例 2.10　建立一个空线性链表，依次做如下操作。

(1) 第 1 次扫描输出链表 s 中的元素。

(2) 依次做下列插入操作：

- 在包含元素 10 的结点前插入新元素 10；
- 在包含元素 10 的结点前插入新元素 20；
- 在包含元素 10 的结点前插入新元素 30；
- 在包含元素 40 的结点前插入新元素 40。

(3) 第 2 次扫描输出链表 s 中的元素。

(4) 在线性链表中依次删除元素 30 与 50。

(5) 第 3 次扫描输出链表 s 中的元素。

主函数如下：

```
//ch2_15.cpp
    #include "linked_List.h"
    int main()
    { linked_List<int>  s;
      cout<<"第 1 次扫描输出链表 s 中的元素:"<<endl;
      s.prt_linked_List();
      s.ins_linked_List(10,10);         //在包含元素 10 的结点前插入新元素 10
      s.ins_linked_List(10,20);         //在包含元素 10 的结点前插入新元素 20
      s.ins_linked_List(10,30);         //在包含元素 10 的结点前插入新元素 30
      s.ins_linked_List(40,40);         //在包含元素 40 的结点前插入新元素 40
      cout<<"第 2 次扫描输出链表 s 中的元素:"<<endl;
      s.prt_linked_List();
      if (s.del_linked_List(30))
          cout<<"删除元素:30"<<endl;
      else
          cout<<"链表中无元素:30"<<endl;
      if (s.del_linked_List(50))
          cout<<"删除元素:50"<<endl;
      else
          cout<<"链表中无元素:50"<<endl;
      cout<<"第 3 次扫描输出链表 s 中的元素:"<<endl;
      s.prt_linked_List();
      return 0;
    }
```

上述程序的运行结果如下：

```
第 1 次扫描输出链表 s 中的元素:
  空链表!
第 2 次扫描输出链表 s 中的元素:
20
30
10
```

```
40
删除元素：30
链表中无元素：50
第 3 次扫描输出链表 s 中的元素：
20
10
40
```

2.3.3 带链的栈与队列

1. 带链的栈

栈也是线性表,也可以采用链式存储结构。图 2.24 是栈在链式存储时的逻辑状态示意图。

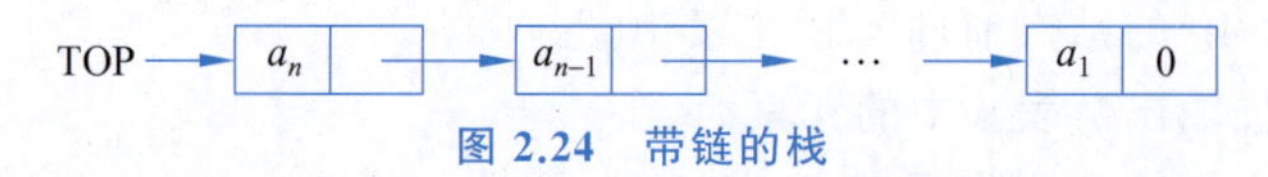

图 2.24 带链的栈

在实际应用中,带链的栈可以用来收集计算机存储空间中所有空闲的存储结点,这种带链的栈称为可利用栈。由于可利用栈链接了计算机存储空间中所有的空闲结点,因此,当计算机系统或用户程序需要存储结点时,就可以从中取出栈顶结点,如图 2.25(a)所示;当计算机系统或用户程序释放一个存储结点(该元素从表中删除)时,就要将该结点放回到可利用栈的栈顶,如图 2.25(b)所示。由此可知,计算机中的所有可利用空间都可以以结点为单位链接在可利用栈中。随着其他线性链表中结点的插入与删除,可利用栈处于动态变化之中,即可利用栈经常要进行退栈与入栈操作。

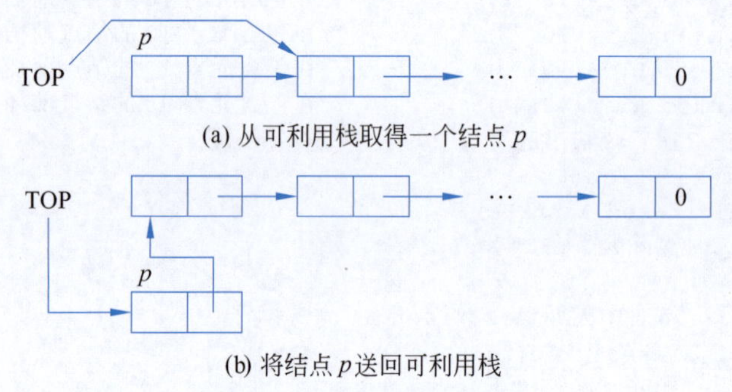

图 2.25 可利用栈及其运算

与顺序栈一样,带链栈的基本操作有以下几个:

(1) 栈的初始化,即建立一个空栈的顺序存储空间。

(2) 入栈运算,指在栈顶位置插入一个新元素。

(3) 退栈运算,指取出栈顶元素并赋给一个指定的变量。

(4) 读栈顶元素,指将栈顶元素赋给一个指定的变量。

下面的描述是将带链栈的数据和基本操作(初始化,入栈,退栈,读栈顶元素以及顺序输出栈中元素)封装成一个带链栈类 linked_Stack。

```
//linked_Stack.h
    #include<iostream>
```

```
using namespace std;
template<class T>                    //T 为虚拟类型
struct node
{ T d;
  node * next;
};
//定义带链栈类
template<class T>                    //模板声明,数据元素虚拟类型为 T
class  linked_Stack                  //带链栈类
{ private:                           //数据成员
    node<T> * top;                   //带链栈栈顶指针
  public:                            //成员函数
    linked_Stack();                  //构造函数,建立空栈,即栈初始化
    void prt_linked_Stack();         //顺序输出带链栈中的元素
    int flag_linked_Stack();         //检测带链栈的状态
    void ins_linked_Stack(T);        //入栈
    T del_linked_Stack();            //退栈
    T read_linked_Stack();           //读栈顶元素
};
//带链栈初始化
template<class T>
linked_Stack<T>::linked_Stack()
{ top=NULL;                          //栈顶指针为空
  return;
}
//顺序输出栈中的元素
template<class T>
void linked_Stack<T>::prt_linked_Stack()
{ node<T> * p;
  p=top;
  if (p==NULL) { cout<<"空栈!"<<endl; return; }
  do { cout<<p->d<<endl;
       p=p->next;
     } while (p!=NULL);
  return;
}
//检测带链栈的状态
template<class T>
int linked_Stack<T>::flag_linked_Stack()
{ if (top==0) return(0);             //若带链栈为空,则函数返回 0
  return(1);                         //正常函数返回 1
}
//入栈
template<class T>
void linked_Stack<T>::ins_linked_Stack(T x)
{ node<T> * p;
  p=new node<T>;                     //申请一个新结点
  p->d=x;                            //置新结点数据域值
  p->next=top;                       //置新结点指针域值
  top=p;                             //栈顶指针指向新结点
  return;
}
//退栈
```

```
template<class T>
T linked_Stack<T>::del_linked_Stack()
{ T y;
  node<T> * q;
  if (top==NULL) { cout<<"空栈!"<<endl; return(0); }
  q=top;
  y=q->d;                                    //栈顶元素赋给变量
  top=q->next;                               //栈顶指针指向下一个结点
  delete q;                                  //释放结点空间
  return(y);                                 //返回退栈的元素
}
//读栈顶元素
template<class T>
T linked_Stack<T>::read_linked_Stack()
{ if (top==NULL) { cout<<"空栈!"<<endl; return(0); }
  return(top->d);                            //返回栈顶元素
}
```

其中,成员函数 flag_linked_Stack()的功能是检测带链栈的状态,若返回的函数值为 0,则说明栈空。该成员函数主要在读栈顶元素与退栈时使用。

下面是使用带链栈类的主函数的例子。

例 2.11 首先建立一个空的带链栈,然后依次将元素 50、60、70、80、90、100 入栈,输出栈中的元素,最后读栈顶元素,并连续作 3 次退栈运算,再输出栈中的元素。主函数如下:

```
//ch2_16.cpp
    #include "linked_Stack.h"
    int main()
    { linked_Stack<int>s;              //建立一个空的带链栈,元素为整型
      s.ins_linked_Stack(50);          //插入 50
      s.ins_linked_Stack(60);          //插入 60
      s.ins_linked_Stack(70);          //插入 70
      s.ins_linked_Stack(80);          //插入 80
      s.ins_linked_Stack(90);          //插入 90
      s.ins_linked_Stack(100);         //插入 100
      cout<<"输出栈中的元素:"<<endl;
      s.prt_linked_Stack();
      if (s.flag_linked_Stack())       //若栈非空则读栈顶元素
          cout<<"栈顶元素:"<<s.read_linked_Stack()<<endl;
      if (s.flag_linked_Stack())       //若栈非空则退栈
          cout<<"退栈元素:"<<s.del_linked_Stack()<<endl;
      if (s.flag_linked_Stack())       //若栈非空则退栈
          cout<<"退栈元素:"<<s.del_linked_Stack()<<endl;
      if (s.flag_linked_Stack())       //若栈非空则退栈
          cout<<"退栈元素:"<<s.del_linked_Stack()<<endl;
      cout<<"再次输出栈中的元素:"<<endl;
      s.prt_linked_Stack();
      return 0;
    }
```

上述程序的运行结果如下:

```
输出栈中的元素:
```

```
100
90
80
70
60
50
栈顶元素: 100
退栈元素: 100
退栈元素: 90
退栈元素: 80
再次输出栈中的元素:
70
60
50
```

2. 带链的队列

与栈类似,队列也是线性表,也可以采用链式存储结构。图 2.26 是队列在链式存储时的逻辑状态示意图。

与顺序队列一样,带链队列的基本操作有以下几个:

(1) 队列的初始化,即建立一个空队列的顺序存储空间。

(2) 入队运算,指在循环队列的队尾加入一个新元素。

(3) 退队运算,指在循环队列的排头位置退出一个元素并赋给指定的变量。

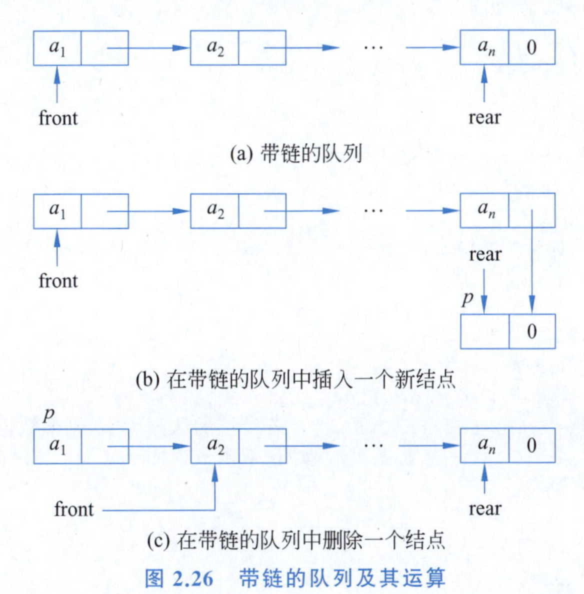

图 2.26　带链的队列及其运算

下面的描述是将带链队列的数据和基本操作(初始化,入队,退队顺序输出队列中元素)封装成一个带链队列类 linked_Queue。

```
//linked_Queue.h
    #include<iostream>
    using namespace std;
    //定义结点类型
```

```
template<class T>                   //T 为虚拟类型
struct node
{ T d;
  node * next;
};
//定义带链队列类
template<class T>                   //模板声明,数据元素虚拟类型为 T
class  linked_Queue
{ private:                          //数据成员
    node<T> * front;                //带链队列排头指针
    node<T> * rear;                 //带链队列队尾指针
  public:                           //成员函数
    linked_Queue();                 //构造函数,建立空队列,即队列初始化
    void prt_linked_Queue();        //顺序输出带链队列中的元素
    int flag_linked_Queue();        //检测带链队列的状态
    void ins_linked_Queue(T);       //入队
    T del_linked_Queue();           //退队
};
//带链队列初始化
template<class T>
linked_Queue<T>::linked_Queue()
{ front=NULL;  rear=NULL;           //排头指针与队尾指针均为空
  return;
}
//顺序输出队列中的元素
template<class T>
void linked_Queue<T>::prt_linked_Queue()
{ node<T> * p;
  p=front;
  if (p==NULL) { cout<<"空队列!"<<endl; return; }
  do { cout<<p->d<<endl;
       p=p->next;
     } while (p!=NULL);
  return;
}
//检测带链队列的状态
template<class T>
int linked_Queue<T>::flag_linked_Queue()
{ if (front==NULL) return(0);       //若带链的队列为空,则函数返回 0
  return(1);                        //正常函数返回 1
}
//入队
template<class T>
void linked_Queue<T>::ins_linked_Queue(T x)
{ node<T> * p;
  p=new node<T>;                    //申请一个新结点
  p->d=x;                           //置新结点数据域值
  p->next=NULL;                     //置新结点指针域值为空
  if (rear==NULL)                   //原队列为空
       front=p;
  else
       rear->next=p;                //原队尾结点的指针指向新结点
  rear=p;                           //队尾指针指向新结点
```

```
        return;
    }
    //退队
    template<class T>
    T linked_Queue<T>::del_linked_Queue()
    { T y;
      node<T> * q;
      if (front==NULL) { cout<<"空队!"<<endl; return(0); }
      y=front->d;                                  //排头元素赋给变量
      q=front;
      front=q->next;                               //排头指针指向下一个结点
      delete q;                                    //释放结点空间
      if (front==NULL) rear=NULL;                  //队列已空
      return(y);                                   //返回退队的元素
    }
```

其中,成员函数 flag_linked_Queue()的功能是检测带链队列的状态。若返回的函数值为 0,则说明队空。该成员函数主要在退队时使用。

下面是使用带链队列类的主函数的例子。

例 2.12　首先建立一个空的带链队列,然后依次将元素 50、60、70、80、90、100 入队,输出队中的元素,最后连续进行 3 次退队运算,再输出队中的元素。主函数如下:

```
//ch2_17.cpp
    #include "linked_Queue.h"
    int main()
    { linked_Queue<int>q;                          //建立一个空的带链队列,元素为整型
      q.ins_linked_Queue(50);                      //插入 50
      q.ins_linked_Queue(60);                      //插入 60
      q.ins_linked_Queue(70);                      //插入 70
      q.ins_linked_Queue(80);                      //插入 80
      q.ins_linked_Queue(90);                      //插入 90
      q.ins_linked_Queue(100);                     //插入 100
      cout<<"输出带链队列中的元素:"<<endl;
      q.prt_linked_Queue();
      if (q.flag_linked_Queue())                   //若带链队列非空,则退队
          cout<<"输出退队元素:"<<q.del_linked_Queue()<<endl;
      if (q.flag_linked_Queue())                   //若带链队列非空,则退队
          cout<<"输出退队元素:"<<q.del_linked_Queue()<<endl;
      if (q.flag_linked_Queue())                   //若带链队列非空,则退队
          cout<<"输出退队元素:"<<q.del_linked_Queue()<<endl;
      cout<<"再次输出带链队列中的元素:"<<endl;
      q.prt_linked_Queue();
      return 0;
    }
```

上述程序的运行结果如下:

```
输出带链队列中的元素:
50
60
70
```

```
80
90
100
输出退队元素：50
输出退队元素：60
输出退队元素：70
再次输出带链队列中的元素：
80
90
100
```

2.3.4 循环链表

在前面所讨论的线性链表中，插入与删除的运算虽然比较方便，但还存在一个问题，即在运算过程中对于空表与第一个结点的处理必须单独考虑，会使空表与非空表的运算不统一。为了克服线性链表的这个缺点，可以采用另一种链接方式，即循环链表(Circular Linked List)的结构。

循环链表的结构与前面所讨论的线性链表相比，具有以下两个特点：

(1) 在循环链表中增加了一个表头结点，其数据域为任意或者根据需要来设置，指针域指向线性表第一个元素的结点。循环链表的头指针指向表头结点。

(2) 循环链表中最后一个结点的指针域不为空，而是指向表头结点，即在循环链表中，所有结点的指针构成了一个环状链。

图 2.27 是循环链表的示意图。其中，图 2.27(a)是一个非空的循环链表，图 2.27(b)是一个空的循环链表。在此，所谓的空表与非空表是针对线性表中的元素而言的。

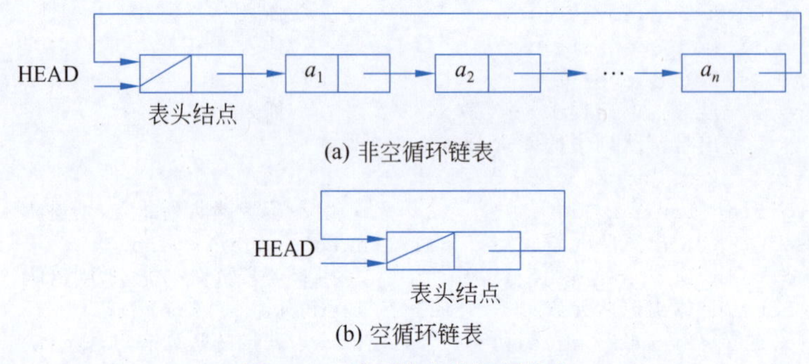

图 2.27 循环链表的逻辑状态

在实际应用中，循环链表与线性单链表相比主要有以下两方面的优点：

(1) 在循环链表中，只要指出表中任何一个结点的位置，就可以从它出发访问表中其他所有的结点，而线性单链表做不到这一点。

(2) 由于在循环链表中设置了一个表头结点，因此，在任何情况下，循环链表中至少有一个结点存在，从而使空表与非空表的运算统一。

下面描述的是循环链表类。

```
//linked_Clist.h
    #include<iostream>
```

```
using namespace std;
//定义结点类型
template<class T>                         //数据元素虚拟类型为 T
struct node
{ T d;
  node * next;
};
//定义循环链表类
template<class T>                         //模板声明,数据元素虚拟类型为 T
class  linked_CList
{ private:                                //数据成员
     node<T> * head;                      //循环链表头指针
  public:                                 //成员函数
     linked_CList();                      //构造函数,建立空循环链表
     void prt_linked_CList();             //扫描输出循环链表中的元素
     void ins_linked_CList(T, T);         //在包含元素 x 的结点前插入新元素 b
     int del_linked_CList(T);             //删除包含元素 x 的结点
};
//建立空循环链表
template<class T>
linked_CList<T>::linked_CList()
{ node<T> * p;
  p=new node<T>;                          //申请一个表头结点
  p->d=0; p->next=p;
  head=p;
  return;
}
//扫描输出循环链表中的元素
template<class T>
void linked_CList<T>::prt_linked_CList()
{ node<T> * p;
  p=head->next;
  if (p==head) { cout<<"空循环链表!"<<endl; return; }
  do { cout<<p->d<<endl;
       p=p->next;
     } while (p!=head);
  return;
}
//在包含元素 x 的结点前插入新元素 b
template<class T>
void linked_CList<T>::ins_linked_CList(T x, T b)
{ node<T> * p, * q;
  p=new node<T>;                          //申请一个新结点
  p->d=b;                                 //置新结点的数据域
  q=head;
  while ((q->next!=head)&&(((q->next)->d)!=x))
      q=q->next;                          //寻找包含元素 x 的前一个结点 q
  p->next=q->next;  q->next=p;            //新结点 p 插入结点 q 之后
  return;
}
//删除包含元素 x 的结点元素
template<class T>
int linked_CList<T>::del_linked_CList(T x)
```

```
{ node<T> * p, * q;
  q=head;
  while ((q->next!=head)&&(((q->next)->d)!=x))
      q=q->next;                               //寻找包含元素 x 的前一个结点 q
  if (q->next==head) return(0);                //循环链表中无删除的元素
  p=q->next; q->next=p->next;                  //删除 q 的下一个结点 p
  delete p;                                    //释放结点 p 的存储空间
  return(1);
}
```

由上述算法描述可以看出,循环链表的插入与删除运算要比一般的单链表简单,不用考虑在空链表和在第一个结点前插入,以及空链表的删除等特殊情况,从而实现了空表与非空表的运算统一。

下面举例说明。

例 2.13 建立一个空循环链表 *s*,依次做如下操作。

(1) 第 1 次扫描输出循环链表 *s* 中的元素。

(2) 依次做下列插入操作:

- 在包含元素 10 的结点前插入新元素 10;
- 在包含元素 10 的结点前插入新元素 20;
- 在包含元素 10 的结点前插入新元素 30;
- 在包含元素 40 的结点前插入新元素 40。

(3) 第 2 次扫描输出循环链表 *s* 中的元素。

(4) 在循环链表中依次删除元素 30 与 50。

(5) 第 3 次扫描输出循环链表 *s* 中的元素。

主函数如下:

```
//ch2_18.cpp
    #include "linked_Clist.h"
    int main()
    { linked_CList<int>  s;
      cout<<"第 1 次扫描输出循环链表 s 中的元素: "<<endl;
      s.prt_linked_CList();
      s.ins_linked_CList(10,10);          //在包含元素 10 的结点前插入新元素 10
      s.ins_linked_CList(10,20);          //在包含元素 10 的结点前插入新元素 20
      s.ins_linked_CList(10,30);          //在包含元素 10 的结点前插入新元素 30
      s.ins_linked_CList(40,40);          //在包含元素 40 的结点前插入新元素 40
      cout<<"第 2 次扫描输出循环链表 s 中的元素: "<<endl;
      s.prt_linked_CList();
      if (s.del_linked_CList(30))
          cout<<"删除元素: 30"<<endl;
      else
          cout<<"循环链表中无元素: 30"<<endl;
      if (s.del_linked_CList(50))
          cout<<"删除元素: 50"<<endl;
      else
          cout<<"循环链表中无元素: 50"<<endl;
      cout<<"第 3 次扫描输出循环链表 s 中的元素: "<<endl;
```

```
    s.prt_linked_CList();
    return 0;
}
```

上述程序的运行结果如下：

```
第 1 次扫描输出循环链表 s 中的元素：
空循环链表!
第 2 次扫描输出循环链表 s 中的元素：
20
30
10
40
删除元素：30
循环链表中无元素：50
第 3 次扫描输出循环链表 s 中的元素：
20
10
40
```

2.3.5　多项式的表示与运算

在许多实际应用中，经常会遇到多项式的处理与运算问题。下面通过对多项式的表示和运算的讨论，说明链表在实际中的应用，从而进一步理解链表的基本概念。

设多项式为

$$P_n(x)=a_nx^n+a_{n-1}x^{n-1}+\cdots+a_1x+a_0$$

n 次多项式共有 $n+1$ 项。在计算机中表示这个多项式时，可以用一块连续的存储空间(例如，在程序设计语言中可以用一维数组)来依次存放这 $n+1$ 个系数 $a_i(i=0,1,2,\cdots,n)$。显然，在这种表示方式中，即使某次项的系数为 0，该系数也必须要存储。当多项式中存在大量零系数时，这种表示方式就显得太浪费存储空间了。为了有效而合理地利用存储空间，可以用链表形式来表示。

在采用链表表示多项式时，多项式中每一个非零系数的项构成链表中的一个结点，而对于系数为零的项不用表示。多项式中非零系数项所构成的结点如图 2.28 所示。其中，数据域有两项：EXP(i)表示该项的指数值，COEF(i)表示该项的系数。指针域 NEXT(i)表示下一个非零系数项的结点序号。

图 2.28　多项式非零系数项的结点结构

多项式链表中的每一个非零项结点结构用 C++ 描述如下：

```
struct  node                //定义结点类型
{  int  exp;                //指数为正整数
   double  coef;            //系数为双精度型
   node  * next;            //指针域
};
```

在用链表表示多项式时，多项式中各非零系数项所对应的结点按指数域降幂链接，并且可以链接成线性单链表的形式,也可以链接成循环链表的形式。

设只表示非零系数项的多项式为

$$P_m(x)=a_m x^{e_m}+a_{m-1}x^{e_{m-1}}+\cdots+a_1 x^{e_1}$$

其中 $a_k \neq 0(k=1,2,\cdots,m),e_m>e_{m-1}>\cdots>e_1\geqslant 0$。

若用线性单链表表示,其逻辑状态如图 2.29(a)所示。若用循环链表表示,其逻辑状态如图 2.29(b)所示。在用循环链表表示时,其表头结点中的指数域为 −1,系数域为任意。由于多项式中的指数不可能为负数,因此这种设置便于处理,很容易将表头结点与其他结点区分开。

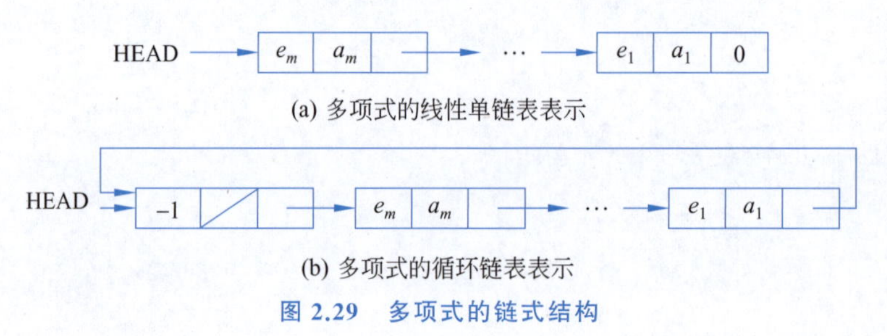

图 2.29 多项式的链式结构

多项式的运算主要有以下 5 种:

(1) 多项式链表的生成;

(2) 多项式链表的释放;

(3) 多项式的输出;

(4) 多项式的相加;

(5) 多项式的相乘。

下面描述的是以循环链表表示的包括上述各运算的多项式类。

```
//Poly.h
    #include<iostream>
    using namespace std;
    //定义结点类型
    struct node
    { int  exp;                                            //指数为整型
      double  coef;                                        //系数为双精度型
      node * next;                                         //指针域
    };
    //多项式循环链表类
    class  Poly
    { private:                                             //数据成员
        node * head;                                       //循环链表头指针
      public:                                              //成员函数
        Poly();                                            //构造函数,建立空多项式链表
        void in1_Poly();                                   //由键盘输入多项式链表
        void in2_Poly(int, int [], double []);             //由数组复制多项式链表
        void del_Poly();                                   //释放多项式链表
        void prt_Poly();                                   //输出多项式链表
        Poly operator +(Poly &);                           //多项式相加
        Poly operator * (Poly &);                          //多项式相乘
```

```
};
//构造函数,建立空多项式链表
Poly::Poly()
{ node * p;
  p=new node;                              //申请一个表头结点
  p->exp=-1;                               //指数域值为-1
  p->next=p;                               //指针域指向表头结点自身
  head=p;                                  //头指针也指向表头结点
  return;
}
//键盘输入多项式链表
void Poly::in1_Poly()
{ node * p, * k;
  int e;
  double c;
  k=head;                                  //记住多项式链尾
  cout<<"输入:系数<空格>指数。输入指数-1结束!"<<endl;
  cin >>c >>e;
  while (e>=0)
  { p=new node;                            //申请一个新结点
    p->exp=e; p->coef=c;                   //填入指数与系数
    p->next=head;                          //新结点链到临时多项式链尾
    k->next=p;
    k=p;                                   //记住多项式链尾
    cin >>c >>e;
  }
  return;
}
//由数组复制多项式链表
void Poly::in2_Poly(int n, int e[], double c[])
{ int k;
  node * p;
  for (k=n-1; k>=0; k--)
  { p=new node;                            //申请一个新结点
    p->coef=c[k]; p->exp=e[k];             //置系数与指数域
    p->next=head->next;                    //新结点链到表头
    head->next=p;
  }
  return;
}
//释放多项式链表
void Poly::del_Poly()
{ node * p, * q;
  q=head->next;
  while (q!=head)
  { p=q->next; delete q; q=p; }
  q->next=head;
  return;
}
//输出多项式链表
void Poly::prt_Poly()
{ node * k;
  if (head->next==head)
```

```
        cout<<"空表"<<endl;
    k=head->next;
    while (k!=head)
    { cout<<"("<<k->coef<<", "<<k->exp<<")"<<endl;
      k=k->next;
    }
    return;
}
//多项式相加
Poly Poly::operator +(Poly &p2)
{ Poly p;
  node *k, *q, *m, *n;
  int e;
  double c;
  k=p.head;                              //记住和多项式链尾
  m=head->next;
  n=p2.head->next;
  while ((m->exp!=-1)||(n->exp!=-1))
  { if (m->exp==n->exp)                  //两个链表当前结点的指数相等
      { c=m->coef+n->coef;               //系数相加
        e=m->exp;                        //复抄指数
        m=m->next; n=n->next;
      }
    else if (m->exp>n->exp)
        { c=m->coef; e=m->exp;           //复抄链表 1 中的系数与指数值
          m=m->next;
        }
    else
        { c=n->coef; e=n->exp;           //复抄链表 2 中的系数与指数值
          n=n->next;
        }
    if (c!=0)                            //相加后系数不为 0
    { q=new node;                        //申请一个新结点
      q->exp=e; q->coef=c;
      q->next=p.head; k->next=q;
      k=q;                               //记住和多项式的链尾
    }
  }
  return(p);
}
//多项式相乘
Poly Poly::operator *(Poly &p2)
{ Poly p, p1, p3;                        //p、p1 与 p3 为临时多项式
  node *q, *k, *m, *n;
  m=head->next;
  while (m->exp!=-1)
  { p3=p;
    k=p1.head;                           //记住临时多项式 p1 链尾
    n=p2.head->next;
    while (n->exp!=-1)
    { q=new node;                        //申请一个新结点
      q->exp=m->exp+n->exp;              //置新结点指数值
      q->coef=(m->coef)*(n->coef);       //置新结点系数值
```

```
        q->next=p1.head;              //新结点链到临时多项式 p1 链尾
        k->next=q;
        n=n->next;
        k=q;
      }
      p=p3+p1;                        //累加
      p1.del_Poly();                  //释放临时多项式 p1
      p3.del_Poly();                  //释放临时多项式 p3
      m=m->next;
    }
    return(p);
  }
```

下面分别对以上各成员函数进行简单说明。

1. 多项式链表的生成

生成一个多项式链表有以下两种方法。

1）从键盘输入多项式链表

按降幂顺序以数偶形式依次输入多项式中非零系数项的指数 e_k 和系数 $a_k(k=m,m-1,\cdots,1)$，最后以输入指数值－1 为结束。对于每一次输入，申请一个新结点，填入输入的指数值与系数值后，将该结点链接到链表的末尾。

2）由数组复制多项式链表

在调用程序中，利用数组初始化提供多项式链表的系数和指数。多项式的系数和指数按降幂顺序分别放在两个一维数组中，利用成员函数将数组中系数和指数复制到多项式链表中。

2. 多项式链表的释放

从表头结点开始，逐步释放链表中的各结点。但必须注意，多项式链表的释放只是删除多项式链表中的元素结点，而不删除表头结点，即经过这个操作过程后，多项式链表变成一个空的循环链表。

3. 多项式的输出

从表头结点后的第一个结点开始，以数偶形式顺链输出各结点中的指数域与系数域的内容。

4. 多项式的相加

设两个多项式分别为 $A_m(x)$ 与 $B_n(x)$，且

$$A_m(x)=a_m x^{e_m}+a_{m-1}x^{e_{m-1}}+\cdots+a_1 x^{e_1}$$

$$B_n(x)=b_n x^{e'_n}+b_{n-1}x^{e'_{n-1}}+\cdots+b_1 x^{e'_1}$$

其中 $a_i\neq0(i=1,2,\cdots,m)$，$b_j\neq0\ (j=1,2,\cdots,n)$，且

$$e_m>e_{m-1}>\cdots>e_1\geqslant0,\quad e'_n>e'_{n-1}>\cdots>e'_1\geqslant0$$

现在要求它们的和多项式 $C(x)$，即求

$$C(x)=A_m(x)+B_n(x)$$

假设多项式 $A_m(x)$ 与 $B_n(x)$ 已经用循环链表表示，其头指针分别为 AH 与 BH；和多项式 $C(x)$ 用另一个循环链表表示，其头指针为 CH。多项式相加的运算规则很简单，只要从两个多项式链表的第一个元素结点开始检测，对每一次的检测结果做如下运算：

(1) 若两个多项式中对应结点的指数值相等，则将它们的系数值相加。如果相加结果

不为零,则形成一个新结点后链入头指针为 CH 的链表末尾,然后检测两个链表中的下一个结点。

(2) 若两个多项式中对应结点的指数值不相等,则复抄指数值大的那个结点中的指数值与系数值,形成一个新结点后链入头指针为 CH 的链表末尾,然后检测指数值小的链表中的当前结点与指数值大的链表中的下一个结点。

上述过程一直做到两个链表中的所有结点均检测完为止。

5. 多项式的相乘

设两个多项式分别为 $Am(x)$ 与 $Bn(x)$,且

$$A_m(x)=a_m x^{e_m}+a_{m-1}x^{e_{m-1}}+\cdots+a_1x^{e_1}$$

$$B_n(x)=b_n x^{e'_n}+b_{n-1}x^{e'_{n-1}}+\cdots+b_1x^{e'_1}$$

其中 $a_i\neq 0(i=1,2,\cdots,m)$,$b_j\neq 0\ (j=1,2,\cdots,n)$,且

$$e_m>e_{m-1}>\cdots>e_1\geqslant 0,\quad e'_n>e'_{n-1}>\cdots>e'_1\geqslant 0$$

现在要求它们的乘积多项式 $C(x)$,即求

$$C(x)=A_m(x)B_n(x)$$

假设多项式 $A_m(x)$ 与 $B_n(x)$ 已经用循环链表表示,其头指针分别为 AH 与 BH;乘积多项式 $C(x)$ 用另一个循环链表表示,其头指针为 CH。

多项式相乘的基本方法如下:

对于多项式 $A_m(x)$ 中每一项与多项式 $B_n(x)$ 相乘,且将结果逐步累加,即

$$C(x)=\sum_{i=1}^{m}\sum_{j=1}^{n}a_ib_jx^{(e_i+e'_j)}$$

下面举例说明多项式链表的运算。

例 2.14 设有两个稀疏多项式如下:

$$P_1(x)=3x^{10}+4x^8-5x^5+2x^4-3x+10$$

$$P_2(x)=4x^{14}+3x^8-7x^6-2x^4+5x-6$$

按下列步骤对多项式链表进行操作:

(1) 从键盘分别输入多项式 $P_1(x)$ 与 $P_2(x)$,然后分别输出这两个多项式。

(2) 求 $P_1(x)$ 与 $P_2(x)$ 的和多项式,然后输出这个和多项式。

(3) 求 $P_1(x)$ 与 $P_2(x)$ 的乘积多项式,然后输出这个乘积多项式。

(4) 分别释放多项式 $P_1(x)$ 与 $P_2(x)$,然后分别输出这两个多项式。

其主函数如下:

```
//ch2_19.cpp
    #include "Poly.h"
    int main()
    { Poly p1, p2, add_p, mul_p;
      int pe1[6]={10, 8, 5, 4, 1, 0};
      double pc1[6]={3.0, 4.0, -5.0, 2.0, -3.0, 10.0};
      int pe2[6]={14, 8, 6, 4, 1, 0};
      double pc2[6]={4.0, 3.0, -7.0,-2.0, 5.0, -6.0};
      p1.in2_Poly(6, pe1, pc1);
      p2.in2_Poly(6, pe2, pc2);
//    p1.in1_Poly();          //键盘输入多项式 p1 的系数和指数
```

```
//    p2.in1_Poly();              //键盘输入多项式 p2 的系数和指数
      cout<<"输出多项式 p1:"<<endl;
      p1.prt_Poly();
      cout<<"输出多项式 p2:"<<endl;
      p2.prt_Poly();
      add_p=p1+p2;                //多项式 p1 与多项式 p2 相加
      cout<<"输出多项式 p=p1+p2:"<<endl;
      add_p.prt_Poly();
      mul_p=p1*p2;                //多项式 p1 与多项式 p2 相乘
      cout<<"输出多项式 p=p1*p2:"<<endl;
      mul_p.prt_Poly();
      p1.del_Poly();              //释放多项式 p1
      cout<<"输出多项式 p1:"<<endl;
      p1.prt_Poly();
      p2.del_Poly();              //释放多项式 p1
      cout<<"输出多项式 p2:"<<endl;
      p2.prt_Poly();
      return 0;
    }
    输出多项式 p1:
    (3, 10)
    (4, 8)
    (-5, 5)
    (2, 4)
    (-3, 1)
    (10, 0)
    输出多项式 p2:
    (4, 14)
    (3, 8)
    (-7, 6)
    (-2, 4)
    (5, 1)
    (-6, 0)
    输出多项式 p=p1+p2:
    (4, 14)
    (3, 10)
    (7, 8)
    (-7, 6)
    (-5, 5)
    (2, 1)
    (4, 0)
    输出多项式 p=p1*p2:
    (12, 24)
    (16, 22)
    (-20, 19)
    …(略)
    (-15, 2)
    (68, 1)
    (-60, 0)
    输出多项式 p1:
    空表
    输出多项式 p2:
    空表
```

2.4 线性表的索引存储结构

2.4.1 索引存储的概念

索引存储结构是线性表的另一种存储方式。

索引存储的基本思想是：将具有 n 个结点的线性表按性质划分成 m 个子表(长度可以不等)，然后分别存储此 m 个子表。另外再设立一个索引表。索引表具有 m 个结点，每一个结点存储一个子表性质的有关信息以及子表中第一个结点的存储地址。索引表中的结点结构(如数据项个数)可以根据实际应用的需要来设置，但同一个索引表中的各结点的结构应相同。

由此可以看出，为了实现索引存储，需要解决以下两个问题：

(1) 如何划分线性表。

(2) 确定具体的索引方式。

1. 线性表的划分

设线性表为 $L=(a_1,a_2,\cdots,a_n)$，其中每一个结点元素 $a_i(i=1,2,\cdots,n)$ 的关键字为 k_i。

在对线性表进行划分时，为了描述线性表中各结点的性质，引入所谓索引函数的概念，即

$$j=g(k_i),\quad i=1,2,\cdots,n;j=1,2,\cdots,m$$

有了索引函数后，将线性表 L 划分成 m 个子表 $L_1,L_2,\cdots,L_m$ 的基本方法是：对线性表 L 中的每个结点元素 a_i 的关键字 k_i 计算其索引函数值，将所有索引函数值为 j 的结点元素均归并到第 j 个子表 L_j 中。经过划分后，m 个子表 $L_1,L_2,\cdots,L_m$ 中的结点结合在一起正好是线性表 L 中的全部结点。在实际处理时，就用此 m 个子表代替线性表 L 本身。

例 2.15 设有一个学生成绩表如表 2.2 所示。如果以成绩(总分)为关键字对这个学生成绩表进行划分，并且以分数段 240～249、250～259、260～269、270～279、280～289、290～299、300 将此线性表划分成 7 个子表 L_1、L_2、L_3、L_4、L_5、L_6、L_7，则可取索引函数为

$$g(k)=\text{INT}(k/10)-23$$

经过划分后，除了 L_5、L_6、L_7 为空表外，其余 4 个子表如表 2.3 所示。

表 2.2 学生成绩表

学号 S	02	03	04	05	09	11	12	13
姓名 N$	LIN	ZHANG	ZHAO	MA	ZHEN	WANG	LI	XU
总分 k	276	261	246	273	255	243	258	249

表 2.3 各分数段的子表

子表 L_1				子表 L_2		
学号 S	04	11	13	学号 S	09	12
姓名 N$	ZHAO	WANG	XU	姓名 N$	ZHEN	LI
总分 k	246	243	249	总分 k	255	258

续表

子表 L_3		子表 L_4		
学号 S	03	学号 S	02	05
姓名 N$	ZHANG	姓名 N$	LIN	MA
总分 k	261	总分 k	276	273

由表 2.3 可以看出，由于索引存储将具有某个性质 P 的结点都集中在一个子表中，因此，处理(如查找)具有性质 P 的结点，不必查遍原线性表 L 中的全部结点，而只需要直接对具有性质 P 的子表进行处理就可以了。例如，在例 2.15 中，如果要查找成绩段为 240～249 的学生，只要直接查找子表 L_1 就可以了。可见，采用索引存储以后，有利于对线性表的处理，可以提高查找效率。

2. 索引存储的方式

索引存储包括索引表的存储与各个子表的存储。如果采用顺序分配与链式分配的存储结构，则共有以下 4 种索引存储的方式：

- “顺序-索引-顺序”存储方式；
- “顺序-索引-链接”存储方式；
- “链接-索引-顺序”存储方式；
- “链接-索引-链接”存储方式。

在此，所谓“A-索引-B”存储方式，是指用存储结构 A 方式存储索引表，用存储结构 B 方式存储各子表。

考虑到实际应用的需要，下面主要讨论前两种索引存储方式。其中，“顺序-索引-链接”存储方式是顺序存储与链接存储的折中，在实际应用中往往采用这种方式，这是因为在“顺序-索引-链接”存储方式中，由于各子表采用链式分配，从而使得在添加(插入)和删除一个结点时不必在大范围内重新分配存储空间(不存在数据元素的移动)，并且在查找某个结点时不必搜索整个线性表，而只要搜索相应的子表就可以了。

2.4.2 “顺序-索引-顺序”存储方式

在“顺序-索引-顺序”存储方式中，索引表与各子表均用顺序分配的方式来表示。

索引表中的每一个结点均设有若干个数据项，用来表示相应子表的有关信息；另外，每个结点中还设有一个指针项，用来指示相应子表的第一个结点的存储序号(存储地址)。在这种存储方式中，每一个子表都是顺序分配的，但各个子表在存储空间中的前后位置无关紧要，并且各子表之间的存储地址也不一定是连续的。

图 2.30 是例 2.15 中学生成绩表的“顺序-索引-顺序”存储结构的物理状态。索引表中的每一个结点有两个数据项。其中，第一列的数据表示子表的性质(分数段)。例如，250 表示 250～259 这个分数段；第二列的数据表示子表的长度；第三列为索引指针。在各子表的存储空间中，由于各子表的实际存储位置(子表中第一个结点的存储位置)是由索引表中的索引指针来指示的，因此，各子表的存储顺序可以任意，且各子表之间也是不连续的。

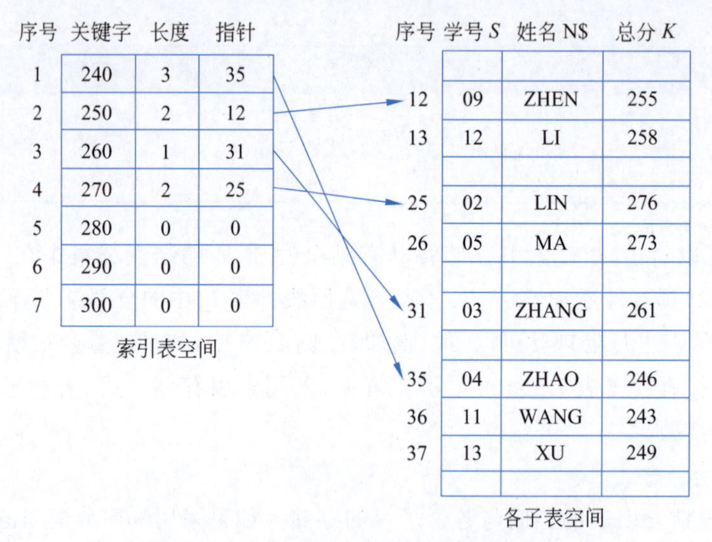

图 2.30 "顺序-索引-顺序"存储方式示例

需要指出的是,各子表的关键字与指针项在索引表中的位置是由索引函数决定的。

在实际应用中,索引表中的每一个结点设置一个子表长度的数据项是很有用的,这是因为各子表是顺序存储的,而对于顺序存储的线性表来说,除了需要指出第一个结点的存储序号外,它的长度有时是必不可少的,特别是对于查找操作尤为突出。

最后还需要指出的是,在"顺序-索引-顺序"存储方式中,虽然可以根据子表的性质将处理限制在某个子表范围内,但由于各子表采用顺序分配,因此,就各子表而言,其顺序分配的缺点依然存在。这种存储方式只有在线性表为固定的情况下才比较合适。

2.4.3 "顺序-索引-链接"存储方式

"顺序-索引-链接"存储方式是指用顺序分配的方法存储索引表,而用链式分配的方法存储各子表。在这种存储方式中,各子表均为线性链表,而每一个线性链表的头指针是索引表中对应结点的指针项。图 2.31 为这种存储结构的示意图。图 2.32 是例 2.15 中学生成绩表的"顺序-索引-链接"存储结构图。

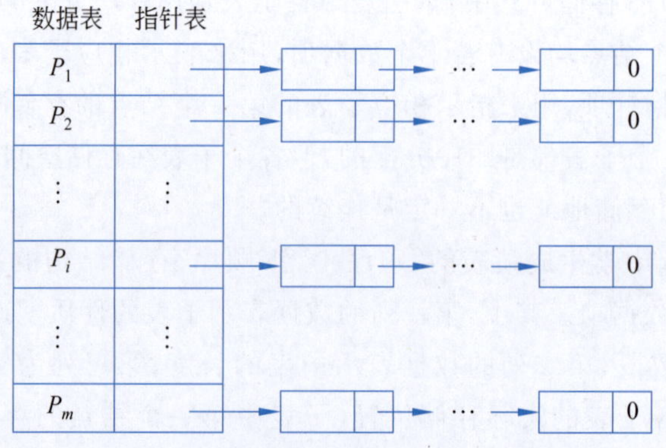

图 2.31 "顺序-索引-链接"存储结构示意图

(a) 逻辑状态

索引表

1	240	8
2	250	7
3	260	2
4	270	4
5	280	0
6	290	0
7	300	0

	S	N$	*K*	NEXT
1	02	LIN	276	0
2	03	ZHANG	261	0
3	04	ZHAO	246	0
4	05	MA	273	1
5	09	ZHEN	255	0
6	11	WANG	243	3
7	12	LI	258	5
8	13	XU	249	6
	⋮	⋮	⋮	⋮

(b) 物理状态

图 2.32　“顺序-索引-链接”存储结构示例

2.4.4　多重索引存储结构

如果在上述讨论的索引存储结构中，其索引表本身又是索引存储结构，则称之为二重索引存储结构。图 2.33(a)为“顺序-索引-顺序-索引-链接”方式的二重索引存储结构示意图，图 2.33(b)为“顺序-索引-链接-索引-链接”方式的二重索引存储结构示意图。

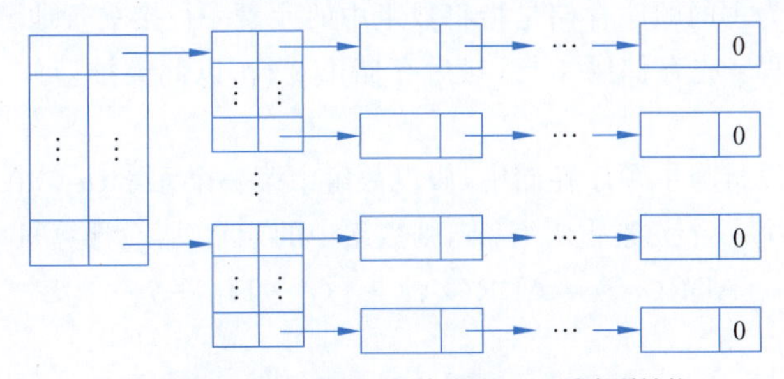

(a) “顺序-索引-顺序-索引-链接” 二重索引结构

图 2.33　二重索引存储结构示意图

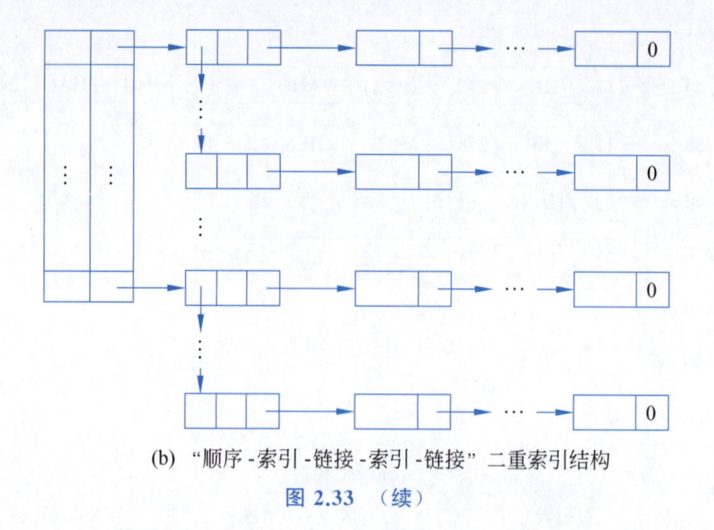

(b) “顺序-索引-链接-索引-链接”二重索引结构

图 2.33 (续)

索引存储结构可以嵌套多层,形成多重索引存储结构。适当地嵌套使用索引存储结构,对于提高查找效率是很有用的,因为在这种存储结构下,一般只需很少的几步搜索就能找到所需要的结点。在 UNIX 操作系统中,对文件空间的管理就采用了多重索引结构。

2.5 数组

本节主要讨论二维数组,它是数学中的矩阵在程序设计语言中的表示。

程序设计语言中的数组在计算机中是顺序存储的。当矩阵中的绝大部分元素为零时,采用一般的二维数组的存储方式会浪费大量的存储空间,同时也做了大量不必要的运算。因此,本章主要讨论一般二维数组的顺序存储结构,以及当矩阵中绝大部分为零元素时的表示方法。

2.5.1 数组的顺序存储结构

数学中的矩阵在程序设计语言中用二维数组表示。二维数组在计算机中是顺序存储的,其存储方式一般有两种:以行为主的顺序存储与以列为主的顺序存储。

1. 二维数组以行为主的顺序存储

二维数组以行为主的顺序存储是指将数组中的元素一行接一行地顺序存储在计算机的连续存储空间中。即:先存储第 1 行,然后存储第 2 行,以此类推;每一行的元素以从左到右的顺序存储。

在二维数组的以行为主顺序存储中,假设数组中第一个元素(a_{11})在计算机中的存储地址为 ADR(a_{11}),且每一个元素占 L 字节,则数组中的元素 a_{ij} 在计算机中的存储地址为

$$\text{ADR}(a_{ij}) = \text{ADR}(a_{11}) + [(i-1)n + j - 1]L$$

其中 $1 \leqslant i \leqslant m, 1 \leqslant j \leqslant n$。

程序设计语言 BASIC、C 中的多维数组在计算机中是以行为主的顺序存储的。

2. 二维数组以列为主的顺序存储

二维数组以列为主的顺序存储是指将数组中的元素一列接一列地顺序存储在计算机的

连续存储空间中。即：先存储第 1 列，然后存储第 2 列，以此类推；每一列的元素以从上到下的顺序存储。

在二维数组的以列为主顺序存储中，假设数组中第一个元素(a_{11})在计算机中的存储地址为 ADR(a_{11})，且每一个元素占 L 字节，则数组中的元素 a_{ij} 在计算机中的存储地址为

$$\mathrm{ADR}(a_{ij}) = \mathrm{ADR}(a_{11}) + [(j-1)m + i - 1]L$$

其中 $1 \leqslant i \leqslant m, 1 \leqslant j \leqslant n$。

程序设计语言 FORTRAN 中的多维数组在计算机中是以列为主的顺序存储的。

2.5.2　规则矩阵的压缩

所谓规则矩阵，是指矩阵中非零元素的分布是有规律的。例如：上三角矩阵中的非零元素只在矩阵的右上三角出现，而左下三角中均为零元素；下三角矩阵中的非零元素只在矩阵的左下三角出现，而右上三角中均为零元素；对称矩阵中左下三角与右上三角的元素是对称的；三对角矩阵中只有在三条对角线上是非零元素，而在三条对角线以外均为零元素；一般带型矩阵只有在 $2k+1$ 条对角线上是非零元素，而在 $2k+1$ 条对角线以外均为零元素(三对角矩阵也是带型矩阵，其中 $k=1$)。上述矩阵都是规则矩阵。

在规则矩阵中，由于非零元素有规律地分布在矩阵中，因此，在存储一个规则矩阵时，只需存储非零元素即可，而对于大部分的零元素或者重复的非零元素(如对称矩阵)则不必存储，从而可以节省存储空间。规则矩阵的这种存储方法称为压缩存储。

在规则矩阵的压缩存储中，一个很重要的问题是：规则矩阵经压缩存储后，虽然节省了存储空间，但还要求能够比较方便地访问矩阵中的每一个元素。下面以下三角矩阵、对称矩阵与三对角矩阵为例来讨论规则矩阵的压缩存储问题。

1. 下三角矩阵的压缩存储

对于下三角矩阵来说，大约有一半的元素为零，这些零元素不必存储，只需存储下三角部分的非零元素。存储的原则是：用一个一维数组以行为主顺序存放下三角矩阵中的所有下三角部分的元素。这样，一个 n 阶的下三角矩阵有 n^2 个元素，但只需存储$\frac{n(n+1)}{2}$个下三角部分的元素。具体做法如下：

设 n 阶下三角矩阵为

$$\boldsymbol{A} = \begin{bmatrix} a_{11} & & & & \\ a_{21} & a_{22} & & 0 & \\ a_{31} & a_{32} & a_{33} & & \\ \vdots & \vdots & \vdots & \ddots & \\ a_{n1} & a_{n2} & a_{n3} & \cdots & a_{nn} \end{bmatrix}$$

开辟一个长度为$\frac{n(n+1)}{2}$的一维数组 B，然后一行接一行地依次存放 $\boldsymbol{A}$ 中下三角部分的元素。经压缩后，存放在一维数组 B 中的形式如图 2.34(a)所示。

显然，下三角矩阵 $\boldsymbol{A}$ 用一维数组 B 表示后，可以按如下原则访问 $\boldsymbol{A}$ 中的第 i 行、第 j 列的元素 a_{ij}：

- 如果 a_{ij} 为下三角部分的元素($j \leqslant i$)，则它被存放在一维数组 B 的第 $i(i-1)/2+j$

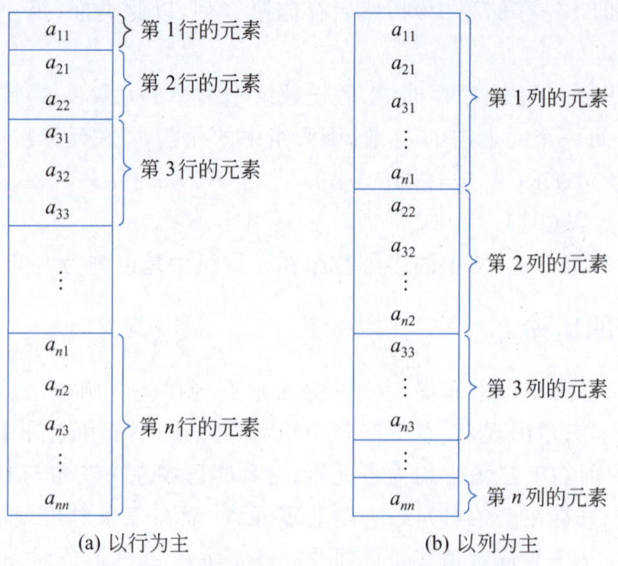

图 2.34　用一维数组压缩存放下三角矩阵

个元素中。

- 如果 a_{ij} 为非下三角元素($j>i$),则它实际上没有存储,但它的值为 0,即有如下关系:

$$a_{ij}=\begin{cases}B[i(i-1)/2+j] & j\leqslant i\\0 & j>i\end{cases}$$

下三角矩阵 **A** 也可以用以列为主的方式压缩存储在一维数组 B 中,其存储形式如图 2.34(b)所示。

在以列为主压缩存储下三角矩阵 **A** 的情况下,访问下三角矩阵 **A** 中第 i 行、第 j 列元素 a_{ij} 的公式为

$$a_{ij}=\begin{cases}B[(2n-j+2)(j-1)/2+(i-j+1)] & j\leqslant i\\0 & j>i\end{cases}$$

显然,在以列为主压缩存储的情况下,访问下三角矩阵 **A** 中的元素时,其下标运算要比以行为主压缩存储时稍为复杂一些,因此,在实际应用时,一般采用以行为主压缩存储的方式存储下三角矩阵。

但如果要对上三角矩阵进行压缩存储,则采用以列为主比较方便。在以列为主压缩存储上三角矩阵 **A** 的情况下,访问下三角矩阵 **A** 中第 i 行、第 j 列元素 a_{ij} 的公式为

$$a_{ij}=\begin{cases}0 & j<i\\B[j(j-1)/2+i] & j\geqslant i\end{cases}$$

2. 对称矩阵的压缩存储

对称矩阵的压缩存储与下三角矩阵完全相同。在以行为主压缩存储对称矩阵 **A** 的情况下,访问对称矩阵 **A** 中第 i 行、第 j 列元素 a_{ij} 的公式为

$$a_{ij}=\begin{cases}B[i(i-1)/2+j] & j\leqslant i\\B[j(j-1)/2+i] & j>i\end{cases}$$

3. 三对角矩阵的压缩存储

n 阶三对角矩阵的形式为

$$\boldsymbol{A}=\begin{bmatrix} a_{11} & a_{12} & & & & & \\ a_{21} & a_{22} & a_{23} & & 0 & & \\ & \ddots & \ddots & \ddots & & & \\ & & 0 & & a_{n-1,n-2} & a_{n-1,n-1} & a_{n-1,n} \\ & & & & & a_{n,n-1} & a_{nn} \end{bmatrix}$$

在三对角矩阵中，三条对角线以外的元素均为零；并且，除了第一行与最后一行外，其他每一行均只有 3 个元素为非零。因此，n 阶三对角矩阵共有 $3n-2$ 个非零元素。

对于 n 阶三对角矩阵，用一个长度为 $3n-2$ 的一维数组以行为主存放三条对角线上的元素，其存储形式如图 2.35(a)所示。

要访问三对角矩阵 $\boldsymbol{A}$ 中第 i 行、第 j 列的元素 a_{ij}，可以分以下两种情况。

(1) 如果 a_{ij} 在三条对角线上($i-1\leqslant j\leqslant i+1$)，则该元素被存放在一维数组 B 中，它在一维数组 B 中存放的位置(下标)可以按如下方式确定：

因为是以行为主存储，考虑在 a_{ij} 前面存放的有前 $i-1$ 行的所有元素，共有$[3(i-1)-1]$个；在第 i 行上第 j 列前面的元素有$[j-i+1]$个(另外 $i-2$ 个元素不在三条对角线上，没有存储)。因此，在 a_{ij} 前面存放的元素共有$[2(i-1)+j-1]$个，即 a_{ij} 在一维数组 B 中为第$[2(i-1)+j]$个。

(2) 如果要访问的 a_{ij} 不在三条对角线上($j<i-1$ 或 $j>i+1$)，则 a_{ij} 为零元素。

综上所述，在用一维数组 B 以行为主存放三对角矩阵 $\boldsymbol{A}$ 中的元素 a_{ij} 时，其访问公式为

$$a_{ij}=\begin{cases} B[2(i-1)+j] & i-1\leqslant j\leqslant i+1 \\ 0 & j<i-1 \text{ 或 } j>i+1 \end{cases}$$

对于三对角矩阵，也可以用一维数组 B 以列为主存放三条对角线上的元素，如图 2.35(b)所示。在这种情况下，访问三对角矩阵 $\boldsymbol{A}$ 中元素 a_{ij} 的公式为

$$a_{ij}=\begin{cases} B[2(j-1)+i] & i-1\leqslant j\leqslant i+1 \\ 0 & j<i-1 \text{ 或 } j>i+1 \end{cases}$$

2.5.3　一般稀疏矩阵的表示

如果一个矩阵中绝大多数的元素值为零，只有很少的元素值非零，则称该矩阵为稀疏矩阵。例如，在 7×8 的矩阵

$$\boldsymbol{A}=\begin{bmatrix} 0&0&3&0&0&0&0&1 \\ 0&0&0&0&0&0&0&0 \\ 9&0&0&0&0&0&0&0 \\ 0&0&0&0&7&0&0&0 \\ 0&0&0&0&0&0&6&0 \\ 0&0&0&2&0&3&0&0 \\ 0&0&5&0&0&0&0&0 \end{bmatrix}$$

中，共有 56 个元素，但只有 8 个是非零元素，其余均为零元素。

在稀疏矩阵中，由于绝大部分是零元素，而这些零元素如果也要存储在计算机的存储空

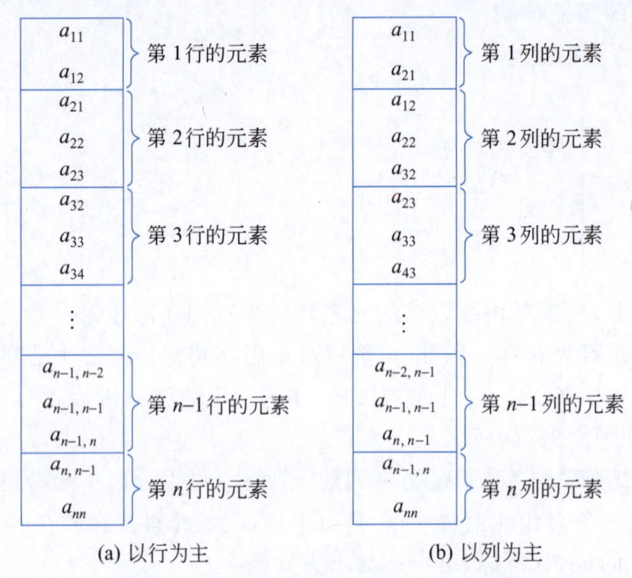

图 2.35 用一维数组压缩存放三对角矩阵

间中,则会浪费大量的存储空间。因此,在实际存储稀疏矩阵时,可以只存储非零元素,而大量的零元素不存储,这就是稀疏矩阵的压缩存储。

对稀疏矩阵采用压缩存储的目的是节省存储空间。并且,稀疏矩阵经压缩存储后,还要能够比较方便地访问其中的每一个元素(包括零元素与非零元素)。由于稀疏矩阵中非零元素的分布一般是没有规律的,不能像规则矩阵那样可以用一个一维数组来依次存放其中的非零元素。因此,稀疏矩阵的压缩存储要比规则矩阵复杂一些。对稀疏矩阵进行压缩存储的方法有很多,本节主要介绍两种方法:稀疏矩阵的三列二维数组表示与十字链表。

1. 稀疏矩阵的三列二维数组表示

为了使稀疏矩阵经过压缩存储后,还能够方便地访问其中的每一个非零元素(而访问不到的自然就是零元素),在存储每一个非零元素时,不仅要存储该非零元素的值,还必须指出该非零元素在稀疏矩阵中的位置(该非零元素所在的行号和列号)。这就是说,在压缩存储的形式中,每一个非零元素应包括以下三个信息:

(1) 非零元素所在的行号 i;

(2) 非零元素所在的列号 j;

(3) 非零元素的值 V。

即每一个非零元素可以用三元组表示为

$$(i,j,V)$$

例如,上述稀疏矩阵 **A** 中的 8 个非零元素可以用以下 8 个三元组表示(以行为主的顺序排列):

(1,3,3)

(1,8,1)

(3,1,9)

(4,5,7)

(5,7,6)

(6,4,2)

(6,6,3)

(7,3,5)

显然,上述稀疏矩阵 **A** 可以唯一地由这 8 个三元组表示。但是,这 8 个三元组不仅能表示上述这个稀疏矩阵 **A**,还可以表示其他的稀疏矩阵。例如,如果在上述稀疏矩阵 **A** 的最后一行后面添加元素全为 0 的若干行,或者在最后一列的后面添加元素全为 0 的若干列,从而得到另外的稀疏矩阵(它的总行数或总列数与 **A** 不同)。显然,这样的稀疏矩阵也能用以上的 8 个三元组表示。

为了表示的唯一性,除了每一个非零元素用一个三元组表示外,在所有表示非零元素的三元组之前再添加一组信息:

$$(I, J, t)$$

其中,I 表示稀疏矩阵的总行数,J 表示稀疏矩阵的总列数,t 表示稀疏矩阵中非零元素的个数。这样,上述的稀疏矩阵 **A** 可以用以下 9 个三元组表示:

(7,8,8)

(1,3,3)

(1,8,1)

(3,1,9)

(4,5,7)

(5,7,6)

(6,4,2)

(6,6,3)

(7,3,5)

其中,第一个三元组表示稀疏矩阵的总体信息(总行数、总列数、非零元素个数),其后的 8 个三元组依次(以行为主排列)表示稀疏矩阵中每一个非零元素的信息(所在的行号、列号以及非零元素值)。

一般来说,具有 t 个非零元素的稀疏矩阵可以用 $t+1$ 个三元组表示,其中,第一个三元组用以表示稀疏矩阵的总体信息,其后的各三元组依次表示各非零元素,且按以行为主的顺序排列。为了使各三元组的结构更紧凑,通常将这些三元组组织成三列二维表格的形式,一般又表示成三列二维数组的形式,并简称为三列二维数组。例如,上述稀疏矩阵 **A** 可以用如图 2.36(a)所示的三列二维表格表示,图 2.36(b)为三列二维数组的形式。特别要注意,稀疏矩阵的三列二维数组表示不同于一般程序设计语言中的二维数组,在稀疏矩阵的三列二维数组表示中,前两列中的数据是整型,表示行数、行号与列数、列号,而第 3 列中的数据(除第一行外)与矩阵元素的数据类型相同。

由上所述,具有 t 个非零元素的稀疏矩阵,其对应的三列二维数组为 $t+1$ 行、3 列,共有 $3(t+1)$ 个元素。

为了访问稀疏矩阵 **A** 中第 i 行、第 j 列的元素 a_{ij},可以从对应的三列二维数组 B 的第 2 行开始,寻找第 1 列值为 i 且第 2 列值为 j 的行号,设为 k,即 $B(k,1)=i$,$B(k,2)=j$,则该行第 3 列值即为稀疏矩阵 **A** 中第 i 行、第 j 列的元素 a_{ij},即 $B(k,3)=a_{ij}$。如果在三列二维数组 B 中找不到第 1 列值为 i 且第 2 列值为 j 的行,则表示要访问的元素 $a_{ij}=0$。

	1	2	3
1	7	8	8
2	1	3	3
3	1	8	1
4	3	1	9
5	4	5	7
6	5	7	6
7	6	4	2
8	6	6	3
9	7	3	5

(a) 稀疏矩阵的三列二维表格

$$\boldsymbol{B}=\begin{bmatrix} 7 & 8 & 8 \\ 1 & 3 & 3 \\ 1 & 8 & 1 \\ 3 & 1 & 9 \\ 4 & 5 & 7 \\ 5 & 7 & 6 \\ 6 & 4 & 2 \\ 6 & 6 & 3 \\ 7 & 3 & 5 \end{bmatrix}$$

(b) 稀疏矩阵的三列二维数组

图 2.36 稀疏矩阵的表示例

上述过程表明,为了访问稀疏矩阵 **A** 中的某个元素,在最坏的情况下,需要扫描三列二维数组 B 中的所有行。由于稀疏矩阵中绝大部分是零元素,出现这种最坏情况的机会是很多的。为了便于在三列二维数组 B 中访问稀疏矩阵 **A** 中的各元素,通常还附设两个长度与稀疏矩阵 **A** 的行数相同的向量 POS 与 NUM。其中,POS(k)表示稀疏矩阵 **A** 中第 k 行的第一个非零元素(如果有的话)在三列二维数组 B 中的行号;NUM(k)表示稀疏矩阵 **A** 中第 k 行中非零元素的个数。显然,这两个向量之间存在以下关系:

$$\mathrm{POS}(1)=2$$

$$\mathrm{POS}(k)=\mathrm{POS}(k-1)+\mathrm{NUM}(k-1)\ ,\ 2\leqslant k\leqslant m$$

其中,m 为稀疏矩阵的行数。例如,上述稀疏矩阵 **A** 对应的 POS 与 NUM 向量如图 2.37 所示。

k	1	2	3	4	5	6	7
POS(k)	2	4	4	5	6	7	9
NUM(k)	2	0	1	1	1	2	1

图 2.37 POS 与 NUM 向量例

在下面的叙述中,为了表示清晰,将表示稀疏矩阵总体信息(总行数、总列数、非零元素个数)的三元组独立存放,而不放在三列二维数组 B 中,即三列二维数组 B 中的每一行都是非零元素的信息。

稀疏矩阵 **A** 的三列二维数组 B 中每一行的结构用 C++ 描述如下:

```
//定义结点类型
template<class T>
struct B
{ int i;              //非零元素所在的行号
  int j;              //非零元素所在的列号
  T v;                //非零元素值
};
```

特别要注意,在 C++ 中,数组的下标是从 0 开始的(包括稀疏矩阵以及对应的三列二维数组)。因此,在 C++ 中,上述稀疏矩阵 **A** 所对应的三列二维数组 B 如图 2.38 所示,对应的 POS 与 NUM 向量如图 2.39 所示。

	0	1	2
0	0	2	3
1	0	7	1
2	2	0	9
3	3	4	7
4	4	6	6
5	5	3	2
6	5	5	3
7	6	2	5

(a) 稀疏矩阵的三列二维表格

$$\boldsymbol{B}=\begin{bmatrix}0 & 2 & 3\\0 & 7 & 1\\2 & 0 & 9\\3 & 4 & 7\\4 & 6 & 6\\5 & 3 & 2\\5 & 5 & 3\\6 & 2 & 5\end{bmatrix}$$

(b) 稀疏矩阵的三列二维数组

图 2.38 C++ 中稀疏矩阵的表示例

k	0	1	2	3	4	5	6
POS(k)	0	2	2	3	4	5	7
NUM(k)	2	0	1	1	1	2	1

图 2.39 C++ 中 POS 与 NUM 向量示例

下面具体讨论用三列二维数组表示稀疏矩阵的如下操作：

- 三列二维数组的生成；
- 用三列二维数组表示后的稀疏矩阵的输出；
- 用三列二维数组表示后的稀疏矩阵的转置；
- 用三列二维数组表示后的稀疏矩阵的相加；
- 用三列二维数组表示后的稀疏矩阵的相乘。

首先定义一个用三列二维数组表示的稀疏矩阵类如下：

```
//X_Array.h
    #include<iostream>
    #include<iomanip>
    using namespace std;
    //定义结点类型
    template<class T>
    struct B
    { int i;                        //非零元素所在的行号
      int j;                        //非零元素所在的列号
      T v;                          //非零元素值
    };
    //三列二维数组表示的稀疏矩阵类
    template<class T>               //类模板,T 为虚拟类型
    class  X_Array
    { private:                      //数据成员
        int mm;                     //稀疏矩阵行数
        int nn;                     //稀疏矩阵列数
        int tt;                     //稀疏矩阵中非零元素个数
```

```
        B<T> * bb;                    //三列二维数组空间
        int *pos;                     //某行第一个非零元素在 b 中的下标
        int *num;                     //某行非零元素的个数
      public:                         //成员函数
        void in_X_Array();            //以三元组形式键盘输入稀疏矩阵非零元素
        void cp_X_Array(int, int, int, B<T>[]);       //复制三元组数组
        void th_X_Array(int, int, T []);              //由一般稀疏矩阵转换
        void prt_X_Array();                           //按行输出稀疏矩阵
        X_Array tran_X_Array();                       //稀疏矩阵转置
        X_Array operator +(X_Array &);                //稀疏矩阵相加
        X_Array operator * (X_Array &);               //稀疏矩阵相乘
    };
```

下面具体讨论各种操作(各成员函数的实现)。

1) 在稀疏矩阵类中生成三列二维数组

在稀疏矩阵类中生成三列二维数组主要是由一般的稀疏矩阵生成一个结构体类型(以三元组为元素)B 的数组,其操作的大概过程如下:

首先根据稀疏矩阵中非零元素的个数动态申请一个结构体类型 B 的数组存储空间;然后以行为主将每一个非零元素的行、列、元素值依次填入数组的元素;最后根据三列二维数组构造 POS 和 NUM 向量。

在稀疏矩阵类中生成三列二维数组有以下三种途径。

(1) 以三元组形式从键盘输入稀疏矩阵中各非零元素。

从键盘输入稀疏矩阵以及各非零元素信息的格式如下。

首先输入稀疏矩阵的信息,其格式为

```
行数<空格>列数<空格>非零元素个数<回车>
```

然后输入各非零元素信息,其格式为

```
行号<空格>列号<空格>非零元素值<回车>
  …
```

其成员函数如下:

```
//以三元组形式从键盘输入稀疏矩阵非零元素
template<class T>                             //函数模板,T 为虚拟类型
void X_Array<T>::in_X_Array()
{ int k, m, n;
    cout<<"输入行数  列数  非零元素个数:";
    cin >>mm >>nn >>tt;
    bb=new B<T>[tt];                          //申请三列二维数组空间
    cout<<"输入行号  列号  非零元素值:"<<endl;
    for (k=0; k<tt; k++)                      //输入三元组
    { cin >>m >>n >>bb[k].v;
      bb[k].i=m-1; bb[k].j=n-1;
    }
    pos=new int[mm];                          //申请 POS 向量空间
    num=new int[mm];                          //申请 NUM 向量空间
    for (k=0; k<mm; k++)                      //NUM 向量初始化
      num[k]=0;
```

```
    for (k=0; k<tt; k++)                        //构造 NUM 向量
        num[bb[k].i]=num[bb[k].i]+1;
    pos[0]=0;
    for (k=1; k<mm; k++)                        //构造 POS 向量
        pos[k]=pos[k-1]+num[k-1];
    return;
}
```

(2) 将存有稀疏矩阵非零元素信息的三列二维数组复制到稀疏矩阵类中。

其成员函数如下：

```
//复制三元组数组
template<class T>                               //函数模板,T 为虚拟类型
void X_Array<T>::cp_X_Array(int m, int n, int t, B<T>b[])
{ int k;
    mm=m; nn=n; tt=t;                           //复制稀疏矩阵的行号、列号和非零元素个数
    bb=new B<T>[tt];                            //申请三列二维数组空间
    for (k=0; k<t; k++)                         //复制三列二维数组
    { bb[k].i=b[k].i-1; bb[k].j=b[k].j-1; bb[k].v=b[k].v; }
    pos=new int[mm];                            //申请 POS 向量空间
    num=new int[mm];                            //申请 NUM 向量空间
    for (k=0; k<mm; k++)                        //NUM 向量初始化
        num[k]=0;
    for (k=0; k<tt; k++)                        //构造 NUM 向量
        num[bb[k].i]=num[bb[k].i]+1;
    pos[0]=0;
    for (k=1; k<mm; k++)                        //构造 POS 向量
        pos[k]=pos[k-1]+num[k-1];
    return;
}
```

(3) 直接将原始的稀疏矩阵用三列二维数组表示。

在这种方法中,首先要统计该稀疏矩阵中非零元素的个数;然后申请三列二维数组存储空间;最后以行为主扫描稀疏矩阵,依次将各非零元素的信息填入三列二维数组。

其成员函数如下：

```
//由一般稀疏矩阵转换
template<class T>                               //函数模板,T 为虚拟类型
void X_Array<T>::th_X_Array(int m, int n, T a[])
{ int k, t=0, p, q;
    T d;
    for (k=0; k<m*n; k++)                       //统计非零元素个数
      if (a[k]!=0) t=t+1;
    mm=m; nn=n; tt=t;
    bb=new B<T>[tt];                            //申请三列二维数组空间
    k=0;
    for (p=0; p<m; p++)
        for (q=0; q<n; q++)
        { d=a[p*n+q];
            if (d!=0)                           //非零元素
            { bb[k].i=p; bb[k].j=q; bb[k].v=d;
```

```
            k=k+1;
          }
      }
    pos=new int[mm];                              //申请 POS 向量空间
    num=new int[mm];                              //申请 NUM 向量空间
    for (k=0; k<mm; k++)                          //NUM 向量初始化
      num[k]=0;
    for (k=0; k<tt; k++)                          //构造 NUM 向量
      num[bb[k].i]=num[bb[k].i]+1;
    pos[0]=0;
    for (k=1; k<mm; k++)                          //构造 POS 向量
      pos[k]=pos[k-1]+num[k-1];
    return;
}
```

2）用三列二维数组表示后的稀疏矩阵的输出

根据给定的三列二维数组，按行判断稀疏矩阵中的每一个元素。如果该元素在三列二维数组中存在，则是非零元素，输出该非零元素值；否则输出 0。

其成员函数如下：

```
//按行输出稀疏矩阵
template<class T>                                 //函数模板,T 为虚拟类型
void X_Array<T>::prt_X_Array()
{ int k, kk, p;
    for (k=0; k<mm; k++)                          //按行输出
    { p=pos[k];
      for (kk=0; kk<nn; kk++)                     //输出一行
        if ((bb[p].i==k)&&(bb[p].j==kk))          //输出非零元素
            {cout<<setw(8)<<bb[p].v; p=p+1; }
        else  cout<<setw(8)<<0;                   //输出 0
      cout<<endl;
    }
    return;
}
```

3）用三列二维数组表示后的稀疏矩阵的转置

m 行 n 列矩阵 $\boldsymbol{A}$ 的转置矩阵为 n 行 m 列矩阵 $\boldsymbol{A}^{\mathrm{T}}$。例如：

$$\boldsymbol{A}=\begin{bmatrix}15 & 0 & 0 & 22 & 0 & -15 & 0\\ 0 & 11 & 0 & 0 & 0 & 0 & 3\\ 0 & 0 & 0 & -6 & 0 & 0 & 0\\ 0 & 0 & 0 & 0 & 0 & 0 & 0\\ 91 & 0 & 0 & 0 & 0 & 0 & 0\\ 0 & 0 & 28 & 0 & 0 & 0 & 0\end{bmatrix}$$

的转置矩阵为

$$
\boldsymbol{A}^{\mathrm{T}}=\begin{bmatrix}
15 & 0 & 0 & 0 & 91 & 0 \\
0 & 11 & 0 & 0 & 0 & 0 \\
0 & 0 & 0 & 0 & 0 & 28 \\
22 & 0 & -6 & 0 & 0 & 0 \\
0 & 0 & 0 & 0 & 0 & 0 \\
-15 & 0 & 0 & 0 & 0 & 0 \\
0 & 3 & 0 & 0 & 0 & 0
\end{bmatrix}
$$

如果矩阵 $\boldsymbol{A}$ 与 $\boldsymbol{A}^{\mathrm{T}}$ 分别用三列二维数组 A1 与 AT1 表示，则有

$$
\mathrm{A1}=\begin{bmatrix}
6 & 7 & 8 \\
1 & 1 & 15 \\
1 & 4 & 22 \\
1 & 6 & -15 \\
2 & 2 & 11 \\
2 & 7 & 3 \\
3 & 4 & -6 \\
5 & 1 & 91 \\
6 & 3 & 28
\end{bmatrix},\quad
\mathrm{AT1}=\begin{bmatrix}
7 & 6 & 8 \\
1 & 1 & 15 \\
1 & 5 & 91 \\
2 & 2 & 11 \\
3 & 6 & 28 \\
4 & 1 & 22 \\
4 & 3 & -6 \\
6 & 1 & -15 \\
7 & 2 & 3
\end{bmatrix}
$$

由上述例子可以看出，当稀疏矩阵用三列二维数组表示时，其转置矩阵的三列二维数组可以通过交换原稀疏矩阵的三列二维数组中的第 1 列与第 2 列，然后对它进行适当的排序得到。在实际进行转置运算时，可以按如下方法进行：

按稀疏矩阵 $\boldsymbol{A}$ 中的列序在三列二维数组 A1 中扫描每一列中的所有非零元素，并将这些非零元素的信息依次存放在三列二维数组 AT1 中。由于矩阵 $\boldsymbol{A}$ 中的非零元素在 A1 中是以行序存放的，因此，最后得到的 AT1 恰好是转置矩阵 AT 的三列二维数组表示。

其成员函数如下：

```
//稀疏矩阵转置
template<class T>                    //函数模板,T 为虚拟类型
X_Array<T>X_Array<T>::tran_X_Array ()
{ X_Array<T>at;                      //定义转置矩阵对象
    int k, p, q;
    at.mm=nn; at.nn=mm; at.tt=tt;    //转置矩阵行、列数及非零元素个数
    at.bb=new B<T>[tt];              //申请转置矩阵三列二维数组空间
    k=0;
    for (p=0; p<nn; p++)             //按列序扫描所有非零元素
        for ( q=0; q<tt; q++)
        { if (bb[q].j==p)          //将非零元素信息依次存放到转置矩阵的三列二维数组中
            { at.bb[k].i=bb[q].j;
              at.bb[k].j=bb[q].i;
              at.bb[k].v=bb[q].v;
              k=k+1;
            }
        }
    at.pos=new int[at.mm];           //申请 POS 向量空间
```

```
    at.num=new int[at.mm];                    //申请 NUM 向量空间
    for (k=0; k<at.mm; k++)                   //NUM 向量初始化
        at.num[k]=0;
    for (k=0; k<at.tt; k++)                   //构造转置矩阵的 NUM 向量
        at.num[at.bb[k].i]=at.num[at.bb[k].i]+1;
    at.pos[0]=0;
    for (k=1; k<at.mm; k++)                   //构造转置矩阵的 POS 向量
        at.pos[k]=at.pos[k-1]+at.num[k-1];
    return(at);                               //返回转置矩阵
}
```

从上述算法中可以看出,为了找出矩阵 **A** 中第 m 列的所有非零元素,必须将三列二维数组 A1 从头到尾扫描一遍。为了避免反复扫描 A1,还可以按三列二维数组 A1 中行的顺序进行转换,但转换后的元素不连续存放。如果能预先确定矩阵 **A** 中每一列(转置矩阵 $\boldsymbol{A}^T$ 中每一行)的每一个非零元素在三列二维数组 AT1 中应有的位置,则在对数组 A1 中的元素进行逐行转换后,便可直接放到数组 AT1 中应有的位置上去。为了确定这个应有的位置,只要先求得矩阵 **A** 中每一列的非零元素个数即可,其算法留给读者自行描述。

4) 用三列二维数组表示后的稀疏矩阵的相加

设 mc 行 nc 列稀疏矩阵 **C** 有 tc 个非零元素,且已经用三列二维数组表示;mb 行 nb 列稀疏矩阵 **B** 有 tb 个非零元素,且也已经用三列二维数组表示。求和矩阵 $\boldsymbol{A}=\boldsymbol{C}+\boldsymbol{B}$(用三列二维数组表示)的步骤如下:

(1) 先判断两个矩阵相加的合理性。如果两个矩阵的行数不相等或列数不相等,则两个矩阵不能相加。

(2) 由于事先不知道和矩阵中非零元素的个数,因此先假设和矩阵 **A** 中非零元素个数为矩阵 **C** 和矩阵 **B** 中非零元素个数之和,临时申请一个三列二维数组空间 A。

(3) 按行同时扫描三列二维数组表示的稀疏矩阵 **C** 和三列二维数组表示的稀疏矩阵 **B**。

即对于行号相同的两个矩阵中的非零元素如下处理:

如果列号也相同,则值相加。如果相加后值非零,则将相加结果(包括行号和列号)依次存放到临时申请的三列二维数组空间 A 中。如果列号不同,则将列号小的那个非零元素信息依次复制到临时申请的三列二维数组空间 A 中。在这个过程中,当一个矩阵中本行的所有非零元素都处理完后(进入了下一行),则将另一个矩阵中的剩余非零元素的信息也都依次复制到临时申请的三列二维数组空间 A 中。

(4) 经过上述步骤后,已经统计到和矩阵中非零元素的个数,此时正式申请一个三列二维数组空间,用于存放和矩阵中的所有非零元素的信息。将存放在临时申请的三列二维数组空间中的信息复制到正式申请的三列二维数组空间中,最后释放临时申请的三列二维数组空间。

(5) 构造用三列二维数组表示的和矩阵的 POS 向量和 NUM 向量。

其成员函数如下:

```
//稀疏矩阵相加
template<class T>                              //函数模板,T 为虚拟类型
X_Array<T>X_Array<T>::operator + (X_Array<T> &b)
```

```
{ X_Array<T>c;                         //定义和矩阵对象
    B<T> * a;
    T d;
    int m, n, k, p;
    if ((mm!=b.mm)||(nn!=b.nn))   cout<<"不能相加!"<<endl;
    else
    { a=new B<T>[tt+b.tt];     //临时申请一个三列二维数组空间
      p=0;
      for (k=0; k<mm; k++)                            //逐行处理
      { m=pos[k]; n=b.pos[k];
        while ((bb[m].i==k)&&(b.bb[n].i==k))  //行号相同
        { if (bb[m].j==b.bb[n].j)                  //列号相同则相加
            { d=bb[m].v+b.bb[n].v;
              if (d!=0)                                //相加后非零
              { a[p].i=k; a[p].j=bb[m].j;
                a[p].v=d; p=p+1;
              }
              m=m+1; n=n+1;
            }
          else if (bb[m].j<b.bb[n].j)             //列号不同则复制列号小的一项
          { a[p].i=k; a[p].j=bb[m].j;
            a[p].v=bb[m].v; p=p+1;
            m=m+1;
          }
          else                                         //列号不同复制另一项
          { a[p].i=k; a[p].j=b.bb[n].j;
            a[p].v=b.bb[n].v; p=p+1;
            n=n+1;
          }
        }
        while (bb[m].i==k)                          //复制矩阵中本行剩余的非零元素
        { a[p].i=k; a[p].j=bb[m].j;
          a[p].v=bb[m].v; p=p+1;
          m=m+1;
        }
        while (b.bb[n].i==k)                        //复制另一矩阵中本行剩余非零元素
        { a[p].i=k; a[p].j=b.bb[n].j;
          a[p].v=b.bb[n].v; p=p+1;
          n=n+1;
        }
      }
      c.mm=mm; c.nn=nn; c.tt=p;
      c.bb=new B<T>[p];                           //申请一个三列二维数组空间
      for (k=0; k<p; k++)                          //复制临时三列二维数组空间中的元素
      { c.bb[k].i=a[k].i;
        c.bb[k].j=a[k].j;
        c.bb[k].v=a[k].v;
      }
      Delete[] a;                                  //释放临时三列二维数组空间
      c.pos=new int[c.mm];                         //申请 POS 向量空间
      c.num=new int[c.mm];                         //申请 NUM 向量空间
      for (k=0; k<c.mm; k++)                       //NUM 向量初始化
        c.num[k]=0;
```

```
        for (k=0; k<c.tt; k++)                          //构造 NUM 向量
          c.num[c.bb[k].i]=c.num[c.bb[k].i]+1;
        c.pos[0]=0;
        for (k=1; k<c.mm; k++)                          //构造 POS 向量
          c.pos[k]=c.pos[k-1]+c.num[k-1];
      }
      return(c);                                        //返回相加结果
   }
```

5) 用三列二维数组表示后的稀疏矩阵的相乘

设 ma 行 na 列稀疏矩阵 **A** 有 ta 个非零元素,且已经用三列二维数组表示;mb 行 nb 列稀疏矩阵 **B** 有 tb 个非零元素,且已经用三列二维数组表示。求乘积矩阵 **C**=**AB**(用三列二维数组表示)的步骤如下:

(1) 先判断两个矩阵相乘的合理性。如果左矩阵的列数与右矩阵的行数不相等,则两个矩阵不能相乘。

(2) 由于事先不知道乘积矩阵中非零元素的个数,因此先假设乘积矩阵为一般的稀疏矩阵,临时申请一个 ma×nb 的存储空间存放乘积矩阵的所有元素(包括零元素)。

(3) 依次扫描左矩阵(三列二维数组)中的每一个非零元素,根据当前非零元素的列值以及向量 POS 与 NUM,在右矩阵(三列二维数组)中寻找所有行值与之相等的非零元素,然后将其中的每一对非零元素进行相乘,并将结果累加到乘积矩阵的相应元素中。

(4) 将乘积矩阵(稀疏矩阵)转换成用三列二维数组表示,最后释放乘积矩阵的临时空间。

其成员函数如下:

```
//稀疏矩阵相乘
template<class T>                          //函数模板,T 为虚拟类型
X_Array<T>X_Array<T>::operator * (X_Array &b)
{ X_Array<T>cc;
    int k, m, n, p, t;
    T * c;                                 //定义乘积矩阵
    if (nn!=b.mm)
       cout<<"两矩阵无法相乘!"<<endl;
    else
    { c=new T[mm * b.nn];                 //申请乘积矩阵的临时空间
      k=0;
      for (m=0; m<mm; m++)
          for (n=0; n<b.nn; n++)
          { c[k]=0; k=k+1; }               //乘积矩阵元素清零
      for (m=0; m<tt; m++)                 //对于左矩阵中的每一个非零元素
      { k=bb[m].j;                         //左矩阵中非零元素的列值 k
        n=b.pos[k];                        //右矩阵中行号与 k 相同的第一个非零元素的位置
        t=b.pos[k]+b.num[k];               //右矩阵中行号与 k 相同的最后一个非零元素的位置
        while (n!=t)
        { p=bb[m].i * b.nn+b.bb[n].j;             //在乘积矩阵中的位置
          c[p]=c[p]+bb[m].v * b.bb[n].v;          //累加非零元素的乘积
          n=n+1;
        }
      }
```

```
        cc.th_X_Array(mm, b.nn, c);              //由一般稀疏矩阵转换成用三列二维数组表示
        delete[] c;                              //释放乘积矩阵的临时空间
      }
      return(cc);                                //返回用三列二维数组表示的乘积矩阵
  }
```

下列主函数依次实现以下操作：

- 定义稀疏矩阵类对象，矩阵元素为双精度型。
- 复制三元组数组 a 生成稀疏矩阵类对象 x，然后输出稀疏矩阵 x。
- 求稀疏矩阵 x 的转置矩阵 xt，然后输出稀疏矩阵 xt。
- 以三元组形式从键盘输入稀疏矩阵 y 的非零元素，然后输出稀疏矩阵 y。
- 求 $z=x+y$，然后输出稀疏矩阵 z。
- 求 $c=x*xt$，然后输出稀疏矩阵 c。

```
//ch2_20.cpp
    #include "X_Array.h"
    int main()
    { B<double>a[8]={{1,3,3.0},{1,8,1.0},{3,1,9.0},{4,5,7.0},
                     {5,7,6.0},{6,4,2.0},{6,6,3.0},{7,3,5.0}};
      X_Array<double>x, y, z, xt, c;
                                            //定义稀疏矩阵类对象,矩阵元素为双精度型
      x.cp_X_Array(7, 8, 8, a);             //复制三元组数组生成稀疏矩阵类对象 x
      cout<<"输出稀疏矩阵 x:"  <<endl;
      x.prt_X_Array();
      xt=x.tran_X_Array();                  //稀疏矩阵转置
      cout<<"输出稀疏矩阵 x 的转置 xt:"  <<endl;
      xt.prt_X_Array();
      y.in_X_Array();                       //以三元组形式从键盘输入稀疏矩阵非零元素
      cout<<"输出稀疏矩阵 y:"  <<endl;
      y.prt_X_Array();
      z=x+y;                                //稀疏矩阵相加
      cout<<"输出稀疏矩阵 z=x+y:"  <<endl;
      z.prt_X_Array();
      c=x*xt;                               //稀疏矩阵相乘
      cout<<"输出 c=x*xt:"<<endl;
      c.prt_X_Array();
      return 0;
    }
```

上述程序的运行结果如下(带有下画线的为键盘输入)：

```
输出稀疏矩阵 x:
      0       0       3       0       0       0       0       1
      0       0       0       0       0       0       0       0
      9       0       0       0       0       0       0       0
      0       0       0       0       7       0       0       0
      0       0       0       0       0       0       6       0
      0       0       0       2       0       3       0       0
      0       0       5       0       0       0       0       0
输出稀疏矩阵 x 的转置 xt:
      0       0       9       0       0       0       0
      0       0       0       0       0       0       0
```

```
    3      0      0      0      0      0      5
    0      0      0      0      0      2      0
    0      0      0      7      0      0      0
    0      0      0      0      0      3      0
    0      0      0      0      6      0      0
    1      0      0      0      0      0      0
输入行数  列数  非零元素个数: 7 8 2
输入行号  列号  非零元素值:
2 4 5
5 7 8
输出稀疏矩阵 y:
    0      0      0      0      0      0      0      0
    0      0      0      5      0      0      0      0
    0      0      0      0      0      0      0      0
    0      0      0      0      0      0      0      0
    0      0      0      0      0      0      8      0
    0      0      0      0      0      0      0      0
    0      0      0      0      0      0      0      0
输出稀疏矩阵 z=x+y:
    0      0      3      0      0      0      0      1
    0      0      0      5      0      0      0      0
    9      0      0      0      0      0      0      0
    0      0      0      0      7      0      0      0
    0      0      0      0      0      0      14     0
    0      0      0      2      0      3      0      0
    0      0      5      0      0      0      0      0
输出 c=x*xt:
    10     0      0      0      0      0      15
    0      0      0      0      0      0      0
    0      0      81     0      0      0      0
    0      0      0      49     0      0      0
    0      0      0      0      36     0      0
    0      0      0      0      0      13     0
    15     0      0      0      0      0      25
```

2. 稀疏矩阵的线性链表表示

由前面的叙述可以看出,用三列二维数组表示稀疏矩阵后,如果稀疏矩阵的运算结果中非零元素的个数不发生变化(如矩阵转置),则运算结果可直接采用三列二维数组表示的形式;如果运算结果中非零元素的个数发生了变化(如矩阵相乘),则运算结果只能用一般的稀疏矩阵表示,如有必要,则再用三列二维数组表示,这是因为在用三列二维数组表示稀疏矩阵时,必须事先知道非零元素的个数,以便申请三列二维数组存储空间。

实际上,表示稀疏矩阵中各非零元素信息的三元组还可以组织成线性链表的形式。这样,当产生新的非零元素时,可以直接申请一个存放三元组的结点,然后顺序链接到线性链表中。同样,如果通过运算,原来的非零元素变成了零元素,则可以从线性链表中删除这个结点。显然,将表示稀疏矩阵中各非零元素信息的三元组组织成线性链表,可以更方便地进行稀疏矩阵的运算。

需要特别指出的是,在用三元组链表表示稀疏矩阵后,不必生成 POS 向量和 NUM 向量。

下面具体讨论用三元组链表表示稀疏矩阵的操作,包括:

- 三元组链表的生成；
- 用三元组链表表示后的稀疏矩阵的输出；
- 用三元组链表表示后的稀疏矩阵的转置；
- 用三元组链表表示后的稀疏矩阵的相加。

首先定义一个用三元组链表表示的稀疏矩阵类如下：

```
//XL_Array.h
    #include<iostream>
    #include<iomanip>
    using namespace std;
    //定义三元组链表结点类型
    template<class T>
    struct B
    { int i;                                    //非零元素所在的行号
      int j;                                    //非零元素所在的列号
      T v;                                      //非零元素值
      B<T> * next;                              //指向下一个结点的指针域
    };
    //三元组链表表示的稀疏矩阵类
    template<class T>                           //类模板,T 为虚拟类型
    class  XL_Array
    { private:                                  //数据成员
        int mm;                                 //稀疏矩阵行数
        int nn;                                 //稀疏矩阵列数
        int tt;                                 //稀疏矩阵中非零元素个数
        B<T> * head;                            //三元组链表头指针
      public:                                   //成员函数
        XL_Array() { head=NULL; return; }       //三元组链表初始化
        void in_XL_Array();                     //以三元组形式从键盘输入稀疏矩阵非零元素
        void th_XL_Array(int, int, T []);       //由一般稀疏矩阵转换
        void prt_XL_Array();                    //按行输出稀疏矩阵
        XL_Array tran_XL_Array();               //稀疏矩阵转置
        XL_Array operator +(XL_Array &);        //稀疏矩阵相加
    };
```

下面具体讨论各种操作(各成员函数的实现)。

1) 在稀疏矩阵类中生成三元组链表

在稀疏矩阵类中生成三元组链表的大概操作过程如下：

对于稀疏矩阵中每一个非零元素(以行为主)申请一个结点,然后将每一个非零元素的行、列、元素值依次填入该结点的数据域,最后将该结点链接到链表的链尾。

在稀疏矩阵类中生成三元组链表有以下两种途径。

(1) 以三元组形式从键盘输入稀疏矩阵中各非零元素。

从键盘输入稀疏矩阵以及各非零元素信息的格式如下。

首先输入稀疏矩阵的信息,其格式为

```
行数<空格>列数<空格>非零元素个数<回车>
```

然后输入各非零元素信息,其格式为

```
行号<空格>列号<空格>非零元素值<回车>
    …
```

其成员函数如下：

```
//以三元组形式从键盘输入稀疏矩阵非零元素
template<class T>                         //函数模板,T为虚拟类型
void XL_Array<T>::in_XL_Array()
{ int k, m, n;
    T d;
    B<T> * p, * q;
    cout<<"输入行数  列数  非零元素个数:";
    cin >>mm >>nn >>tt;
    q=NULL;
    cout<<"输入行号  列号  非零元素值:"<<endl;
    for (k=0; k<tt; k++)                  //输入三元组
    { cin >>m >>n >>d;
      p=new B<T>;                         //申请一个三元组结点
      p->i=m-1; p->j=n-1; p->v=d; p->next=NULL;
      if (head==NULL)  head=p;
      else q->next=p;
      q=p;
    }
    return;
}
```

(2) 直接将原始的稀疏矩阵用三列二维数组表示。

在这种方法中,只需以行为主扫描稀疏矩阵,对于稀疏矩阵中每一个非零元素(以行为主)申请一个结点;然后将每一个非零元素的行、列、元素值依次填入该结点的数据域;最后将该结点链接到链表的链尾。

其成员函数如下：

```
//由一般稀疏矩阵转换
template<class T>                              //函数模板,T为虚拟类型
void XL_Array<T>::th_XL_Array(int m, int n, T a[])
{ int t=0, p, q;
  B<T> * s, * k;
  T d;
  mm=m; nn=n;
  k=NULL;
  for (p=0; p<m; p++)
      for (q=0; q<n; q++)
      { d=a[p * n+q];
          if (d!=0)                            //非零元素
          { s=new B<T>;                        //申请一个三元组结点
            s->i=p; s->j=q; s->v=d;
            s->next=NULL;
            if (head==NULL)  head=s;
            else k->next=s;
            k=s;
            t=t+1;
          }
```

```
        }
    tt=t;
    return;
}
```

2）用三元组链表表示后的稀疏矩阵的输出

按行判断稀疏矩阵中的每一个元素，如果在三元组链表有，则是非零元素，输出该非零元素值，否则输出 0。

其成员函数如下：

```
//按行输出稀疏矩阵
template<class T>                                   //函数模板,T 为虚拟类型
void XL_Array<T>::prt_XL_Array()
{ int k, kk;
  B<T> * p;
  p=head;
  for (k=0; k<mm; k++)                               //按行输出
  { for (kk=0; kk<nn; kk++)                          //输出一行
      if (p!=NULL)
      { if ((p->i==k)&&(p->j==kk))                   //输出非零元素
        { cout<<setw(8)<<p->v;
          p=p->next;
        }
        else cout<<setw(8)<<0;                       //输出 0
      }
      else  cout<<setw(8)<<0;                        //输出 0
    cout<<endl;
  }
  return;
}
```

3）用三元组链表表示后的稀疏矩阵的转置

按稀疏矩阵中的列序在三元组链表中扫描每一列中的所有非零元素，并将这些非零元素的信息依次链接到转置矩阵的三元组链表中。由于原矩阵中的非零元素在三元组链表中是以行序链接的，因此，最后得到的恰好是转置矩阵的三元组链表。

其成员函数如下：

```
//稀疏矩阵转置
template<class T>                                   //函数模板,T 为虚拟类型
XL_Array<T>XL_Array<T>::tran_XL_Array ()
{ XL_Array<T>at;                                    //定义转置矩阵对象
  int p;
  B<T> * s, * k, * q;
  at.mm=nn; at.nn=mm; at.tt=tt;                      //转置矩阵行、列数及非零元素个数
  k=NULL;
  for (p=0; p<nn; p++)
      for ( q=head; q!=NULL; q=q->next)
      { if (q->j==p)
          { s=new B<T>;                              //申请一个三元组结点
            s->i=q->j;
            s->j=q->i;
```

```
            s->v=q->v;
            s->next=NULL;
            if (k==NULL) at.head=s;
            else k->next=s;
            k=s;
          }
      }
  return(at);  //返回转置矩阵
}
```

4）用三元组链表表示后的稀疏矩阵的相加

设 mc 行 nc 列稀疏矩阵 ***C*** 有 tc 个非零元素，且已经用三元组链表表示；mb 行 nb 列稀疏矩阵 ***B*** 有 tb 个非零元素，且也已经用三元组链表表示。求和矩阵 ***A*** = ***C*** + ***B***（用三元组链表表示）的步骤如下：

(1) 先判断两个矩阵相加的合理性。如果两个矩阵的行数不相等或列数不相等，则两个矩阵不能相加。

(2) 按行同时扫描用三元组链表表示的稀疏矩阵 ***C*** 和三元组链表表示的稀疏矩阵 ***B***。

即对于行号相同的两个矩阵中的非零元素：

如果列号也相同，则值相加。如果相加后值非零，则申请一个三元组结点，将相加结果（包括行号和列号）填入该结点的数据域中，然后将该结点链接到和矩阵三元组链表的链尾。

如果列号不同，则申请一个三元组结点，将列号小的那个非零元素信息复制到该结点的数据域中，然后将该结点链接到和矩阵三元组链表的链尾。

在这个过程中，当一个矩阵中本行的所有非零元素都处理完后（进入了下一行），则将另一个矩阵中的每一个剩余非零元素申请一个三元组结点，复制非零元素信息后将它们依次链接到和矩阵三元组链表的链尾。

其成员函数如下：

```
//稀疏矩阵相加
template<class T>                                     //函数模板,T 为虚拟类型
XL_Array<T>XL_Array<T>::operator +(XL_Array<T>&b)
{ XL_Array<T>c;                                       //定义和矩阵对象
  T d;
  B<T> *m, *n, *q, *s;
  int k=0;
  q=NULL;                                             //记住链尾
  if ((mm!=b.mm)||(nn!=b.nn))  cout<<"不能相加!"<<endl;
  else
  { m=head; n=b.head;
    while ((m!=NULL)&&(n!=NULL))
    { if (m->i==n->i)                                 //行号相同
      { if (m->j==n->j)                               //列号相同则相加
          { d=m->v+n->v;
            if (d!=0)                                 //相加后非零
            { s=new B<T>;                             //申请一个三元组结点
              s->i=m->i; s->j=m->j; s->v=d;
              s->next=NULL;
              if (q==NULL) c.head=s;
```

```
            else q->next=s;
            q=s;                                //记住链尾
            k=k+1;                              //非零元素个数加 1
          }
          m=m->next; n=n->next;
        }
      else if (m->j<n->j)                       //列号不同则复制列号小的一项
      { s=new B<T>;                             //申请一个三元组结点
        s->i=m->i; s->j=m->j; s->v=m->v;
        s->next=NULL;
        if (q==NULL) c.head=s;
        else q->next=s;
        q=s;                                    //记住链尾
        k=k+1;                                  //非零元素个数加 1
        m=m->next;
      }
      else                                      //列号不同复制另一项
      { s=new B<T>;                             //申请一个三元组结点
        s->i=n->i; s->j=n->j; s->v=n->v;
        s->next=NULL;
        if (q==NULL) c.head=s;
        else q->next=s;
        q=s;                                    //记住链尾
        k=k+1;                                  //非零元素个数加 1
        n=n->next;
      }
    }
    else if (m->i<n->i)                         //复制矩阵中行号小的非零元素
    { s=new B<T>;                               //申请一个三元组结点
      s->i=m->i; s->j=m->j; s->v=m->v;
      s->next=NULL;
      if (q==NULL) c.head=s;
      else q->next=s;
      q=s;                                      //记住链尾
      k=k+1;                                    //非零元素个数加 1
      m=m->next;
    }
    else                                        //复制另一矩阵中本行的一个非零元素
    { s=new B<T>;                               //申请一个三元组结点
      s->i=n->i; s->j=n->j; s->v=n->v;
      s->next=NULL;
      if (q==NULL) c.head=s;
      else q->next=s;
      q=s;                                      //记住链尾
      k=k+1;                                    //非零元素个数加 1
      n=n->next;
    }
  }
  while (m!=NULL)                               //复制矩阵中剩余的非零元素
    { s=new B<T>;                               //申请一个三元组结点
      s->i=m->i; s->j=m->j; s->v=m->v;
      s->next=NULL;
      if (q==NULL) c.head=s;
```

```
        else q->next=s;
        q=s;                                        //记住链尾
        k=k+1;                                      //非零元素个数加 1
        m=m->next;
      }
    while (n!=NULL)                                 //复制另一矩阵中剩余的非零元素
      { s=new B<T>;                                 //申请一个三元组结点
        s->i=n->i; s->j=n->j; s->v=n->v;
        s->next=NULL;
        if (q==NULL) c.head=s;
        else q->next=s;
        q=s;                                        //记住链尾
        k=k+1;                                      //非零元素个数加 1
        n=n->next;
      }
    c.mm=mm; c.nn=nn; c.tt=k;
  }
  return(c);                                        //返回相加结果
}
```

下列主函数依次实现以下操作：

- 定义稀疏矩阵类对象，矩阵元素为双精度型。
- 直接将原始的稀疏矩阵 a 生成稀疏矩阵类对象 x，然后输出稀疏矩阵 x。
- 求稀疏矩阵 x 的转置矩阵 xt，然后输出稀疏矩阵 xt。
- 以三元组形式从键盘输入稀疏矩阵 y 的非零元素，然后输出稀疏矩阵 y。
- 求 $z=x+y$，然后输出稀疏矩阵 z。

```
//ch2_21.cpp
    #include "XL_Array.h"
    int main()
    { double a[7][8]={ { 0,0,3,0,0,0,0,1},
                       {0,0,0,0,0,0,0,0},
                       {9,0,0,0,0,0,0,0},
                       {0,0,0,0,7,0,0,0},
                       {0,0,0,0,0,0,6,0},
                       {0,0,0,2,0,3,0,0},
                       {0,0,5,0,0,0,0,0}};
      XL_Array<double>x, y, z, xt, c;
      x.th_XL_Array(7,8,&a[0][0]);
      cout<<"输出稀疏矩阵 x:"  <<endl;
      x.prt_XL_Array();
      xt=x.tran_XL_Array();                 //稀疏矩阵转置
      cout<<"输出稀疏矩阵 x 的转置 xt:"  <<endl;
      xt.prt_XL_Array();
      y.in_XL_Array();                      //以三元组形式从键盘输入稀疏矩阵非零元素
      cout<<"输出稀疏矩阵 y:"  <<endl;
      y.prt_XL_Array();
      z=x+y;                                //稀疏矩阵相加
      cout<<"输出稀疏矩阵 z=x+y:"  <<endl;
      z.prt_XL_Array();
      return 0;
    }
```

上述程序的运行结果如下(带有下画线的为键盘输入)：

```
输出稀疏矩阵 x:
     0      0      3      0      0      0      0      1
     0      0      0      0      0      0      0      0
     9      0      0      0      0      0      0      0
     0      0      0      0      7      0      0      0
     0      0      0      0      0      0      6      0
     0      0      0      2      0      3      0      0
     0      0      5      0      0      0      0      0
输出稀疏矩阵 x 的转置 xt:
     0      0      9      0      0      0      0
     0      0      0      0      0      0      0
     3      0      0      0      0      0      5
     0      0      0      0      0      2      0
     0      0      0      7      0      0      0
     0      0      0      0      0      3      0
     0      0      0      0      6      0      0
     1      0      0      0      0      0      0
输入行数　列数　非零元素个数:7 8 2
输入行号　列号　非零元素值:
2 4 5
5 7 8
输出稀疏矩阵 y:
     0      0      0      0      0      0      0      0
     0      0      0      5      0      0      0      0
     0      0      0      0      0      0      0      0
     0      0      0      0      0      0      0      0
     0      0      0      0      0      0      8      0
     0      0      0      0      0      0      0      0
     0      0      0      0      0      0      0      0
输出稀疏矩阵 z=x+y:
     0      0      3      0      0      0      0      1
     0      0      0      5      0      0      0      0
     9      0      0      0      0      0      0      0
     0      0      0      0      7      0      0      0
     0      0      0      0      0      0      14      0
     0      0      0      2      0      3      0      0
     0      0      5      0      0      0      0      0
```

3. 十字链表

稀疏矩阵还可以用十字链表的结构来表示。在用十字链表结构表示稀疏矩阵时，矩阵中的每一个非零元素对应一个结点，每个结点有 5 个域：行域、列域、值域、向下域与向右域，如图 2.40 所示。其中，行域与列域分别存放非零元素所在的行号与列号，值域存放非零元素的值，向下域指示同一列中下一个非零元素的存储结点序号，向右域指示同一行中下一个非零元素的存储结点序号。

<table>
<tr><td>row</td><td colspan="2">col</td><td>val</td></tr>
<tr><td>行域</td><td colspan="2">列域</td><td>值域</td></tr>
<tr><td colspan="2">向下域</td><td colspan="2">向右域</td></tr>
<tr><td colspan="2">down</td><td colspan="2">right</td></tr>
</table>

图 2.40　十字链表的结点结构

用十字链表表示稀疏矩阵的结构特点如下：

- 稀疏矩阵的每一行与每一列均用带表头结点的循环链表表示。

- 表头结点中的行域与列域的值均置为−1(row=−1,col=−1)。
- 行、列链表的表头结点合用,且这些表头结点存放在一个顺序存储空间中。

由此可以看出,只要给出行列链表的头指针,就可以很方便地扫描到稀疏矩阵中的任意一行或一列中的非零元素。

例如,稀疏矩阵

$$A=\begin{bmatrix}3&0&0&7\\0&0&1&0\\2&0&0&0\\0&0&0&0\\0&0&0&9\end{bmatrix}$$

可以用图2.41所示的十字链表表示。

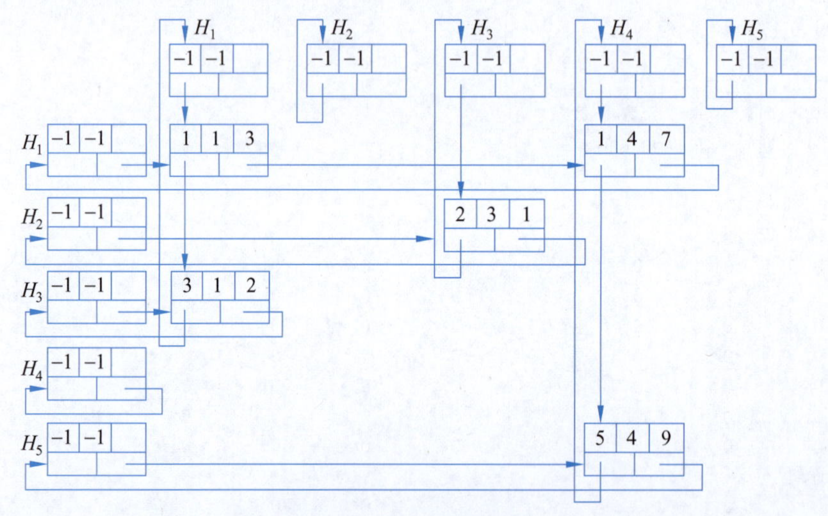

图2.41　十字链表示例

十字链表的结点结构用C++描述如下:

```
template<class T>
struct CN
{ int i;                                //非零元素所在的行号
  int j;                                //非零元素所在的列号
  T v;                                  //非零元素值
  CN<T> * down;                         //向下指针域
  CN<T> * right;                        //向右指针域
};
```

下面给出用十字链表表示的稀疏矩阵类描述。

```
//CN_Array.h
    #include<iostream>
    #include<iomanip>
    using namespace std;
    //定义十字链表结点类型
    template<class T>
```

```
struct CN
{ int i;                                    //非零元素所在的行号
  int j;                                    //非零元素所在的列号
  T v;                                      //非零元素值
  CN<T> * down;                             //向下指针域
  CN<T> * right;                            //向右指针域
};
//十字链表表示的稀疏矩阵类
template<class T>                           //类模板,T为虚拟类型
class  CN_Array
{ private:                                  //数据成员
     int mm;                                //稀疏矩阵行数
     int nn;                                //稀疏矩阵列数
     int tt;                                //稀疏矩阵中非零元素个数
     CN<T> * H;                             //十字链表行列表头结点存储空间
  public:                                   //成员函数
     CN_Array() { H=NULL; return; }         //十字链表初始化
     void in_CN_Array();                    //以三元组形式从键盘输入稀疏矩阵非零元素
     void th_CN_Array(int, int, T []);      //由一般稀疏矩阵转换
     void prt_CN_Array();                   //按行输出稀疏矩阵
};
//以三元组形式从键盘输入稀疏矩阵非零元素
template<class T>                           //函数模板,T为虚拟类型
void CN_Array<T>::in_CN_Array()
{ int k, m, n;
  T d;
  CN<T> * p, * q;
  cout<<"输入行数  列数  非零元素个数:";
  cin >>mm >>nn >>tt;
  if (mm>=nn) m=mm;
  else m=nn;
  H=new CN<T>[m];                           //申请十字链表行列表头结点存储空间
  for (k=0; k<m; k++)
  { H[k].i=-1; H[k].j=-1; H[k].down=&H[k]; H[k].right=&H[k]; }
  cout<<"输入行号  列号  非零元素值:"<<endl;
  for (k=0; k<tt; k++)                      //输入三元组
  { cin >>m >>n >>d;
    p=new CN<T>;                            //申请一个十字链表结点
    p->i=m-1; p->j=n-1; p->v=d;
    q=&H[m-1];
    while (q->right!=&H[m-1]) q=q->right;
    q->right=p; p->right=&H[m-1];  //链接到行尾
    q=&H[n-1];
    while (q->down!=&H[n-1]) q=q->down;
    q->down=p; p->down=&H[n-1];     //链接到列尾
  }
  return;
}
//由一般稀疏矩阵转换
template<class T>                           //函数模板,T为虚拟类型
void CN_Array<T>::th_CN_Array(int m, int n, T a[])
{ int p, q;
```

```
    CN<T> * s, * k;
    T d;
    mm=m; nn=n; tt=0;
    if (mm>=nn) q=mm;
    else q=nn;
    H=new CN<T>[q];                        //申请十字链表行列表头结点存储空间
    for (p=0; p<q; p++)
    { H[p].i=-1; H[p].j=-1; H[p].down=&H[p]; H[p].right=&H[p]; }
    for (p=0; p<m; p++)
        for (q=0; q<n; q++)
        { d=a[p * n+q];
            if (d!=0)                      //非零元素
            { s=new CN<T>;                 //申请一个十字链表结点
              s->i=p; s->j=q; s->v=d;
              k=&H[p];
              while (k->right!=&H[p]) k=k->right;
              k->right=s; s->right=&H[p];//链接到行尾
              k=&H[q];
              while (k->down!=&H[q]) k=k->down;
              k->down=s; s->down=&H[q];   //链接到列尾
              tt=tt+1;
            }
        }
    return;
}
//按行输出稀疏矩阵
template<class T>                          //函数模板,T 为虚拟类型
void CN_Array<T>::prt_CN_Array()
{ int k, kk;
  CN<T> * p;
  for (k=0; k<mm; k++)                     //按行输出
  { p=&H[k]; p=p->right;
    for (kk=0; kk<nn; kk++)                //输出一行
      if (p->j==kk)                        //输出非零元素
        { cout<<setw(8)<<p->v;
          p=p->right;
        }
      else cout<<setw(8)<<0;               //输出 0
    cout<<endl;
  }
  return;
}
```

下列主函数依次实现以下操作：

- 定义用十字链表表示的稀疏矩阵类对象，矩阵元素为双精度型。
- 直接将原始的稀疏矩阵 a 生成稀疏矩阵类对象 x，然后输出稀疏矩阵 x。
- 以三元组形式从键盘输入稀疏矩阵 y 的非零元素，然后输出稀疏矩阵 y。

```
//ch2_22.cpp
    #include "CN_Array.h"
    int main()
```

```
  { double a[7][8]={ { 0,0,3,0,0,0,0,1},
                     {0,0,0,0,0,0,0,0},
                     {9,0,0,0,0,0,0,0},
                     {0,0,0,0,7,0,0,0},
                     {0,0,0,0,0,0,6,0},
                     {0,0,0,2,0,3,0,0},
                     {0,0,5,0,0,0,0,0}};
    CN_Array<double>x, y;               //定义用十字链表表示的稀疏矩阵类对象 x 与 y
    x.th_CN_Array(7,8,&a[0][0]);        //直接将原始的稀疏矩阵 a 用十字链表表示
    cout<<"输出稀疏矩阵 x:"  <<endl;
    x.prt_CN_Array();
    y.in_CN_Array();                    //以三元组形式从键盘输入稀疏矩阵非零元素
    cout<<"输出稀疏矩阵 y:"  <<endl;
    y.prt_CN_Array();
    return 0;
  }
```

上述程序的运行结果如下(带有下画线的为键盘输入)：

```
输出稀疏矩阵 x:
        0       0       3       0       0       0       0       1
        0       0       0       0       0       0       0       0
        9       0       0       0       0       0       0       0
        0       0       0       0       7       0       0       0
        0       0       0       0       0       0       6       0
        0       0       0       2       0       3       0       0
        0       0       5       0       0       0       0       0
输入行数  列数  非零元素个数: 7 8 2
输入行号  列号  非零元素值:
2 4 5
5 7 8
输出稀疏矩阵 y:
        0       0       0       0       0       0       0       0
        0       0       0       5       0       0       0       0
        0       0       0       0       0       0       0       0
        0       0       0       0       0       0       0       0
        0       0       0       0       0       0       8       0
        0       0       0       0       0       0       0       0
        0       0       0       0       0       0       0       0
```

用十字链表表示稀疏矩阵后，各种矩阵运算留给读者思考。

2.6 树与二叉树

2.6.1 树的基本概念

树(tree)是一种简单的非线性结构。在树这种数据结构中，所有数据元素之间的关系具有明显的层次特性。图 2.42 表示一棵一般的树。由图 2.42 可以看出，在用图形表示树这种数据结构时，很像自然界中的树，只不过是一棵倒着生长的树，因此，这种数据结构就用"树"来命名。

在树的图形表示中，总是认为在用直线连起来的两端结点中，上端结点是前件，下端结

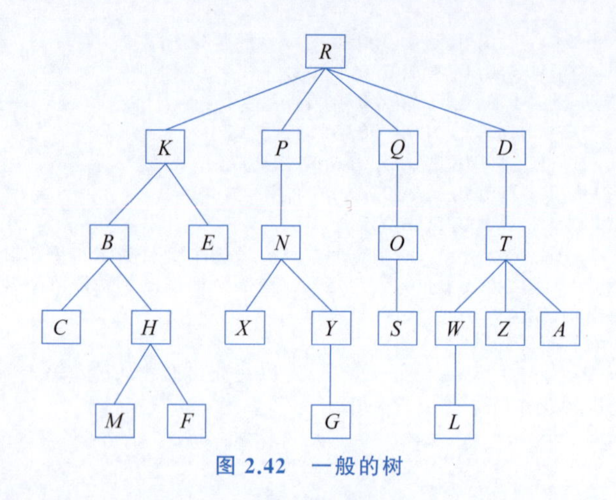

图 2.42　一般的树

点是后件,这样,表示前后件关系的箭头就可以省略。

在现实世界中,能用树这种数据结构表示的例子有很多。例如,图 2.43 中的树表示学校的行政关系结构,图 2.44 中的树反映一本书的层次结构。由于树具有明显的层次关系,因此,具有层次关系的数据都可以用树这种数据结构来描述。在所有的层次关系中,人们最熟悉的是血缘关系,按血缘关系可以很直观地理解树结构中各数据元素结点之间的关系,因此,在描述树结构时,也经常使用血缘关系中的一些术语。

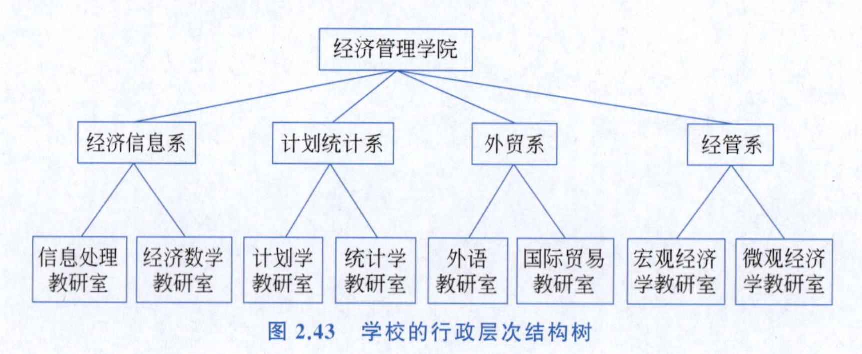

图 2.43　学校的行政层次结构树

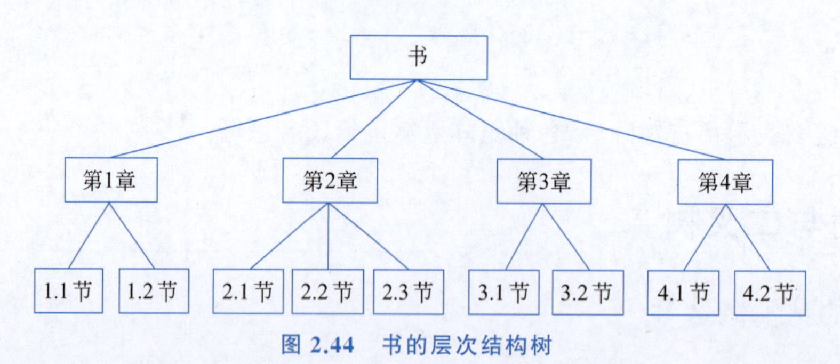

图 2.44　书的层次结构树

下面介绍树这种数据结构中的一些基本特征,同时介绍有关树结构的基本术语。

在树结构中,每一个结点只有一个前件,称为父结点。在树中,没有前件的结点只有一个,称为树的根结点,简称为树的根。例如在图 2.42 中,结点 R 是树的根结点。

在树结构中,每一个结点可以有多个后件,它们都称为该结点的子结点。没有后件的结点称为叶子结点。例如在图2.42中，结点C、M、F、E、X、G、S、L、Z、A均为叶子结点。

在树结构中，一个结点所拥有的后件个数称为该结点的度。例如，在图2.42中，根结点R的度为4；结点T的度为3；结点K、B、N、H的度为2；结点P、Q、D、O、Y、W的度为1。叶子结点的度为0。在树中，所有结点中的最大度称为树的度。例如，图2.42所示的树的度为4。

前面已经说过，树结构具有明显的层次关系，即树是一种层次结构。在树结构中，一般按如下原则分层：根结点在第1层；同一层上所有结点的所有子结点在下一层。

例如在图2.42中，根结点R在第1层；结点K、P、Q、D在第2层；结点B、E、N、O、T在第3层；结点C、H、X、Y、S、W、Z、A在第4层；结点M、F、G、L在第5层。

树的最大层次称为树的深度。例如，图2.42所示的树的深度为5。

在树中，以某结点的一个子结点为根构成的树称为该结点的一棵子树。例如在图2.42中，结点R有4棵子树，它们分别以K、P、Q、D为根结点；结点P有1棵子树，其根结点为N；结点T有3棵子树，它们分别以W、Z、A为根结点。在树中，叶子结点没有子树。

在计算机中，可以用树结构来表示算术表达式。

在一个算术表达式中，有运算符和运算对象。一个运算符可以有若干个运算对象。例如，取正(+)与取负(-)运算符只有一个运算对象，称为单目运算符；加(+)、减(-)、乘(*)、除(/)、乘幂(**)运算符有两个运算对象，称为双目运算符；三元函数f(x,y,z)中的f为函数运算符，它有三个运算对象，称为三目运算符。一般来说，多元函数运算符有多个运算对象，称为多目运算符。算术表达式中的一个运算对象可以是子表达式，也可以是单变量(或单变数)。例如，在表达式a*b+c中，运算符"+"有两个运算对象，其中a*b为子表达式，c为单变量；而在子表达式a*b中，运算符"*"有两个运算对象a和b，它们都是单变量。

用树来表示算术表达式的原则如下：

(1) 表达式中的每一个运算符在树中对应一个结点，称为运算符结点。

(2) 运算符的每一个运算对象在树中为该运算符结点的子树(在树中的顺序为从左到右)。

(3) 运算对象中的单变量均为叶子结点。

根据以上原则，可以将表达式

$$a*(b+c/d)+e*h-g*f(s,t,x+y)$$

用图2.45所示的树来表示。表示表达式的树通常称为表达式树。由图2.45可以看出，表示一个表达式的表达式树是不唯一的，如上述表达式可以表示成图2.45(a)和图2.45(b)所示的两种表达式树。

树在计算机中通常用多重链表表示。多重链表中的每个结点描述了树中对应结点的信息，而每个结点中的链域(指针域)个数将随树中该结点的度而定，其一般结构如图2.46所示。

在表示树的多重链表中，由于树中每个结点的度一般是不同的，因此，多重链表中各结点的链域个数也就不同，这将导致对树进行处理的算法很复杂。如果用定长的结点来表示树中的每个结点，即取树的度作为每个结点的链域个数，这就可以使对树的各种处理算法大大简化。但在这种情况下，容易造成存储空间的浪费，因为有可能在很多结点中存在空链

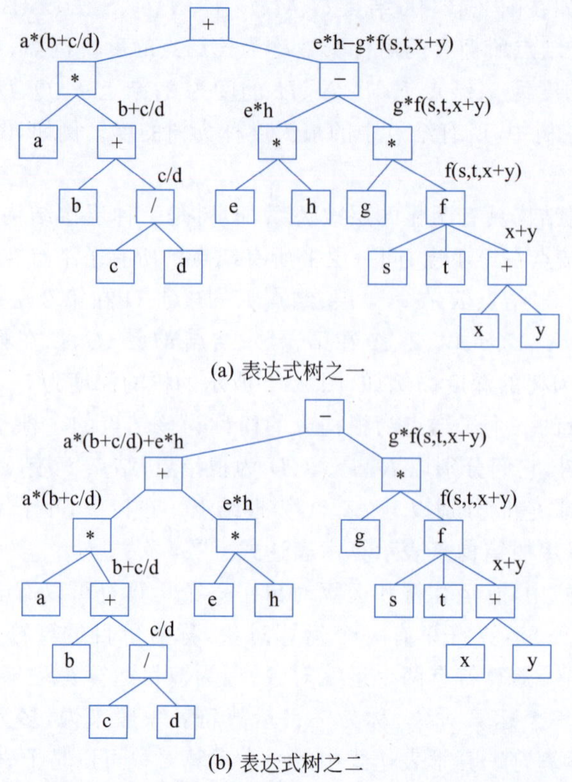

图 2.45 a＊(b＋c/d)＋e＊h－g＊f(s,t,x＋y)的两种表达式树

域。后面将介绍用二叉树来表示一般的树的方法,会给处理带来方便。

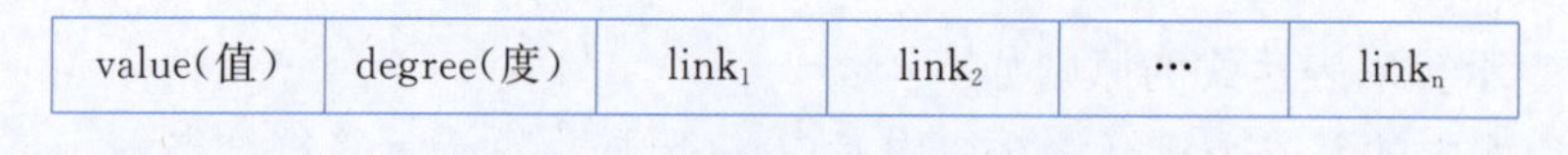

value(值)	degree(度)	$link_1$	$link_2$	…	$link_n$

图 2.46 树链表中的结点结构

2.6.2 二叉树及其基本性质

1. 什么是二叉树

二叉树(binary tree)是一种很有用的非线性结构。二叉树不同于前面介绍的树结构,但它与树结构很相似,并且,树结构的所有术语都可以用到二叉树这种数据结构上。

二叉树具有以下两个特点:

(1) 非空二叉树只有一个根结点。

(2) 每一个结点最多有两棵子树,且分别称为该结点的左子树与右子树。

由以上特点可以看出,在二叉树中,每一个结点的度最大为 2,即所有子树(左子树或右子树)也均为二叉树。而树结构中的每一个结点的度可以是任意的。另外,二叉树中的每一个结点的子树被明显地分为左子树与右子树。在二叉树中,一个结点可以只有左子树而没有右子树,也可以只有右子树而没有左子树。当一个结点既没有左子树也没有右子树时,该结点即是叶子结点。

图 2.47(a)是一棵只有根结点的二叉树,图 2.47(b)是一棵深度为 4 的二叉树。

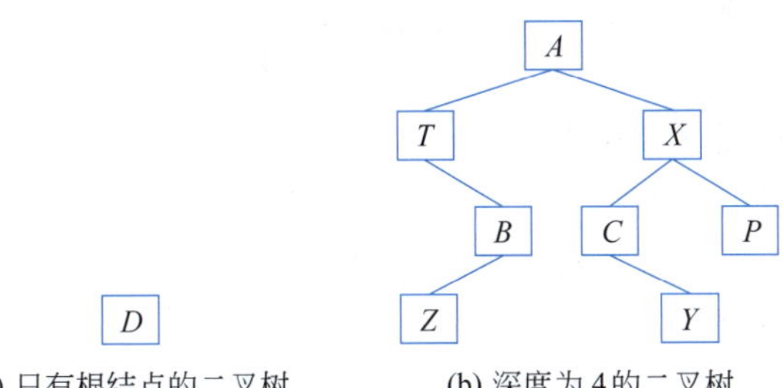

(a) 只有根结点的二叉树　　(b) 深度为 4 的二叉树

图 2.47　二叉树例

2. 二叉树的基本性质

二叉树具有以下几个性质。

性质 1　在二叉树的第 k 层上，最多有 $2^{k-1}(k\geqslant 1)$ 个结点。

根据二叉树的特点，这个性质是显然的。

性质 2　深度为 m 的二叉树最多有 2^m-1 个结点。

深度为 m 的二叉树是指二叉树共有 m 层。

根据性质 1，只要将第 1 层到第 m 层上的最大结点数相加，就可以得到整个二叉树中结点数的最大值，即

$$2^{1-1}+2^{2-1}+\cdots+2^{m-1}=2^m-1$$

性质 3　在任意一棵二叉树中，度为 0 的结点（叶子结点）总是比度为 2 的结点多一个。

对于这个性质说明如下。

假设二叉树中有 n_0 个叶子结点，n_1 个度为 1 的结点，n_2 个度为 2 的结点，则二叉树中总的结点数为

$$n=n_0+n_1+n_2 \tag{1}$$

由于在二叉树中除了根结点外，其余每一个结点都有唯一的一个分支进入。设二叉树中所有进入分支的总数为 m，则二叉树中总的结点数又为

$$n=m+1 \tag{2}$$

又由于二叉树中这 m 个进入分支是分别由非叶子结点射出的，其中度为 1 的每个结点射出 1 个分支，度为 2 的每个结点射出 2 个分支。因此，二叉树中所有度为 1 与度为 2 的结点射出的分支总数为 n_1+2n_2。而在二叉树中，总的射出分支数应与总的进入分支数相等，即

$$m=n_1+2n_2 \tag{3}$$

将(3)式代入(2)式有

$$n=n_1+2n_2+1 \tag{4}$$

最后比较(1)式和(4)式有

$$n_0+n_1+n_2=n_1+2n_2+1$$

化简后得

$$n_0=n_2+1$$

即：在二叉树中，度为 0 的结点（叶子结点）总是比度为 2 的结点多一个。

例如，在图 2.47(b)所示的二叉树中，有 3 个叶子结点，有 2 个度为 2 的结点，度为 0 的结点比度为 2 的结点多一个。

性质4 具有 n 个结点的二叉树，其深度至少为$[\log_2 n]+1$，其中$[\log_2 n]$表示取$\log_2 n$的整数部分。

这个性质可以由性质2直接得到。

3. 满二叉树与完全二叉树

满二叉树与完全二叉树是两种特殊形态的二叉树。

1）满二叉树

所谓满二叉树，是指这样一种二叉树：除最后一层外，每一层上的所有结点都有两个子结点。这就是说，在满二叉树中，每一层上的结点数都达到最大值，即在满二叉树的第 k 层上有 2^{k-1} 个结点，且深度为 m 的满二叉树有 2^m-1 个结点。

图2.48(a)、(b)、(c)分别是深度为2、3、4的满二叉树。

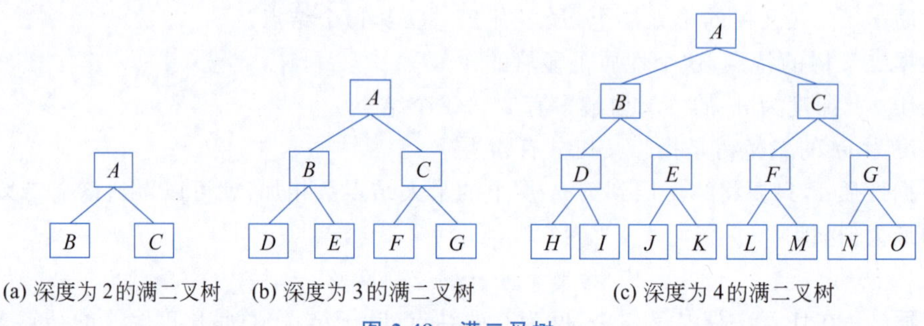

图 2.48 满二叉树

2）完全二叉树

所谓完全二叉树，是指这样的二叉树：除最后一层外，每一层上的结点数均达到最大值；在最后一层上只缺少右边的若干结点。

更确切地说，如果从根结点起，对二叉树的结点自上而下、自左至右用自然数进行连续编号，则深度为 m，且有 n 个结点的二叉树，当且仅当其每一个结点都与深度为 m 的满二叉树中编号从1到 n 的结点一一对应时，称之为完全二叉树。

图2.49(a)、2.49(b)分别是深度为3、4的完全二叉树。

对于完全二叉树来说，叶子结点只可能在层次最大的两层上出现；对于任何一个结点，若其右分支下的子孙结点的最大层次为 p，则其左分支下的子孙结点的最大层次或为 p，或为 $p+1$。

从满二叉树与完全二叉树的特点可以看出，满二叉树也是完全二叉树，而完全二叉树一般不是满二叉树。

完全二叉树还具有以下两个性质。

性质5 具有 n 个结点的完全二叉树的深度为$[\log_2 n]+1$。

性质6 设完全二叉树共有 n 个结点。如果从根结点开始，按层序（每一层从左到右）用自然数 $1,2,\cdots,n$ 给结点进行编号，则对于编号为 $k(k=1,2,\cdots,n)$ 的结点有以下结论：

(1) 若 $k=1$，则该结点为根结点，它没有父结点；若 $k>1$，则该结点的父结点编号为 INT$(k/2)$。

(2) 若 $2k\leqslant n$，则编号为 k 的结点的左子结点编号为 $2k$；否则该结点无左子结点（显然

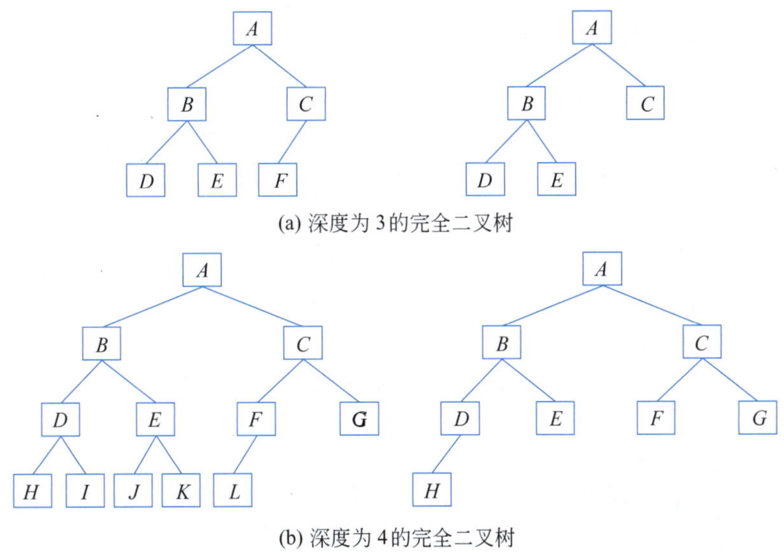

(a) 深度为 3 的完全二叉树

(b) 深度为 4 的完全二叉树

图 2.49　完全二叉树

也没有右子结点)。

(3) 若 $2k+1 \leqslant n$,则编号为 k 的结点的右子结点编号为 $2k+1$;否则该结点无右子结点。

根据完全二叉树的这个性质,如果按从上到下、从左到右顺序存储完全二叉树的各结点,则很容易确定每一个结点的父结点、左子结点和右子结点的位置。

2.6.3　二叉树的遍历

二叉树的遍历是指不重复地访问二叉树中的所有结点。

由于二叉树是一种非线性结构,因此,对二叉树的遍历要比遍历线性表复杂得多。在遍历二叉树的过程中,当访问到某个结点时,再往下访问可能有两个分支,那么先访问哪一个分支呢?对于二叉树说,需要访问根结点、左子树上的所有结点、右子树上的所有结点,在这三者中,究竟先访问哪一个?也就是说,遍历二叉树的方法实际上是要确定访问各结点的顺序,以便不重不漏地访问二叉树中的所有结点。

在遍历二叉树的过程中,一般先遍历左子树,然后遍历右子树。在先左后右的原则下,根据访问根结点的次序,二叉树的遍历可以分为 3 种:前序遍历、中序遍历、后序遍历。下面分别介绍这三种遍历的方法。

1. 前序遍历(DLR)

所谓前序遍历,是指在访问根结点、遍历左子树与遍历右子树这三者中,首先访问根结点,然后遍历左子树,最后遍历右子树;并且,在遍历左、右子树时,仍然先访问根结点,然后遍历左子树,最后遍历右子树。因此,前序遍历二叉树的过程是一个递归的过程。

下面是二叉树前序遍历的简单描述。

若二叉树为空,则结束返回;否则:

(1) 访问根结点。

(2) 前序遍历左子树。

(3) 前序遍历右子树。

在此特别要注意的是,在遍历左右子树时仍然采用前序遍历的方法。如果对图 2.50 中的二叉树进行前序遍历,则遍历的结果为 F、C、A、D、B、E、G、H、P(称为该二叉树的前序序列)。

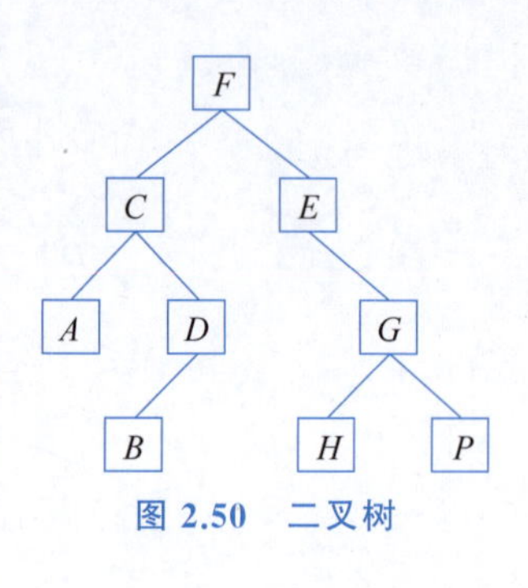

图 2.50 二叉树

2. 中序遍历(LDR)

所谓中序遍历,是指在访问根结点、遍历左子树与遍历右子树这三者中,首先遍历左子树,然后访问根结点,最后遍历右子树;并且,在遍历左、右子树时,仍然先遍历左子树,然后访问根结点,最后遍历右子树。因此,中序遍历二叉树的过程也是一个递归的过程。

下面是二叉树中序遍历的简单描述。

若二叉树为空,则结束返回;否则:

(1) 中序遍历左子树。

(2) 访问根结点。

(3) 中序遍历右子树。

在此也要特别注意,在遍历左右子树时仍然采用中序遍历的方法。如果对图 2.50 中的二叉树进行中序遍历,则遍历结果为 A、C、B、D、F、E、H、G、P(称为该二叉树的中序序列)。

3. 后序遍历(LRD)

所谓后序遍历,是指在访问根结点、遍历左子树与遍历右子树这三者中,首先遍历左子树,然后遍历右子树,最后访问根结点;并且,在遍历左、右子树时,仍然先遍历左子树,然后遍历右子树,最后访问根结点。因此,后序遍历二叉树的过程也是一个递归的过程。

下面是二叉树后序遍历的简单描述。

若二叉树为空,则结束返回;否则:

(1) 后序遍历左子树。

(2) 后序遍历右子树。

(3) 访问根结点。

在此也要特别注意,在遍历左右子树时仍然采用后序遍历的方法。如果对图 2.50 中的二叉树进行后序遍历,则遍历结果为 A、B、D、C、H、P、G、E、F(称为该二叉树的后序序列)。

2.6.4 二叉树的存储结构

1. 二叉链表

在计算机中,二叉树通常采用链式存储结构。

与线性链表类似,用于存储二叉树中各元素的存储结点也由两部分组成:数据域与指针域。但在二叉树中,由于每一个元素可以有两个后件(两个子结点),因此,用于存储二叉树的存储结点的指针域有两个:一个用于指向该结点的左子结点的存储地址,称为左指针域;另一个用于指向该结点的右子结点的存储地址,称为右指针域。图 2.51 为二叉树存储结点的示意图。其中，$L(i)$为结点 i 的左指针域，即 $L(i)$为结点 i 的左子结点的存储地址；$R(i)$为结点 i 的右指针域，即 $R(i)$为结点 i 的右子结点的存储地址；$V(i)$为数据域。

	Lchild	Value	Rchild
i	$L(i)$	$V(i)$	$R(i)$

图 2.51 二叉树存储结点的结构

由于二叉树的存储结构中每一个存储结点有两个指针域，因此，二叉树的链式存储结构也称为二叉链表。图 2.52(a)、2.52(b)、2.52(c)分别表示一棵二叉树、二叉链表的逻辑状态、二叉链表的物理状态。其中，BT 称为二叉链表的头指针，用于指向二叉树根结点(存放二叉树根结点的存储地址)。

对于满二叉树与完全二叉树来说，根据完全二叉树的性质 6，可以按层序进行顺序存储，这样不仅节省了存储空间，又能方便地确定每一个结点的父结点与左右子结点的位置。但顺序存储结构对于一般的二叉树不适用。

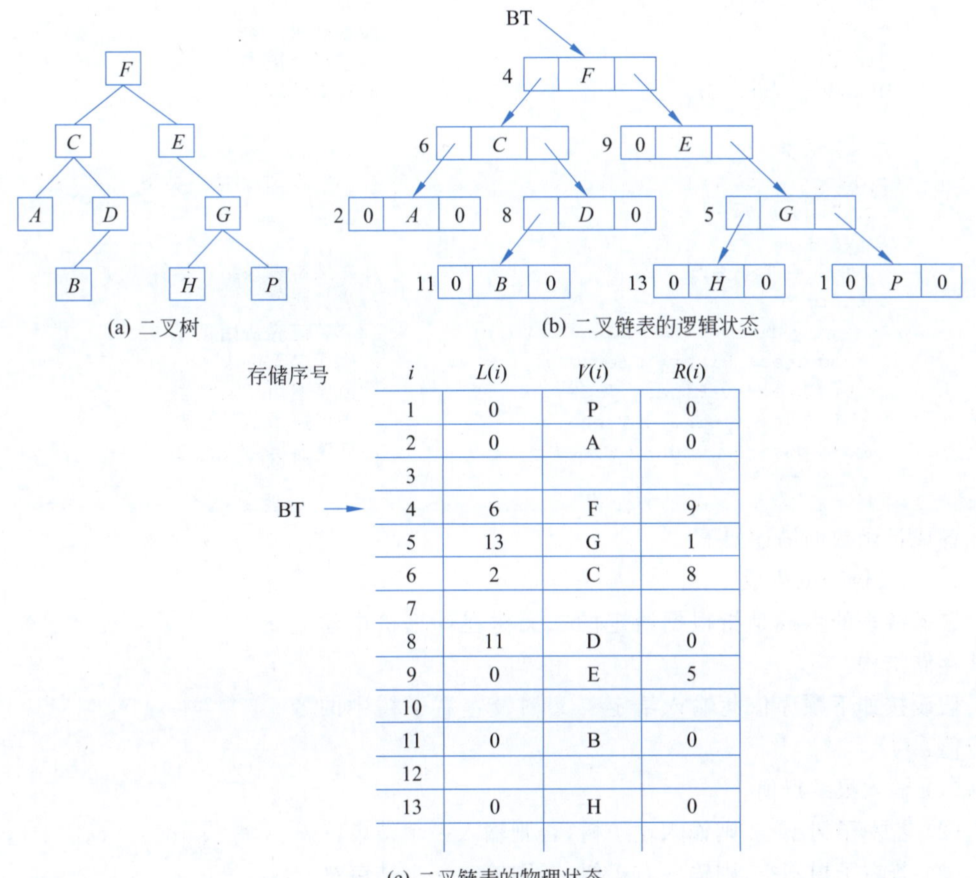

存储序号 i	$L(i)$	$V(i)$	$R(i)$
1	0	P	0
2	0	A	0
3			
4	6	F	9
5	13	G	1
6	2	C	8
7			
8	11	D	0
9	0	E	5
10			
11	0	B	0
12			
13	0	H	0

(c) 二叉链表的物理状态

图 2.52 二叉树的链式存储结构

在 C++ 中，可以用如下形式来定义二叉链表中的结点结构。

```
template<class T>
struct Btnode                         //定义二叉链表结点类型
{ T d;                                //数据域
```

```
  Btnode * lchild;                    //左指针域
  Btnode * rchild;                    //右指针域
};
```

2. 二叉链表类

在二叉链表类中,数据成员只有一个根结点指针 BT,成员函数包括二叉链表的生成以及二叉链表的前序、中序和后序遍历。

下面是定义二叉链表类的 C++ 描述。

```
//Binary_Tree.h
    #include<iostream>
    using namespace std;
    //定义二叉链表结点类型
    template<class T>
    struct Btnode
    { T d;                                          //数据域
      Btnode * lchild;                              //左指针域
      Btnode * rchild;                              //右指针域
    };
    //二叉链表类
    template<class T>                               //类模板,T 为虚拟类型
    class Binary_Tree
    { private:
        Btnode<T> * BT;                             //二叉链表根结点指针
      public:                                       //成员函数
        Binary_Tree() { BT=NULL; return; }          //二叉链表初始化
        void creat_Binary_Tree(T);                  //生成二叉链表
        void pretrav_Binary_Tree();                 //前序遍历二叉链表
        void intrav_Binary_Tree();                  //中序遍历二叉链表
        void postrav_Binary_Tree();                 //后序遍历二叉链表
    };
```

各成员函数的描述如下。

1) 二叉链表的生成

二叉链表的生成是指根据给定的二叉树在计算机中建立链式存储结构。

假设按如下顺序依此输入给定二叉树及左右子树中的各结点值:

(1) 输入根结点值。

(2) 若左子树不空,则输入左子树,否则输入一个结束符。

(3) 若右子树不空,则输入右子树,否则输入一个结束符。

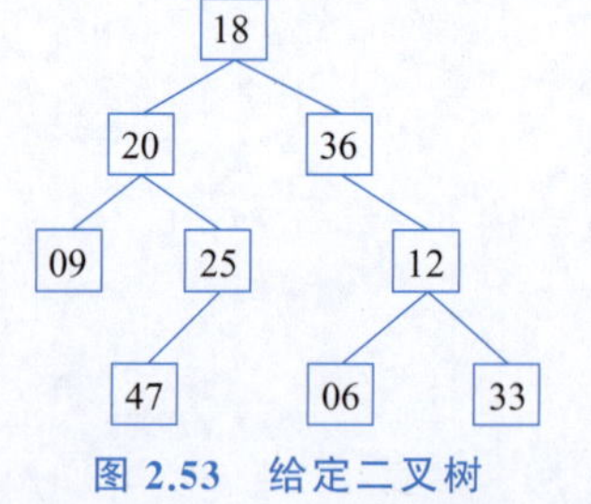

图 2.53　给定二叉树

例如,对于图 2.53 中给定的二叉树,按上述原则其输入的顺序如下:

18　20　09　▲▲25　47　▲▲▲36▲12　06▲▲33▲▲

其中▲表示异于各结点值的一个结束符值。

其成员函数如下:

```
//生成二叉链表
template<class T>
void Binary_Tree<T>::creat_Binary_Tree(T end)
{ Btnode<T> * p;
  T x;
  cin >>x;                                          //输入第一个结点值
  if (x==end) return;                               //第一个值为结束符值
  p=new Btnode<T>;                                  //申请二叉链表根结点
  p->d=x; p->lchild=NULL; p->rchild=NULL;
  BT=p;                                             //二叉树根结点
  creat(p, 1, end);                                 //输入左子结点值
  creat(p, 2, end);                                 //输入右子结点值
  return;
}
template<class T>
static creat(Btnode<T> * p, int k, T end)
{ Btnode<T> * q;
  T x;
  cin >>x;                                          //输入结点值
  if (x!=end)                                       //结点值为非结束符值
  { q=new Btnode<T>;                                //申请一个二叉链表结点
    q->d=x; q->lchild=NULL; q->rchild=NULL;
    if (k==1) p->lchild=q;                          //链接到左子树
    if (k==2) p->rchild=q;                          //链接到右子树
    creat(q, 1, end);                               //输入左子结点值
    creat(q, 2, end);                               //输入右子结点值
  }
  return 0;
}
```

特别要指出，如果二叉树中各结点的输入方法不同，其构造二叉链表的算法也是不同的。

2）二叉链表的前序遍历

其成员函数如下：

```
//前序遍历二叉链表
template<class T>
void Binary_Tree<T>::pretrav_Binary_Tree()
{ Btnode<T> * p;
  p=BT;
  pretrav(p);                                   //从根结点开始前序遍历
  cout<<endl;
  return;
}
template<class T>
static pretrav(Btnode<T> * p)
{ if (p!=NULL)
     { cout<<p->d<<"  ";                        //输出根结点值
       pretrav(p->lchild);                      //前序遍历左子树
       pretrav(p->rchild);                      //前序遍历右子树
     }
  return 0;
}
```

3）二叉链表的中序遍历

其成员函数如下：

```
//中序遍历二叉链表
template<class T>
void Binary_Tree<T>::intrav_Binary_Tree()
{ Btnode<T> * p;
  p=BT;
  intrav(p);                              //从根结点开始中序遍历
  cout<<endl;
  return;
}
template<class T>
static intrav(Btnode<T> * p)
{ if (p!=NULL)
     { intrav(p->lchild);                 //中序遍历左子树
       cout<<p->d<<"  ";                  //输出根结点值
       intrav(p->rchild);                 //中序遍历右子树
     }
  return 0;
}
```

4）二叉链表的后序遍历

其成员函数如下：

```
//后序遍历二叉链表
template<class T>
void Binary_Tree<T>::postrav_Binary_Tree()
{ Btnode<T> * p;
  p=BT;
  postrav(p);                             //从根结点开始后序遍历
  cout<<endl;
  return;
}
template<class T>
static postrav(Btnode<T> * p)
{ if (p!=NULL)
     { postrav(p->lchild);                //后序遍历左子树
       postrav(p->rchild);                //后序遍历右子树
       cout<<p->d<<"  ";                  //输出根结点值
     }
  return 0;
}
```

例 2.16 输入图 2.53 所示的二叉树中的各结点值(均为正整数)，生成一个二叉链表对象(输入是以−1 作为结束符值的)，然后分别进行前序、中序和后序遍历。

其主函数如下：

```
//ch2_23.cpp
    #include "Binary_Tree.h"
    int main()
    { Binary_Tree<int>b;                  //建立一个二叉树对象 b,数据域为整型
      cout<<"输入各结点值(-1 为结束符值):"<<endl;
```

```
    b.creat_Binary_Tree(-1);            //从键盘输入二叉树各结点值,以-1 作为结束值
    cout<<"前序序列:"<<endl;
    b.pretrav_Binary_Tree();            //前序遍历二叉树对象 b
    cout<<"中序序列:"<<endl;
    b.intrav_Binary_Tree();             //中序遍历二叉树对象 b
    cout<<"后序序列:"<<endl;
    b.postrav_Binary_Tree();            //后序遍历二叉树对象 b
    return 0;
}
```

上述程序的运行结果如下(带有下画线的为键盘输入):

```
输入各结点值(-1 为结束符值):
18 20 09 -1 -1 25 47 -1 -1 -1 36 -1 12 06 -1 -1 33 -1 -1
前序序列:
18   20   9   25   47   36   12   6   33
中序序列:
9   20   47   25   18   36   6   12   33
后序序列:
9   47   25   20   6   33   12   36   18
```

2.6.5　穿线二叉树

1. 穿线二叉树的概念

二叉树是一种非线性结构,对二叉树的遍历,实际上是将二叉树这种非线性结构按某种需要转化为线性序列,以便在对二叉树进行某种处理时直接使用。因此,如何保存遍历二叉树后得到的线性序列,以避免对二叉树的重复遍历,是一个需要解决的问题。

一种最简单的办法是将得到的遍历序列依次存放到另外的存储空间内。但在这种情况下,除了存储二叉链表本身所需要的存储空间外,还需要增加用于存储遍历序列的额外存储空间。有没有可能在不增加存储空间的前提下,就在原来二叉链表的存储空间内反映某种遍历序列的逻辑关系呢?答案是肯定的。

实际上,具有 n 个结点的二叉树,其二叉链表的 n 个结点中共有 $2n$ 个指针域(因为一个结点有两个指针域),可以验证,在这 $2n$ 个指针域中,真正用于指向后件(左子结点或右子结点)的指针域只有 $n-1$ 个,而另外的 $n+1$ 个指针域是空的,这 $n+1$ 个空指针域完全可以用来链接二叉树的某种遍历序列。这样,利用二叉链表中的空指针域来链接遍历序列,就好像在二叉链表中增加了一个遍历的线索。这样的二叉链表称为穿线二叉链表,简称穿线二叉树(threaded binary tree),又称线索二叉树。

当对二叉树进行不同的遍历(前序遍历、中序遍历、后序遍历)时,得到的遍历序列也不同,因此,在二叉链表中链接遍历序列的线索也是不同的。下面分别说明如何在二叉链表中生成反映遍历顺序的线索。

2. 中序穿线二叉树

1) 中序穿线二叉树的构造

为了使二叉链表中的指针既能链接二叉树,又能链接中序遍历序列,可以将二叉链表中每一个结点的两指针域分为两种类型:一种用于链接二叉树本身,即左指针指向它的左后件,右指针指向它的右后件;另一种用于链接中序遍历序列,并且规定,左指针指向中序遍历

序列中该结点的前件,右指针指向中序遍历序列中该结点的后件。为了区分这两种不同类型的指针,可以在二叉树的每一个存储结点中再增加两个标志域:左标志域(Lflag)与右标志域(Rflag),如图 2.54 所示,并规定:当左标志域值为 0 时,则左指针域指向二叉树中该结点的左后件;当左标志域值为 1 时,左指针域指向中序遍历序列中该结点的前件。同样,当右标志域值为 0 时,则右指针域指向二叉树中该结点的右后件,当右标志域值为 1 时,右指针域指向中序遍历序列中该结点的后件。

Lchild	Lflag	Value	Rflag	Rchild

图 2.54　线索二叉树的存储结点的结构

综上所述,二叉链表中每一个结点的左(Lchild)、右(Rchild)指针域的定义如下:

$$\text{Lflag}=\begin{cases}0, & \text{Lchild 指向该结点的左子结点}\\ 1, & \text{Lchild 指向中序序列中该结点的前件}\end{cases}$$

$$\text{Rflag}=\begin{cases}0, & \text{Rchild 指向该结点的右子结点}\\ 1, & \text{Rchild 指向中序序列中该结点的后件}\end{cases}$$

图 2.55 是中序线索二叉树的示意图,图中的虚线表示线索。

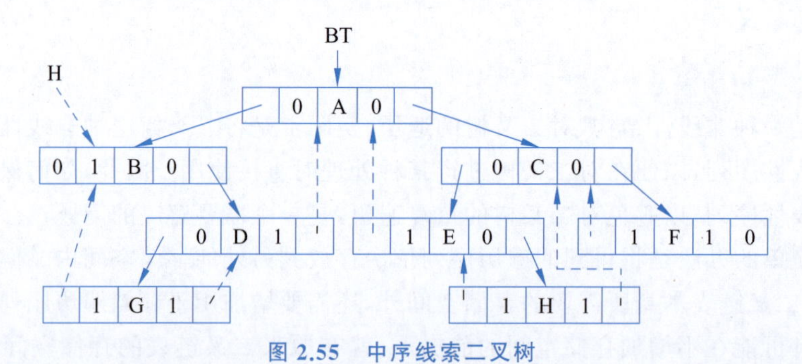

图 2.55　中序线索二叉树

中序线索二叉树存储结点的结构用 C++ 描述如下:

```
//定义中序线索二叉链表结点类型
template<class T>
struct TTnode
{ T d;                        //数据域
  int lflag;                  //左标志域
  int rflag;                  //右标志域
  TTnode * lchild;            //左指针域
  TTnode * rchild;            //右指针域
};
```

相应地,在生成二叉链表的算法中,为了在生成的二叉链表中能够增加遍历序列的线索,应在每一个结点的左右标志域中置 0。

由此可知,为了在二叉链表中生成中序遍历顺序的线索,只需在中序遍历过程中,将访问根结点用以下操作代替:

(1) 若上次访问到的结点的右指针为空,则将当前访问到的结点序号填入,并置右标志域为 1。

(2) 若当前访问到的结点的左指针为空，则将上次访问到的结点序号填入，并置左标志域为1。

由于中序遍历序列中的第一个结点无前件，因此，该结点的左指针仍为空。

2) 中序穿线二叉树的遍历

二叉树经过一次遍历并生成遍历线索以后，如果需要再次遍历，则只需要根据遍历序列的线索进行即可。

下面还是以中序穿线二叉树的遍历为例，说明根据线索进行遍历的过程。

首先，从二叉树的根结点开始，沿左链找到叶子结点，该叶子结点即为中序序列的第一个结点，然后从中序序列的第一个结点开始扫描，依次找出中序序列中的后件，其规则如下：

若当前结点的右标志值为1，则当前结点的指针值为其后件的存储序号；若当前结点的右指针值不空，则沿右子树的左链进行搜索，直到发现某个结点的左标志值为1且左指针值不空为止，该结点即为当前结点的后件。

3) 中序穿线二叉链表类

下面将中序穿线二叉链表的操作封装成中序穿线二叉链表类如下：

```
//in_threaded_BT.h
    #include<iostream>
    using namespace std;
    //定义中序线索二叉链表结点类型
    template<class T>
    struct TTnode
    { T d;                                           //数据域
      int lflag;                                     //左标志域
      int rflag;                                     //右标志域
      TTnode *lchild;                                //左指针域
      TTnode *rchild;                                //右指针域
    };
    //中序线索二叉链表类
    template<class T>                                //类模板,T为虚拟类型
    class in_threaded_BT
    { private:
        TTnode<T> *BT;                               //中序线索二叉链表根结点指针
      public:                                        //成员函数
        in_threaded_BT() { BT=NULL; return; }        //二叉链表初始化
        void creat_Binary_Tree(T);                   //生成二叉链表
        void creat_threaded_BT();                    //生成中序线索二叉链表
        void intrav_threaded_BT();                   //遍历中序线索二叉链表
    };

    //生成二叉链表
    template<class T>
    void in_threaded_BT<T>::creat_Binary_Tree(T end)
    { TTnode<T> *p;
      T x;
      cin >>x;                                       //输入第一个结点值
      if (x==end) return;                            //第一个值为结束符值
```

```
  p=new TTnode<T>;                    //申请二叉链表结点
  p->d=x; p->lchild=NULL; p->rchild=NULL;
  p->lflag=0; p->rflag=0;
  BT=p;
  creat(p, 1, end);                   //输入左子结点值
  creat(p, 2, end);                   //输入右子结点值
  return;
}
template<class T>
static creat(TTnode<T> * p, int k, T end)
{ TTnode<T> * q;
  T x;
  cin >>x;                            //输入结点值
  if (x!=end)                         //结点值为非结束符值
  { q=new TTnode<T>;                  //申请一个二叉链表结点
    q->d=x; q->lchild=NULL; q->rchild=NULL;
    q->lflag=0; q->rflag=0;
    if (k==1) p->lchild=q;            //链接到左子树
    if (k==2) p->rchild=q;            //链接到右子树
    creat(q, 1, end);                 //输入左子结点值
    creat(q, 2, end);                 //输入右子结点值
  }
  return 0;
}

//生成中序线索二叉链表
template<class T>
void in_threaded_BT<T>::creat_threaded_BT()
{ TTnode<T> * p, * q=NULL;
  p=BT;
  in_threaded(p, &q);
  return;
}
template<class T>
static in_threaded(TTnode<T> * p, TTnode<T> * * h)
{ if (p!=NULL)
    { in_threaded(p->lchild, h);
      //若上次访问到的结点的右指针为空
      //则将当前访问到的结点序号填入,并置右标志域为 1
      if ((* h!=NULL)&&((* h)->rchild==NULL))
      { (* h)->rchild=p; (* h)->rflag=1; }
      //若当前访问到的结点的左指针为空
      //则将上次访问到的结点序号填入,并置左标志域为 1
      if (p->lchild==NULL)
      { p->lchild=(* h); p->lflag=1; }
      * h=p;                          //记住当前访问到的结点
      in_threaded(p->rchild, h);
    }
  return 0;
}

//遍历中序线索二叉链表
template<class T>
```

```
void in_threaded_BT<T>::intrav_threaded_BT()
{ TTnode<T> * p;
  if (BT==NULL) return;                    //二叉链表为空
  p=BT;
  while (p->lflag==0) p=p->lchild;         //沿左链找到叶子结点
  cout<<p->d<<"   ";                       //输出中序序列中的第一个结点值
  while (p->rchild!=NULL)                  //沿右链扫描后件
  { if (p->rflag==1)                       //
      p=p->rchild;
    else                                   //沿右子树的左链扫描
    { p=p->rchild;
      while ((p->lflag==0)&&(p->lchild!=NULL)) p=p->lchild;
    }
    cout<<p->d<<"   ";                     //输出中序序列中的结点值
  }
  cout<<endl;
  return;
}
```

例 **2.17**　输入图 2.53 所示的二叉树中的各结点值(均为正整数),生成一个二叉链表对象(输入是以－1 作为结束符值),然后在该二叉链表中生成中序线索,最后遍历该中序线索二叉链表。

```
//ch2_24.cpp
  #include "in_threaded_BT.h"
  int main()
  { in_threaded_BT<int>b;        //建立一个二叉树对象 b,数据域为整型
    cout<<"输入各结点值(-1 作为结束符值):"<<endl;
    b.creat_Binary_Tree(-1);     //从键盘输入二叉树各结点值,以-1 作为结束符值
    b.creat_threaded_BT();       //生成中序线索
    cout<<"中序序列:"<<endl;
    b.intrav_threaded_BT();      //遍历中序线索二叉树
    return 0;
  }
```

上述程序的运行结果如下(带有下画线的为键盘输入):

```
输入各结点值(-1 为结束符值):
18 20 09 -1 -1 25 47 -1 -1 -1 36 -1 12 06 -1 -1 33 -1 -1
中序序列:
9  20  47  25  18  36  6  12  33
```

3. 前序穿线二叉树

1) 前序穿线二叉树的构造

与中序穿线二叉树一样,前序穿线二叉树存储结点的结构如图 2.54 所示。每一个结点中指针域的定义如下:

$$\text{Lflag}=\begin{cases}0, & \text{Lchild 指向该结点的左子结点}\\1, & \text{Lchild 指向前序序列中该结点的前件}\end{cases}$$

$$\text{Rflag}=\begin{cases}0, & \text{Rchild 指向该结点的右子结点}\\1, & \text{Rchild 指向前序序列中该结点的后件}\end{cases}$$

假设在生成二叉链表的过程中,已经将每一个结点的左右标志域(Lflag 与 Rflag)初始化

为 0。

为了在二叉链表中生成前序遍历顺序的线索,只需在前序遍历过程中将访问根结点用以下操作代替:

(1) 若当前访问到的结点的左指针为空,则将上次访问到的结点序号填入,并置左标志域为 1。

(2) 若上次访问到的结点的右指针为空,则将当前访问到的结点序号填入,并置右标志域为 1。

2) 前序穿线二叉树的遍历

由于前序遍历是先访问根结点,每棵子树的根结点总是在该子树所有的结点之前。因此,遍历前序穿线二叉树的过程如下:

从二叉树的根结点的左子结点开始。如果当前结点的左标志值为 0,则沿左链依次访问每一个结点,直到发现某个结点的左标志值为 1 为止。此时,如果当前结点的右指针不空,则从该指针指向的结点重新开始上述过程,否则过程结束。

3) 前序穿线二叉链表类

将前序穿线二叉链表的操作封装成前序穿线二叉链表类如下:

```
//pre_threaded_BT.h
    #include<iostream>
    using namespace std;
    //定义前序线索二叉链表结点类型
    template<class T>
    struct TTnode
    { T d;                                          //数据域
      int lflag;                                    //左标志域
      int rflag;                                    //右标志域
      TTnode * lchild;                              //左指针域
      TTnode * rchild;                              //右指针域
    };
    //前序线索二叉链表类
    template<class T>                               //类模板,T 为虚拟类型
    class pre_threaded_BT
    { private:
        TTnode<T> * BT;                             //前序线索二叉链表根结点指针
      public:                                       //成员函数
        pre_threaded_BT() { BT=NULL; return; }      //二叉链表初始化
        void creat_Binary_Tree(T);                  //生成二叉链表
        void creat_threaded_BT();                   //生成前序线索二叉链表
        void intrav_threaded_BT();                  //遍历前序线索二叉链表
    };

    //生成二叉链表
    template<class T>
    void pre_threaded_BT<T>::creat_Binary_Tree(T end)
    { TTnode<T> * p;
      T x;
      cin >>x;                                      //输入第一个结点值
      if (x==end) return;                           //第一个值为结束符值
```

```
    p=new TTnode<T>;                                         //申请二叉链表结点
    p->d=x; p->lchild=NULL; p->rchild=NULL;
    p->lflag=0; p->rflag=0;
    BT=p;
    creat(p, 1, end);                                        //输入左子结点值
    creat(p, 2, end);                                        //输入右子结点值
    return;
  }
  template<class T>
  static creat(TTnode<T> * p, int k, T end)
  { TTnode<T> * q;
    T x;
    cin >>x;                                                 //输入结点值
    if (x!=end)                                              //结点值为非结束符值
    { q=new TTnode<T>;                                       //申请一个二叉链表结点
      q->d=x; q->lchild=NULL; q->rchild=NULL;
      q->lflag=0; q->rflag=0;
      if (k==1) p->lchild=q;                                 //链接到左子树
      if (k==2) p->rchild=q;                                 //链接到右子树
      creat(q, 1, end);                                      //输入左子结点值
      creat(q, 2, end);                                      //输入右子结点值
    }
    return 0;
  }

  //生成前序线索二叉链表
  template<class T>
  void pre_threaded_BT<T>::creat_threaded_BT()
  { TTnode<T> * p, * q=NULL;
    p=BT;
    pre_threaded(p, &q);
    return;
  }
  template<class T>
  static pre_threaded(TTnode<T> * bt, TTnode<T> * * h)
  { TTnode<T> * p, * q;
    if (bt!=NULL)
       { p=bt->lchild; q=bt->rchild;
         //若当前访问到的结点的左指针为空
         //则将上次访问到的结点序号填入,并置左标志域为 1
         if ((* h!=NULL)&&(p==NULL))
         { bt->lchild= * h; bt->lflag=1; }
         //若上次访问到的结点的右指针为空
         //则将当前访问到的结点序号填入,并置右标志域为 1
         if ((* h!=NULL)&&((* h)->rchild==NULL))
         { (* h)->rchild=bt; (* h)->rflag=1; }
         * h=bt;                                             //记住当前访问到的结点
         pre_threaded(p, h);
         pre_threaded(q, h);
       }
    return 0;
  }
```

```
//遍历前序线索二叉链表
template<class T>
void pre_threaded_BT<T>::intrav_threaded_BT()
{ TTnode<T> * p;
  if (BT==NULL) return;                        //二叉链表为空
  cout<<BT->d<<"  ";                           //输出根结点值
  p=BT->lchild;                                //沿左子树
  if (p==NULL) p=BT->rchild;                   //左子树空则沿右子树
  while (p!=NULL)                              //子树不空
  { cout<<p->d<<"  ";                          //输出当前结点值
    while (p->lflag==0)                        //沿左链访问直到左标志非 0
    { p=p->lchild;
      cout<<p->d<<"  ";                        //输出当前结点值
    }
    p=p->rchild;                               //取右指针
  }
  cout<<endl;
  return;
}
```

例 2.18　输入图 2.53 所示的二叉树中的各结点值(均为正整数),生成一个二叉链表对象(输入是以－1 作为结束符值),然后在该二叉链表中生成前序线索,最后遍历该前序线索二叉链表。

主函数如下:

```
//ch2_25.cpp
  #include "pre_threaded_BT.h"
  int main()
  { pre_threaded_BT<int>b;          //建立一个二叉树对象 b,数据域为整型
    cout<<"输入各结点值(-1 作为结束符值):"<<endl;
    b.creat_Binary_Tree(-1);        //从键盘输入二叉树各结点值,以-1 作为结束符值
    b.creat_threaded_BT();          //生成前序线索
    cout<<"前序序列:"<<endl;
    b.intrav_threaded_BT();         //遍历前序线索二叉树
    return 0;
  }
```

上述程序的运行结果如下(带有下画线的为键盘输入):

```
输入各结点值(-1 为结束符值):
18 20 09 -1 -1 25 47 -1 -1 -1 36 -1 12 06 -1 -1 33 -1 -1
前序序列:
18  20  9  25  47  36  12  6  33
```

4. 后序穿线二叉树

1) 后序穿线二叉树的构造

与构造前序穿线二叉树相似,为了在二叉链表中生成后序遍历顺序的线索,只需在后序遍历过程中将访问根结点用以下操作代替:

(1) 若当前访问到的结点的左指针为空,则将上次访问到的结点序号填入,并置左标志域为 1。

(2) 若上次访问到的结点的右指针为空,则将当前访问到的结点序号填入,并置右标志

域为 1。

2）后序穿线二叉树的遍历

对后序穿线二叉树进行遍历要稍微复杂一些，其遍历过程如下：

首先从根结点开始，采用后序遍历的方法找到第一个结点（它也是后序序列的第一个结点），设为 h，然后按以下原则寻找其后件：

（1）若当前结点 h 是二叉树的根结点，则其没有后件，遍历结束。

（2）若当前结点 h 是其双亲的右孩子，或是其双亲的左孩子且其双亲没有右孩子，则其后件即为双亲结点。

（3）若当前结点 h 是其双亲的左孩子，且其双亲有右孩子，则其后件为双亲的右子树上按后序遍历列出的第一个结点。

由上述过程可以看出，在后序穿线二叉树中进行遍历时，需要知道结点的双亲，即要在结点的存储结构中增加一个指向双亲的指针域。因此，后序穿线二叉树中的结点结构用 C++ 描述如下：

```
//定义后序线索三叉链表结点类型
template<class T>
struct TTTnode
{ T d;                                  //数据域
  int lflag;                            //左标志域
  int rflag;                            //右标志域
  TTTnode * pre;                        //父指针域
  TTTnode * lchild;                     //左指针域
  TTTnode * rchild;                     //右指针域
};
```

只要对生成二叉链表的算法稍作改进，就可以生成包含指向父结点的二叉树的三叉链表。

3）后序穿线三叉链表类

下面将后序穿线三叉链表的操作封装成后序穿线三叉链表类如下：

```
//pos_threaded_BT.h
    #include<iostream>
    using namespace std;
    //定义后序线索三叉链表结点类型
    template<class T>
    struct TTTnode
    { T d;                                          //数据域
      int lflag;                                    //左标志域
      int rflag;                                    //右标志域
      TTTnode * pre;                                //父指针域
      TTTnode * lchild;                             //左指针域
      TTTnode * rchild;                             //右指针域
    };
    //后序线索三叉链表类
    template<class T>                               //类模板,T 为虚拟类型
    class pos_threaded_BT
    { private:
        TTTnode<T> * BT;                            //后序线索三叉链表根结点指针
```

```
  public:                                          //成员函数
    pos_threaded_BT() { BT=NULL; return; }         //三叉链表初始化
    void creat_Binary_Tree(T);                     //生成三叉链表
    void creat_threaded_BT();                      //生成后序线索三叉链表
    void intrav_threaded_BT();                     //遍历后序线索三叉链表
};

//生成三叉链表
template<class T>
void pos_threaded_BT<T>::creat_Binary_Tree(T end)
{ TTTnode<T> * p;
  T x;
  cin >>x;                                         //输入第一个结点值
  if (x==end) return;                              //第一个值为结束符值
  p=new TTTnode<T>;                                //申请三叉链表结点
  p->d=x; p->lchild=NULL; p->rchild=NULL;
  p->lflag=0; p->rflag=0; p->pre=NULL;
  BT=p;
  creat(p, 1, end);                                //输入左子结点值
  creat(p, 2, end);                                //输入右子结点值
  return;
}
template<class T>
static creat(TTTnode<T> * p, int k, T end)
{ TTTnode<T> * q;
  T x;
  cin >>x;                                         //输入结点值
  if (x!=end)                                      //结点值为非结束符值
  { q=new TTTnode<T>;                              //申请一个三叉链表结点
    q->d=x; q->lchild=NULL; q->rchild=NULL;
    q->lflag=0; q->rflag=0;
    if (k==1)                                      //链接到左子树
    { p->lchild=q;  q->pre=p; }
    if (k==2)                                      //链接到右子树
    { p->rchild=q;  q->pre=p; }
    creat(q, 1, end);                              //输入左子结点值
    creat(q, 2, end);                              //输入右子结点值
  }
  return 0;
}

//生成后序线索三叉链表
template<class T>
void pos_threaded_BT<T>::creat_threaded_BT()
{ TTTnode<T> * p, * q=NULL;
  p=BT;
  pos_threaded(p, &q);
  return;
}
template<class T>
static pos_threaded(TTTnode<T> * p, TTTnode<T> * * h)
{ if (p!=NULL)
    { pos_threaded(p->lchild, h);
```

```
        pos_threaded(p->rchild, h);
        //若上次访问到的结点的右指针为空
        //则将当前访问到的结点序号填入,并置右标志域为 1
        if ((*h!=NULL)&&((*h)->rchild==NULL))
        { (*h)->rchild=p; (*h)->rflag=1; }
        //若当前访问到的结点的左指针为空
        //则将上次访问到的结点序号填入,并置左标志域为 1
        if ((*h!=NULL)&&(p->lchild==NULL))
        { p->lchild=(*h); p->lflag=1; }
        *h=p;                                   //记住当前访问到的结点
    }
  return 0;
}

//遍历后序线索三叉链表
template<class T>
void pos_threaded_BT<T>::intrav_threaded_BT()
{ TTTnode<T> *p, *h;
  if (BT==NULL) return;                     //三叉链表为空
  h=BT;
  while ((h->lchild!=NULL)||((h->rflag==0)&&(h->rchild!=NULL)))
  { if (h->lchild!=NULL) h=h->lchild;
    else h=h->rchild;
  }                                         //按后序遍历找第一个结点
  cout<<h->d<<"  ";                         //输出后序序列中的第一个结点值
  while (h->pre!=NULL)                      //当前结点不是根结点
  { if (h->rflag!=0) h=h->rchild;           //按标志值找到了后件
    else
    { p=h->pre;                             //父结点
      if ((p->rchild==h)||
          (p->lchild==h)&&
          ((p->rflag!=0)||(p->rchild==NULL)))
          h=p;                              //父结点为后件
      else
      { h=p->rchild;
        while (((h->lflag==0)&&(h->lchild!=NULL))||
               ((h->rflag==0)&&(h->rchild!=NULL)))
        { if ((h->lflag==0)&&(h->lchild!=NULL))
              h=h->lchild;
          else h=h->rchild;
        }                                   //按后序遍历找后件结点
      }
    }
    cout<<h->d<<"  ";                       //输出后序序列中的结点值
  }
  cout<<endl;
  return;
}
```

例 2.19 输入图 2.53 所示的二叉树中的各结点值(均为正整数),生成一个三叉链表对象(输入是以-1 作为结束符值),然后在该三叉链表中生成后序线索,最后遍历该后序线索三叉链表。

主函数如下：

```
//ch2_26.cpp
    #include "pos_threaded_BT.h"
    int main()
    { pos_threaded_BT<int>b;        //建立一个二叉树对象b,数据域为整型
      cout<<"输入各结点值(-1作为结束符值):"<<endl;
      b.creat_Binary_Tree(-1); //从键盘输入二叉树各结点值,以-1作为结束符值
      b.creat_threaded_BT();  //生成后序线索
      cout<<"后序序列:"<<endl;
      b.intrav_threaded_BT();   //遍历后序线索二叉树
      return 0;
    }
```

上述程序的运行结果如下(带有下画线的为键盘输入)：

```
输入各结点值(-1为结束符值):
18 20 09 -1 -1 25 47 -1 -1 -1 36 -1 12 06 -1 -1 33 -1 -1
后序序列:
9   47   25   20   6   33   12   36   18
```

2.6.6 表达式的线性化

1. 有序树的二叉树表示

2.6.1节中曾经提到，在用多重链表表示一般的树时，若结点不定长，则对树的处理很不方便；若使用定长结点，则会浪费存储空间。另外，由于树中各结点的度各不相同，因此，对树中各结点的搜索也比较困难。在实际应用中，一般将树结构转化成二叉树，这对处理是很有利的。

首先介绍什么是有序树。在二叉树中，由于每一个结点的度最大为2，即二叉树中的每一个结点最多有两个子结点，分别为左子结点与右子结点。而在一般的树结构中，每一个结点的度是任意的，即树中每一个结点可以有任意个子结点，如果对某个结点的所有子结点按从左到右排序，则称该树为有序树。即：在有序树中，某个结点的所有子结点从左到右的次序是不能颠倒的。例如，2.6.1节中提到的表达式树是有序树，因为在表达式中，有些运算符是不满足交换律的，因此，表达式树中运算符结点的所有子结点的左右次序是不能颠倒的。

将有序树转化成二叉树的原则如下：

(1) 有序树T中的结点与二叉树BT中的结点一一对应。

(2) 有序树T中某个结点N的第一个子结点(最左边的子结点)N_1，在二叉树BT中为对应结点N的左子结点。

(3) 有序树T中某个结点N的第一个子结点以后的其他子结点，在二叉树BT中被依次链接成一串起始于N_1的右子结点。

由上述转化原则可以看出，由一棵有序树转化成的二叉树的根结点是没有右子树的；并且，为了查访有序树中某一结点的所有后件，可以在对应的二叉树中先查访该结点的左后件，然后依次查访其一串的右后件。

由有序树转化成二叉树的上述原则还可以得到一种简单的方法：对于有序树中的每一个结点，保留其与第一个子结点(最左边的子结点)的链接，断开与其他子结点的链接，且将

其他子结点依次链接在第一个子结点的右边。

例如，2.6.1 节中提到的表达式

```
a*(b+c/d)+e*h-g*f(s,t,x+y)
```

其有序树如图 2.56(a)所示，转化成的二叉树如图 2.56(b)所示。

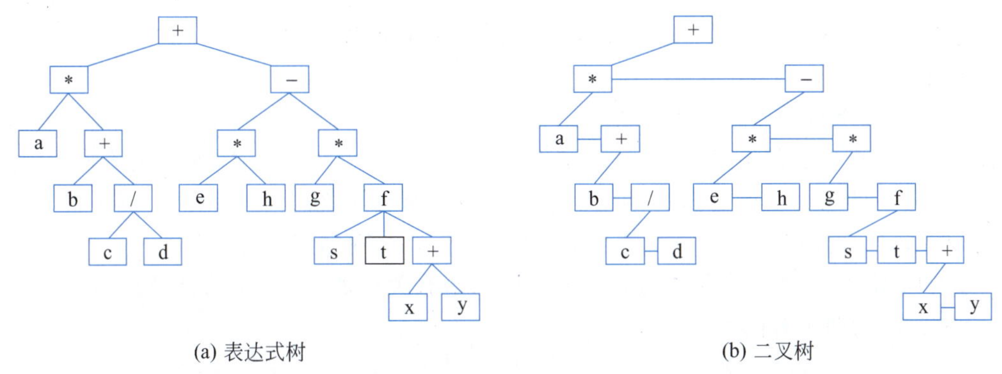

图 2.56　表达式 a*(b+c/d)+e*h-g*f(s,t,x+y)的表达式树与对应的二叉树

2. 表达式的线性化

所谓表达式的线性化，是指将一般的表达式化为波兰表示式(后缀表示)。实现表达式线性化的方法不是唯一的。下面介绍利用树与二叉树结构对一般的表达式进行线性化的过程。

利用树结构与二叉树结构对表达式线性化的步骤如下：

(1) 将表达式用有序树表示，即构造表达式树。

(2) 将表达式树化为二叉树。

(3) 对相应的二叉树进行中序遍历，其遍历序列即为表达式的波兰表示式。

例如，表达式

```
a*(b+c/d)+e*h-g*f(s,t,x+y)
```

的表达式树如图 2.56(a)所示，对应的二叉树如图 2.56(b)所示，对该二叉树进行中序遍历的结果为

```
a b c d /+ * eh * g s t x y + f * -+
```

这个序列即为该表达式的波兰表示式。

在此要提醒读者，如果在表达式中只有二目运算符，构造的表达式树看起来就是二叉树，但也不能直接对它进行中序遍历，因为这样得到的中序序列不是波兰表示式，必须先将它看成一般的表达式树，再化成二叉树后进行中序遍历。

2.7 图

图(graph)是比线性表、树与二叉树更复杂的一种数据结构。在图这种数据结构中，数据结点之间的联系是任意的，因此，图这种数据结构可以更广泛地表示数据元素之间的关系。可以说，线性表、树与二叉树是图的特例，也可以说，线性表、树与二叉树是最简单的图。

图有着极为广泛的应用。例如,用图可以表示有公共交通联系的一组城市,也可以用图来描述化学结构式、交通网络等。本节将简要介绍图的基本概念、存储结构及遍历,最后利用图求解最短距离问题。

2.7.1 图的基本概念

如果数据元素集合 D 中的各数据元素之间存在任意的前后件关系,则此数据结构称为图。图通常用 G 表示。

在图中,如果对于任意的两个结点 a 与 b,当结点 a 是结点 b 的前件(结点 b 是结点 a 的后件),且结点 b 也是结点 a 的前件(结点 a 也是结点 b 的后件)时,则称该图为无向图。如果对于任意的两个结点 a 与 b,当结点 a 是结点 b 的前件(结点 b 是结点 a 的后件),结点 b 不都是结点 a 的前件(结点 a 不都是结点 b 的后件)时,则称该图为有向图。

在有向图中,通常用带有箭头的边来连接两个有关联的结点(由前件结点指向后件结点)。图 2.57 为两个有向图。

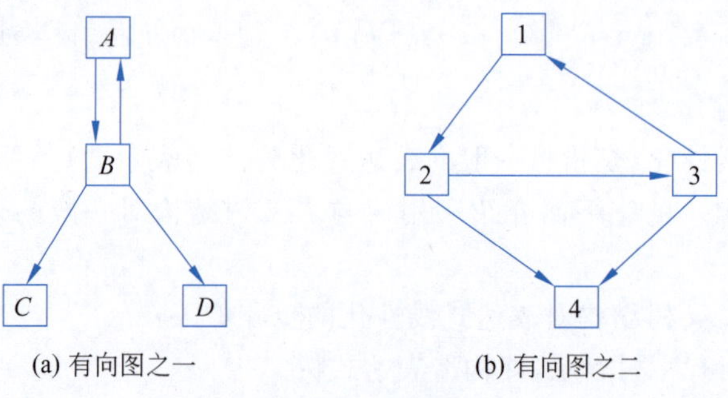

图 2.57 有向图

在无向图中,用不带箭头的边来连接两个有关联的结点(表示这两个结点互为前后件)。图 2.58 为两个无向图。

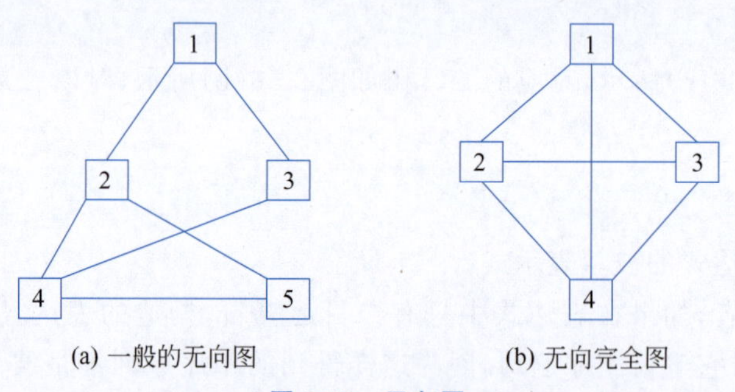

图 2.58 无向图

在具有 n 个结点的无向图中,边的最大数目为 $n(n-1)/2$。边数达到最大值的无向图称为无向完全图。图 2.58(b)所示的图是无向完全图。

在图中,一个结点的后件个数称为该结点的出度,其前件个数称为该结点的入度。一个结点的入度与出度之和称为该结点的度。对于无向图来说,其中每一个结点的入度等于该结点的出度。图中结点的最大度称为图的度。

在实际应用中，如果图中的任意两个结点 a 与 b 之间规定了一个值 $f(a,b)$，则称该图为有值图。有值图有着极为广泛的应用。例如，在用图表示有公共交通联系的一组城市时，有值图可以表示每两个城市(图中两个结点)之间的距离、车费或班次数目等。

2.7.2 图的存储结构

由于图的结构比较复杂，图中任意两个结点之间都有可能存在联系，因此无法用数据元素在存储空间中的物理位置来表示各数据元素之间的前后件关系。另外，图中各结点的度各不相同，其最大度数与最小度数可能相差很大，用多重链表作为图的存储结构也是很不方便的。因此，在实际应用中，一般是根据对图的具体运算来选取合适的存储结构。下面介绍几种常用的图的存储结构。

1. 关联矩阵

假设图中共有 n 个结点，其结点值分别为 $d_1,d_2,\cdots,d_n$，并用自然数将它们依次编号为 $1,2,\cdots,n$。

为了存储图，首先用一个长度为 n 的一维数组 $D(1:n)$ 来存放图中各数据结点的信息，再用一个 n 阶的二维数组 $R(1:n,1:n)$ 来存放图中各结点的关联信息。其中，二维数组 R 称为图的关联矩阵。在关联矩阵 R 中，每一个元素 $R(i,j)$ $(1\leqslant i\leqslant n,1\leqslant j\leqslant n)$ 的定义如下：

$$R(i,j)=\begin{cases}1 & d_i \text{ 是 } d_j \text{ 的前件}\\ 0 & d_i \text{ 不是 } d_j \text{ 的前件}\end{cases}$$

例如，图 2.57(a)(假设结点 A、B、C、D 分别用 1、2、3、4 编号)与图 2.57(b)所示的图的关联矩阵分别为

$$\boldsymbol{R}=\begin{bmatrix}0&1&0&0\\1&0&1&1\\0&0&0&0\\0&0&0&0\end{bmatrix},\quad \boldsymbol{R}=\begin{bmatrix}0&1&0&0\\0&0&1&1\\1&0&0&1\\0&0&0&0\end{bmatrix}$$

图 2.58(a)与图 2.58(b)所示的图的关联矩阵分别为

$$\boldsymbol{R}=\begin{bmatrix}0&1&1&0&0\\1&0&0&1&1\\1&0&0&1&0\\0&1&1&0&1\\0&1&0&1&0\end{bmatrix},\quad \boldsymbol{R}=\begin{bmatrix}0&1&1&1\\1&0&1&1\\1&1&0&1\\1&1&1&0\end{bmatrix}$$

由上述关联矩阵可以明显地看出，无向图的关联矩阵是对称矩阵，且对角线上的元素均为 0。这是因为，对于无向图来说，各结点之间的前后件关系是对称的，且不考虑结点自身之间的前后件关系。有向图的关联矩阵不一定是对称的，且其对角线上的元素也不一定是 0(因为有可能要考虑结点自身之间的前后件关系)。

如果考虑到无向图的关联矩阵是对称矩阵，且其对角线上的元素均为 0，则在实际存储

关联矩阵时,只需存储其右上三角(或左下三角)的元素即可,这样,具有 n 个结点的无向图,其关联矩阵的存储容量为 $n(n-1)/2$。

根据关联矩阵,很容易判断图中任意两个结点之间是否有边关联,并且也很容易求得各结点的度。

关联矩阵也称为邻接矩阵。

2. 求值矩阵

关联矩阵只表示了图的结构,即图中各结点的后件关系。但在许多实际问题中,还需要对两个关联结点之间的值进行运算。这就是说,除了要存储图中各结点值以及各结点之间的关系外,还必须存储图中每两个结点之间的求值函数。

为了表示有值图中每两个结点之间的求值函数,可以用另外一个求值矩阵 $\boldsymbol{V}$ 来存储。

假设有值图有 n 个结点,则求值矩阵是一个 n 阶矩阵,其中第 i 行、第 j 列的元素 $V(i,j)$ 表示有值图中第 i 个结点到第 j 个结点之间的求值函数 $f(d_i,d_j)$。当第 i 个结点到第 j 个结点不存在边时,可以置与求值函数的一切函数值不同的其他值。在实际应用中,由于一般的求值函数的函数值为正数,因此,当第 i 个结点到第 j 个结点不存在边时,置 $V(i,j)$ 为-1。

由上所述,为了完整地存储一个有值图,可以用一维数组存储图中各结点的数据信息,用关联矩阵存储图中任意两个结点之间的关联信息,用求值矩阵存储图中任意两个结点之间的求值函数。

例如,有 A、B、C、D、E、F、G、H 八个城市,它们的交通情况及运费如图 2.59 所示。如果对 A、B、C、D、E、F、G、H 八个城市依次用自然数编号为 1、2、3、4、5、6、7、8,则其关联矩阵 $\boldsymbol{R}$ 与求值矩阵 $\boldsymbol{V}$ 如下:

$$\boldsymbol{R}=\begin{bmatrix}0&0&1&1&0&1&0&1\\0&0&1&1&0&0&1&0\\1&1&0&0&1&1&0&1\\1&1&0&0&1&0&1&0\\0&0&1&1&0&1&1&0\\1&0&1&0&1&0&0&1\\0&1&0&1&1&0&0&1\\1&0&1&0&0&1&1&0\end{bmatrix},\quad \boldsymbol{V}=\begin{bmatrix}0&-1&30&55&-1&35&-1&20\\-1&0&10&45&-1&-1&35&-1\\30&10&0&-1&30&35&-1&25\\55&45&-1&0&10&-1&55&-1\\-1&-1&30&10&0&15&50&-1\\35&-1&35&-1&15&0&-1&20\\-1&35&-1&55&50&-1&0&15\\20&-1&25&-1&-1&20&15&0\end{bmatrix}$$

其中,在求值矩阵 $\boldsymbol{V}$ 中,元素值-1表示相应两城市之间无直接交通,而非零值表示相应两城市之间的运费。

3. 邻接表

邻接表这种存储结构也称为"顺序-索引-链接"存储结构。

假设图中共有 n 个结点,其结点值分别为 $d_1,d_2,\cdots,d_n$,并用自然数将它们依次编号为 $1,2,\cdots,n$。

首先,用一个顺序存储空间来存储图中各结点的信息。该顺序存储空间中的每一个存储结点有两个域:数据域 data 与指针域 link,如图 2.60(a)所示。其中,数据域 data 用于存

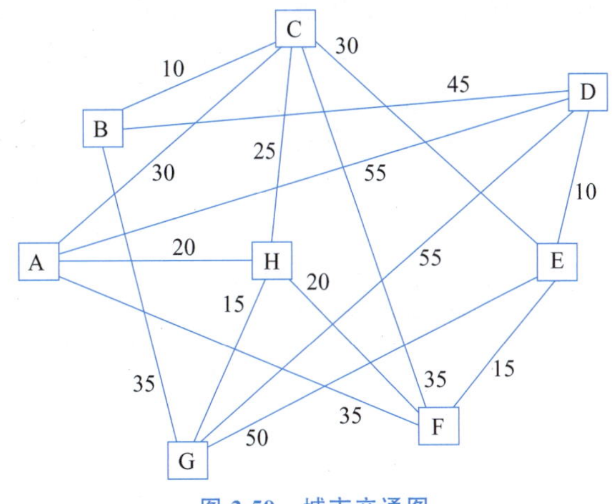

图 2.59　城市交通图

放各结点的信息，即顺序存储空间中的第 k 个存储结点的数据域存放图中编号为 k 的结点值 d_k；指针域 link 用于链接相应结点的后件，即顺序存储空间中的第 k 个存储结点的指针域链接了图中编号为 k 的结点的所有后件信息。

data	link

(a) 顺序空间中的存储结点结构

num	val	next

(b) 单链表中的存储结点结构

图 2.60　邻接表中的存储结点结构

其次，对于图中每一个结点 $d_k(k=1,2,\cdots,n)$ 构造一个单链表。该单链表的头指针即为顺序空间中的对应存储结点的指针域。单链表中各存储结点的结构如图 2.60(b)所示。其中，num 域用于存放图中某个结点的编号；val 域用于存放编号为 num 结点的前件到 num 结点之间的求值函数值 f，如果不是有值图，则 val 域可以省略；next 域用于指向与 num 结点是同一个前件的另一个后件信息的结点。

在 C++ 中，邻接表中存储结点结构的定义如下：

```
//定义图邻接表中单链表结点类型
template<class T1>
struct node
{ int num;                    //图中结点编号
  T1 val;                     //求值函数
  node * next;                //指向链表中下一个结点的指针域
};
//定义图邻接表中顺序存储空间结点类型
template<class T1, class T2>
struct gpnode
{ T2 data;                    //图中的结点值
  node<T1> * link;            //指向各单链表第一个结点的指针域
};
```

由此可知，在图的邻接表表示中，图中某个结点的所有后件被链接成一个单链表，并且，该单链表被链接在顺序存储空间中该结点的 link 域上。

例如,对于图 2.61 所示的有值图,其邻接表如图 2.62 所示。

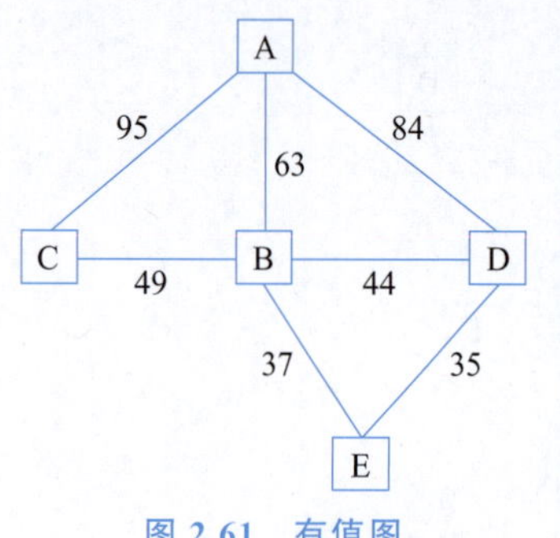

图 2.61　有值图

在 C++ 语言中,邻接表中存储结点结构的定义如下:

```
struct  node                    /* 单链表中结点结构 */
{ int  num;                     /* 图中结点编号 */
  ET1  val;                     /* 求值函数 */
  struct  node  *next;          /* 指针域 */
};
struct  gpnode                  /* 顺序存储空间中结点结构 */
{ ET  data;                     /* 结点值 */
  struct  node  *link;          /* 指针域 */
};
```

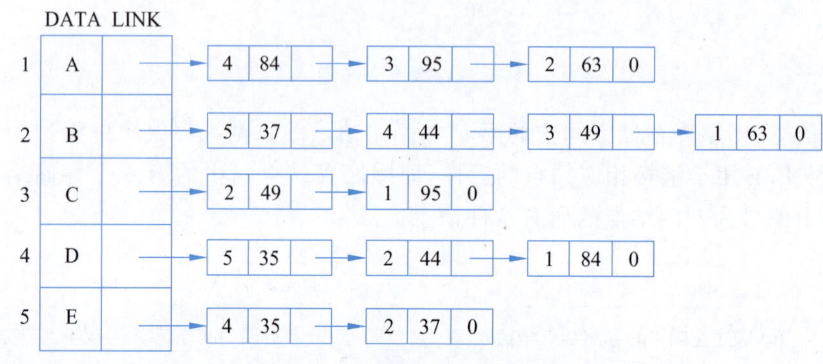

图 2.62　有值图的邻接表表示

邻接表特别适合于表示结点数多但边数较少的图。

图的邻接表这种数据结构,对于检测图中某个结点的后件是很方便的,只要随机查找顺序存储空间,便可找到该结点的所有后件所链接成的单链表,从该单链表中就可以顺链依次检测到各后件的信息。在实际应用中,有时为了能方便地检测到图中各结点的前件,往往将该结点的所有前件链接成单链表。这种链式存储结构称为逆邻接表。

4. 邻接多重表

在图中,每条边连接了两个结点。在有些应用中,需要同时找到表示一条边的两个结点,此时,邻接表的存储方式就显得不太方便了。在这种情况下,可以用邻接多重表作为图的存储结构。

在邻接多重表中,每条边用一个存储结点表示,每个存储结点由 5 个域组成,如图 2.63 所示。其中,mark 为标志域,用来在遍历图的过程中标记该条边是否被访问过;d_i 与 d_j 分别为与该条边关联的两个结点;d_i-link 用来指向下一条关联于 d_i 的边;d_j-link 用来指向下一条关联于 d_j 的边。

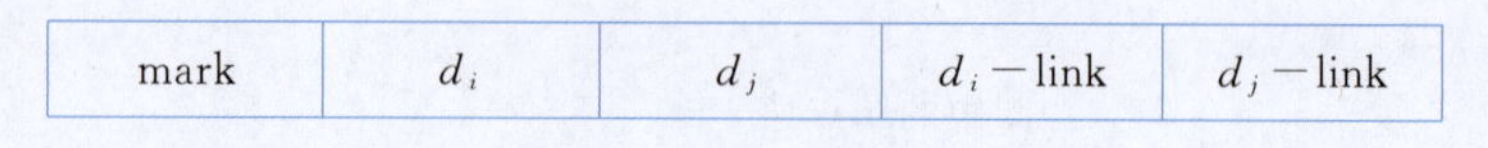

mark	d_i	d_j	d_i-link	d_j-link

图 2.63　邻接多重表中的结点结构

2.7.3　图的遍历

在实际应用中,往往需要从图的某一结点出发访问图中的所有结点。这一访问过程称

为图的遍历。

由于图的结构要比二叉树复杂，因此，图的遍历要比二叉树的遍历复杂得多。图的任一个结点都可能与其他结点有关联，因此，在遍历图的过程中，当访问了某个结点之后，必须记录被访问过的结点，以避免沿另外的路径重复访问该结点。为此，在图的遍历过程中，一般都需要设置一个标志数组 MARK，其长度等于图的结点数，该数组中的每一个元素 MARK(k)用来记录图中编号为 k 的结点是否被访问过，即

$$\mathrm{MARK}(k)=\begin{cases}0 & \text{结点 } k \text{ 未被访问过}\\ 1 & \text{结点 } k \text{ 已被访问过}\end{cases}$$

在开始遍历前，数组 MARK 中所有的元素都被清零，在遍历过程中，一旦某结点被访问，则将相应的数组元素置为 1。

工程中常用的图遍历方法主要有纵向优先搜索法和横向优先搜索法。但不管用哪种方法来遍历图，其具体的遍历过程均与图的具体存储结构有关。本节将讨论图在用邻接表表示下的遍历。

1. 纵向优先搜索法

纵向优先搜索法遍历图的基本思想如下。

依次将图中的每一结点作为当前结点，然后进行以下过程：

(1) 处理或输出当前结点，并记录当前结点的查访标志。

(2) 若当前结点有后件结点，则取第一个后件结点。若该后件结点未被查访过，则以该后件结点为当前结点用纵向优先搜索法进行查访。

由上述过程可以看出，纵向优先搜索法的查访过程是一个递归过程。

2.7.5 节将给出纵向优先搜索法的 C++ 描述。

2. 横向优先搜索法

横向优先搜索法又称为广度优先搜索法。其基本思想如下。

依次从图的每一个结点出发，首先依次访问该结点的后件结点，然后顺序访问这些后件结点的所有未被访问过的后件结点。以此类推，直到所有被访问结点的后件结点均被访问过为止。

在用横向优先搜索法遍历图的过程中，需要用到一个工作队列，以便正确管理其遍历顺序。

2.7.5 节将给出横向优先搜索法的 C++ 描述。

2.7.4　最短距离问题

由图的概念可知，图中的两个结点之间可能有多条路径，且每条路径上所经过的边数可能是不同的，即它们的路径长度是不同的。两个结点之间路径长度最短的那条路径称为这两个结点的最短路径，其路径长度称为最短路径长度或最短距离。

要求图中某结点到其余各结点的最短路径或最短距离是比较容易的，只需以该结点作为起始结点，采用横向优先搜索法进行遍历，当遍历到图中任意一个结点时，其遍历序列所经过的边即是起始结点到此结点的最短路径，其边数即是最短距离。

但在大量的实际问题中，遇到的图可能是有值图。图 2.59 就是一个有值图，它不仅反映了一组城市之间的交通情况，而且反映了每两个城市之间的运费，而每两个城市之间的运

费一般是各不相同的。在货物运输中,人们主要关心的不是从一个城市到另一个城市之间经过的城市个数最少,而是货物从一个城市运到另一个城市所需要的运费最少。在有值图中,两个结点的所有路径中,路径所经过的各边的权值(求值函数值)之和一般是互不相同的,其中各边权值之和最小的路径也称为最短路径,其各边的权值之和也称为最短路径长度或最短距离。

显然,对于有值图的最短距离问题稍微复杂一些,因为各边上的权值是各不相同的。实际上,只要将不是有值图中的各边上的权值默认为1,也就可以当作有值图来处理了。

下面主要讨论有值图(本节简称图)在用邻接表表示下的一个结点到其余各结点的最短距离问题,并且分两种情况讨论:一是只求最短距离;二是求最短距离,同时输出相应的路径。

1. 求图中一个结点到其余各结点的最短距离

求图中一个结点到其余各结点的最短距离的过程与横向优先搜索法遍历的过程是类似的。

假设图有 n 个结点,并用邻接表表示。

首先定义一个标志数组 MARK(1: n),用来随时记录图中的结点是否已经入队,初始值均为0(未入队);定义一个循环队列顺序存储空间 Q(1: n),用来管理所处理的结点;置图中所有结点的距离为负值。将起始结点 m 入队。

然后依次从队列中退出一个结点编号,设为 k。该结点到起始结点 m 的距离为 $E(k)$。对于结点 k,从 LINK(k)为头指针的单链表中依次找到每一个结点 p,从中可以得到结点 k 的后件结点编号 j=NUM(p)以及结点 k 与结点 j 之间边上的权值 f,做以下操作:

计算结点 j 到起始结点 m 的距离,即 $h=E(k)+f$。如果 $E(j)=-1$ 或 $E(j)>h$,则置 $E(j)=h$。如果结点 j 未入队过,则将结点 j 入队,并置入队标志。

以上过程一直做到队列空为止。

2.7.5 节将给出求指定结点到其余各结点最短距离算法的 C++ 描述。

2. 求一个结点到其余各结点的最短距离以及相应的路径

首先要确定最短距离以及相应路径的存储结构。

与图的邻接表的存储空间一样,用一个顺序存储空间来存储图中指定结点到各结点的最短距离。该顺序存储空间中的每一个存储结点有两个域:距离域 path 与指针域 elink,如图 2.64(a)所示。其中,距离域 path 用于存放指定结点到各结点的最短距离,即顺序存储空间中的第 k 个存储结点的距离域存放图中编号为 k 的结点到指定结点的最短距离;指针域 elink 用于链接最短路径上各结点的信息,即顺序存储空间中的第 k 个存储结点的指针域链接了图中编号为 k 的结点到指定结点的最短路径上各结点的信息。

另外,图中每一个结点到指定结点最短路径上的各结点分别链接成一个单链表。该单链表的头指针即为顺序空间中的对应存储结点的指针域。单链表中各存储结点的结构与邻接表中单链表结点的结构相同,如图 2.64(b)所示。其中,num 域用于存放图中某个结点的编号;val 域用于存放编号为 num 结点的前件到 num 结点之间的求值函数值 f;next 域用于指向最短路径上的下一个结点。

在 C++ 中,最短距离顺序存储空间的结构定义如下:

(a) 顺序空间中的存储结点结构　(b) 单链表中的存储结点结构

图 2.64　最短距离的存储结点结构

```
//定义最短距离与路径顺序存储空间结点类型
struct  pathnode
{ T1  path;                          //最短距离
  struct node  * elink;              //路径单链表指针
};
```

在 C++ 中，最短距离顺序存储空间的结构定义如下：

```
//定义最短距离与路径顺序存储空间结点类型
template<class T1>
struct  pathnode
{ T1  path;                          //最短距离
  node<T1>  * elink;                 //路径单链表指针
};
```

例如，对于图 2.59 中的有值图，结点 C(编号为 3)与图中各结点的最短距离以及相应的路径如图 2.65 所示。

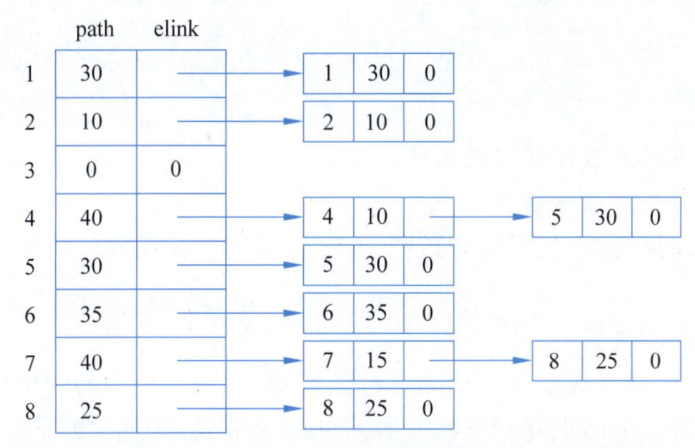

图 2.65　图 2.59 中的结点 3 与图中各结点的最短距离以及相应的路径存储空间

2.7.5 节将给出求指定结点到其余各结点最短距离与路径算法的 C++ 描述。

2.7.5　图邻接表类

在图的各种存储结构中，邻接表是最常用的一种。下面的描述是将图邻接表和基本操作(初始化、输出、遍历、最短距离问题等)封装成一个图的邻接表类。

```
//Link_GP.h
    #include<iostream>
    #include<fstream>
    #include "sq_Queue.h"
    using namespace std;
    //定义图邻接表中单链表结点类型
    template<class T1>
    struct node
```

```
{ int num;                                  //图中结点编号
  T1 val;                                   //求值函数
  node * next;                              //指向链表中下一个结点的指针域
};
//定义图邻接表中顺序存储空间结点类型
template<class T1, class T2>
struct gpnode
{ T2 data;                                  //图中的结点值
  node<T1> * link;                          //指向各单链表第一个结点的指针域
};
//定义图邻接表类
template<class T1, class T2>
class Link_GP
{ private:
    int nn;                                 //图中结点个数
    gpnode<T1,T2> * gp;                     //图邻接表中顺序存储空间首地址
  public:                                   //成员函数
    Link_GP() { gp=NULL; return; }          //图邻接表初始化
    void creat_Link_GP(int, T2 []);         //由键盘输入生成图邻接表
    void creat_Link_GP(int,T2 [],char *);       //由文件数据生成图邻接表
    void out_Link_GP();                     //输出图邻接表
    void dfs_Link_GP();                     //纵向优先搜索法遍历图
    void bfs_Link_GP();                     //横向优先搜索法遍历图
    void short_Link_GP(int);                //求指定结点到其余各结点的最短距离
    void short_path_Link_GP(int);           //求指定结点到其余各结点的最短距离与路径
};
```

下面对其中的成员函数作简要的说明。

1. 由键盘或文件输入生成图邻接表

为了生成图的邻接表，不仅需要知道图中各结点的值，还需要知道图中各结点的所有后件的信息。

构造图邻接表的方法如下。

首先，根据图中的结点数建立一个顺序存储空间，每一个结点的结构如图 2.60(a)所示，然后依次对图中的每一个结点建立链接所有后件的单链表，其过程如下：

(1) 由键盘输入或从文件读入该结点的后件信息(结点编号和求值函数值)，并为它们申请一个存放这些信息的新结点。

(2) 将新结点链接到当前单链表的链头。

这个过程直到图中该结点的所有后件信息输入完为止，接着建立图中下一个结点的所有后件的单链表。

在实际构造图邻接表时，要求按图中结点编号的顺序依次输入每一个结点的所有后件信息 m(后件结点的编号)与求值函数 v；当某个结点的所有后件信息输入结束后，再附加输入一对结束符(如两个“−1”)。

例如，为了构造图 2.61 所示的图的邻接表，则需依次输入如下数据：

```
2<空格>63<回车或空格>
3<空格>95<回车或空格>
4<空格>84<回车或空格>
-1<空格>-1<回车>(结点 A 的后件)
```

```
1<空格>63<回车或空格>
3<空格>49<回车或空格>
4<空格>44<回车或空格>
5<空格>37<回车或空格>
-1<空格>-1<回车>(结点 B 的后件)
1<空格>95<回车或空格>
2<空格>49<回车或空格>
-1<空格>-1<回车>(结点 C 的后件)
1<空格>84<回车或空格>
2<空格>44<回车或空格>
5<空格>35<回车或空格>
-1<空格>-1<回车>(结点 D 的后件)
2<空格>37<回车或空格>
4<空格>35<回车或空格>
-1<空格>-1<回车>(结点 E 的后件)
```

则构造的邻接表如图 2.62 所示。

由键盘输入生成图邻接表的成员函数如下：

```
//由键盘输入生成图邻接表
template<class T1, class T2>
void Link_GP<T1,T2>::creat_Link_GP(int n, T2 d[])
{ node<T1>  *p;
  int  k, m;
  T1 v;
  nn=n;                                    //图中结点个数
  gp=new gpnode<T1,T2>[nn];                //申请图邻接表中顺序存储空间
  for (k=0; k<n; k++)                      //依次对图中的每一个结点建立链接所有后件的单链表
    { (gp+k)->data=d[k];                   //置顺序存储空间的结点值
      (gp+k)->link=NULL;                   //置顺序存储空间结点的指针域为空
      cout<<"输入图中第"<<k+1<<"个结点的后件信息:"<<endl;
      cin >>m >>v;                         //输入后件信息
      while (m>=0)                         //输入后件信息未结束
        { p=new node<T1>;                  //申请单链表结点
          p->num=m; p->val=v;              //置后件结点编号与求值函数值
          p->next=(gp+k)->link;            //新结点指针指向原头结点
          (gp+k)->link=p;                  //将新结点链接到单链表链头
          cin >>m >>v;                     //继续输入后件信息
        }
    }
  return;
}
```

由文件数据生成图邻接表的成员函数如下：

```
//由文件数据生成图邻接表
template<class T1, class T2>
void Link_GP<T1,T2>::creat_Link_GP(int n, T2 d[], char * filename)
{ node<T1>  *p;
  int  k, m;
  T1 v;
  ifstream infile(filename, ios::in);                  //打开文件
  nn=n;                                                //图中结点个数
```

```
  gp=new gpnode<T1,T2>[nn];          //申请图邻接表中顺序存储空间
  for (k=0; k<n; k++)                //依次对图中的每一个结点建立链接所有后件的单链表
     { (gp+k)->data=d[k];            //置顺序存储空间的结点值
       (gp+k)->link=NULL;            //置顺序存储空间结点的指针域为空
       infile >>m >>v;               //读入后件信息
       while (m>=0)                  //读入后件信息未结束
         { p=new node<T1>;           //申请单链表结点
           p->num=m; p->val=v;       //置后件结点编号与求值函数值
           p->next=(gp+k)->link;     //新结点指针指向原头结点
           (gp+k)->link=p;           //将新结点链接到单链表链头
           infile >>m >>v;           //继续读入后件信息
         }
     }
  return;
}
```

2. 输出图邻接表

对于图中的每个结点,依次输出该结点的所有后件信息,其输出格式如下:

```
图中的结点值--->后件结点编号,求值函数值--->…
```

成员函数如下:

```
//输出图邻接表
template<class T1, class T2>
void Link_GP<T1,T2>::out_Link_GP()
{ node<T1> * q;
  int k;
  for (k=0; k<nn; k++)
  { cout<<(gp+k)->data;                         //输出图结点值
    q=(gp+k)->link;
    while (q!=NULL)                             //依次输出各后件结点的编号与求值函数
    { cout<<"--->";
      cout<<q->num<<","<<q->val;                //输出后件结点编号与求值函数
      q=q->next;
    }
    cout<<endl;
  }
  return;
}
```

3. 纵向优先搜索法遍历图

成员函数如下:

```
//纵向优先搜索法遍历图
template<class T1, class T2>
void Link_GP<T1,T2>::dfs_Link_GP()
{ int  k, *mark;
  mark=new int[nn];                             //申请标志数组空间
  for (k=0; k<nn; k++)                          //标志数组初始化
      mark[k]=0;
  for (k=0; k<nn; k++)                          //对每个图结点纵向优先搜索
     if (mark[k]==0)  dfs(gp,k,mark);
```

```
    cout<<endl;;
    delete[] mark;
    return;
  }
  template<class T1, class T2>
  static dfs(gpnode<T1,T2> * q, int k, int * mark)
  { node<T1>   * p;
    cout<<(q+k)->data<<"   ";                        //输出当前图结点值
    mark[k]=1;                                       //记录当前结点已查访标志
    p=(q+k)->link;                                   //当前结点的第一个后件结点
    while (p!=NULL)
      { if (mark[p->num-1]==0)                       //该后件结点未查访过
            dfs(q, p->num-1, mark);
        p=p->next;                                   //下一个后件结点
      }
    return 0;
  }
```

4. 横向优先搜索法遍历图

在采用横向优先搜索法时，要用到一个队列，以便正确管理遍历顺序。

成员函数如下：

```
  //横向优先搜索法遍历图
  template<class T1, class T2>
  void Link_GP<T1,T2>::bfs_Link_GP()
  { int * mark, k;
    sq_Queue<int>q(nn);                    //建立循环队列空间并初始化
    node<T1>   * p;
    mark=new int[nn];                      //申请标志数组空间
    for (k=0; k<nn; k++)                   //标志数组初始化
        mark[k]=0;
    for (k=0; k<nn; k++)                   //对每个图结点横向优先搜索
    { if (mark[k]==0)                      //当前结点未查访过
      { mark[k]=1;                         //记录当前结点已查访标志
        cout<<gp->data<<"   ";             //输出当前结点值
        q.ins_sq_Queue(k);                 //当前结点编号入队
        while (q.flag_sq_Queue())          //队列不空
        { k=q.del_sq_Queue();              //从队列中退出一个结点作为当前结点
          p=(gp+k)->link;                  //所有后件结点链表指针
          while  (p!=NULL)                 //还有后件
          { k=p->num-1;
            if (mark[k]==0)                //该结点未查访过
              { cout<<(gp+k)->data<<" "    //输出该结点值
                mark[k]=1;                 //记录该结点已查访标志
                q.ins_sq_Queue(k);         //该结点编号入队
              }
            p=p->next;                     //下一个后件
          }
        }
      }
    }
    cout<<endl;
    delete[] mark;
```

```
  return;
}
```

5. 求指定结点到其余各结点的最短距离

成员函数如下：

```
//求指定结点到其余各结点的最短距离
template<class T1, class T2>
void Link_GP<T1,T2>::short_Link_GP(int m)
{ int * mark,k,j,h;
  T1 * e;
  node<T1>  * p;
  sq_Queue<int>q(nn);                        //建立循环队列空间并初始化
  e=new T1[nn];                              //申请距离数组空间
  mark=new int[nn];                          //申请标志数组空间
  for (k=0; k<nn; k++)                       //标志数组初始化
      mark[k]=0;
  for (k=0; k<nn; k++)                       //距离数组初始化
      e[k]=-1;
  q.ins_sq_Queue(m);                         //起始结点入队
  mark[m-1]=1;                               //置起始结点入队标志
  e[m-1]=0;                                  //到起始结点的距离为 0
  while (q.flag_sq_Queue())                  //队列非空
    { k=q.del_sq_Queue();                    //从队列取出一个结点编号 k
      p=(gp+k-1)->link;                      //结点后件的单链表头指针
      while  (p!=NULL)                       //还有后件
        { j=p->num;                          //该后件结点编号
          h=e[k-1]+p->val;                   //计算该后件结点到起始结点的距离
          if ((e[j-1]==-1)||(e[j-1]>h))      //如果距离更小
            { e[j-1]=h;                      //记录该更小的距离
              if (mark[j-1]==0)              //如果该后件结点未入队过,则入队
                { mark[j-1]=1;
                  q.ins_sq_Queue(j);
                }
            }
          p=p->next;                         //单链表中下一个后件结点
        }
    }
  cout<<"K   "<<"  PATH"<<endl;
  for (k=0; k<nn; k++)                       //输出指定结点到其余各结点的最短距离
      cout<<k+1<<"     "<<e[k]<<endl;
  delete[] mark; delete[] e;
  return;
}
```

6. 求指定结点到其余各结点的最短距离与路径

成员函数如下：

```
//求指定结点到其余各结点的最短距离与路径
//定义最短距离与路径顺序存储空间结点类型
template<class T1>
struct  pathnode
{ T1  path;                                                  //最短距离
```

```
  node<T1>   * elink;                              //路径单链表指针
};
template<class T1, class T2>
void Link_GP<T1,T2>::short_path_Link_GP(int m)
{ int * mark,k,j,h;
  pathnode<T1>   * e;
  node<T1>   * p, * pp;
  sq_Queue<int>q(nn);                              //建立循环队列空间并初始化
  e=new pathnode<T1>[nn];                          //申请最短距离与路径顺序存储空间
  mark=new int[nn];                                //申请标志数组空间
  for (k=0; k<nn; k++)                             //标志数组初始化
     mark[k]=0;
  for (k=0; k<nn; k++)                             //最短距离与路径顺序存储空间初始化
    { (e+k)->path=-1; (e+k)->elink=NULL; }
  (e+m-1)->path=0;                                 //起始结点的最短距离为 0
  q.ins_sq_Queue(m);                               //起始结点入队
  mark[m-1]=1;                                     //置起始结点入队标志
  while (q.flag_sq_Queue())                        //队列非空
    { k=q.del_sq_Queue();                          //从队列中取出一个结点
      p=(gp+k-1)->link;                            //该结点后件单链表头指针
      while  (p!=NULL)                             //还有后件结点
        { j=p->num;                                //当前后件结点编号
          h=((e+k-1)->path)+p->val;                //当前后件结点到起始结点新距离
          if (((e+j-1)->path==-1)||((e+j-1)->path>h))          //若新距离更小
            { (e+j-1)->path=h;                     //置更小的距离
              pp=(e+j-1)->elink;                   //最短距离的最后一个路径
              if (pp==NULL)                        //路径为空则申请一个最短距离路径结点
                pp=new node<T1>;
              pp->num=j; pp->val=p->val;           //置新路径
              pp->next=(e+k-1)->elink; (e+j-1)->elink=pp;   //连接新路径
              if (mark[j-1]==0)                    //当前后件结点未入队过
              { mark[j-1]=1;                       //置当前后件结点入队标志
                q.ins_sq_Queue(j);                 //当前后件结点入队
              }
            }
          p=p->next;                               //取下一个后件结点
        }
    }
  cout<<"K  "<<"PATH  "<<"ELINK"<<endl;
  for (k=0; k<nn; k++)                  //依次输出各结点到起始结点的最短距离与路径
  { cout<<k+1<<"   "<<(e+k)->path<<"   ";  //输出结点编号与最短距离
    p=(e+k)->elink;
    while (p!=NULL)                                //输出路径
    { cout<<"--->";
      cout<<p->num<<","<<p->val;
      p=p->next;
    }
    cout<<endl;
  }
  Delete[] mark; delete[] e;
  return;
}
```

例 2.20　以图 2.59 中的城市交通图为例进行如下操作:

(1) 由数据文件生成图邻接表。

(2) 输出图邻接表。

(3) 用纵向优先搜索法遍历图。

(4) 用横向优先搜索法遍历图。

(5) 求第 3 个结点到其余各结点的最短距离。

(6) 求第 3 个结点到其余各结点的最短距离与路径。

主函数如下:

```
//ch2_27.cpp
    #include "Link_GP.h"
    int main()
    { char d[8]={'A','B','C','D','E','F','G','H'};
      Link_GP<int, char>g;
      g.creat_Link_GP(8, d, "f1.txt");   //由数据文件生成图 g 邻接表
      cout<<"图 g 邻接表:"<<endl;
      g.out_Link_GP();                   //输出图邻接表
      cout<<"纵向优先搜索法遍历图 g:"<<endl;
      g.dfs_Link_GP();                   //纵向优先搜索法遍历图 g
      cout<<"横向优先搜索法遍历图 g:"<<endl;
      g.bfs_Link_GP();                   //横向优先搜索法遍历图 g
      cout<<"第 3 个结点到其余各结点的最短距离:\n "<<endl;
      g.short_Link_GP(3);                //求第 3 个结点到其余各结点的最短距离
      cout<<"第 3 个结点到其余各结点的最短距离与路径:\n "<<endl;
      g.short_path_Link_GP(3);           //求第 3 个结点到其余各结点的最短距离与路径
      return 0;
    }
```

其中,文件 f1.txt 的内容如下:

```
6 35 8 20 4 55 3 30 -1 -1
7 35 4 45 3 10 -1 -1
2 10 1 30 8 25 6 35 5 30 -1 -1
2 45 1 55 7 55 5 10 -1 -1
4 10 3 30 7 50 6 15 -1 -1
5 15 3 35 8 20 1 35 -1 -1
5 50 4 55 8 15 2 35 -1 -1
1 20 3 25 6 20 7 15 -1 -1
```

上述程序的运行结果如下:

```
图 g 邻接表:
A--->3,30--->4,55--->8,20--->6,35
B--->3,10--->4,45--->7,35
C--->5,30--->6,35--->8,25--->1,30--->2,10
D--->5,10--->7,55--->1,55--->2,45
E--->6,15--->7,50--->3,30--->4,10
F--->1,35--->8,20--->3,35--->5,15
G--->2,35--->8,15--->4,55--->5,50
H--->7,15--->6,20--->3,25--->1,20
纵向优先搜索法遍历图 g:
A  C  E  F  H  G  B  D
```

```
横向优先搜索法遍历图 g:
A  C  D  H  F  E  B  G
第 3 个结点到其余各结点的最短距离:
K      PATH
1      30
2      10
3      0
4      40
5      30
6      35
7      40
8      25
第 3 个结点到其余各结点的最短距离与路径:
K  PATH  ELINK
1  30   --->1,30
2  10   --->2,10
3  0
4  40   --->4,10--->5,30
5  30   --->5,30
6  35   --->6,35
7  40   --->7,15--->8,25
8  25   --->8,25
```

习题

2.1　什么叫数据结构？数据结构对算法有什么影响？请举例说明。

2.2　试写出在顺序存储结构下逆转线性表的算法，要求使用最少的附加空间。

2.3　设 $A=(a_1,a_2,\cdots,a_n)$ 和 $B=(b_1,b_2,\cdots,b_m)$ 是两个有序序列，若 $n=m$ 且 $a_i=b_i$ $(1\leqslant i\leqslant n)$，则称 $A=B$；若 $a_i=b_i(1\leqslant i<j)$，而 $a_i<b_i(j\leqslant i\leqslant n\leqslant m)$，则称 $A<B$；除此之外，均称 $A>B$。试写出比较 A 和 B 的算法，并输出 -1 或 0 或 $+1$ 以表示 $A<B$ 或 $A=B$ 或 $A>B$。

2.4　对于下面的每一步，画出栈元素与栈顶指针的示意图。

(1) 栈空。

(2) 在栈中插入一个元素 A。

(3) 在栈中插入一个元素 X。

(4) 删除栈顶元素。

(5) 在栈中插入一个元素 T。

(6) 在栈中插入一个元素 G。

(7) 栈初始化。

2.5　设循环队列的容量为 70(序号为 1～70)，现经过一系列的入队与退队运算后，有：

(1) front=14，rear=21；

(2) front=23，rear=12。

问在这两种情况下，循环队列中各有多少个元素。

2.6　图示在表达式 A * (B−D)/T+C * * (E * F)执行过程中的运算符栈和操作数栈的变

化情况。

2.7 试编写一个算法,将两个有序线性表合并成一个有序线性表。

2.8 设栈 S 和队列 Q 的初始状态为空,元素 e_1、e_2、e_3、e_4、e_5、e_6 依次通过栈 S,一个元素出栈后即进入队列 Q,若出队的顺序为 e_2、e_4、e_3、e_6、e_5、e_1,则栈 S 的容量至少应该为多少?

2.9 试写出计算循环链表长度的算法。

2.10 试写出逆转线性单链表的算法。

2.11 设有两个有序线性单链表,头指针分别为 AH 与 BH。试写出将这两个有序线性单链表合并为一个头指针为 CH 的有序线性单链表的算法。

2.12 设有一个线性单链表,其结点值均为正整数,且按值从大到小链接。试写出一个算法,将该线性单链表分解为两个线性单链表,其中一个链表中的结点值均为奇数,而另一个链表中的结点值均为偶数,且这两个链表均按值从小到大链接。

2.13 设有一个循环链表,其结点值均为整数,且按绝对值从小到大链接。试写出一个算法,将此循环链表中的结点按值从小到大链接。

2.14 设有一个线性单链表,其结点值均为正整数。试写出一个算法,反复找出链表中结点值最小的结点,并输出该值;然后将该结点从链表中删除,直到链表空为止。

2.15 用三列二维数组表示下列稀疏矩阵(假设数组下标从 1 开始):

$$(1)\ \boldsymbol{A}=\begin{bmatrix} 0 & 0 & 0 & 0 & 0 & 5 & 0 & 0 \\ 0 & 0 & 0 & 0 & 0 & 0 & 0 & 0 \\ 15 & 0 & 0 & 0 & 0 & 0 & -8 & 0 \\ 0 & 0 & 0 & 0 & -6 & 0 & 0 & 0 \\ 0 & 0 & 0 & 0 & 0 & 0 & 0 & 0 \\ 0 & 0 & 0 & 13 & 0 & -2 & 0 & 0 \\ 0 & 17 & 0 & 0 & 0 & 0 & 0 & 0 \\ 0 & 0 & 0 & 0 & 0 & 0 & 0 & 4 \end{bmatrix}$$

$$(2)\ \boldsymbol{A}=\begin{bmatrix} 0 & 0 & 35 & 0 & 0 \\ 0 & 0 & 0 & 0 & 23 \\ 17 & 0 & 0 & 0 & 0 \\ 0 & 0 & 0 & 0 & 0 \\ 0 & 21 & 0 & -12 & 0 \\ 0 & 0 & 0 & 0 & 0 \\ -9 & 0 & 0 & 0 & 15 \end{bmatrix}$$

2.16 下列各三列二维数组分别表示一个稀疏矩阵,试分别写出与它们对应的稀疏矩阵(假设数组下标从 1 开始):

(1) $\begin{bmatrix} 6 & 4 & 6 \\ 1 & 2 & 4 \\ 1 & 3 & -6 \\ 2 & 1 & 3 \\ 3 & 1 & 5 \\ 3 & 3 & -8 \\ 5 & 4 & 9 \end{bmatrix}$ (2) $\begin{bmatrix} 4 & 6 & 5 \\ 1 & 3 & -6 \\ 1 & 5 & -1 \\ 2 & 2 & 4 \\ 3 & 1 & 8 \\ 4 & 4 & 9 \end{bmatrix}$

2.17 试写出题 2.15 中两个稀疏矩阵的 POS 与 NUM 向量。

2.18 写一个算法，将给定的 $m \times n$ 稀疏矩阵转换成三列二维数组表示。

2.19 将下列表达式用表达式树表示，再分别转化成二叉树，最后分别写出其波兰表示式：

(1) $(a-b)/(c*d+s)+e*g/f(x+y*z,w,v)-h*(t+q)$；

(2) $a*b+c/(d+t)-g*h/r-f(x,y/z,s)$；

(3) $f(a*(b+c/d),x/y,s-t,w*v)$。

2.20 设树 T 的度为 4，其中度为 1、2、3、4 的结点个数分别为 4、2、1、1。问 T 中有多少个叶子结点。

2.21 已知某二叉树的前序序列为 DBACFEG，中序序列为 ABCDEFG。请画出该二叉树，并写出该二叉树的后序序列。

2.22 设一棵完全二叉树具有 1000 个结点。问该完全二叉树有多少个叶子结点，有多少个度为 2 的结点，有多少个度为 1 的结点。若完全二叉树有 1001 个结点，再回答上述问题，并说明理由。

2.23 请写出下列算法：

(1) 按层次输出头指针为 BT 的二叉链表中所有结点值。

(2) 输出头指针为 BT 的二叉链表中所有叶子结点值。

(3) 在头指针为 BT 的二叉链表中，以根结点为轴，将左、右子树镜像对调。

(4) 计算头指针为 BT 的二叉链表的深度。

2.24 试写出由有值图的求值矩阵生成邻接表的算法。

2.25 若图有 n 个结点，并用关联矩阵表示，则第 k 个结点的度为多少？

第3章　查找与排序技术

3.1　基本的查找技术 

查找是数据处理领域中的一个重要内容，查找的效率将直接影响数据处理的效率。所谓查找，是指在一个给定的数据结构中查找某个指定的元素。通常，根据不同的数据结构，应采用不同的查找方法。

3.1.1　顺序查找

顺序查找又称为顺序搜索。顺序查找一般是指在线性表中查找指定的元素，其基本方法如下：

从线性表的第一个元素开始，依次将线性表中的元素与被查元素进行比较，若相等，则表示找到（查找成功）；若线性表中所有的元素都与被查元素进行了比较但都不相等，则表示线性表中没有要找的元素（查找失败）。

在这种查找方法下，如果线性表中的第一个元素就是被查找的元素，则只需做一次比较就查找成功，查找效率很高。但如果被查找的元素是线性表中的最后一个元素，或者被查找的元素根本不在线性表中，则为了查找这个元素，需要与线性表中所有的元素进行比较，这是顺序查找的最坏情况。在平均情况下，利用顺序查找法在线性表中查找一个元素，大约要与线性表中一半的元素进行比较。

由此可以看出，对于大的线性表来说，顺序查找的效率是很低的。虽然顺序查找的效率不高，但在下列两种情况下也只能采用顺序查找。

(1) 如果线性表为无序表（表中元素的排列是无序的），则不管是顺序存储结构还是链式存储结构，都只能顺序查找。

(2) 即使是有序线性表，如果采用链式存储结构，也只能顺序查找。

在实际应用中，为了提高查找效率，往往对数据采用特殊的存储结构。本节下面的内容就是讨论能提高查找效率的各种数据存储结构。

3.1.2　有序表的对分查找

对分查找只适用于顺序存储的有序表。在此所说的有序表是指线性表中的元素按值非递减排列（从小到大，但允许相邻元素值相等）。

设有序线性表的长度为 n，被查元素为 x，则对分查找的方法如下。

将 x 与线性表的中间项进行比较：若中间项的值等于 x，则说明查到，查找结束；若 x 小于中间项的值，则在线性表的前半部分（中间项以前的部分）以相同的方法进行查找；若 x 大于中间项的值，则在线性表的后半部分（中间项以后的部分）以相同的方法进行查找。这个过程一直进行到查找成功或子表长度为 0(说明线性表中没有这个元素)时为止。

显然，当有序线性表为顺序存储时才能采用对分查找，并且，对分查找的效率要比顺序查找高得多。可以证明，对于长度为 n 的有序线性表，在最坏情况下，对分查找只需要比较 $\log_2 n$ 次，而顺序查找需要比较 n 次。

下面对顺序有序表类用 C++ 进行描述，其中的操作包括有序表的初始化、查找、插入、删除、输出以及将两个有序表合并成一个有序表。

```
//SL_List.h
    #include<iostream.h>
    //using namespace std;
    template<class T>                          //模板声明,数据元素虚拟类型为 T
    class  SL_List                             //顺序有序表类
    { private:                                 //数据成员
        int mm;                                //存储空间容量
        int nn;                                //有序表长度
        T *v;                                  //有序表存储空间首地址
      public:                                  //成员函数
        SL_List(){ mm=0; nn=0; return; }       //只定义对象名
        SL_List(int);                          //顺序有序表初始化(指定存储空间容量)
        int search_SL_List(T);                 //顺序有序表查找
        int insert_SL_List(T);                 //顺序有序表插入
        int delete_SL_List(T);                 //顺序有序表删除
        void prt_SL_List();                    //顺序输出有序表中的元素与有序表长度
        friend SL_List operator+(SL_List &, SL_List &);        //有序表合并
    };
    //顺序有序表初始化
    template<class T>
    SL_List<T>::SL_List(int m)
    { mm=m;                                    //存储空间容量
      v=new T[mm];                             //动态申请存储空间
      nn=0;                                    //有序表长度
      return;
    }
    //顺序有序表查找
    template<class T>
    int SL_List<T>::search_SL_List(T x)
    { int i, j, k;
      i=1; j=nn;
      while (i<=j)
        { k=(i+j)/2;                           //中间元素下标
          if (v[k-1]==x) return(k-1);          //找到返回
          if (v[k-1]>x) j=k-1;                 //取前半部
          else i=k+1;                          //取后半部
        }
      return(-1);                              //找不到返回
    }
    //顺序有序表的插入
    template<class T>
    int SL_List<T>::insert_SL_List(T x)
    { int k;
```

```
    if (nn==mm)                     //存储空间已满
    { cout<<"上溢!"<<endl; return(-1); }
    k=nn-1;
    while (v[k]>x)                  //从最后一个元素到被删元素之间的元素均后移
    { v[k+1]=v[k]; k=k-1; }
    v[k+1]=x;                       //进行插入
    nn=nn+1;                        //长度增 1
    return(1);                      //成功插入返回
  }
  //顺序有序表的删除
  template<class T>
  int SL_List<T>::delete_SL_List(T x)
  { int i, k;
    k=search_SL_List(x);            //查找删除元素的位置
    if (k>=0)                       //表中有这个元素
      { for (i=k; i<nn-1; i++)
          v[i]=v[i+1];              //被删元素到最后一个元素之间的元素均前移
        nn=nn-1;                    //长度减 1
      }
    else                            //表中没有这个元素
      cout<<"没有这个元素!"<<endl;
    return(k);                      //返回删除是否成功标志
  }
  //顺序输出有序表中的元素与顺序表的长度
  template<class T>
  void SL_List<T>::prt_SL_List()
  { int i;
    cout<<"nn="<<nn<<endl;          //输出长度
    for (i=0; i<nn; i++)            //依次输出元素
      cout<<v[i]<<endl;
    return;
  }
  //有序表合并(运算符+重载为友元函数)
  template<class T>
  SL_List<T>operator+(SL_List<T>&s1, SL_List<T>&s2)
  { int  k=0, i=0, j=0;
    SL_List<T>s;
    s.v=new T[s1.nn+s2.nn];         //动态申请存储空间
    while((i<s1.nn)&&(j<s2.nn))
        { if (s1.v[i]<=s2.v[j])//复制有序表 s1 的元素
            { s.v[k]=s1.v[i]; i=i+1; }
          else                      //复制有序表 s2 的元素
            { s.v[k]=s2.v[j]; j=j+1; }
          k=k+1;
        }
    if (i==s1.nn)                   //复制有序表 s2 中剩余的元素
        for (i=j; i<s2.nn; i++)
        { s.v[k]=s2.v[i]; k=k+1; }
    else                            //复制有序表 s1 中剩余的元素
        for (j=i; j<s1.nn; j++)
        { s.v[k]=s1.v[j]; k=k+1; }
    s.mm=s1.mm+s2.mm;
    s.nn=s1.nn+s2.nn;
```

```
    return(s);
  }
```

需要说明的是，在上述程序中，前两行

```
#include<iostream.h>
//using namespace std;
```

应为

```
#include<iostream>
using namespace std;
```

由于在 Visual C++ 6.0 不支持将运算符重载函数作为友元函数，而在 Visual C++ 6.0 所提供的带后缀 h 的头文件中支持，因此，作者在调试该程序时对前两行进行了修改。

下面举例说明。

例 3.1 分别定义容量为 20 与 30 的两个有序表空间，然后依次在这两个空间中分别插入 5 个和 7 个元素，输出这两个有序表中的元素。将这两个有序表合并成一个新的有序表，然后输出该新的有序表中的元素。在这个新的有序表中依次删除 1.5、1.0 和 123.0 三个元素，然后输出该新的有序表中的元素。

主函数程序如下：

```
//ch3_1.cpp
    #include "SL_List.h"
    int main()
    { int k;
      double a[5]={1.5,5.5,2.5,4.5,3.5};
      double b[7]={1.0,7.5,2.5,4.0,5.0,4.5,6.5};
      SL_List<double>s1(20);          //建立容量为 20 长度为 5 的有序表对象 s1
      SL_List<double>s2(30);          //建立容量为 30 长度为 7 的有序表对象 s2
      for (k=0; k<5; k++)             //依次插入有序表 s1 的元素
          s1.insert_SL_List(a[k]);
      for (k=0; k<7; k++)             //依次插入有序表 s2 的元素
          s2.insert_SL_List(b[k]);
      cout<<"输出有序表对象 s1:"<<endl;
      s1.prt_SL_List();               //输出有序表对象 s1
      cout<<"输出有序表对象 s2:"<<endl;
      s2.prt_SL_List();               //输出有序表对象 s2
      SL_List<double>s3;              //建立合并后的有序表对象 s3
      s3=s1+s2;                       //有序表合并
      cout<<"输出合并后的有序表对象 s3:"<<endl;
      s3.prt_SL_List();               //输出合并后的有序表对象 s3
      s3.delete_SL_List(a[0]);        //在有序表 s3 中删除 1.5
      s3.delete_SL_List(b[0]);        //在有序表 s3 中删除 1.0
      s3.delete_SL_List(123.0);       //在有序表 s3 中删除 123.0
      cout<<"输出删除后的有序表对象 s3:"<<endl;
      s3.prt_SL_List();               //输出合并后的有序表对象 s3
      return 0;
    }
```

上述程序的运行结果如下：

```
输出有序表对象 s1:
nn=5
1.5
2.5
3.5
4.5
5.5
输出有序表对象 s2:
nn=7
1
2.5
4
4.5
5
6.5
7.5
输出合并后的有序表对象 s3:
nn=12
1
1.5
2.5
2.5
3.5
4
4.5
4.5
5
5.5
6.5
7.5
没有这个元素!            //指删除的元素 123.0
输出删除后的有序表对象 s3:
nn=10
2.5
2.5
3.5
4
4.5
4.5
5
5.5
6.5
7.5
```

3.1.3 分块查找

分块查找又称为索引顺序查找，它是一种顺序查找的改进方法，用于在分块有序表中进行查找。所谓分块有序表，是指将长度为 n 的线性表分成 m 个子表。各子表的长度可以相等，也可以互相不等，但要求后一个子表中的每一个元素均大于前一个子表中的所有元素。

分块有序表的结构可以分为两部分。

(1) 线性表本身采用顺序存储结构。

(2) 再建立一个索引表。在索引表中,对线性表的每个子表建立一个索引结点,每个结点包括两个域:一是数据域,用于存放对应子表中的最大元素值;二是指针域,用于指示对应子表的第一个元素在整个线性表中的序号。显然,索引表关于数据域是有序的。

索引表中每一个索引结点用 C++ 定义如下:

```
template<class T>
struct  indnode
{ T  key;           //数据域,存放子表中的最大值,其类型与线性表中元素的数据类型相同
  int  k;           //指针域,指示子表中第一个元素在线性表中的序号
};
```

图 3.1 是将一个长度 $n=18$ 的线性表分成 $m=3$ 个子表的分块有序表的示意图。

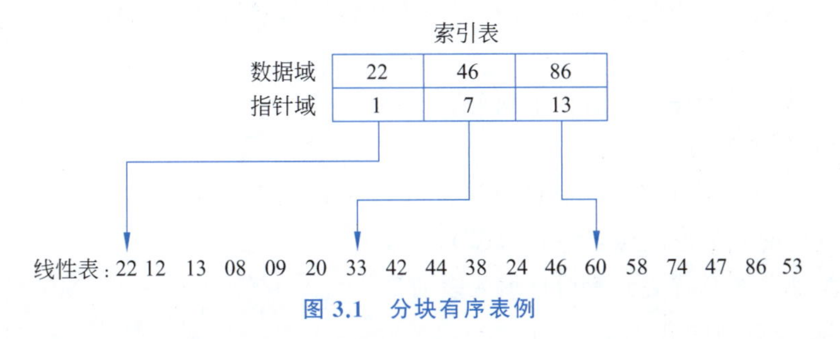

图 3.1　分块有序表例

根据分块有序表的结构,其查找过程可以分以下两步进行:

(1) 查找索引表,以便确定被查元素所在的子表。由于索引表数据域中的数据是有序的,因此可以采用对分查找。

(2) 在相应的子表中用顺序查找法进行具体的查找。

在分块查找中,为了找到被查元素 x 所在的子表,需要对分查找索引表,在最坏情况下需要查找$\log_2(m+1)$次。为了在相应子表中用顺序查找法查找元素 x,在最坏情况下需要查找 n/m(假设各子表长度相等)次;而在平均情况下需要查找 $n/2m$ 次。因此,分块查找的工作量为:在最坏情况下需要查找$\log_2(m+1)+n/m$ 次,平均情况下需要查找$\log_2(m+1)+n/(2m)$次。显然,当 $m=n$ 时,线性表 L 即为有序表,分块查找即为对分查找。当 $m=1$ 时,线性表 L 为一般的无序表,分块查找即为顺序查找。因此,分块查找的效率介于对分查找和顺序查找之间。

分块查找的算法由读者自行编写。

3.2 哈希表技术

在 3.1 节所介绍的各种查找方法中,都是通过被查元素与表中的元素进行直接比较而达到查找的目的。本节所要介绍的哈希(Hash)表技术是另一类重要的查找技术。Hash 表技术的基本思想是对被查元素的关键字做某种运算后直接确定所要查找项目在表中的位置。本节主要介绍 Hash 表的基本概念以及工程上常用的几种 Hash 表。在具体介绍 Hash 表之前,首先介绍直接查找表。

3.2.1 哈希表的基本概念

1. 直接查找技术

设表的长度为 n。如果存在一个函数 $i=i(k)$，对于表中的任意一个元素的关键字 k，满足以下条件：

(1) $1 \leqslant i \leqslant n$；

(2) 对于任意的元素关键字 $k_1 \neq k_2$，恒存在 $i(k_1) \neq i(k_2)$。

则称此表为直接查找表。其中，函数 $i=i(k)$ 称为关键字 k 的映像函数。

由直接查找表的定义可以看出，直接查找表中各元素的关键字 k 与表项序号 i 之间存在着一一对应的关系。因此，对直接查找表的查找，只需要根据映像函数 $i=i(k)$ 计算出待查关键字项目在表中的序号即可。

对直接查找表的操作主要有以下两种。

1）直接查找表的填入

要将关键字为 k 的元素填入直接查找表，只需做以下两步：

(1) 计算关键字 k 的映像函数 $i=i(k)$；

(2) 将关键字 k 及有关元素信息填入表的第 i 项。

2）直接查找表的取出

要在直接查找表中取出关键字 k 的元素，只需做以下两步：

(1) 计算关键字 k 的映像函数 $i=i(k)$；

(2) 检查表中第 i 项：

若第 i 项为空，则说明表中没有关键字为 k 的元素；否则取出第 i 项中的元素即可。

如果直接查找表中的各元素在存储空间中均占 m 字节，则关键字为 k 的元素在存储空间中实际的存储地址为

$$\text{直接查找表的首地址} + (i-1)m$$

其中 $i=i(k)$。为了讨论方便，在本节中所讨论的表只考虑其逻辑结构，而不考虑其实际的存储结构。在这种情况下，对长度为 n 的表，总是认为 $1 \leqslant i \leqslant n$。

2. Hash 表

Hash 表技术是直接查找技术的推广，其主要目标是提高查找效率。

在直接查找技术中，要求映像函数能使得表中任意两个不同的关键字的映像函数值也不同。即在直接查找表中，不允许元素的冲突存在。但在实际应用中，这一条件一般是很难满足的，即往往会出现这样的情况：对于两个不同的关键字 $k_1 \neq k_2$ 有 $i(k_1)=i(k_2)$，这就发生了元素的冲突，即两个不同的元素需要存放在同一个存储单元中。

例 3.2 将关键字序列(09,31,26,19,01,13,02,11,27,16,05,21)依次填入长度为 $n=12$ 的表中。设映像函数为 $i=\text{INT}(k/3)+1$。其中，INT 为取整符。

如果按照直接查找表的填入方法，填入结果如表 3.1 所示。由表 3.1 可以看出，两个不同的关键字元素 01 与 02 的映像函数值(计算得到的表项序号)是相同的，称这两个元素发生了冲突。同样，09 与 11 这两个元素也发生了冲突。

表3.1　直接查找表的填入

表项序号	1	2	3	4	5	6	7	8	9	10	11	12
按 $i=\text{INT}(k/3)+1$ 填入的关键字 k	01 02	05		09 11	13	16	19	21	26	27	31	

显然,当有元素发生冲突时,是无法进行直接查找的。为此,引入 Hash 表的概念。

设表的长度为 n。如果存在一个函数 $i=i(k)$,对于表中的任意一个元素的关键字 k,满足 $1\leqslant i\leqslant n$,则称此表为 Hash 表。其中函数 $i=i(k)$称为关键字 k 的 Hash 码。

由 Hash 表的这个定义可以看出,在 Hash 表中允许冲突存在,即在 Hash 表中允许几个不同的关键字其 Hash 码相同。如果在 Hash 表中没有冲突存在,则 Hash 表就成为直接查找表。

Hash 表技术的关键是要处理好表中元素的冲突问题,主要包括以下两方面的工作:

(1) 构造合适的 Hash 码,以便尽量减少表中元素冲突的次数,即 Hash 码的均匀性要比较好。

(2) 当表中元素发生冲突时,要进行适当的处理。

3. Hash 码的构造

Hash 表技术的主要目标是提高查找效率,即缩短查表的时间。而在查找关键字为 k 的元素时,计算 Hash 码 $i(k)$的工作量也是影响查找效率的一个因素。如果 Hash 码的计算比较复杂,那么,尽管 Hash 码冲突的机会很少,也会降低查找的效率。因此,在实际设计 Hash 码时,要考虑以下两方面的因素:

(1) 使各关键字尽可能均匀地分布在 Hash 表中,即 Hash 码的均匀性要好,以便减少冲突发生的机会。

(2) Hash 码的计算要尽量简单。

以上两方面在实际应用中往往是矛盾的。为了保证 Hash 码的均匀性比较好,其 Hash 码的计算就必然要复杂;反之,如果 Hash 码的计算比较简单,则其均匀性就比较差。因此,在实际设计 Hash 码时,要根据具体情况选择一个比较合理的方案。例如,当 Hash 表放在慢速的二级存储器中时(用于文件系统中时往往是这种情况),由于存取表中元素所需的时间较长,因此,在这种情况下,应主要考虑减少表中元素的冲突,而 Hash 码的计算稍微复杂一些是无关紧要的;当 Hash 表放在计算机内存中时,则应使 Hash 码的计算尽量简单,此时虽然 Hash 码冲突机会稍多一些,但在总体上考虑还是划算的。

由于 Hash 码的设计在很大程度上依赖于各关键字的特性,因此,一般很难给出一个普遍适用的方案,只能根据具体情况设计构造 Hash 码的方案。下面仅介绍一些比较简单的 Hash 码的构造方法。

1) 截段法

关键字是一种基本的符号串,而在计算机中就是一个经过编码的二进制数字串。所谓截段法,是指选取与关键字对应的数字串中的一段(一般选取低位数)作为该关键字的 Hash 码。在这种方法中,对数字串所截取的位数取决于 Hash 表的长度 n。一般截取的位数为 $\log_2 n$。

在实际应用中,截段法往往作为选取 Hash 码的基础,其他方法往往是对关键字进行某种运算后再进行截段。

2) 分段叠加法

这种方法是将关键字的编码串分割成若干段，然后把它们叠加后再进行截段。

3) 除法

这种方法是将关键字的编码除以表的长度，最后所得的余数作为 Hash 码，即取 Hash 码为

$$i = \mathrm{mod}(k, n)$$

其中 k 为关键字，n 为 Hash 表的长度，mod 为模余运算符(在本节中规定，当 $\mathrm{mod}(k,n)=0$ 时，取 $i=n$)。

本方法构造的 Hash 码，其均匀性比较好，但是以一次除法为代价，在除法较快的机器上可以采用。

4) 乘法

将关键字编码与一个常数 ϕ 相乘后，再除以表长度 n 取其余数作为 Hash 码，即

$$i = \mathrm{mod}(k * \phi, n)$$

或者将关键字编码与 ϕ 相乘后，取乘积低位段中的若干二进制位(进行截段)作为 Hash 码。其中常数 ϕ 一般取 0.618033988747、0.6125423371 或 0.6161616161。

构造 Hash 码的方法有很多，读者可以根据具体情况自行设计。为了能得到均匀性较好的 Hash 码，一般需要做多次试验，以检查 Hash 码的均匀性是否满足要求。若不满足均匀的要求，则要找出不均匀的原因，适当修改构造 Hash 码的方法，然后进行试验，直到 Hash 码的均匀性基本满足要求为止。

3.2.2 几种常用的哈希表

前面提到，Hash 表技术的关键之一是要处理好元素的冲突。采用不同的方法处理冲突就可以得到各种不同的 Hash 表。本节介绍几种常用的 Hash 表，在各种 Hash 表的查找(填入与取出)方法中体现了各种不同的处理冲突的方法。

1. 线性 Hash 表

线性 Hash 表是一种最简单的 Hash 表。

设线性 Hash 表的长度为 n，对线性 Hash 表的查找过程如下。

1) 线性 Hash 表的填入

将关键字 k 及有关信息填入线性 Hash 表的步骤如下。

(1) 计算关键字 k 的 Hash 码 $i=i(k)$。

(2) 检查表中第 i 项的内容：

若第 i 项为空，则将关键字 k 及有关信息填入该项；若第 i 项不空，则令 $i=\mathrm{mod}(i+1, n)$，转(2)继续检查。

显然，只要 Hash 表尚未填满，最终总可以找到一个空项，将关键字 k 及有关信息填入 Hash 表。

2) 线性 Hash 表的取出

要在线性 Hash 表中取出关键字 k 的元素，其步骤如下。

(1) 计算关键字 k 的 Hash 码 $i=i(k)$。

(2) 检查表中第 i 项的内容：

若第 i 项登记着关键字 k，则取出该项元素即可；若第 i 项为空，则表示在 Hash 表中没有该关键字的信息；若第 i 项不空，且登记的不是关键字 k，则令 $i=\text{mod}(i+1,n)$，转(2)继续检查。

显然，只要 Hash 表尚未填满，这个过程就能够很好地终止，要么找到后取出该关键字 k 及有关信息；要么发现了一个空项，以找不到终止。

线性 Hash 表的这种处理冲突的方法又称为开放法。

例 3.3 将关键字序列(09,31,26,19,01,13,02,11,27,16,05,21)依次填入长度为 $n=12$ 的线性 Hash 表。设 Hash 码为 $i=\text{INT}(k/3)+1$。

填入后的线性 Hash 表如表 3.2 所示。

表 3.2 线性 Hash 表的填入

表项序号	1	2	3	4	5	6	7	8	9	10	11	12
关键字 k	01	02	05	09	13	11	19	16	26	27	31	21
冲突次数	0	1	1	0	0	2	0	2	0	0	0	4

线性 Hash 表的优点是简单，但它有以下两个主要缺点：

(1) 在线性 Hash 表填入的过程中，当发生冲突时，首先考虑的是下一项，因此，当 Hash 码的冲突较多时，在线性 Hash 表中会存在“堆聚”现象，即许多关键字被连续登记在一起，从而会降低查找效率。

(2) 在线性 Hash 表的填入过程中，处理冲突时会带来新的冲突。通过比较表 3.1 与表 3.2，可以明显地看出线性 Hash 表的这个缺点。表 3.1 与表 3.2 是同一批序列按同一种 Hash 码填入的结果，只是在表 3.1 中对元素的冲突没有经过处理，而在表 3.2 中对元素的冲突用开放法进行了处理。由表 3.1 可知，这一批元素在使用该 Hash 码填入时，实际上只有两对元素发生了冲突(称为静态冲突)；但从表 3.2 可以看出，随着对冲突的处理，有些本来不发生静态冲突的元素也发生了冲突，这是由于这些元素应有的表项序号，在先前处理其他元素的冲突时被占用了，即线性 Hash 表的填入方法是不顾后效的。

在线性 Hash 表中，查找一个关键字的平均查找次数为

$$E \approx \frac{2-\alpha}{2-2\alpha}$$

其中 α 称为 Hash 表的填满率(也称为装填因子)，它定义为

$$\alpha = m/n$$

其中 n 为 Hash 表的长度，m 为 Hash 表中实际存在的关键字个数。值得注意的是，Hash 表的平均查找次数 E 不依赖于表的长度，而只与表的填满率有关。当 $\alpha=1$(Hash 表已经被填满)时，其平均查找次数为无穷。因此，线性 Hash 表不应填满，否则在 Hash 表中查找一个不存在的关键字元素时会出现无穷循环，这是在设计 Hash 表长度时必须要注意的问题。

线性 Hash 表还有更一般的形式，当发生元素冲突时，将处理方案 $i=\text{mod}(i+1,n)$ 改为 $i=\text{mod}(i+p,n)$。可以证明，只要 p 与 n 互质，这种处理同样可以遍历整个 Hash 表。

最后需要说明一点，在实际设计线性 Hash 表时，为了对表长 n 取模余运算方便，通常

将表的长度 n 设计成 $n=2^k$,此时,某个数对 n 取模余运算时只要取这个数的右边 k 个二进制位即可。

另外,当 $i(k)=1$ 时,线性 Hash 表的查找就是顺序查找。

下面是对线性 Hash 表类的 C++ 描述:

```
//Linear_hash.h
    #include<iostream>
    using namespace std;
    //线性 Hash 表结点类型
    template<class T>
    struct Hnode
    { int flag;                                          //标志表项的空与非空
      T  key;                                            //关键字
    };
    template<class T>                                    //模板声明,数据元素虚拟类型为 T
    class  Linear_hash                                   //线性 Hash 表类
    { private:                                           //数据成员
        int NN;                                          //线性 Hash 表长度
        Hnode<T> * LH;                                   //线性 Hash 表存储空间首地址
      public:                                            //成员函数
        Linear_hash(){ NN=0; return;}
        Linear_hash(int);                                //建立线性 Hash 表存储空间
        void prt_L_hash();                               //顺序输出线性 Hash 表中的元素
        int flag_L_hash();                               //检测线性 Hash 表中空项个数
        void ins_L_hash(int (* f)(T), T);                //在线性 Hash 表中填入新元素
        int sch_L_hash(int (* f)(T), T);                 //在线性 Hash 表中查找元素
    };

    //建立线性 Hash 表存储空间
    template<class T>
    Linear_hash<T>::Linear_hash(int m)
    { int k;
      NN=m;                                              //存储空间容量
      LH=new Hnode<T>[NN];                               //动态申请线性 Hash 表存储空间
      for (k=0; k<NN; k++)                               //线性 Hash 表各项均为空
          LH[k].flag=0;
      return;
    }

    //顺序输出线性 Hash 表中的元素
    template<class T>
    void Linear_hash<T>::prt_L_hash()
    { int k;
      for (k=0; k<NN; k++)
        if (LH[k].flag==0)                               //该项为空
            cout<<"<NULL>"<<" ";
        else                                             //该项不空
            cout<<"<"<<LH[k].key<<">";
      cout<<endl;
      return;
    }
```

```
//检测线性 Hash 表中空项个数
template<class T>
int Linear_hash<T>::flag_L_hash()
{ int k, count=0;
  for (k=0; k<NN; k++)
    if (LH[k].flag==0) count=count+1;
  return(count);
}

//在线性 Hash 表中填入新元素
template<class T>
void Linear_hash<T>::ins_L_hash(int (*f)(T), T x)
{ int k;
  if (flag_L_hash()==0)                              //线性 Hash 表中已没有空项
  { cout<<"线性 Hash 表已满!"<<endl; return; }
  k=(*f)(x);                                         //计算 Hash 码
  while (LH[k-1].flag)                               //该项不空
  { k=k+1;                                           //下一项
    if (k==NN+1) k=1;
  }
  LH[k-1].key=x; LH[k-1].flag=1;                     //填入并置标志
  return;
}

//在线性 Hash 表中查找元素
template<class T>
int Linear_hash<T>::sch_L_hash(int (*f)(T), T x)
{ int k;
  k=(*f)(x);                                         //计算 Hash 码
  while ((LH[k-1].flag)&&(LH[k-1].key!=x))
  { k=k+1;
    if (k==NN+1) k=1;
  }
  if ((LH[k-1].flag)&&(LH[k-1].key==x))              //找到返回
      return(k);
  return(0);                                         //表中没有这个关键字,返回
}
```

下面是例 3.3 的主函数。

```
//ch3_2.cpp
    #include "Linear_hash.h"
    int hashf(int k);
    int main()
    { int a[13]={9,31,26,19,1,13,2,11,27,16,5,21};
      int k;
      Linear_hash<int>h(12);          //建立容量为 12 的线性 Hash 表空间
      cout<<"填入的原序列:"<<endl;
      for (k=0; k<12; k++)
          cout<<a[k]<<"  ";
      cout<<endl;
      for (k=0; k<12; k++)
          h.ins_L_hash(hashf, a[k]);
      cout<<"依次输出线性 Hash 表中的关键字:"<<endl;
```

```
        h.prt_L_hash();
        cout<<"查找序列各关键字在线性 Hash 表中的位置(表项序号):"<<endl;
        for (k=0; k<12; k++)
            cout<<h.sch_L_hash(hashf, a[k])<<"  ";
        cout<<endl;
        return 0;
    }
    int hashf(int k)   //Hash 函数
    { return(k/3+1); }
```

上述程序的运行结果如下:

```
填入的原序列:
9  31  26  19  1  13  2  11  27  16  5  21
依次输出线性 Hash 表中的关键字:
<1><2><5><9><13><11><19><16><26><27><31><21>
查找序列各关键字在线性 Hash 表中的位置(表项序号):
4  11  9  7  1  5  2  6  10  8  3  12
```

2. 随机 Hash 表

当 Hash 表的长度 n 设计成 $n=2^k$ 时,还可以定义另外一种 Hash 表——随机 Hash 表。随机 Hash 表与线性 Hash 表的不同之处在于:一旦发生元素冲突,表项序号 i 的改变不是采用加 1 取模的方法,而是用某种伪随机数来改变。下面是随机 Hash 表的填入与取出的过程。

1) 随机 Hash 表的填入

将关键字 k 及有关信息填入随机 Hash 表的步骤如下。

(1) 计算关键字 k 的 Hash 码 $i_0=i(k)$,且令 $i=i_0$。

(2) 伪随机数序列初始化,令 $j=1$(将取随机数指针指向伪随机数序列中的第一个随机数)。

(3) 检查表中第 i 项的内容:

若第 i 项为空,则将关键字 k 及有关信息填入该项;若第 i 项不空,则令 $i=\mathrm{mod}(i_0+\mathrm{RN}(j),n)$,并令 $j=j+1$(将取随机数指针指向下一个随机数),转(3)继续检查。其中 RN(j)表示伪随机数序列 RN 中的第 j 个随机数。

伪随机数序列 RN 按下列方法产生。

```
R=1
FOR  j=1  TO  n  DO
  { R=mod(5*R,4n)
    RN(j)=INT(R/4)
  }
```

例 3.4 将关键字序列(09,31,26,19,01,13,02,11,27,16,05,21)依次填入长度为 $n=2^4=16$ 的随机 Hash 表中。设 Hash 码为 $i=\mathrm{INT}(k/3)+1$。

伪随机数序列:1,6,15,12,13,2,11,8,9,14,7,4,5,10,3,0。

填入后的随机 Hash 表如表 3.3 所示。

表 3.3　随机 Hash 表的填入

表项序号	1	2	3	4	5	6	7	8	9	10	11	12	13	14	15	16
关键字 k	01	02	05	09	13	16	19	21	26	11	31					27
冲突次数	0	1	1	0	0	0	0	0	0	2	0					2

随机 Hash 表克服了线性 Hash 表的“堆聚”现象，但线性 Hash 表的第(2)个缺点依然存在。

2) 随机 Hash 表的取出

要在随机 Hash 表中取出关键字 k 的元素，其步骤如下。

(1) 计算关键字 k 的 Hash 码 $i_0=i(k)$，且令 $i=i_0$。

(2) 伪随机数序列初始化，令 $j=1$(将取随机数指针指向伪随机数序列中的第一个随机数)。

(3) 检查表中第 i 项的内容：

若第 i 项登记着关键字 k，则取出该项元素即可；若第 i 项为空，则表示在 Hash 表中没有该关键字的信息；若第 i 项不空，且登记的不是关键字 k，则令 $i=\mathrm{mod}(i_0+\mathrm{RN}(j),n)$，并令 $j=j+1$(将取随机数指针指向下一个随机数)，转(3)继续检查。其中 $\mathrm{RN}(j)$表示伪随机数序列 RN 中的第 j 个随机数。

必须指出的是，随机 Hash 表的填入与取出所采用的伪随机数序列应是同一个序列。与线性 Hash 表一样，只要随机 Hash 表尚未填满，其填入与取出的过程均能很好地终止。

在随机 Hash 表中，查找一个关键字的平均查找次数为

$$E \approx -\frac{1}{\alpha}\ln(1-\alpha)$$

其中 α 为 Hash 表的填满率。显然，当随机 Hash 表被填满($\alpha=1$)后，其填入与取出过程均不能正常终止。因此，与线性 Hash 表一样，随机 Hash 表一般也不能填满。

下面是对随机 Hash 表类的 C++ 描述：

```
//Rnd_hash.h
    #include<iostream>
    using namespace std;
    //随机 Hash 表结点类型
    template<class T>
    struct Hnode
    { int flag;                                   //标志表项空与非空
      T  key;                                     //关键字
    };
    template<class T>                             //模板声明，数据元素虚拟类型为 T
    class  Rnd_hash                               //随机 Hash 表类
    { private:                                    //数据成员
        int NN;                                   //随机 Hash 表长度
        Hnode<T> * RH;                            //随机 Hash 表存储空间首地址
        int * RND;                                //随机数序列存储空间首地址
      public:                                     //成员函数
        Rnd_hash(){ NN=0; return;}
        Rnd_hash(int);                            //建立随机 Hash 表存储空间
```

```
    void prt_R_hash();                          //顺序输出随机 Hash 表中的元素
    int flag_R_hash();                          //检测随机 Hash 表中的空项个数
    void ins_R_hash(int (*f)(T), T);            //在随机 Hash 表中填入新元素
    int sch_R_hash(int (*f)(T), T);             //在随机 Hash 表中查找元素
};

//建立随机 Hash 表存储空间
template<class T>
Rnd_hash<T>::Rnd_hash(int m)
{ int k, r;
  NN=m;                                         //存储空间容量
  RH=new Hnode<T>[NN];                          //动态申请随机 Hash 表存储空间
  for (k=0; k<NN; k++)                          //随机 Hash 表各项均为空
      RH[k].flag=0;
  RND=new int[NN];                              //动态申请随机数序列存储空间
  r=1;
  for (k=0; k<NN; k++)
  { r=5*r;
    if (r>=4*NN) r=r-4*NN;
    RND[k]=r/4;
  }
  return;
}

//顺序输出随机 Hash 表中的元素
template<class T>
void Rnd_hash<T>::prt_R_hash()
{ int k;
  for (k=0; k<NN; k++)
    if (RH[k].flag==0)                          //该项为空
        cout<<"<NULL>"<<" ";
    else                                        //该项不空
        cout<<"<"<<RH[k].key<<">";
  cout<<endl;
  return;
}

//检测随机 Hash 表中空项个数
template<class T>
int Rnd_hash<T>::flag_R_hash()
{ int k, count=0;
  for (k=0; k<NN; k++)
    if (RH[k].flag==0) count=count+1;
  return(count);
}

//在随机 Hash 表中填入新元素
template<class T>
void Rnd_hash<T>::ins_R_hash(int (*f)(T), T x)
{ int k, j=0;
  if (flag_R_hash()==0)                         //随机 Hash 表中已没有空项
  { cout<<"随机 Hash 表已满!"<<endl; return; }
  k=(*f)(x);                                    //计算 Hash 码
```

```
    while (RH[k-1].flag)                              //该项不空
    { k=k+RND[j];                                     //下一项
      if (k>NN) k=k-NN;
      j=j+1;                                          //下一个随机数
    }
    RH[k-1].key=x; RH[k-1].flag=1;                    //填入并置标志
    return;
  }

  //在随机 Hash 表中查找元素
  template<class T>
  int Rnd_hash<T>::sch_R_hash(int (*f)(T), T x)
  { int k, j=0;
    k=(*f)(x);                                        //计算 Hash 码
    while ((RH[k-1].flag)&&(RH[k-1].key!=x))
    { k=k+RND[j];                                     //下一项
      if (k>NN) k=k-NN;
      j=j+1;                                          //下一个随机数
    }
    if ((RH[k-1].flag)&&(RH[k-1].key==x))             //找到返回
        return(k);
    return(0);                                        //表中没有这个关键字,返回
  }
```

下面是例 3.4 的主函数。

```
//ch3_3.cpp
  #include "Rnd_hash.h"
  int hashf(int k);
  int main()
  { int a[12]={9,31,26,19,1,13,2,11,27,16,5,21};
    int k;
    Rnd_hash<int>h(16);                          //建立容量为 12 的随机 Hash 表空间
    cout<<"填入的原序列:"<<endl;
    for (k=0; k<12; k++)
        cout<<a[k]<<"  ";
    cout<<endl;
    for (k=0; k<12; k++)
        h.ins_R_hash(hashf, a[k]);
    cout<<"依次输出随机 Hash 表中的关键字:"<<endl;
    h.prt_R_hash();
    cout<<"查找序列各关键字在随机 Hash 表中的位置(表项序号):"<<endl;
    for (k=0; k<12; k++)
        cout<<h.sch_R_hash(hashf, a[k])<<"  ";
    cout<<endl;
    return 0;
  }
  int hashf(int k)                               //Hash 函数
  { return(k/3+1); }
```

上述程序的运行结果如下：

```
填入的原序列:
9  31  26  19  1  13  2  11  27  16  5  21
```

```
依次输出随机 Hash 表中的关键字:
<1><2><5><9><13><16><19><21><26><11><31><NULL><NULL><NULL><NULL><27>
查找序列各关键字在随机 Hash 表中的位置(表项序号):
4  11  9  7  1  5  2  10  16  6  3  8
```

3. 溢出 Hash 表

前面介绍的线性 Hash 表与随机 Hash 表均存在两个致命的缺点：一是在 Hash 表填入过程中不顾后效，从而在填入过程中产生冲突的机会在不断增多；二是当 Hash 表填满时，不能正常进行查找。造成这两个缺点的原因主要是冲突的元素仍然被填入 Hash 表的存储空间，而又无法预测被占用的空间以后是否有元素正常填入。如果将冲突的元素安排在另外的空间，而不占用 Hash 表本身的空间，就不会产生新的冲突，这就是溢出 Hash 表。

溢出 Hash 表包括 Hash 表和溢出表两部分。在 Hash 表的填入过程中，将冲突的元素顺序填入溢出表；而当查找过程中发现冲突时，就在溢出表中进行顺序查找。因此，溢出表是一个顺序查找表，但 Hash 表与溢出表的存储结构是相同的。

下面是溢出 Hash 表的填入与取出的过程。

1）溢出 Hash 表的填入

将关键字 k 及有关信息填入溢出 Hash 表的步骤如下。

(1) 计算关键字 k 的 Hash 码 $i=i(k)$。

(2) 检查表中第 i 项的内容：

若第 i 项为空，则将关键字 k 及有关信息填入该项；若第 i 项不空，则将关键字 k 及有关信息依次填入溢出表中的自由项。

2）溢出 Hash 表的取出

要在溢出 Hash 表中取出关键字 k 的元素，其步骤如下。

(1) 计算关键字 k 的 Hash 码 $i=i(k)$。

(2) 检查表中第 i 项的内容：

若第 i 项登记着关键字 k，则取出该项元素；若第 i 项为空，则表示在 Hash 表中没有该关键字的信息；若第 i 项不空，且登记的不是关键字 k，则转入在溢出表中进行顺序查找。

例 3.5 将关键字序列(09,31,26,19,01,13,02,11,27,16,05,21)依次填入长度为 $n=12$ 的溢出 Hash 表中。设 Hash 码为 $i=\text{INT}(k/3)+1$。

填入后的溢出 Hash 表如表 3.4 所示。

表 3.4 溢出 Hash 表的填入

Hash 表	i	1	2	3	4	5	6	7	8	9	10	11	12
	k	01	05		09	13	16	19	21	26	27	31	

溢出表	i	1	2	3	4	…
	k	02	11			

在 Hash 码比较均匀而冲突不多的情况下，溢出表中实际上只有很少的几项，即使采用顺序查找，查找次数也不会很多，因此，其查找效率不会很低，具有一定的实用价值。溢出

Hash 表的缺点是：除 Hash 表本身外，还要增加一个溢出表，当 Hash 码不能遍历 Hash 表本身时，额外的溢出表空间也是一种浪费。

下面是对溢出 Hash 表类的 C++ 描述：

```
//Over_hash.h
    #include<iostream>
    using namespace std;
    //溢出 Hash 表结点类型
    template<class T>
    struct Hnode
    { int flag;                                  //标志表项空与非空
      T  key;                                    //关键字
    };
    template<class T>                            //模板声明,数据元素虚拟类型为 T
    class  Over_hash                             //溢出 Hash 表类
    { private:                                   //数据成员
        int NN;                                  //溢出 Hash 表长度
        int MM;                                  //溢出表长度
        Hnode<T> * H;                            //Hash 表存储空间首地址
        Hnode<T> * R;                            //溢出表存储空间首地址
      public:                                    //成员函数
        Over_hash(){ NN=0; MM=0; return;}
        Over_hash(int, int);                     //建立溢出 Hash 表存储空间
        void prt_O_hash();                       //顺序输出溢出 Hash 表中的元素
        int flag_O_hash();                       //检测溢出表中的空项个数
        void ins_O_hash(int (* f)(T), T);        //在溢出 Hash 表中填入新元素
        int sch_O_hash(int (* f)(T), T);         //在溢出 Hash 表中查找元素
        void del_O_hash(int (* f)(T), T);        //在溢出 Hash 表中删除一个元素
    };

    //建立溢出 Hash 表存储空间
    template<class T>
    Over_hash<T>::Over_hash(int m, int n)
    { int k;
      NN=m;                                      //Hash 表存储空间容量
      MM=n;                                      //溢出表存储空间容量
      H=new Hnode<T>[NN];                        //动态申请 Hash 表存储空间
      R=new Hnode<T>[MM];                        //动态申请溢出表存储空间
      for (k=0; k<NN; k++)                       //Hash 表各项均为空
          H[k].flag=0;
      for (k=0; k<MM; k++)                       //溢出表各项均为空
          R[k].flag=0;
      return;
    }

    //顺序输出溢出 Hash 表中的元素
    template<class T>
    void Over_hash<T>::prt_O_hash()
    { int k;
      cout<<"Hash 表:"<<endl;
```

```
  for (k=0; k<NN; k++)
    if (H[k].flag==0)
        cout<<"<NULL>"<<" ";
    else
        cout<<"<"<<H[k].key<<">";
  cout<<endl;
  cout<<"溢出表:"<<endl;
  for (k=0; k<MM; k++)
    if (R[k].flag==0)
        cout<<"<NULL>"<<" ";
    else
        cout<<"<"<<R[k].key<<">";
  cout<<endl;
  return;
}

//检测溢出表中空项个数
template<class T>
int Over_hash<T>::flag_O_hash()
{ int k, count=0;
  for (k=0; k<MM; k++)
    if (R[k].flag==0) count=count+1;
  return(count);
}

//在溢出 Hash 表中填入新元素
template<class T>
void Over_hash<T>::ins_O_hash(int (*f)(T), T x)
{ int k;
  k=(*f)(x);                                    //计算 Hash 码
  if (H[k-1].flag==0)                           //填入 Hash 表
  { H[k-1].flag=1; H[k-1].key=x; }
  else                                          //填入溢出表
  { k=1;
    while ((k<=MM)&&(R[k-1].flag))  k=k+1;
    if (k>MM) cout<<"溢出表已满!"<<endl;
    else
    { R[k-1].flag=1; R[k-1].key=x; }
  }
  return;
}

//在溢出 Hash 表中查找元素
template<class T>
int Over_hash<T>::sch_O_hash(int (*f)(T), T x)
{ int k, j=0;
  k=(*f)(x);                                    //计算 Hash 码
  if (H[k-1].flag==0)  return(0);               //Hash 表表项为空,找不到
  if (H[k-1].key==x)  return(k);                //在 Hash 表中找到
  k=1;                                          //到溢出表中去找
  while ((k<=MM)&&(R[k-1].flag)&&(R[k-1].key!=x)) k=k+1;
  if ((R[k-1].flag)&&(R[k-1].key==x)) return(-k);     //在溢出表中找到
  return(0);                                    //溢出表中也没有这个关键字,返回
```

```
}

//在溢出 Hash 表中删除一个元素
template<class T>
void Over_hash<T>::del_O_hash(int (*f)(T), T x)
{ int k, j, kk;
  k=(*f)(x);                           //计算 Hash 码
  if (H[k-1].flag)
    { if (H[k-1].key==x)               //在 Hash 表中找到要删除的元素
        { j=1; kk=0;                   //再到溢出表中去找 Hash 码与之相同的关键字
          while ((j<=MM)&&(R[j-1].flag))
            { if ((*f)(R[j-1].key)==k) kk=j;
              j=j+1;
            }
          if (kk!=0)                   //溢出表中后面的元素依次前移
            { H[k-1].key=R[kk-1].key;
              while ((kk+1<=MM)&&(R[kk].flag))
                { R[kk-1].key=R[kk].key; kk=kk+1; }
              R[kk-1].flag=0;          //最后一项置空
            }
          else H[k-1].flag=0;
        }
      else                             //在 Hash 表中没有找到,到溢出表中去找
        { j=1;
          while ((j<=MM)&&(R[j-1].flag)&&(R[j-1].key!=x))
            j=j+1;
          if (R[j-1].key==x)           //溢出表中后面的元素依次前移
            { while ((j+1<=MM)&&(R[j].flag))
                { R[j-1].key=R[j].key; j=j+1; }
              R[j-1].flag=0;           //最后一项置空
            }
          else cout<<"表中没有这个关键字!"<<endl;
        }
    }
  else   cout<<"表中没有这个关键字!"<<endl;
  return;
}
```

下面是例 3.5 的主函数:

```
//ch3_4.cpp
  #include "Over_hash.h"
  int hashf(int k);
  int main()
  { int a[12]={9,31,26,19,1,13,2,11,27,16,5,21};
    int k;
    Over_hash<int>h(12, 10);           //Hash 容量为 12,溢出表容量为 10
    cout<<"填入的原序列:"<<endl;
    for (k=0; k<12; k++)
        cout<<a[k]<<"  ";
    cout<<endl;
    for (k=0; k<12; k++)
        h.ins_O_hash(hashf, a[k]);
```

```
    cout<<"依次输出溢出 Hash 表中的关键字:"<<endl;
    h.prt_O_hash();
    cout<<"查找序列各关键字在溢出 Hash 表中的位置(表项序号):"<<endl;
    for (k=0; k<12; k++)
        cout<<h.sch_O_hash(hashf, a[k])<<"  ";
    cout<<endl;
    h.del_O_hash(hashf, 2);
    cout<<"删除 2 后依次输出溢出 Hash 表中的关键字:"<<endl;
    h.prt_O_hash();
    h.del_O_hash(hashf, 19);
    cout<<"又删除 19 后依次输出溢出 Hash 表中的关键字:"<<endl;
    h.prt_O_hash();
    return 0;
  }
  int hashf(int k)  //Hash 函数
  { return(k/3+1); }
```

上述程序的运行结果如下:

```
填入的原序列:
9  31  26  19  1  13  2  11  27  16  5  21
依次输出溢出 Hash 表中的关键字:
Hash 表:
<1><5><NULL><9><13><16><19><21><26><27><31><NULL>
溢出表:
<2><11><NULL><NULL><NULL><NULL><NULL><NULL><NULL><NULL>
查找序列各关键字在溢出 Hash 表中的位置(表项序号):
4  11  9  7  1  5  -1  -2  10  6  2  8
删除 2 后依次输出溢出 Hash 表中的关键字:
Hash 表:
<1><5><NULL><9><13><16><19><21><26><27><31><NULL>
溢出表:
<11><NULL><NULL><NULL><NULL><NULL><NULL><NULL><NULL><NULL>
又删除 19 后依次输出溢出 Hash 表中的关键字:
Hash 表:
<1><5><NULL><9><13><16><NULL><21><26><27><31><NULL>
溢出表:
<11><NULL><NULL><NULL><NULL><NULL><NULL><NULL><NULL><NULL>
```

4. 拉链 Hash 表

拉链 Hash 表是一种最常用又最有效的 Hash 表。拉链 Hash 表又分为外链 Hash 表与内链 Hash 表。下面主要讨论外链 Hash 表。

外链 Hash 表由 Hash 表及表外结点组成。在 Hash 表中,登记的不是关键字 k 及有关信息,而只是指针。所有的关键字 k 及有关信息分别被登记在表外各结点中,每一个表外结点还含有一个指针域,用来链接 Hash 码相同的各结点。因此,在外链 Hash 表中,各表外结点按关键字的 Hash 码被链接成各单链表,而各单链表的头指针被登记在 Hash 表的各表项中,即 Hash 表的第 i 项登记着 Hash 码为 i 的所有关键字的表外结点。在初始状态下,Hash 表中的所有指针为空。

设数组 $H(1:n)$为 Hash 表的存储空间,其初始状态为 $H(i)=0(i=1,2,\cdots,n)$,则外链 Hash 表的填入与取出过程如下。

1）外链 Hash 表的填入

将关键字 k 及有关信息填入外链 Hash 表的步骤如下：

（1）计算关键字 k 的 Hash 码 $i=i(k)$。

（2）取得一个新结点 p，并将关键字 k 及有关信息填入结点 p。

（3）将结点 p 链入以 $H(i)$ 为头指针的链表的链头。

在填入关键字 k 及有关信息的过程中，一般总是将新的结点链接到相应链表的链头，而不是链接到链尾。这样处理的优点是填表比较快，并且在外链 Hash 表的实际应用中，往往是后填入的关键字的使用频率要比先填入的高，因此，这种处理也能提高查找效率。

例 3.6　将关键字序列(09,31,26,19,01,13,02,11,27,16,05,21)依次填入长度为 $n=12$ 的外链 Hash 表中。设 Hash 码为 $i=\mathrm{INT}(k/3)+1$。

填入后的外链 Hash 表如图 3.2 所示。

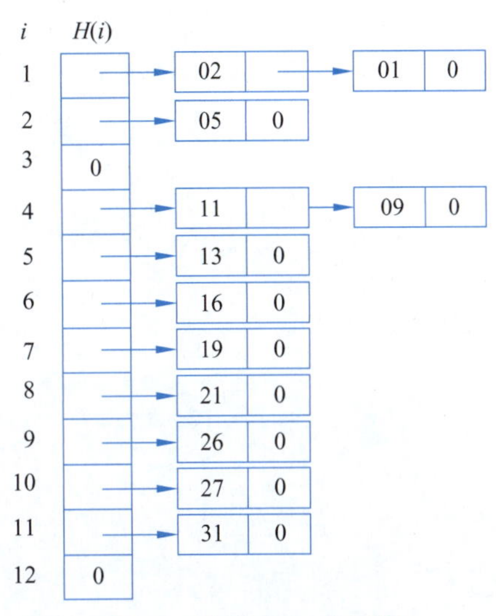

图 3.2　外链 Hash 表示例

2）外链 Hash 表的取出

要在外链 Hash 表中取出关键字 k 的元素，其步骤如下：

（1）计算关键字 k 的 Hash 码 $i=i(k)$。

（2）在以 $H(i)$ 为头指针的链表中顺序查找关键字为 k 的结点。若找到，则从结点中取出该元素。

下面是对外链 Hash 表类的 C++ 描述：

```
//Link_hash.h
    #include<iostream>
    using namespace std;
    //外链 Hash 表结点类型
    template<class T>
    struct LHnode
    { T key;            //关键字
      LHnode * next; //指针域
    };
    template<class T>   //模板声明，数据元素虚拟类型为 T
    class  Link_hash      //外链 Hash 表类
    { private:  //数据成员
        int NN;             //外链 Hash 表长度
        LHnode<T> * * LH;   //外链 Hash 表存储空间首地址
      public:   //成员函数
        Link_hash(){ NN=0; return;}
        Link_hash(int);     //建立外链 Hash 表存储空间
        void prt_Link_hash();  //顺序输出外链 Hash 表中的元素
        void ins_Link_hash(int ( * f)(T), T);            //在外链 Hash 表中填入新元素
        LHnode<T> * sch_Link_hash(int ( * f)(T), T);  //在外链 Hash 表中查找元素
        void del_Link_hash(int ( * f)(T), T);            //在外链 Hash 表中删除一个元素
    };
```

```
//建立外链 Hash 表存储空间
template<class T>
Link_hash<T>::Link_hash(int m)
{ int k;
  NN=m;                                       //存储空间容量
  LH=new LHnode<T> * [NN];                    //动态申请外链 Hash 表存储空间
  for (k=0; k<NN; k++)                        //外链 Hash 表各项均为空
      LH[k]=NULL;
  return;
}

//顺序输出外链 Hash 表中的元素
template<class T>
void Link_hash<T>::prt_Link_hash()
{ int k;
  LHnode<T> * p;
  for (k=0; k<NN; k++)
  { p=LH[k];
    cout<<k+1<<"  ";                          //输出表项序号
    if (p==NULL) cout<<"<NULL>";
    else                                      //输出链表中的结点
        while (p!=NULL)
        { cout<<"  ------>";
          cout<<p->key;
          p=p->next;
        }
    cout<<endl;
  }
  return;
}

//在外链 Hash 表中填入新元素
template<class T>
void Link_hash<T>::ins_Link_hash(int ( * f)(T), T x)
{ int k;
  LHnode<T> * p;
  k=( * f)(x);                                //计算 Hash 码
  p=new LHnode<T>;                            //申请一个链表结点
  p->key=x;                                   //置关键字值
  p->next=LH[k-1];  LH[k-1]=p;                //链到链头
  return;
}

//在外链 Hash 表中查找元素
template<class T>
LHnode<T> * Link_hash<T>::sch_Link_hash(int ( * f)(T), T x)
{ int k;
  LHnode<T> * p;
  k=( * f)(x);                                //计算 Hash 码
  p=LH[k-1];
  while ((p!=NULL)&&(p->key!=x)) p=p->next;
  return(p);
}
```

```
//在外链 Hash 表中删除一个元素
template<class T>
void Link_hash<T>::del_Link_hash(int (*f)(T), T x)
{ int k;
  LHnode<T> *p, *q;
  k=(*f)(x);                                          //计算 Hash 码
  p=LH[k-1]; q=NULL;
  while ((p!=NULL)&&(p->key!=x))                      //寻找要删除的关键字
      { q=p; p=p->next; }
  if (p==NULL)
      cout<<"表中没有这个关键字:"<<endl;
  else if (q!=NULL)   q->next=p->next;
  else   LH[k-1]=p->next;
  return;
}
```

下面是例 3.6 的主函数：

```
//ch3_5.cpp
#include "Link_hash.h"
int hashf(int k);
int main()
{ int a[12]={9,31,26,19,1,13,2,11,27,16,5,21};
  int k;
  Link_hash<int>h(12);                      //建立容量为 12 的外链 Hash 表空间
  cout<<"填入的原序列:"<<endl;
  for (k=0; k<12; k++)
      cout<<a[k]<<"  ";
  cout<<endl;
  for (k=0; k<12; k++)
      h.ins_Link_hash(hashf, a[k]);
  cout<<"依次输出外链 Hash 表中的关键字:"<<endl;
  h.prt_Link_hash();
  cout<<"查找序列各关键字在外链 Hash 表中结点序号:"<<endl;
  for (k=0; k<12; k++)
      cout<<h.sch_Link_hash(hashf, a[k])<<"  ";
  cout<<endl;
  h.del_Link_hash(hashf, 2);
  cout<<"删除 2 后依次输出溢出 Hash 表中的关键字:"<<endl;
  h.prt_Link_hash();
  h.del_Link_hash(hashf, 19);
  cout<<"又删除 19 后依次输出溢出 Hash 表中的关键字:"<<endl;
  h.prt_Link_hash();
  return 0;
}
int hashf(int k)                            //Hash 函数
{ return(k/3+1); }
```

上述程序的运行结果如下：

```
填入的原序列:
9  31  26  19  1  13  2  11  27  16  5  21
依次输出外链 Hash 表中的关键字:
1     ---->2  ---->1
```

```
2    ---->5
3  <NULL>
4    ---->11  ---->9
5    ---->13
6    ---->16
7    ---->19
8    ---->21
9    ---->26
10    ---->27
11    ---->31
12  <NULL>
查找序列各关键字在外链 Hash 表中的结点序号:
00481FF0 00481FA0 00481F60 00481F20 00481FE0 00481D00 00481CC0 00481C80
00481C40 00481C00 00481BC0 00481B80
删除 2 后依次输出溢出 Hash 表中的关键字:
1    ---->1
2    ---->5
3  <NULL>
4    ---->11  ---->9
5    ---->13
6    ---->16
7    ---->19
8    ---->21
9    ---->26
10    ---->27
11    ---->31
12  <NULL>
又删除 19 后依次输出溢出 Hash 表中的关键字:
1    ---->1
2    ---->5
3  <NULL>
4    ---->11  ---->9
5    ---->13
6    ---->16
7  <NULL>
8    ---->21
9    ---->26
10    ---->27
11    ---->31
12  <NULL>
```

5. 指标 Hash 表

前面讨论的所有 Hash 表中,各关键字 k 及有关信息所占的表项空间长度均相等。如果各关键字及有关信息的长度各不相同,则 Hash 表的表项空间的设计就会很困难。如果 Hash 表的每一表项空间按最大长度设计,则会造成存储空间的浪费。在这种情况下,指标 Hash 表具有明显的优越性。

指标 Hash 表包括指标表与内容表两部分。在指标 Hash 表中,所有的关键字及有关信息被登记在内容表中,每个关键字的信息占内容表中的一段连续空间。在实际存储时,为了能够方便地分割内容表中各关键字的信息,通常在关键字的信息中还包含信息的长度或者在信息的最后附设一个结束标志。指标表为 Hash 表,它可以是前面所讨论的任何一种

Hash 表，但在 Hash 表的各表项中不再存放关键字及有关信息，而只是指示对应关键字信息在内容表中的地址。

由于存放一个地址所需的存储空间比存放一个关键字及有关信息的存储空间要小得多，因此，为了减少 Hash 码的冲突，通常可将指标表的长度（Hash 表的长度）设计得大一些，这样，浪费的也只是少量存放指标（地址）的空间，而内容表的空间却可以得到极为充分的利用。这是指标 Hash 表的一个显著优点，并且广泛用于关键字信息长度相等的情况。

3.3 基本的排序技术

排序也是数据处理的重要内容。所谓排序，是指将一个无序序列整理成按值非递减顺序排列的有序序列。排序的方法有很多，根据待排序序列的规模以及对数据处理的要求，可以采用不同的排序方法。本节主要介绍一些常用的排序方法。

排序可以在各种不同的存储结构上实现。在本节所介绍的排序方法中，其排序的对象一般认为是顺序存储的线性表，在程序设计语言中就是一维数组。

3.3.1 冒泡排序与快速排序

冒泡排序与快速排序属于互换类的排序方法。所谓互换排序，是指借助数据元素之间的互相交换进行排序的一种方法。

1. 冒泡排序

冒泡排序是一种最简单的互换类排序方法，它通过相邻数据元素的交换逐步将线性表变成有序。

冒泡排序的基本过程如下：

首先，从表头开始往后扫描线性表，在扫描过程中逐次比较相邻两个元素的大小。若相邻两个元素中，前面的元素大于后面的元素，则将它们互换，称为消去了一个逆序。显然，在扫描过程中，不断将两相邻元素中的大者往后移动，最后就将线性表中的最大者换到了表的最后，这也是线性表中最大元素应有的位置。

然后，从后到前扫描剩下的线性表，同样，在扫描过程中逐次比较相邻两个元素的大小。若相邻两个元素中，后面的元素小于前面的元素，则将它们互换，这样就又消去了一个逆序。显然，在扫描过程中，不断将两相邻元素中的小者往前移动，最后就将剩下线性表中的最小者换到了表的最前面，这也是线性表中最小元素应有的位置。

对剩下的线性表重复上述过程，直到剩下的线性表变空为止，此时的线性表已经变为有序。

在上述排序过程中，对线性表的每一次来回扫描后，都将其中的最大者沉到了表的底部，最小者像气泡一样冒到表的前头。冒泡排序由此而得名，且冒泡排序又称下沉排序。

假设线性表的长度为 n，则在最坏情况下，冒泡排序需要经过 $n/2$ 遍的从前往后的扫描和 $n/2$ 遍的从后往前的扫描，需要的比较次数为 $n(n-1)/2$。但这个工作量不是必须的，一般情况下要小于这个工作量。

图 3.3 是冒泡排序过程示意图。图中有方框的元素位置表示扫描过程中最后一次发生交换的位置。由图 3.3 可以看出，整个排序实际上只用了两遍从前往后的扫描和两遍从后

往前的扫描就完成了。

原序列	5	1	7	3	1	6	9	4	2	8	6
第1遍(从前往后)	5↔	1	7↔	3↔	1↔	6	9↔	4↔	2↔	8↔	6
结果	1	5	3	1	6	7	4	2	8	[6]	9
(从后往前)	1	5↔	3↔	1	6↔	7↔	4↔	2	8↔	6	9
结果	1	1	[5]	3	2	6	7	4	6	[8]	9
第2遍(从前往后)	1	1	5↔	3↔	2	6	7↔	4↔	6	8	9
结果	1	1	[3]	2	5	6	4	[6]	7	8	9
(从后往前)	1	1	3↔	2	5↔	6↔	4	6	7	8	9
结果	1	1	2	[3]	4	5	6	[6]	7	8	9
第3遍(从前往后)	1	1	2	3	4	5	6	6	7	8	9
最后结果	1	1	2	3	4	5	6	6	7	8	9

图 3.3　冒泡排序过程示意图

冒泡排序的 C++ 描述如下：

```
//bub.h
    template<class T>
    void bub(T p[], int n)
    { int m,k,j,i;
      T d;
      k=0; m=n-1;
      while (k<m)
      { j=m-1; m=0;
        for (i=k; i<=j; i++)              //从前往后扫描
          if (p[i]>p[i+1])                //顺序不对,交换
            { d=p[i]; p[i]=p[i+1]; p[i+1]=d; m=i;}
        j=k+1; k=0;
        for (i=m; i>=j; i--)              //从后往前扫描
          if (p[i-1]>p[i])                //顺序不对,交换
            { d=p[i]; p[i]=p[i-1]; p[i-1]=d; k=i;}
      }
      return;
    }
```

主函数的例子如下：

```
//ch3_6.cpp
    #include "bub.h"
    #include<iostream>
    #include<iomanip>
    using namespace std;
    int main()
    { int i,j;
      double p[50],r=1.0;
      for (i=0; i<50; i++)                      //产生 50 个 0~1 的随机数
      { r=2053.0*r+13849.0;   j=r/65536.0;
        r=r-j*65536.0;    p[i]=r/65536.0;
      }
      for (i=0; i<50; i++)                      //产生 50 个 100~300 的随机数
```

```
        p[i]=100.0+200.0 * p[i];
    cout<<"排序前的序列:"<<endl;
    for (i=0; i<10; i++)
    { for (j=0; j<5; j++) cout<<setw(10)<<p[5 * i+j];
      cout<<endl;
    }
    bub(p+10, 30);                        //对原序列中的第 11 到第 40 个元素进行排序
    cout<<"排序后的序列:"<<endl;
    for (i=0; i<10; i++)
    { for (j=0; j<5; j++) cout<<setw(10)<<p[5 * i+j];
      cout<<endl;;
    }
    return 0;
}
```

上述程序的运行结果如图 3.4 所示。

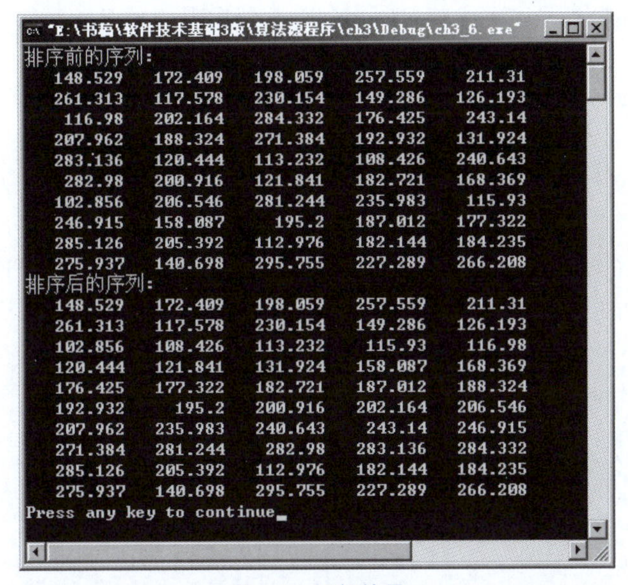

图 3.4　运行结果

2. 快速排序

在前面所讨论的冒泡排序中，由于在扫描过程中只对相邻两个元素进行比较，因此，在互换两个相邻元素时只能消除一个逆序。如果通过两个(不是相邻的)元素的交换，能够消除线性表中的多个逆序，就会大大加快排序的速度。显然，为了通过一次交换能消除多个逆序，就不能像冒泡排序那样对相邻两个元素进行比较，因为这只能使相邻两个元素进行交换，从而只能消除一个逆序。下面介绍的快速排序可以通过一次交换而消除多个逆序。

快速排序也是一种互换类的排序方法，但由于它比冒泡排序的速度快，因此称之为快速排序。快速排序的基本思想如下：

从线性表中选取一个元素，设为 T，然后将线性表后面小于 T 的元素移到前面，而前面大于 T 的元素移到后面，结果就将线性表分成了两部分(称为两个子表)，T 插入其分界线的位置处，这个过程称为线性表的分割。通过对线性表的一次分割，就以 T 为分界线，将线性表分成了前后两个子表，且前面子表中的所有元素均不大于 T，而后面子表中的所有元素

素均不小于 T。

如果对分割后的各子表再按上述原则进行分割,并且,这种分割过程可以一直做下去,直到所有子表为空为止,则此时的线性表就变成了有序表。

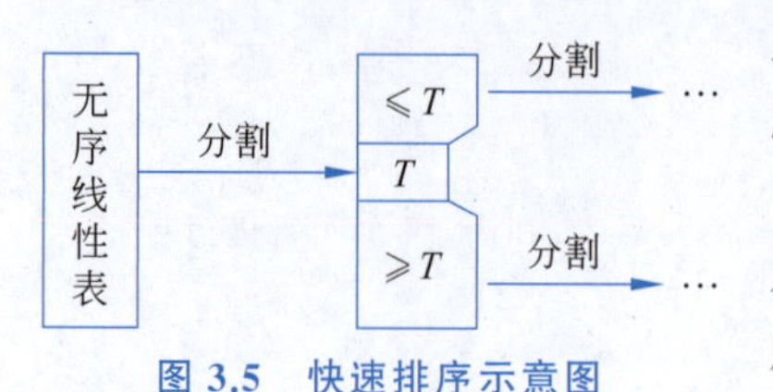

图 3.5 快速排序示意图

由此可知,快速排序的关键是对线性表的分割,以及对各分割出的子表再进行分割,这个过程如图 3.5 所示。

在对线性表或子表进行实际分割时,可以按如下步骤进行:

首先,在表的第一个、中间与最后一个元素中选取中项,设为 $P(k)$,并将 $P(k)$赋给 T,再将表中的第一个元素移到 $P(k)$的位置上。

然后设置指针 i 和 j 分别指向表的起始与最后的位置。反复作以下两步:

(1) 将 j 逐渐减小,并逐次比较 $P(j)$与 T,直到发现一个 $P(j)<T$ 为止,将 $P(j)$移到 $P(i)$的位置上。

(2) 将 i 逐渐增大,并逐次比较 $P(i)$与 T,直到发现一个 $P(i)>T$ 为止,将 $P(i)$移到 $P(j)$的位置上。

上述两个操作交替进行,直到指针 i 与 j 指向同一个位置($i=j$)为止,此时将 T 移到 $P(i)$ 的位置上。

有了对线性表的分割算法后,快速排序的算法就很简单了。根据快速排序的基本思想,可以得到快速排序的 C++ 描述如下:

```
//qck.h
    #include "bub.h"
    template<class T>
    void qck(T p[], int n)
    { int m, i;
      T * s;
      if (n>10)                                    //子表长度大于 10,用快速排序
      { i=split(p,n);                              //对表进行分割
        qck(p,i);                                  //对前面的子表进行快速排序
        s=p+(i+1);
        m=n-(i+1);
        qck(s,m);                                  //对后面的子表进行快速排序
      }
      else                                         //子表长度小于 10,用冒泡排序
          bub(p,n);
      return;
    }
    //表的分割
    template<class T>
    static int split(T p[], int n)
    { int i,j,k,l;
```

```
    T t;
    i=0; j=n-1;
    k=(i+j)/2;
    if ((p[i]>=p[j])&&(p[j]>=p[k])) l=j;
    else if ((p[i]>=p[k])&&(p[k]>=p[j])) l=k;
    else l=i;
    t=p[l];                                      //选取一个元素为 T
    p[l]=p[i];
    while (i!=j)
    { while ((i<j)&&(p[j]>=t))                   //逐渐减小 j,直到发现 p[j]<t
          j=j-1;
      if (i<j)
        { p[i]=p[j]; i=i+1;
          while ((i<j)&&(p[i]<=t))               //逐渐增大 i,直到发现 p[i]>t
              i=i+1;
          if (i<j)
            { p[j]=p[i]; j=j-1;}
        }
    }
    p[i]=t;
    return(i);                                   //返回分界线位置
}
```

快速排序在最坏情况下需要 $n(n-1)/2$ 次比较，但实际的排序效率要比冒泡排序高得多。主函数示例与冒泡排序示例相似。

3.3.2　简单插入排序与谢尔排序

冒泡排序与快速排序本质上都是通过数据元素的交换来逐步消除线性表中逆序。本节讨论另一类排序的方法，即插入类排序。

1. 简单插入排序

所谓插入排序，是指将无序序列中的各元素依次插入已经有序的线性表中。

可以想象，在线性表中，只包含第 1 个元素的子表显然可以看成有序表。接下来的问题是，从线性表的第 2 个元素开始直到最后一个元素，逐次将其中的每一个元素插入前面已经有序的子表中。一般来说，假设线性表中前 $j-1$ 个元素已经有序，现在要将线性表中第 j 个元素插入前面的有序子表中，插入过程如下：

首先将第 j 个元素放到一个变量 T 中，然后从有序子表的最后一个元素(线性表中第 $j-1$ 个元素)开始，往前逐个与 T 进行比较，将大于 T 的元素均依次向后移动一个位置，直到发现一个元素不大于 T 为止，此时就将 T(原线性表中的第 j 个元素)插入刚移出的空位置上，有序子表的长度就变为 j 了。

图 3.6 给出了插入排序的示意图。图中画有方框的元素表示刚被插入有序子表中。

在简单插入排序中，每一次比较后最多移掉一个逆序，因此，这种排序方法的效率与冒泡排序法相同。在最坏情况下，简单插入排序需要 $n(n-1)/2$ 次比较。

简单插入排序的 C++ 描述如下：

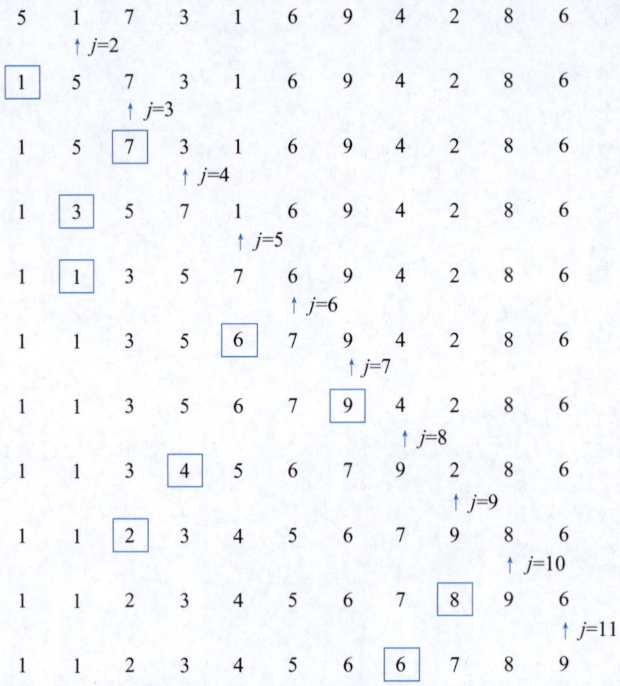

5 1 7 3 1 6 9 4 2 8 6
↑ j=2
1 5 7 3 1 6 9 4 2 8 6
↑ j=3
1 5 7 3 1 6 9 4 2 8 6
↑ j=4
1 3 5 7 1 6 9 4 2 8 6
↑ j=5
1 1 3 5 7 6 9 4 2 8 6
↑ j=6
1 1 3 5 6 7 9 4 2 8 6
↑ j=7
1 1 3 5 6 7 9 4 2 8 6
↑ j=8
1 1 3 4 5 6 7 9 2 8 6
↑ j=9
1 1 2 3 4 5 6 7 9 8 6
↑ j=10
1 1 2 3 4 5 6 7 8 9 6
↑ j=11
1 1 2 3 4 5 6 6 7 8 9

图 3.6 简单插入排序示意图

```
//insort.h
    template<class T>
    void insort(T p[], int n)
    { int j, k;
      T t;
      for (j=1; j<n; j++)
      { t=p[j];
        k=j-1;
        while ((k>=0)&&(p[k]>t))
        { p[k+1]=p[k]; k=k-1; }
        p[k+1]=t;
      }
      return;
    }
```

主函数示例与冒泡排序示例相似。

2. 谢尔排序

谢尔排序(Shell sort)属于插入类排序,但它对简单插入排序做了较大的改进。

谢尔排序的基本思想如下:

将整个无序序列分割成若干小的子序列分别进行插入排序。

子序列的分割方法如下:

将相隔某个增量 h 的元素构成一个子序列。在排序过程中,逐次减小这个增量。最后,当 h 减到1时,进行一次插入排序,排序就完成了。

增量序列一般取 $h_k=n/2^k(k=1,2,\cdots,[\log_2 n])$,其中 n 为待排序序列的长度。

图 3.7 为谢尔排序的示意图。

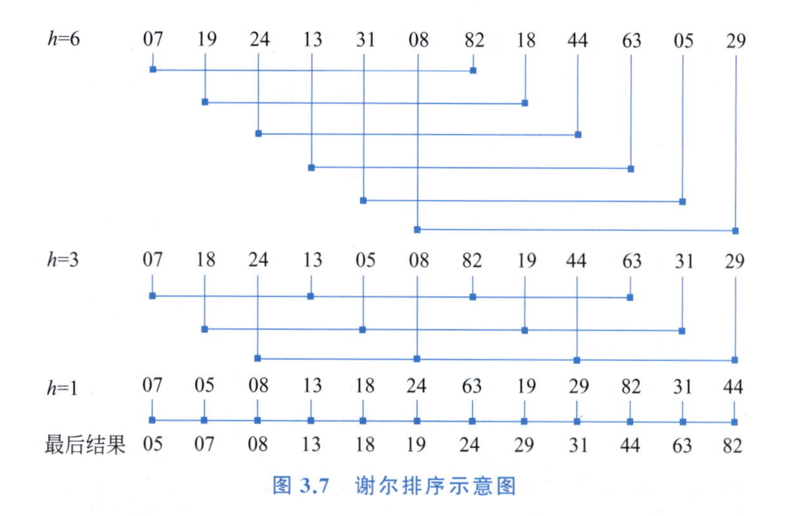

图 3.7　谢尔排序示意图

在谢尔排序过程中，虽然对于每一个子表采用的仍是插入排序，但是，在子表中每进行一次比较就有可能移去整个线性表中的多个逆序，从而改善整个排序过程的性能。

谢尔排序的效率与选取的增量序列有关。如果选取上述增量序列，则在最坏情况下，谢尔排序所需要的比较次数为 $O(n^{1.5})$。

谢尔排序的 C++ 描述如下：

```
//shel.h
    template<class T>
    void shel(T p[], int n)
    { int k,j,i;
      T t;
      k=n/2;
      while (k>0)
      { for (j=k; j<=n-1; j++)
          { t=p[j]; i=j-k;
            while ((i>=0)&&(p[i]>t))
              { p[i+k]=p[i]; i=i-k;}
            p[i+k]=t;
          }
        k=k/2;
      }
      return;
    }
```

主函数示例与冒泡排序示例相似。

3.3.3　简单选择排序与堆排序

1. 简单选择排序

选择排序的基本思想如下：

扫描整个线性表，从中选出最小的元素，将它交换到表的最前面（这是它应有的位置）；然后对剩下的子表采用同样的方法，直到子表空为止。

对于长度为 n 的序列，选择排序需要扫描 $n-1$ 遍，每一遍扫描均从剩下的子表中选出最小的元素，然后将该最小的元素与子表中的第一个元素进行交换。图 3.8 是这种排序的示意图,图中有方框的元素是刚被选出来的最小元素。

原序列	89	21	56	48	85	16	19	47
第1遍选择	[16]	21	56	48	85	89	19	47
第2遍选择	16	[19]	56	48	85	89	21	47
第3遍选择	16	19	[21]	48	85	89	56	47
第4遍选择	16	19	21	[47]	85	89	56	48
第5遍选择	16	19	21	47	[48]	89	56	85
第6遍选择	16	19	21	47	48	[56]	89	85
第7遍选择	16	19	21	47	48	56	[85]	89

图 3.8　简单选择排序示例

简单选择排序在最坏情况下需要比较 $n(n-1)/2$ 次。

简单选择排序的 C++ 描述如下:

```
//select.h
    template<class T>
    void select(T p[], int n)
    { int i, j, k;
      T d;
      for (i=0; i<n-1; i++)
      { k=i;
        for (j=i+1; j<n; j++)
            if (p[j]<p[k])   k=j;
        if (k!=j)
        { d=p[i]; p[i]=p[k]; p[k]=d; }
      }
      return;
    }
```

主函数示例与冒泡排序示例相似。

2. 堆排序

堆排序属于选择类的排序方法。

堆的定义如下:

具有 n 个元素的序列$(h_1,h_2,\cdots,h_n)$,当且仅当满足

$$\begin{cases}h_i \geqslant h_{2i}\\ h_i \geqslant h_{2i+1}\end{cases} \quad 或 \quad \begin{cases}h_i \leqslant h_{2i}\\ h_i \leqslant h_{2i+1}\end{cases}$$

$(i=1,2,\cdots,n/2)$时称之为堆。本节只讨论满足前者条件的堆。

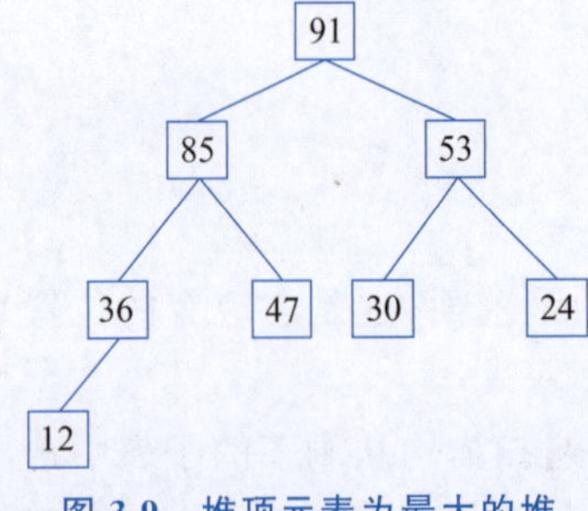

图 3.9　堆顶元素为最大的堆

由堆的定义可以看出,堆顶元素(第一个元素)必为最大项。

在实际处理中,可以用一维数组 $H(1:n)$来存储堆序列中的元素,也可以用完全二叉树来直观地表示堆的结构。例如,序列(91,85,53,36,47,30,24,12)是一个堆,它所对应的完全二叉树如图 3.9 所示。由图 3.9 可以看出,在用完全二叉树表示堆时,树中所有非叶子结点值均不小于其左、右子树的根结点值,因此,堆顶(完全二叉树的根

结点)元素必为序列中 n 个元素中的最大项。

在具体讨论堆排序之前,先讨论这样一个问题:在一棵具有 n 个结点的完全二叉树(用一维数组 $H(1:n)$ 表示)中,假设结点 $H(m)$ 的左右子树均为堆,现要将以 $H(m)$ 为根结点的子树也调整为堆,这是调整建堆的问题。

例如,假设图 3.10(a)是某完全二叉树的一棵子树。显然,在这棵子树中,根结点 47 的左、右子树均为堆。现在为了将整个子树调整为堆,首先将根结点 47 与其左、右子树的根结点值进行比较,此时由于左子树根结点 91 大于右子树根结点 53,且它又大于根结点 47,因此,根据堆的条件,应将元素 47 与 91 交换,如图 3.10(b)所示。经过这一次交换后,破坏了原来左子树的堆结构,需要对左子树再进行调整,将元素 85 与 47 进行交换,调整后的结果如图 3.10(c)所示。

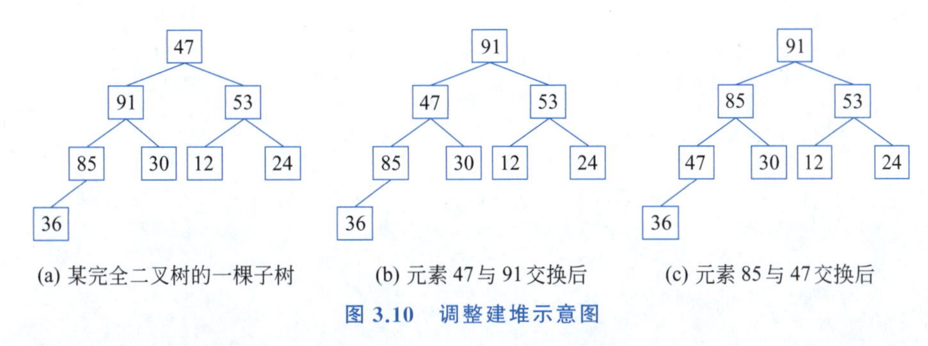

(a) 某完全二叉树的一棵子树 (b) 元素 47 与 91 交换后 (c) 元素 85 与 47 交换后

图 3.10 调整建堆示意图

由这个例子可以看出,在调整建堆的过程中,总是将根结点值与左、右子树的根结点值进行比较,若不满足堆的条件,则将左、右子树根结点值中的大者与根结点值进行交换。这个调整过程一直做到所有子树均为堆为止。

完全二叉树中的所有结点值是从根结点开始一层一层地从左到右存储在一维数组 H 中。而对于完全二叉树的顺序存储结构来说,结点 k 的左子树根结点为 $2k$,右子树的根结点为 $2k+1$。因此,在上述算法中没有用到指针运算,而只用到数组的下标运算。

有了调整建堆的算法后,就可以将一个无序序列建成为堆。

假设无序序列 $H(1:n)$ 以完全二叉树表示。从完全二叉树的最后一个非叶子结点(第 $n/2$ 个元素)开始,直到根结点(第一个元素)为止,对每一个结点进行调整建堆,最后就可以得到与该序列对应的堆。

根据堆的定义,可以得到堆排序的方法如下:

(1) 将一个无序序列建成堆。

(2) 将堆顶元素(序列中的最大项)与堆中最后一个元素交换(最大项应该在序列的最后)。不考虑已经换到最后的那个元素,只考虑前 $n-1$ 个元素构成的子序列,显然,该子序列已不是堆,但左、右子树仍为堆,可以将该子序列调整为堆。反复做第(2)步,直到剩下的子序列为空为止。

堆排序的方法对于规模较小的线性表并不适合,但对于较大规模的线性表来说是很有效的。在最坏情况下,堆排序需要比较的次数为 $O(n\log_2 n)$。

堆排序的 C++ 描述如下:

```
//hap.h
    template<class T>
    void hap(T p[], int n)
    { int i,mm;
      T t;
      mm=n/2;
      for (i=mm-1; i>=0; i--)              //无序序列建堆
        sift(p,i,n-1);
      for (i=n-1; i>=1; i--)
      { t=p[0]; p[0]=p[i]; p[i]=t;         //堆顶元素换到最后
        sift(p,0,i-1);                     //调整建堆
      }
      return;
    }
    template<class T>
    static sift(T p[], int i, int n)
    { int j;
      T t;
      t=p[i]; j=2*(i+1)-1;
      while (j<=n)
      { if ((j<n)&&(p[j]<p[j+1])) j=j+1;
        if (t<p[j])
          { p[i]=p[j]; i=j; j=2*(i+1)-1;}
        else j=n+1;
      }
      p[i]=t;
      return(0);
    }
```

主函数示例与冒泡排序示例相似。

3.3.4 其他排序方法简介

本节开头已经指出,排序的方法有很多,且各有优缺点,在实际应用中,读者可以根据需要与条件进行选择。在前面介绍的几种排序方法的基础上,本节再简要介绍另外两种排序方法。

1. 归并排序

所谓归并(merging),是指将两个或两个以上的有序表合并成一个新的有序表。

在具体讨论归并排序之前,先考虑一种特殊情形。

设线性表 $L(1:n)$ 中的某段 $L(\text{low}:\text{high})$ 已经部分有序,即它的两个子表 $L(\text{low}:\text{mid})$ 与 $L(\text{mid}+1:\text{high})$(其中 $\text{low}\leqslant\text{mid}\leqslant\text{high}$)已经有序,现要将这两个有序子表归并成一个有序子表 $L(\text{low}:\text{high})$。

实现上述两个子表的归并是不难的,基本做法如下。

(1) 开辟一个与线性表 L 同样大小的表空间 A。

(2) 设置 3 个指针 i,j,k,其初始状态分别指向两个有序子表的首部及表空间 A 中与 L 中需要进行排序段相对应空间的首部,即 $i=\text{low},j=\text{mid}+1,k=\text{low}$。

(3) 沿两个有序子表扫描:

若 $L(i)\leqslant L(j)$,则 $A(k)=L(i)$,且 i 与 k 指针均加 1;否则 $A(k)=L(j)$,且 j 与 k 指

针均加 1。如此反复,直到有一个子表的指针已经指到末端(子表内的元素已经取空)为止。

(4) 将未取空的子表中的剩余元素依次放入表空间 A。

(5) 将 A 中的对应段复制到 L。

所谓归并排序(merge sort),是指把一个长度为 n 的线性表看成由 n 个长度为 1 的有序表组成,然后反复进行两两归并,最后就得到长度为 n 的有序线性表。由于归并是两两进行的,因此也称之为 2-路归并排序。

图 3.11 为归并排序的示意图。

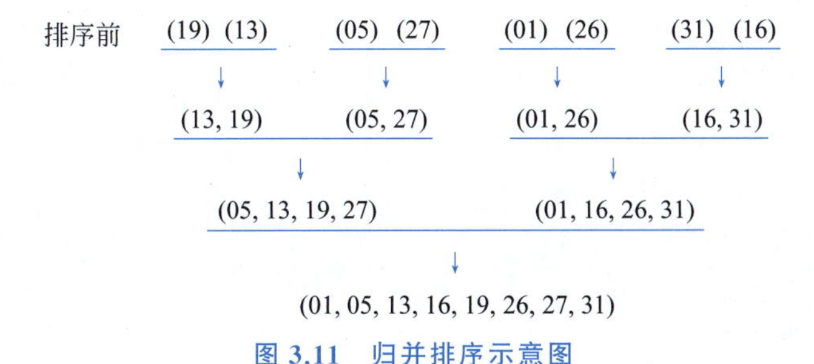

图 3.11 归并排序示意图

归并排序的计算工作量为 $O(n\log_2 n)$。

归并排序的算法有递归和非递归两种形式。下面给出归并排序非递归算法的 C++ 描述。

```
//merge.h
    template<class T>
    void merge(T p[], int n)
    { int m, k, j, low, high, mid;
      T * a;
      a=new T[n];
      m=1;
      while (m<n)
      { k=2 * m;
        for (j=1; j<=n; j=j+k)
        { low=j; high=j+k-1; mid=j+m-1;
          if (high>n) high=n;
          if (high>mid)
              merg(p, low, mid, high, a);
        }
        m=k;
      }
      delete[] a;
      return;
    }

    template<class T>
    static merg(T p[], int low, int mid, int high, T a[])
    { int i,j,k;
      i=low; j=mid+1; k=low;
      while ((i<=mid)&&(j<=high))
```

```
        { if(p[i-1]<=p[j-1])
            { a[k-1]=p[i-1]; i=i+1; }
          else
            { a[k-1]=p[j-1]; j=j+1; }
          k=k+1;
        }
        if (i<=mid)
           for (j=i; j<=mid; j++)
           { a[k-1]=p[j-1]; k=k+1; }
        else
          if(j<=high)
            for (i=j; i<=high; i++)
            { a[k-1]=p[i-1]; k=k+1; }
        for (i=low; i<=high; i++)
            p[i-1]=a[i-1];
        return(0);
    }
```

主函数的例子如下：

```
//ch3_7.cpp
    #include "merge.h"
    #include<iomanip>
    #include<iostream>
    using namespace std;
    int main()
    { int i,j;
      double p[50],r=1.0;
      for (i=0; i<50; i++)                //产生 50 个 0～1 之间的随机数
      { r=2053.0 * r+13849.0;  j=r/65536.0;
        r=r-j * 65536.0;    p[i]=r/65536.0;
      }
      for (i=0; i<50; i++)                //产生 50 个 100～300 之间的随机数
        p[i]=100.0+200.0 * p[i];
      cout<<"排序前的序列:"<<endl;
      for (i=0; i<10; i++)                //每行输出 5 个数据
      { for (j=0; j<5; j++) cout<<setw(10)<<p[5 * i+j];
        cout<<endl;
      }
      merge(p, 50);                       //对原序列进行归并排序
      cout<<"排序后的序列:"<<endl;
      for (i=0; i<10; i++)                //每行输出 5 个数据
      { for (j=0; j<5; j++)  cout<<setw(10)<<p[5 * i+j];
        cout<<endl;;
      }
      return 0;
    }
```

上述程序的运行结果如图 3.12 所示。

2. 基数排序

基数排序(radix sorting)又称为吊桶排序，它属于分配类的排序方法。

设线性表中各元素的关键字具有 k 位有效数字，则基数排序的基本思想是：从有效数字的最低位开始直到最高位，对于每一位有效数字对线性表进行重新排列，其调整的原则

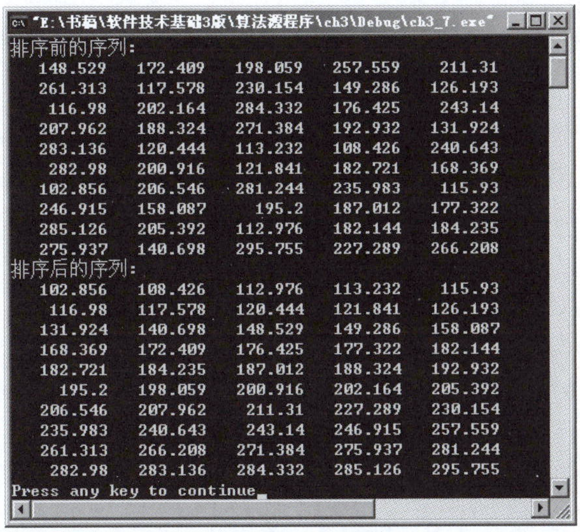

```
"E:\书稿\软件技术基础3版\算法源程序\ch3\Debug\ch3_7.exe"
排序前的序列:
   148.529   172.409   198.059   257.559    211.31
   261.313   117.578   230.154   149.286   126.193
    116.98   202.164   284.332   176.425    243.14
   207.962   188.324   271.384   192.932   131.924
   283.136   120.444   113.232   108.426   240.643
    282.98   200.916   121.841   182.721   168.369
   102.856   206.546   281.244   235.983    115.93
   246.915   158.087     195.2   187.012   177.322
   285.126   205.392   112.976   182.144   184.235
   275.937   140.698   295.755   227.289   266.208
排序后的序列:
   102.856   108.426   112.976   113.232    115.93
    116.98   117.578   120.444   121.841   126.193
   131.924   140.698   148.529   149.286   158.087
   168.369   172.409   176.425   177.322   182.144
   182.721   184.235   187.012   188.324   192.932
     195.2   198.059   200.916   202.164   205.392
   206.546   207.962    211.31   227.289   230.154
   235.983   240.643    243.14   246.915   257.559
   261.313   266.208   271.384   275.937   281.244
    282.98   283.136   284.332   285.126   295.755
Press any key to continue
```

图 3.12　运行结果

如下：

（1）将线性表依当前位的有效数字为序排列。

（2）当前位的有效数字相同时，按原次序排列。

这种基数排序法称为最低位优先法（Least Significant Digit first，LSD）。

图 3.13 是基数排序的示意图。

排序前	按末位排序		连接	按首位排序		连接
19	(0)		01	(0)	01,02,05,09	01
13	(1)	01,31,11,21	31	(1)	11,13,16,19	02
05	(2)	02	11	(2)	21,26,27	05
27	(3)	13	21	(3)	31	09
01	(4)		02	(4)		11
26	(5)	05	13	(5)		13
31	(6)	26,16	05	(6)		16
16	(7)	27	26	(7)		19
02	(8)		16	(8)		21
09	(9)	19,09	27	(9)		26
11			19			27
21			09			31

图 3.13　基数排序示例

还有一种称为基数排序的最高位优先法（Most Significant Digit first，MSD）。这种方法是从有效数字的最高位开始直到最低位进行调整。但在这种情况下，必须将线性表按有效位从高到低逐层分割成若干子表，然后对各子表独立进行排序。

3.4 二叉排序树及其查找

从线性表的顺序查找与对分查找可以看出，对分查找的效率要比顺序查找高，但对分查找只适用于顺序存储结构的有序线性表。本节将介绍一种对于无序表的查找方法，当采用一种合适的存储结构后，其查找效率与有序表的对分查找基本接近，这就是二叉排序树查找。

二叉排序树的结点结构与一般二叉树相同。

```
//定义二叉排序树结点类型
template<class T>
struct BSnode
{ T d;                                //数据域
  BSnode *lchild;                     //左指针域
  BSnode *rchild;                     //右指针域
};
```

二叉排序树的主要操作有插入、删除、查找和按关键字值大小输出元素(中序遍历二叉排序树)等。

在 C++ 中，可以定义二叉排序树类 BS_Tree 如下：

```
//BS_Tree.h
    #include<iostream>
    using namespace std;
    //定义二叉链表结点类型
    template<class T>
    struct BSnode
    { T d;                                //数据域
      BSnode *lchild;                     //左指针域
      BSnode *rchild;                     //右指针域
    };
    //二叉排序树类
    template<class T>                     //类模板,T为虚拟类型
    class BS_Tree
    { private:
        BSnode<T> *BT;                    //二叉排序树根结点指针
      public:                             //成员函数
        BS_Tree() { BT=NULL; return; }    //二叉排序树初始化
        void insert_BS_Tree(T);           //二叉排序树的插入
        int delete_BS_Tree(T);            //二叉排序树的删除
        BSnode<T> *serch_BS_Tree(T);      //二叉排序树的查找
        void intrav_BS_Tree();            //中序遍历二叉排序树
    };
```

下面具体讨论二叉排序树的插入、删除、查找和按值大小输出元素(中序遍历二叉排序树)等操作。

3.4.1 二叉排序树的基本概念

所谓二叉排序树，是指满足下列条件的二叉树：

(1) 左子树上的所有结点值均小于根结点值。

(2) 右子树上的所有结点值均不小于根结点值。

(3) 左、右子树也满足上述两个条件。

由此可以看出,二叉排序树中的结点值都是应该可以互相比较的,并且,在二叉排序树中,所有结点以根结点为界按值分成了两部分:左子树上的所有结点值均小于右子树上的所有结点值。图 3.14(a)是结点值为数值的二叉排序树,图 3.14(b)是结点值为字母的二叉排序树。

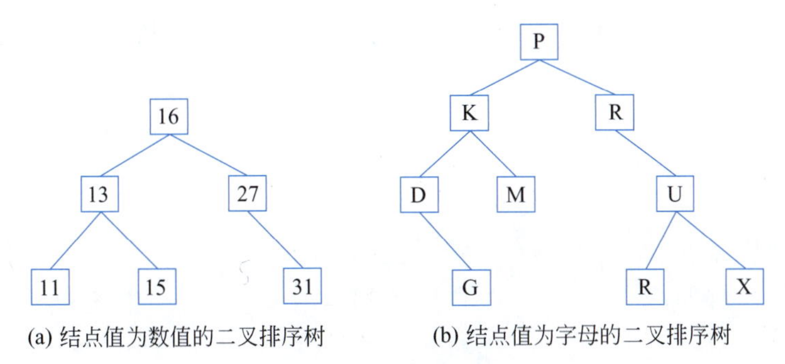

图 3.14　二叉排序树例

二叉排序树有一个重要特性:中序遍历二叉排序树可以得到有序序列。因此,由无序序列构造二叉排序树实际上就将一个无序序列变成了有序序列。

下面是中序遍历二叉排序树的成员函数。

```
//中序遍历二叉排序树
template<class T>
void BS_Tree<T>::intrav_BS_Tree()
{ BSnode<T> * p;
  p=BT;
  intrav(p);                          //从根结点开始后序遍历
  return;
}
template<class T>
static intrav(BSnode<T> * p)
{ if (p!=NULL)
     { intrav(p->lchild);              //中序遍历左子树
       cout<<p->d<<endl;               //输出根结点值
       intrav(p->rchild);              //中序遍历右子树
     }
  return 0;
}
```

3.4.2　二叉排序树的插入

下面讨论如何根据给定的元素插入二叉排序树。

根据二叉排序树的定义,二叉排序树的插入过程如下:

(1) 若当前的二叉排序树为空,则插入的元素为根结点。

(2) 若插入的元素值小于根结点值,则将元素插入左子树。

(3) 若插入的元素值不小于根结点值,则将元素插入右子树。

无论是插入左子树还是右子树,同样按照上述方法处理。

由上述二叉排序树的插入过程可以看出,每次插入的元素,最后总是以二叉排序树的叶子结点来插入。

依次插入一个元素序列后,就构成了最后的二叉排序树。

例如,如果依次读入元素序列(80,82,85,75,82,68,71,77,88)中的元素,则构造二叉排序树的过程如图 3.15(a)～(i)所示,图 3.15(i)为最后的二叉排序树。

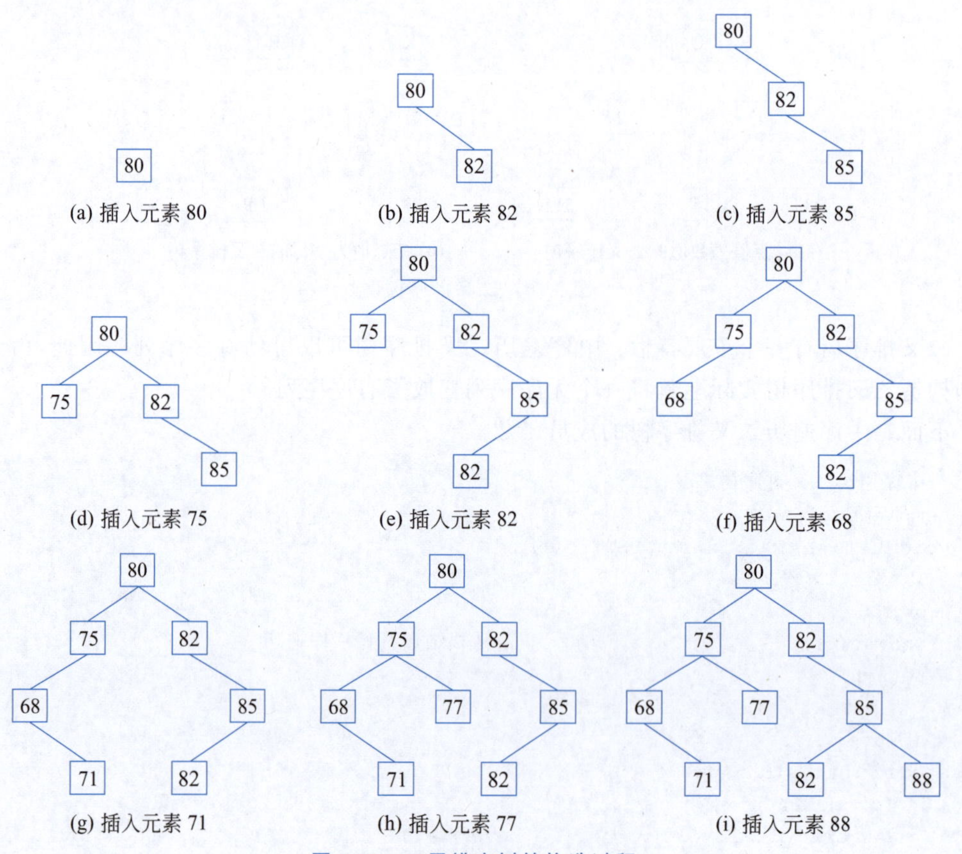

图 3.15　二叉排序树的构造过程

必须指出,对于给定的一批元素,如果读入的顺序不同,最后构造出的二叉排序树的形态也是不同的。例如,如果将读入上述元素序列的顺序改为(75,82,68,71,77,88,80,82,85),则构造出的二叉排序树如图 3.16 所示。

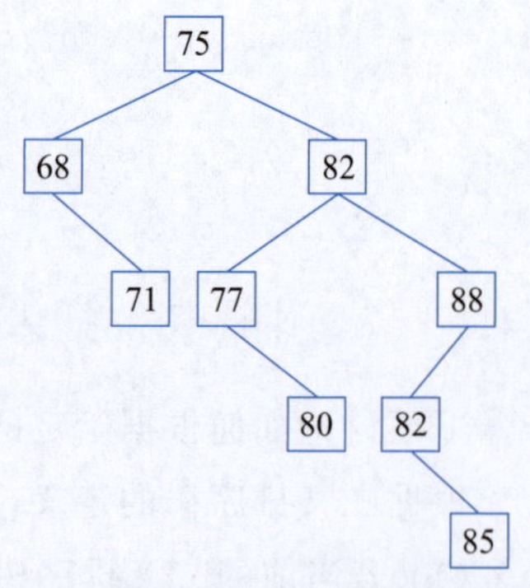

图 3.16　图 3.15(i)二叉排序树的另一种形态

由于在二叉排序树中插入的新结点都是叶子结点,因此,在对二叉排序树进行插入运算时,不需要移动其他结点,而只需改动插入位置上的叶子结点指针即可。

在二叉排序树中插入一个元素的成员函数如下:

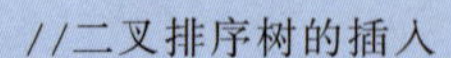

```
//二叉排序树的插入
```

```
template<class T>
void BS_Tree<T>::insert_BS_Tree(T x)
{ BSnode<T> * p, * q;
  p=new BSnode<T>;                         //申请一个新结点
  p->d=x;                                  //置新结点的值域
  p->lchild=NULL; p->rchild=NULL;          //置新结点左右指针均为空
  q=BT;                                    //从根结点开始
  if (q==NULL)  BT=p;                      //树空,新结点为根结点
  else
     { while ((q->lchild!=p)&&(q->rchild!=p))       //未到叶子结点
            { if (x<q->d)                  //插入左子树
                  { if (q->lchild!=NULL)  q=q->lchild;
                    else  q->lchild=p;
                  }
               else                        //插入右子树
                  { if (q->rchild!=NULL)  q=q->rchild;
                    else  q->rchild=p;
                  }
            }
     }
    return;
}
```

3.4.3 二叉排序树的删除

为了在二叉排序树中删除一个指定的元素，首先要找到被删元素所在的结点 p 与它的父结点 q，然后分以下三种情况进行处理：

(1) p 为叶子结点(左右子树均为空)。此时直接删除该结点，再修改其父结点的指针。

(2) p 为单支子树(只有左子树或只有右子树)。此时，如果 p 是 q 的左子结点，则将 p 的单支子树链接到 q 的左指针上；否则将 p 的单支子树链接到 q 的右指针上。

(3) p 的左子树与右子树均不空。此时，如果 p 的左子结点的右子树为空，则将 p 的左子结点值赋给 p 的值域，左子结点的左子树链接到结点 p 的左指针上；否则，从结点 p 的左子结点开始沿右链进行搜索，直到发现某结点 s 的右指针空为止，将结点 s 的值赋给结点 p 的值域，将结点 s 的左子树链接到 s 父结点的右指针上。

在二叉排序树中删除元素 x 的成员函数如下(如果在二叉排序树中找不到这个元素，函数返回 0，否则正常删除)：

```
//二叉排序树的删除
template<class T>
int BS_Tree<T>::delete_BS_Tree(T x)
{ BSnode<T> * p, * q, * t, * s;
  int flag;
  p=BT; q=NULL; flag=0;
  while ((p!=NULL)&&(flag==0))                          //寻找被删元素
    { if (p->d==x)  flag=1;                             //找到被删元素
      else if (x<p->d)                                  //沿左子树找
         { q=p; p=p->lchild; }
```

```
    else  //沿右子树找
      { q=p; p=p->rchild; }
  }
  if (p==NULL)                                               //找不到
    { cout<<"找不到!"<<endl; return(flag); }
  flag=1;
  if ((p->lchild==NULL)&&(p->rchild==NULL))                  //p为叶子结点
    { if (p==BT)  BT=NULL;                                   //p为根结点
      else if (p==q->lchild)  q->lchild=NULL;
      else  q->rchild=NULL;
      delete p;                                              //释放结点p
    }
  else if ((p->lchild==NULL)||(p->rchild==NULL))             //p为单支子树
    { if (p==BT)                                             //p为根结点
        { if (p->lchild==NULL)  BT=p->rchild;
          else  BT=p->lchild;
        }
      else                                      //p为单支子树,但p不是根结点
        { if ((p==q->lchild)&&(p->lchild!=NULL))             //p是q的左子结点
              q->lchild=p->lchild;              //将p的左子树链接到q的左指针上
          else if ((p==q->lchild)&&(p->rchild!=NULL))        //p是q的左子结点
              q->lchild=p->rchild;              //将p的右子树链接到q的左指针上
          else if ((p==q->rchild)&&(p->lchild!=NULL))        //p是q的右子结点
              q->rchild=p->lchild;              //将p的左子树链接到q的右指针上
          else if ((p==q->rchild)&&(p->rchild!=NULL))        //p是q的右子结点
              q->rchild=p->rchild;              //将p的右子树链接到q的右指针上
        }
      delete p;                                              //释放结点p
    }
  else if ((p->lchild!=NULL)&&(p->rchild!=NULL))             //p的左右子树均不空
    { t=p;
      s=t->lchild;                          //从p的左子结点开始
      while (s->rchild!=NULL)               //沿右链寻找右指针为空的结点s
        { t=s; s=s->rchild; }
      p->d=s->d;                            //结点s的值赋给p的值域
      if (t==p)
          p->lchild=s->lchild;              //p的左子结点的左子树链接到p的左指针上
      else
          t->rchild=s->lchild;              //s的左子树链接到p的右指针上
      delete s;                             //释放结点s
    }
  return(flag);
}
```

3.4.4 二叉排序树查找

根据二叉排序树的定义,要在二叉排序树中查找一个指定元素是很方便的,其方法如下。

从二叉排序树的根结点开始与被查值进行比较:

(1) 若被查值等于根结点值,则查找成功,查找过程结束。

(2) 若被查值小于根结点值,则到左子树中去查找,这是因为只有左子树中的结点值才

小于根结点值。

(3) 若被查值大于根结点值，则到右子树中去查找，这是因为只有右子树中的结点值才不小于根结点值。

在左、右子树中查找时也采用上述方法。这种查找过程直到查找成功或所考虑的子树已空(说明二叉排序树中无此元素的结点，查找失败)为止。

在二叉排序树中查找指定元素 x 的成员函数如下(函数返回被查找元素 x 所在结点的存储空间首地址。若二叉排序树中没有被查找的元素，则函数返回 NULL)：

```
//二叉排序树的查找
template<class T>
BSnode<T> * BS_Tree<T>::serch_BS_Tree(T x)
{ BSnode<T> * p=NULL;
  int flag;
  p=BT; flag=0;
  while ((p!=NULL)&&(flag==0))         //寻找被删元素
    { if (p->d==x)   flag=1;           //找到被删元素
      else if (x<p->d) p=p->lchild; //沿左子树找
      else p=p->rchild;                //沿右子树找
    }
  if (p==NULL)                         //找不到
    { cout<<"找不到!"<<endl; return(p); }
  return(p);
}
```

从二叉排序树的查找过程可以看出，当被查值与根结点值进行比较后，要么查找成功(被查值与根结点值相等)，要么已经确定沿哪棵子树去查找。这就是说，在二叉排序树的查找过程中，通过与根结点的一次比较，就可以抛弃另一棵子树中的所有结点，即要抛弃大约一半的剩余结点。因此，二叉排序树查找的效率非常接近于对分查找。由于同一批元素所构成的二叉排序树不是唯一的，它与元素插入的顺序有关。在最坏情况下，如果构造的二叉排序树实际上是单支树，则查找效率与顺序查找相同。因此，一般来说，二叉排序树的查找效率介于对分查找和顺序查找之间。在实际应用中，为了提高二叉排序树的查找效率，有时还需要在构造二叉排序树的过程中进行“平衡化”处理，使之成为平衡的二叉排序树，而对平衡二叉排序树的查找效率与对分查找相同。有关二叉排序树的平衡化处理，有兴趣的读者可参阅其他数据结构的书。

显然，对于经常需要动态增长且经常需要查找的大线性表来说，采用二叉排序树这种结构是很方便的，它既有利于插入元素，也有利于查找元素。

例 3.7　在二叉排序树中依次插入给定元素序列中的元素，然后输出二叉排序树的中序序列。在二叉排序树中依次删除原序列中的前 6 个元素，再输出二叉排序树的中序序列。最后在二叉排序树中查找原序列中的所有元素。

主函数程序如下：

```
//ch3_8.cpp
    #include "BS_Tree.h"
    #include<iostream>
```

```
using namespace std;
int main()
{ int k;
int d[12]={04,18,13,79,33,45,06,23,35,12,34,76};
  BS_Tree<int>b;                    //建立一个二叉排序树对象 b,数据域为整型
  for (k=0; k<12; k++)              //依次将元素插入二叉排序树 b
      b.insert_BS_Tree(d[k]);
  cout<<"第 1 次输出中序序列:"<<endl;
  b.intrav_BS_Tree();
  for (k=0; k<6; k++)               //在二叉排序树中依次删除原序列中的前 6 个元素
      b.delete_BS_Tree(d[k]);
  cout<<"第 2 次输出中序序列:"<<endl;
  b.intrav_BS_Tree();
  cout<<"查找结果:"<<endl;
  for (k=0; k<12; k++)              //在二叉排序树中查找原序列中的所有元素
    cout<<b.serch_BS_Tree(d[k])<<endl;
  return 0;
}
```

上述程序的运行结果如下：

```
第 1 次输出中序序列:
4
6
12
13
18
23
33
34
35
45
76
79
第 2 次输出中序序列:
6
12
23
34
35
76
查找结果:
找不到!
00000000
找不到!
00000000
找不到!
00000000
找不到!
00000000
找不到!
00000000
```

```
找不到!
00000000
00481EA0
00481F20
00481EE0
00480030
00481DA0
00481D60
```

注意： 最后几个数据(表示计算机存储地址)在每次运行时都有可能不同。

3.5 多层索引树及其查找

索引是提高数据存取效率的基本方法。但如果索引本身很大，对索引的查找代价也会很大。因此，在实际应用中，一般采用多层索引树。

多层索引的应用很广泛。二叉排序树实际上就是一种多层索引树。在二叉排序树中，每个结点有一个关键字(结点值)，并且还有两个指针。在对二叉排序树进行查找的过程中，当查找的关键字小于结点中的关键字时，就沿左指针往下找；当查找的关键字大于结点中的关键字时，就沿右指针往下找；当两者相等时，说明查找成功。由此可以看出，二叉排序树中结点的关键字起着指示查找路径的作用。

一般来说，多层索引树中的每个结点包含 $2m$ 个关键字域和 $2m+1$ 个指针域。多层索引树中的结点结构如图3.17所示。

$LINK_1$	KEY_1	$LINK_2$	KEY_2	…	$LINK_{2m}$	KEY_{2m}	$LINK_{2m+1}$

图3.17 多层索引树中的结点结构

与二叉排序树一样，多层索引树的形态直接影响查找效率。本节介绍两种应用较为广泛的平衡多层索引树——B^-树与B^+树。

3.5.1 B^-树

B^-树是一种动态调节的平衡多路查找树。B^-树的定义如下。

一棵 $2m+1$ 阶的B^-树，或为空，或为满足下列特性的度为 $2m+1$ 的树：

(1) 树中每个结点最多有 $2m+1$ 棵子树，且除根结点外的所有非叶子结点至少有 $m+1$ 棵子树，而根结点至少有两棵子树(除非根结点又是叶子结点)。

(2) 所有叶子结点均在最后一层上。

(3) 除叶子结点外的每个结点结构如图3.17所示。其中，KEY_i $(1 \leqslant i \leqslant 2m)$为关键字域，用于存放关键字及有关数据信息；$LINK_i$ $(1 \leqslant i \leqslant 2m+1)$为指针域，指向各子树的根结点。对于度为 $n+1(1 \leqslant n \leqslant 2m)$的结点，前 n 个关键字域内容按关键字有序，即 $KEY_i <KEY_{i+1}$ $(1 \leqslant i < n-1)$，并且，$LINK_i$ $(1 \leqslant i < n)$所指子树中所有结点的关键字均小于KEY_n，而$LINK_{n+1}$所指子树中所有结点的关键字均大于KEY_n。

(4) 所有叶子结点中的指针域为空。

图3.18为一棵5阶$(m=2)$的B^-树。

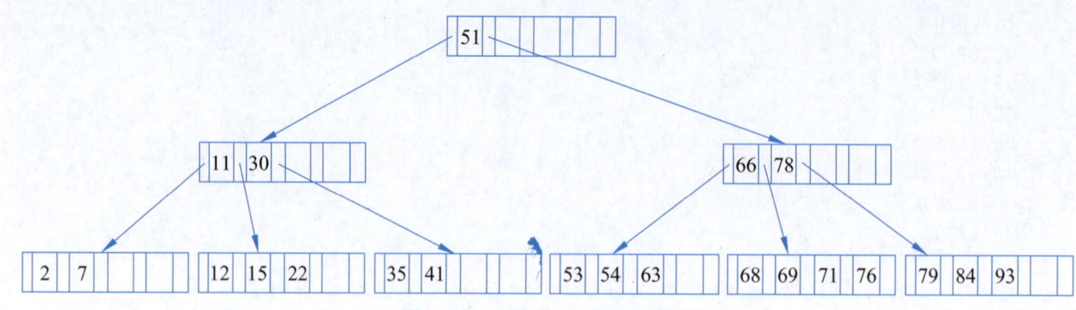

图 3.18　5 阶($m=2$)B^- 树例

在实际存储 B^- 树时,为了使处理方便,一般在每一个结点中还增加两个域:一个用于记录本结点中实际的关键字个数;另一个用于指向父结点。

B^- 树中每一个结点的存储结构在 C++ 中可以定义如下:

```
//定义 B⁻ 树中的结点类型
template<class T>
struct mb1node
{ int num;                                   //记录结点中的关键字个数
  mb1node * prt;                             //指向父结点的指针
  T key[2 * M];                              //2m 个关键字域
  mb1node * link[2 * M+1];                   //2m+1 个指向各子树的指针
};
```

其中,$2M+1$ 为 B^- 树的阶数。

B^- 树的主要操作有查找、插入、删除和按关键字值大小输出等。

在 C++ 中,可以定义 B^- 树类 MB1 如下(5 阶,$M=2$):

```
//MB1.h
    #define M  2
    #include<iostream>
    using namespace std;
    //定义 B⁻ 树中的结点类型
    template<class T>
    struct mb1node
    { int num;                               //记录结点中的关键字个数
      mb1node * prt;                         //指向父结点的指针
      T key[2 * M];                          //2m 个关键字域
      mb1node * link[2 * M+1];               //2m+1 个指向各子树的指针
    };
    //定义 B⁻ 树类
    template<class T>
    class MB1
    { private:
        mb1node<T> * BTH;                    //B⁻ 树根结点指针
      public:                                //成员函数
        MB1() { BTH=NULL; return; }          //B⁻ 树初始化
        mb1node<T> * MB1_search(T, int *, int *);        //B⁻ 树的查找
        void MB1_insert(T);                  //B⁻ 树的插入
        void MB1_delete(T);                  //B⁻ 树的删除
        void MB1_prt();                      //按值大小输出 B⁻ 树
    };
```

下面具体讨论 B⁻ 树的查找、插入、删除和按关键字值大小输出关键字等操作。

1. B⁻ 树的查找

由 B⁻ 树的定义可知，在 B⁻ 树中进行查找的过程与二叉排序树的查找很类似。在根结点为 BTH 的 $2m+1$ 阶的 B⁻ 树中查找关键字 x 的过程如下。

从根结点 BTH 开始，将关键字 x 与结点 q 中的各关键字 KEY(i)($1\leqslant i\leqslant n$)进行比较：

- 若 $x=$KEY(i)，则查找成功，结束；
- 若 $x<$KEY(1)，则沿指针 LINK(1)向下搜索；
- 若 $x>$KEY(n)，则沿指针 LINK($n+1$)向下搜索；
- 若 KEY(i)$<x<$KEY($i+1$)，则沿指针 LINK($i+1$)向下搜索。

这个过程一直进行到查找成功或进行到叶子结点而查找失败为止。

B⁻ 树的查找的成员函数如下：

```
//在 B⁻ 树中查找元素 x 所在结点的存储位置以及在该结点中的关键字序号 k
//函数返回结点存储空间首地址,flag=0 表示查找失败。
template<class T>
mb1node<T> * MB1<T>::MB1_search(T x, int * k, int * flag)
{ mb1node<T>   * p, * q;
  p=BTH; * flag=0; q=p;
  while ((p!=NULL)&&( * flag==0))                        //未到叶子结点且并未找到该元素
    { * k=1; q=p;
      while (( * k<q->num)&&(q->key[ * k-1]<x))          //与各关键字比较
          * k= * k+1;
      if (q->key[ * k-1]==x)                             //查找成功
          * flag=1;
      else if (( * k==q->num)&&(q->key[ * k-1]<x))       //向下搜索
          p=q->link[ * k];
      else                                               //向下搜索
        { p=q->link[ * k-1];   * k= * k-1; }
    }
  return(q);                                             //返回被查元素 x 应在结点的首地址
}
```

这个函数返回被查关键字 x 所在结点的存储空间首地址。在这个函数的形参中，若返回的标志 flag=1，则表示查找成功，返回被查关键字 x 在该结点中的关键字序号 k；若标志 flag=0，则表示查找失败，函数返回的输出的结点存储空间首地址与形参 k 指示了关键字 x 在 B⁻ 树中应插入的位置(该信息供插入用)，即应插入在该结点的第 k 与 $k+1$ 个关键字之间，其中返回的该结点必为叶子结点。

B⁻ 树查找的效率取决于 B⁻ 树的深度以及结点中的元素数目。在实际应用中，B⁻ 树的深度是影响查找效率的主要因素。

2. B⁻ 树的插入

在 $2m+1$ 阶的 B⁻ 树中插入一个新元素 x，首先要进行查找，以便找到元素 x 在叶子结点中应插入的位置。如果在查找过程中发现 B⁻ 树中已经存在元素 x，则表示出错，这是因为在 B⁻ 树一般不允许存在两个相等的元素；否则根据找到的插入位置(参看 B⁻ 树的查找)将元素 x 插入，并保持有序排列。在实际插入过程中，要考虑以下两种情况：

(1) 如果在找到插入位置的叶子结点中的元素个数不足 $2m$ 个，则直接进行插入。

(2) 如果在找到插入位置的叶子结点中的元素已经有 $2m$ 个,则需要进行分裂,即将原结点中的 $2m$ 个元素与要插入的元素一起按序排列后再对分,其中前半部分的元素仍然按序放在原来的结点中,而后半部分的元素将放在一个新申请的结点中,并将中间的一个元素放到其父结点中。如果父结点中的元素个数也已满(元素个数等于 $2m$),则又要进行分裂。这种分裂过程有可能一直进行到根结点。但必须注意,在每一次的分裂过程中,对于放在新申请结点中的所有元素的下一层结点,以及放到父结点中的元素的下一层结点,它们的父结点也变了,因此,需要改变它们中指向父结点的指针。

详细插入过程可参看插入函数中的注释。图 3.19 给出了在 B⁻ 树中进行插入的示意图。

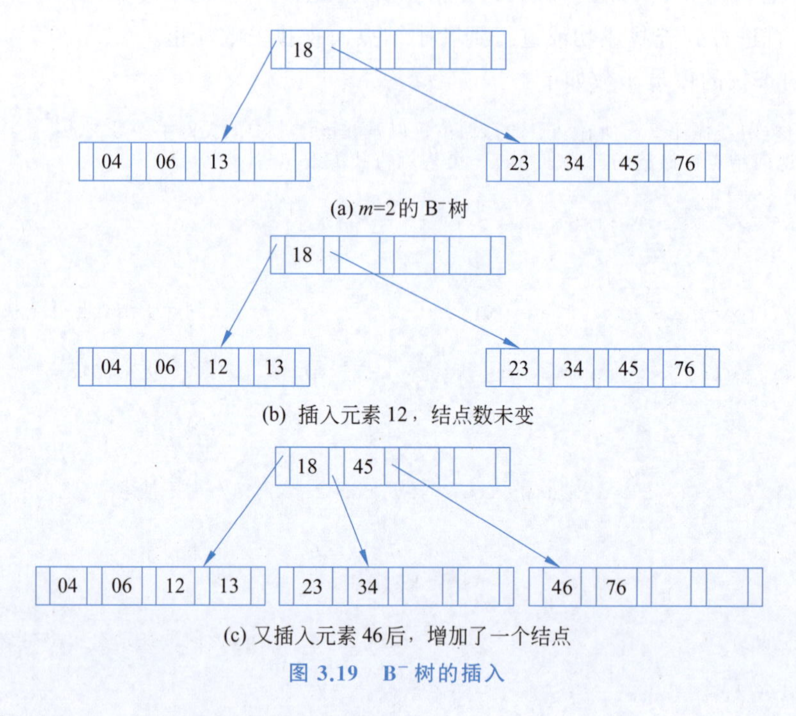

(a) m=2 的 B⁻树

(b) 插入元素 12，结点数未变

(c) 又插入元素 46 后，增加了一个结点

图 3.19　B⁻ 树的插入

在 B⁻ 树中插入一个关键字的成员函数如下:

```
//在 B⁻ 树中插入 x
template<class T>
void MB1<T>::MB1_insert(T x)
{ int  flag,j,k,t;
  T  y;
  mb1node<T>   * p, * q, * u, * s;
  if (BTH==NULL)                          //B⁻ 树为空
    { p=new mb1node<T>;                   //申请一个结点
      p->num=1;                           //置该结点中只有一个关键字
      p->key[0]=x;                        //置关键字
      p->prt=NULL;                        //指向父结点的指针为空
      for (j=1; j<=2 * M+1; j++)          //置所有指针为空
          p->link[j-1]=NULL;
      BTH=p;                              //B⁻ 树根结点指针
      return;
```

```
    }
  q=(mb1node<T> * )MB1_search(x,&k,&flag);  //寻找插入位置
  if (flag==1)                              //B- 树中已有元素 x,不能再插入
    { cout<<"ERR!\n"; return; }
  p=NULL;
  t=0;                                      //未插入完标志
  while (t==0)                              //未插入完
    { if (k==(q->num))                      //插入结点 q 的最后
        { y=x;                              //记录结点 q 的最后应插入的关键字
          u=p;                              //记录结点 q 的最后应插入的向下指针
        }
      else                                  //插入结点 q 的中间某位置处
        { y=q->key[q->num-1];               //记录结点 q 中的最后一个关键字
          u=q->link[q->num];                //记录结点 q 中最后一个向下指针
          for (j=(q->num)-1; j>=k+1; j--)   //结点 q 中最后第二个关键字到
            { q->key[j]=q->key[j-1];        //插入位置处的关键字以及对应的
              q->link[j+1]=q->link[j];      //向下指针均后移一个位置
            }
          q->key[k]=x;                      //在插入位置处插入关键字 x
          q->link[k+1]=p;                   //在插入位置后插入关键字 x 的向下指针
          if (p!=NULL)
              p->prt=q;                     //改变结点 p 中指向父结点的指针
        }
      if (q->num<2 * M)                     //结点 q 中关键字未满,可直接插入
        { q->num=(q->num)+1;                //结点 q 中的关键字个数增 1
          q->key[(q->num)-1]=y;             //将记录的关键字插入 q 的最后
          q->link[q->num]=u;                //将记录的向下指针插入 q 的最后
          if (u!=NULL)
              u->prt=q;                     //改变结点 u 中指向父结点的指针
          t=1;                              //置插入完成标志
        }
      else                                  //结点 q 中关键字已满,应进行分裂
        { p=new mb1node<T>;                 //申请一个新结点
          p->num=M;                         //新结点中存放结点 q 中的一半关键字
          q->num=M;                         //结点 q 中保留原一半的关键字
          p->prt=q->prt;                    //结点 q 的父结点也是新结点 p 的父结点
          x=q->key[M];                    //记录原结点 q 中的中间关键字,应插入父结点
          for (j=1; j<=M-1; j++)
            { p->key[j-1]=q->key[M+j];      //将原结点 q 中的后半部的关键字
              p->link[j-1]=q->link[M+j];    //和向下指针复制到结点 p 中
              if (q->link[M+j]!=NULL)
                (q->link[M+j])->prt=p;      //改变子结点中指向父结点的指针
            }
          p->link[M-1]=q->link[2 * M];      //将 q 中的最后一个指针复制到 p 中
          if (q->link[2 * M]!=NULL)
              (q->link[2 * M])->prt=p;      //改变子结点中指向父结点的指针
          p->key[M-1]=y;                    //将记录的关键字插入 p 的最后
          p->link[M]=u;                     //将记录的向下指针插入 p 的最后
          if (u!=NULL)
              u->prt=p;                     //改变结点 u 中指向父结点的指针
          for (j=M+2; j<=2 * M+1; j++)
            { q->link[j-1]=NULL;            //置结点 q 后半部分指针为空
              p->link[j-1]=NULL;            //置结点 p 后半部分指针为空
```

```
        }
      if (q->prt==NULL)                              //q为根结点
        { s=new mb1node<T>;                          //申请一个新结点作为新的根结点
          s->key[0]=x;                               //插入原结点q分裂时的中间关键字x
          s->link[0]=q;                              //第一个指针指向q
          s->link[1]=p;                              //第二个指针指向p
          s->num=1;                                  //根结点中关键字个数为1
          s->prt=NULL;                               //根结点无父结点
          q->prt=s; p->prt=s;                        //结点p与q的父结点均为根结点s
          for (j=3; j<=2*M+1; j++)
              s->link[j-1]=NULL;                     //置根结点中后面的指针为空
          BTH=s;                                     //s为B⁻树的根结点
          t=1;                                       //置插入完成标志
        }
      else                                           //q不是根结点
        { q=q->prt;                      //原结点q分裂时的中间关键字x应插入q的父结点
          k=1;
          while ((k<=q->num)&&(q->key[k-1]<x))             //寻找插入位置
              k=k+1;
          k=k-1;
        }
    }
  }
  return;
}
```

如果给定一个元素序列,需要构造一棵 B^- 树,则可以从空树开始,反复调用上述函数,逐个将元素插入 B^- 树(参看下面的主函数)。

3. B^- 树的删除

在 B^- 树中删除元素 x,首先也要进行查找,找到元素 x 在 B^- 树中的位置。如果要删除的元素 x 在 B^- 树的叶子结点上,则进行删除;如果要删除的元素 x 不在叶子结点上,则要用一个比 x 大而又最接近 x 的元素 y 代替 x(删除了元素 x),显然,这个 y 就是 x 右边指针所指的路径上最左边叶子结点上的第一个元素,然后在叶子结点中删除 y。由此可以看出,B^- 树的删除都归结为在叶子结点上删除一个元素。

为了在 B^- 树的叶子结点上删除一个元素,且仍保持 B^- 树的特性,在删除过程中要考虑以下两种情况:

(1) 如果被删除一个元素后的叶子结点中的元素个数不小于 m,则删除过程就结束。

(2) 如果被删除一个元素后的叶子结点中的元素个数小于 m,则需要向与它在同一层上的右(或左)兄弟结点借一个元素。在这种情况下,如果邻近兄弟结点中的元素个数均为 m,则要将它们合二而一,此时,其父结点中也就少了一个元素,因此又要考虑它是否需要合并。在最坏情况下,这种合并可能会进行到根结点。在进行结点合并后,还需考虑改变被合并结点的下一层中各结点的指向父结点的指针。

由此可以看出,B^- 树的插入与删除是很麻烦的。为了维持 B^- 树的平衡,以便提高查找效率,必须要做这些麻烦的操作。

详细删除过程可参看删除函数中的注释。

在 B^- 树中删除一个元素的成员函数如下:

```
//在 B⁻ 树中删除 x
template<class T>
void MB1<T>::MB1_delete(T x)
{ int  flag,j,k,t;
  T  y;
  mb1node<T>  *u, *s=NULL, *p, *q;
  q=(mb1node<T> *)MB1_search(x,&k,&flag);       //寻找需要删除的关键字 x
  if (flag==0)                                   //要删除的关键字 x 不存在
    { cout<<"not this key!\n"; return; }
  p=q->link[k];                                  //关键字 x 右边的指针
  if (p!=NULL)                                   //要删除的关键字 x 不在叶子结点上
   { while (p->link[0]!=NULL)                    //寻找最左边的叶子结点 p
         p=p->link[0];
     q->key[k-1]=p->key[0];                      //用该叶子结点 p 中的第一个关键字
                                                 //代替结点 q 中的 x
     k=1; q=p;                                   //删除结点 p 中的第一个关键字
   }
  for (j=k; j<=q->num-1; j++)                    //删除结点 q 中的第 k 个关键字
     q->key[j-1]=q->key[j];
  q->num=q->num-1;                               //结点 q 中的关键字个数减 1
  while ((q!=BTH)&&(q->num<M))                //结点 q 非根结点且其中关键字个数小于 M
   { p=q->prt; j=1;
     while (p->link[j-1]!=q)                     //寻找结点 q 在父结点 p 中的指针位置
        j=j+1;
     if ((j<=p->num)&&((p->link[j])->num>M))
      { s=p->link[j];                            //从右兄弟结点中借关键字
        y=s->key[0];                             //借最左边的关键字
        u=s->link[0];                            //最左边的指针
        for (k=1; k<=s->num-1; k++)
         { s->key[k-1]=s->key[k];                //关键字左移
           s->link[k-1]=s->link[k];              //指针左移
         }
        s->link[s->num-1]=s->link[s->num];//最后一个指针左移
        s->link[s->num]=NULL;                    //置最后一个指针为空
        s->num=s->num-1;                         //右兄弟结点中的关键字个数减 1
        q->num=q->num+1;                         //结点 q 的关键字个数增 1
        q->key[q->num-1]=p->key[j-1];            //复制父结点中的关键字
        p->key[j-1]=y;                           //借的关键字复制到父结点
        q->link[q->num]=u;                       //复制指针
        if (u!=NULL)
           u->prt=q;                             //改变指向父结点的指针
      }
     else if ((j>1)&&((p->link[j-2])->num>M))
      { s=p->link[j-2];                          //从左兄弟结点中借关键字
        q->num=q->num+1;                         //结点 q 的关键字个数增 1
        q->link[q->num]=q->link[q->num-1];//最后一个关键字右移
        for (k=q->num-1; k>=1; k--)
         { q->key[k]=q->key[k-1];                //关键字右移
           q->link[k]=q->link[k-1];              //指针右移
         }
        q->key[0]=p->key[j-2];                   //复制父结点中的关键字
        q->link[0]=s->link[s->num];              //复制左兄弟结点中的指针
        u=s->link[s->num];
        if (u!=NULL)
```

```
            u->prt=q;                              //改变指向父结点的指针
          p->key[j-2]=s->key[s->num-1];            //借的关键字复制到父结点
          s->link[s->num]=NULL;                    //置左兄弟结点中最后一个指针为空
          s->num=s->num-1;                         //左兄弟结点中的关键字个数减 1
        }
      else                                         //需要合并
        { if (j==p->num+1)                         //结点 q 在父结点 p 中的最后指针位置
            { q=p->link[j-2];                      //要合并的结点之一
              s=p->link[j-1];                      //要合并的结点之二
              j=j-1;
            }
          else  s=p->link[j];                      //要合并的结点之二
          q->key[q->num]=p->key[j-1];              //父结点中的关键字复制到 q 结点最后
          t=q->num+1;                              //记录结点 q 中关键字个数增 1
          for (k=1; k<=s->num; k++)                //邻近两个结点合并
            { q->key[t+k-1]=s->key[k-1];
              q->link[t+k-1]=s->link[k-1];
              u=s->link[k-1];
              if (u!=NULL)
                  u->prt=q;                        //改变指向父结点的指针
            }
          q->link[t+s->num]=s->link[s->num];       //最后的指针合并
          u=s->link[s->num];
          if (u!=NULL)
              u->prt=q;                            //改变指向父结点的指针
          q->num=2*M;                              //结点 q 中的关键字个数
          delete s;                                //释放结点 s
          for (k=j; k<=p->num-1; k++)              //父结点中的关键字与指针左移
            { p->key[k-1]=p->key[k];
              p->link[k]=p->link[k+1];
            }
          p->num=p->num-1;                 //父结点中关键字个数减 1
          s=q; q=p;
        }
    }
  if ((q==BTH)&&(q->num==0))               //合并到了 B- 树的根结点,且其中无关键字
    { delete BTH;
      if (s!=NULL)                         //s 为 B- 树的根结点
      { BTH=s; BTH->prt=NULL; }
      else                                 //B- 树为空
      { BTH=NULL; delete s;  }
    }
  return;
}
```

4. 按值大小输出 B^- 树中各关键字元素

按值大小输出 B^- 树中各关键字元素,类似于二叉树的中序遍历。现在由于 B^- 树中的每个结点最多有 $2m$ 个关键字和 $2m+1$ 个指针,因此,按值大小遍历输出 B^- 树中各关键字值的过程如下。

从 B^- 树的根结点开始,对于每一个非空结点中的关键字域依次做如下操作:

(1) 沿关键字左指针指向的结点做同样的操作;

(2) 输出关键字值。

最后沿该结点最后一个指针指向的结点做同样的操作。

显然,这是一个递归操作。

按值大小输出 B⁻ 树的成员函数如下:

```
//按值大小输出 B⁻ 树
template<class T>
void MB1<T>::MB1_prt()
{
  MB1_out(BTH);                                   //从根结点开始搜索
  return;
}
template<class T>
static MB1_out(mb1node<T> * p)
{ int n;
  if (p!=NULL)                                    //该结点不空
     { for (n=0; n<p->num; n++)                   //对于该结点中的每一个关键字
          { MB1_out(p->link[n]);                  //沿关键字左指针向下搜索
            cout<<p->key[n]<<endl;                //输出关键字值
          }
       MB1_out(p->link[n]);                       //沿最后一个指针向下搜索
     }
  return 0;
}
```

下面举例说明反映以上这些操作的成员函数的使用。

例 3.8 在一棵空 B⁻ 树中依次插入以下关键字序列:

```
04,18,13,79,33,45,06,23,35,12,34,76
```

再按值大小输出该 B⁻ 树中的各关键字;然后在该 B⁻ 树中删除前 6 个插入的关键字,再按值大小输出该 B⁻ 树中的各关键字。

其主函数如下:

```
//ch3_9.cpp
    #include "MB1.h"
    int main()
    { int x, k;
      int d[12]={04,18,13,79,33,45,06,23,35,12,34,76};
      MB1<int>mb1;                                //定义 B⁻ 树对象
      for (k=0; k<12; k++)                        //生成 B⁻ 树
         { x=d[k]; mb1.MB1_insert(x); }
      cout<<"第 1 次按值大小输出 B⁻ 树: "<<endl;
      mb1.MB1_prt();
      for (k=0; k<6; k++)                         //在 B⁻ 树中删除前 6 个插入的关键字
         { x=d[k]; mb1.MB1_delete(x); }
      cout<<"第 2 次按值大小输出 B⁻ 树: "<<endl;
      mb1.MB1_prt();
      return 0;
    }
```

上述程序的运行结果如下:

```
第 1 次按值大小输出 B⁻ 树：
4
6
12
13
18
23
33
34
35
45
76
79
第 2 次按值大小输出 B⁻ 树：
6
12
23
34
35
76
```

3.5.2 B^+树

前面讨论的B^-树，其随机查找的效率是很高的，但是遍历B^-树中的所有元素却很不方便。在B^-树中，元素被分布在整个B^-树中的各个结点中，并且，在非叶子结点中出现的元素就不再出现在叶子结点中。因此，在B^-树中，很难用一个顺序链将所有的元素链接在一起。本小节讨论的B^+树将在这一点上作改进。

在B^+树中，所有的元素均按递增顺序从左到右被安排在叶子结点上，各叶子结点之间从左到右用指针（利用叶子结点中的第一个指针域）链接起来。图 3.20 是一个B^+树的模型。

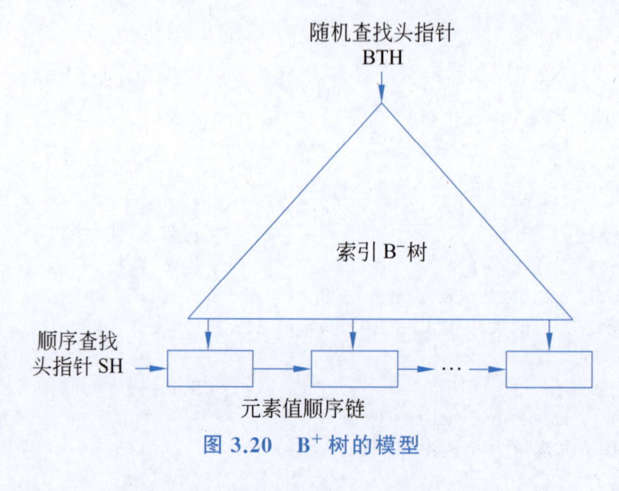

图 3.20　B^+树的模型

由图 3.20 可以看出，B^+树由以下两部分组成：

(1) B^-树索引。其中的元素值只起指示路标的作用，而并不代表实际的元素值。

(2) 链接各叶子结点的顺序链。在这个链上从左到右按递增顺序链接着所有的叶子结

点，从而也就实际将叶子结点中的各元素都链接了起来。

在 B^+ 树中有两个头指针：BTH 指向索引 B^- 树的根结点；SH 指向顺序链的第一个结点。

图 3.21 是一棵 5 阶($m=2$)的 B^+ 树。

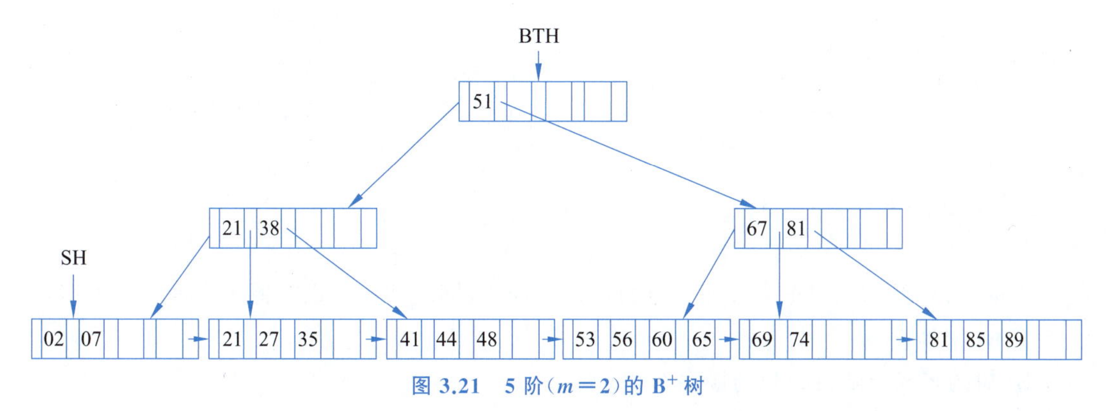

图 3.21 5 阶($m=2$)的 B^+ 树

B^+ 树中各结点的存储结构与 B^- 树的相同。其中，叶子结点中的最后一个指针域用于链接有序元素的各叶子结点。

B^+ 树中每一个结点的存储结构在 C++ 中可以定义如下：

```
//定义 B+ 树中的结点类型
template<class T>
struct mb2node
{ int num;                              //记录结点中的关键字个数
  mb2node *prt;                         //指向父结点的指针
  T key[2*M];                           //2m 个关键字域
  mb21node *link[2*M+1];                //2m+1 个指向各子树的指针
};
```

其中，$2M+1$ 为 B^+ 树的阶数。

B^+ 树在各方面都优于 B^- 树，因此，B^+ 树在软件系统中有着广泛的应用。B^+ 树的主要操作有顺序查找、随机查找、插入、删除和按关键字值大小输出等。

在 C++ 中，可以定义 B^+ 树类 MB2 如下(5 阶，$M=2$)：

```
//MB2.h
    #define M  2
    #include<iostream>
    using namespace std;
    //定义 B+ 树中的结点类型
    template<class T>
    struct mb2node
    { int num;                          //记录结点中的关键字个数
      mb2node *prt;                     //指向父结点的指针
      T key[2*M];                       //2m 个关键字域
      mb2node *link[2*M+1];             //2m+1 个指向各子树的指针
    };
    //定义 B+ 树类
```

```
template<class T>
class MB2
{ private:
    mb2node<T> * BTH;                                //B⁺树根结点指针
    mb2node<T> * SH;                                 //顺序链头指针
  public:                                            //成员函数
    MB2() { BTH=NULL; SH=NULL; return; }             //B⁺树初始化
    mb2node<T> * MB2_shch(T, int *, int *);          //B⁺树的顺序查找
    mb2node<T> * MB2_search(T, int *, int *);        //B⁺树的随机查找
    void MB2_insert(T);                              //B⁺树的插入
    void MB2_delete(T);                              //B⁺树的删除
    void MB2_prt();                                  //按值大小输出 B⁺树
};
```

下面具体讨论 B^+ 树的顺序查找、随机查找、插入、删除和按关键字值大小输出等操作。

1. B^+ 树的查找

B^+ 树的查找分随机查找与顺序查找。

1) B^+ 树的顺序查找

B^+ 树的顺序查找是从顺序链的头指针开始,顺链对叶子结点逐个进行顺序查找。实际上,利用 B^+ 树的顺序查找可以遍历 B^+ 树中的所有元素。B^+ 树顺序查找的详细过程请参看函数中的注释。

B^+ 树顺序查找的成员函数如下:

```
//B⁺树的顺序查找
//函数返回包含元素 x 的结点存储地址;指针变量 k 指向的变量中
//存放元素 x 在存储结点中的序号;指针变量 flag 指向的变量值为 0 时,
//表示查找失败,值为 1 时表示查找成功。
template<class T>
mb2node<T> * MB2<T>::MB2_shch(T x, int * k, int * flag)
{ mb2node<T>  * p, * q;
  p=SH;                                  //从顺序链第一个结点开始
  * flag=0; q=p;
  while  ((p!=NULL)&&( * flag==0))
    { * k=1; q=p;
      while (( * k<q->num)&&(q->key[ * k-1]<x))
          * k= * k+1;                    //在当前叶子结点中寻找关键字值不小于 x 的位置
      if (q->key[ * k-1]==x)
          * flag=1;                      //查找成功
      else if (( * k==q->num)&&(q->key[ * k-1]<x))
          { p=q->link[0];                //顺序链中下一个结点
            if ((p!=NULL)&&(p->key[0]>x))
                p=NULL;                  //查找失败
          }
      else { * k= * k-1; p=NULL; }       //查找失败
    }
  return(q);
}
```

这个函数返回被查关键字 x 所在结点的存储空间首地址。在这个函数的形参中,若返回的标志 flag=1,则表示查找成功,返回被查关键字 x 在该结点中的关键字序号 k;若标志

flag=0，则表示查找失败，函数返回的输出的结点存储空间首地址与形参 k 指示了关键字 x 在 B^+ 树中应插入的位置（该信息供插入用），即应插入在该结点的第 k 与 $k+1$ 个关键字之间，其中返回的该结点必为叶子结点。

2）B^+ 树的随机查找

B^+ 树的随机查找与 B^- 树大致相同。其不同之处在于：在 B^+ 树随机查找过程中，如果在非叶子结点中发现某元素等于被查元素值，则并不像 B^- 树那样停止查找，而是继续沿右指针向下搜索，直到叶子结点为止，最后在相应的叶子结点中顺序查找要找的元素。这是因为 B^+ 树中非叶子结点中的元素值并不是实际的元素值，它只起指示路标的作用，B^+ 树中实际的元素都在叶子结点中。

B^+ 树随机查找的详细过程请参看函数中的注释。

B^+ 树随机查找的成员函数如下：

```
//B+ 树的随机查找
//函数返回包含元素 x 的结点存储地址;指针变量 k 指向的变量中
//存放元素 x 在存储结点中的序号;指针变量 flag 指向的变量值为 0 时,
//表示查找失败,值为 1 时表示查找成功。
template<class T>
mb2node<T> * MB2<T>::MB2_search(T x, int * k, int * flag)
{ mb2node<T>   * p, * q;
  p=BTH;                                    //从根结点开始
  * flag=0; q=p;
  if (p==NULL) return(q);                   //B+ 树为空
  while ((p!=NULL)&&(* flag==0))            //未到叶子结点且还未查到
    { * k=1; q=p;
      while ((* k<q->num)&&(q->key[* k-1]<x))
          * k= * k+1;                       //在当前结点中寻找索引值不小于 x 的位置
      if (q->key[* k-1]==x)                 //当前结点中的索引值等于 x
        { if (q->link[* k]==NULL)           //索引的右指针为空,
              * flag=1;                     //当前结点为叶子结点,查找成功
          else p=q->link[* k];              //沿索引的右指针向下搜索
        }
      else if ((* k==q->num)&&(q->key[* k-1]<x))
            p=q->link[* k];                 //沿索引的右指针向下搜索
      else if (* k<2)                       //被查值在最左边的叶子结点中
          { q=MB2_shch(x,k,flag); p=NULL; } //采用顺序查找
      else                                  //沿索引的左指针向下搜索
          { p=q->link[* k-1];   * k= * k-1; }
    }
  return(q);
}
```

与顺序查找一样，这个函数返回被查关键字 x 所在结点的存储空间首地址。在这个函数的形参中，若返回的标志 flag=1，则表示查找成功，返回被查关键字 x 在该结点中的关键字序号 k；若标志 flag=0，则表示查找失败，函数返回的输出的结点存储空间首地址与形参 k 指示了关键字 x 在 B^+ 树中应插入的位置（该信息供插入用），即应插入在该结点的第 k 与 $k+1$ 个关键字之间，其中返回的该结点必为叶子结点。

2. B^+ 树的插入

B^+ 树的插入与 B^- 树的插入过程也基本相同。其不同之处在于：当进行结点分裂时，

在 B^- 树的插入过程中要把中间的元素提升到父结点中;而在 B^+ 树的插入过程中,还必须将真正的元素保留在叶子结点中。这是因为 B^+ 树中各非叶子结点中的元素值不一定是真正的元素,而只起到分界的作用,B^+ 树中真正的元素必须在叶子结点上。B^+ 树插入的详细过程请参看函数中的注释。

B^+ 树插入的成员函数如下:

```
//B+树的插入
template<class T>
void MB2<T>::MB2_insert(T x)
{ int  flag,j,k,t;
  T  y;
  mb2node<T>   *p, *q, *u, *s, *w;
  if (BTH==NULL)                              //B+ 树为空
    { p=new mb2node<T>;                       //申请一个新结点
      p->num=1;                               //新结点中关键字个数为 1
      p->key[0]=x;                            //新结点的第 1 个关键字
      p->prt=NULL;                            //新结点为根结点,无父结点
      for (j=1; j<=2*M+1; j++)
          p->link[j-1]=NULL;                  //新结点中的所有指针为空
      BTH=p; SH=p;                            //置根结点指针和顺序链头指针
      return;                                 //插入结束
    }
  q=MB2_shch(x,&k,&flag);                     //用顺序查找法查找插入位置
//q=MB2_search(x,&k,&flag);                   //也可以用随机查找法查找插入位置
  w=q;
  if (flag==1)                                //B+树中已有该关键字,不能再插入
    { cout<<"ERR!\n"; return; }
  p=NULL;
  t=0;                                        //未插入完标志
  while (t==0)                                //未插入完
    { if (k==(q->num))                        //插入结点 q 的最后
        { y=x;                                //记录结点 q 的最后应插入的关键字
          u=p;                                //记录结点 q 的最后应插入的向下指针
        }
      else                                    //插入结点 q 的中间某位置处
        { y=q->key[q->num-1];                 //记录结点 q 的最后应插入的关键字
          u=q->link[q->num];                  //记录结点 q 的最后应插入的向下指针
          for (j=(q->num)-1; j>=k+1; j--)     //结点 q 中最后第二个关键字到
            { q->key[j]=q->key[j-1];          //插入位置处的关键字均后移一位置
              if (w-q!=0)                     //若 q 不是叶子结点,则指针也后移一个位置
                  q->link[j+1]=q->link[j];
            }
          q->key[k]=x;                        //插入新关键字 x
          if (w-q!=0)                     //若 q 不是叶子结点,则插入关键字 x 的向下指针
              q->link[k+1]=p;
          if (p!=NULL)
              p->prt=q;                       //改变结点 p 中指向父结点的指针
        }
      if (q->num<2*M)                         //结点 q 中关键字未满,可直接插入
        { q->num=(q->num)+1;                  //结点 q 中的关键字个数增 1
          q->key[(q->num)-1]=y;               //将记录的关键字插入 q 的最后
          if (w-q!=0)                         //若 q 不是叶子结点
```

```
            q->link[q->num]=u;              //则将记录的向下指针插入最后
        if (u!=NULL)
            u->prt=q;                       //改变结点 u 中指向父结点的指针
        t=1;                                //置插入完成标志
      }
    else                                    //结点 q 中关键字已满,应进行分裂
      { p=new mb2node<T>;                   //申请新结点
        for (j=1; j<=2*M+1; j++)
            p->link[j-1]=NULL;              //置新结点中所有指针为空
        p->num=M+1;                         //新结点关键字个数
        q->num=M;                           //结点 q 中只保留一半关键字
        p->prt=q->prt;                      //结点 q 的父结点也是新结点的父结点
        x=q->key[M];                       //记录原结点 q 中的中间关键字,应插入父结点
        for (j=1; j<=M; j++)
          { p->key[j-1]=q->key[M+j-1];      //将原结点 q 中的后半部的关键字
            p->link[j]=q->link[M+j];        //和向下指针复制到结点 p 中
            if (q->link[M+j]!=NULL)
              (q->link[M+j])->prt=p;        //改变子结点中指向父结点的指针
          }
        p->link[M+1]=u;                     //将记录的向下指针插入 p 的最后
        p->key[M]=y;                        //将记录的关键字插入 p 的最后
        if (u!=NULL)
            u->prt=p;                       //改变结点 u 中指向父结点的指针
        for (j=M+2; j<=2*M+1; j++)
            q->link[j-1]=NULL;              //置结点 q 后半部分指针为空
        p->link[0]=q->link[0];              //将新结点 p 插入顺序链
        q->link[0]=p;                       //即将新结点 p 链接到结点 q 的后面
        if (q->prt==NULL)                   //q 为根结点
          { s=new mb2node<T>;               //申请一个新结点作为新的根结点
            s->key[0]=q->key[0];            //复制 q 中的第 1 个关键字到结点 s
            s->key[1]=x;                    //插入结点 q 分裂时的中间关键字 x
            s->link[1]=q;                   //第二个指针指向 q
            s->link[2]=p;                   //第三个指针指向 p
            s->num=2;                       //根结点中关键字个数为 2
            s->prt=NULL;                    //根结点无父结点
            q->prt=s; p->prt=s;             //结点 p 与 q 的父结点均为根结点 s
            s->link[0]=NULL;                //根结点第一个指针为空
            for (j=3; j<=2*M; j++)
                s->link[j]=NULL;            //置根结点中后面的指针为空
            BTH=s;                          //置根结点指针
            t=1;                            //插入完成标志
          }
        else                        //q 不是根结点
          { q=q->prt;               //原结点 q 分裂时的中间关键字 x 应插入 q 的父结点
            k=1;
            while ((k<=q->num)&&(q->key[k-1]<=x))        //寻找插入位置
                k=k+1;
            k=k-1;
          }
      }
   }
  return;
}
```

如果给定一个元素序列,需要构造一棵 B^+ 树,则可以从空树开始,反复调用上述函数,逐个将元素插入 B^+ 树(参看下面的主函数)。

3. B^+ 树的删除

在 B^+ 树中删除一个元素要比 B^- 树简单,这也是 B^+ 树的优点之一。在 B^+ 树的删除过程中,一般只需要在叶子结点中删除指定的元素就可以了,而索引 B^- 树部分一般不需要改动,即使非叶子结点中的某个元素值也等于被删的元素值,也不必改动它,因为它仍然可以起分界的作用。只有当删除一个元素后,使叶子结点中的元素个数小于 m 而需要合并时,才可能需要改动非叶子结点中的元素值。

B^+ 树删除的详细过程请参看函数中的注释。

B^+ 树删除的成员函数如下:

```
//B+树的删除
template<class T>
void MB2<T>::MB2_delete(T x)
{ int  flag,j,k,t;
  T  y;
  mb2node<T>   * u, * s=NULL, * p, * q;
  q=MB2_shch(x,&k,&flag);                    //用顺序查找法寻找被删除关键字的位置
// q=MB2_search(x,&k,&flag);                 //也可用随机查找法查找被删关键字的位置
  if (flag==0)                               //B+树中没有该关键字
    { cout<<"not this key!\n"; return; }
  for (j=k; j<=q->num-1; j++)
      q->key[j-1]=q->key[j];                 //删除关键字
  q->num=q->num-1;                           //结点 q 中关键字个数减 1
  if (q==BTH)                                //结点 q 为根结点
   { if (q->num==0)                          //关键字个数变为 0,即 B+树变空
       { delete BTH; BTH=NULL; SH=NULL; }
     return;
   }
  while ((q!=BTH)&&(q->num<M))               //q不是根结点且关键字个数小于 M
   { p=q->prt; j=1;
     while (p->link[j]!=q)
         j=j+1;                              //寻找结点 q 在父结点中的指针位置
     if ((j<p->num)&&((p->link[j+1])->num>M))
       { s=p->link[j+1];                     //从右兄弟结点中借关键字
         y=s->key[0];                        //借最左边的关键字
         u=s->link[1];                       //最左边的第二个指针
         for (k=1; k<=s->num-1; k++)
           { s->key[k-1]=s->key[k];          //关键字左移
             s->link[k]=s->link[k+1];        //指针左移
           }
         s->link[s->num]=NULL;               //置最后一个指针为空
         q->key[q->num]=y;                   //借的关键字复制到父结点
         q->link[q->num+1]=u;                //借的指针复制到父结点
         p->key[j]=s->key[0];                //在父结点中置新的路标值
         if (u!=NULL)
            u->prt=q;                        //改变指向父结点的指针
         s->num=s->num-1;                    //右兄弟结点中的关键字个数减 1
```

```
            q->num=q->num+1;                //结点 q 的关键字个数增 1
          }
        else if ((j>1)&&((p->link[j-1])->num>M))
          { s=p->link[j-1];                 //从左兄弟结点中借关键字
            for (k=q->num; k>=1; k--)
              { q->key[k]=q->key[k-1];      //关键字右移
                q->link[k+1]=q->link[k];    //指针右移
              }
            q->key[0]=s->key[s->num-1];     //复制左兄弟结点中的关键字
            u=s->link[s->num];
            q->link[1]=u;                   //复制左兄弟结点中的指针
            if (u!=NULL)
                u->prt=q;                   //改变指向父结点的指针
            p->key[j-1]=q->key[0];          //置父结点中的路标值
            s->link[s->num]=NULL;           //置左兄弟结点最后一个指针为空
            s->num=s->num-1;                //左兄弟结点 s 的关键字个数减 1
            q->num=q->num+1;                //结点 q 的关键字个数增 1
          }
        else                                //需要合并
          { if (j==p->num)                  //结点 q 在父结点 p 中的最后指针位置
              { q=p->link[j-1];             //要合并的结点之一
                s=p->link[j];               //要合并的结点之二
                j=j-1;
              }
            else  s=p->link[j+1];           //要合并的结点之二
            t=q->num;                       //记录结点 q 中关键字个数
            for (k=1; k<=s->num; k++)       //邻近两个结点合并
              { q->key[t+k-1]=s->key[k-1];
                q->link[t+k]=s->link[k];
                u=s->link[k];
                if (u!=NULL)
                    u->prt=q;               //改变指向父结点的指针
              }
            q->num=t+(s->num);              //结点 q 中的关键字个数
            q->link[0]=s->link[0];          //顺序链中结点 q 的指针
            delete s;                       //释放结点 s
            for (k=j+1; k<=p->num-1; k++)
              { p->key[k-1]=p->key[k];      //父结点中关键字左移
                p->link[k]=p->link[k+1];    //父结点中指针左移
              }
            p->link[p->num]=NULL;           //父结点中最后一个指针为空
            p->num=p->num-1;                //父结点中关键字个数减 1
            s=q; q=p;
          }
      }
    if ((q==BTH)&&(q->num==1))              //合并到了 B+ 树的根结点,且只有一个关键字
      { delete BTH; BTH=s; BTH->prt=NULL;
        if (s->num==0)
          { BTH=NULL; SH=NULL; delete s; }
      }
    return;
}
```

4. 按值大小输出 B^+ 树中的关键字元素

按值大小输出 B^+ 树中的关键字元素是很方便的，只需从顺序链的第一个结点开始，依次输出顺序链中各结点中的关键字值即可。

其成员函数如下：

```
//按值大小输出 B+ 树
template<class T>
void MB2<T>::MB2_prt()
{ mb2node<T>   * p;
  int k;
  p=SH;                              //从顺序链第一个结点开始
  while (p!=NULL)                    //结点不空
    { for (k=0; k<p->num; k++)       //输出该结点中的所有关键字值
        cout<<p->key[k]<<endl;
      p=p->link[0];                  //取顺序链中下一个结点
    }
  return;
}
```

下面举例说明反映以上操作的成员函数的使用。

例 3.9　在一棵空 B^+ 树中依次插入以下关键字序列：

```
04,18,13,79,33,45,06,23,35,12,34,76
```

按值大小输出该 B^+ 树中的各关键字；然后在该 B^+ 树中删除前 6 个插入的关键字，再按值大小输出该 B^+ 树中的各关键字。

其主函数如下：

```
//ch3_10.cpp
#include "MB2.h"
int main()
{ int x, k;
  int d[12]={04,18,13,79,33,45,06,23,35,12,34,76};
  MB2<int>mb2;                       //定义 B+ 树对象
  for (k=0; k<12; k++)               //生成 B+ 树
    { x=d[k]; mb2.MB2_insert(x); }
  cout<<"第 1 次按值大小输出 B+ 树:"<<endl;
  mb2.MB2_prt();
  for (k=0; k<6; k++)                //在 B+ 树中删除前 6 个插入的关键字
    { x=d[k]; mb2.MB2_delete(x); }
  cout<<"第 2 次按值大小输出 B+ 树:"<<endl;
  mb2.MB2_prt();
  return 0;
}
```

上述程序的运行结果如下：

```
第 1 次按值大小输出 B+ 树:
4
6
12
13
18
```

```
23
33
34
35
45
76
79
第 2 次按值大小输出 B+ 树：
6
12
23
34
35
76
```

3.6 拓扑分类

在许多实际应用中，经常会遇到这样的问题：一项大的工程可能要分成若干个子工程，但在整个工程中，有些子工程必须在其他有关子工程完成之后才能开始，也就是说，一个子工程的开始是以它的所有前序子工程的结束为前提条件的。当然，有些子工程也有可能是没有前提条件的，随时可以开始。例如，一个学生在整个学习阶段要学习许多课程，但在这些课程中，有些课程是有先修课程的，即在学习某门课程之前必须先学完它所规定的所有先修课程。当然，也有一些基础课程是没有先修课程的，它们随时可以开始学习。

如果把每一个子工程都看成一个独立的事件，则在这些事件中，每两个事件之间都有一个前后关系，如果前面的事件没有结束，则后面的那个事件就不能开始。因此，这就必须要给所有的事件排一个次序，以便能使工程正常进行。这就是拓扑分类的问题，拓扑分类也称拓扑排序。

不失一般性，我们将一项工程中的 n 个事件用自然数 $1\sim n$ 进行编号(其编号顺序无关紧要)，这就构成了一个自然数的集合 $D=\{1,2,\cdots,n\}$。而这个集合中的每两个数之间存在着前后件关系(代表相应两个事件之间的前后关系)，我们将每两个数之间的前后件关系用一个二元组(i,j)来表示，其中 i 是 j 的前件，j 是 i 的后件。那么，拓扑分类的问题就可以归结为如下问题：

已知自然数集合 $D=\{1,2,\cdots,n\}$中各元素之间所有前后件关系(二元组)的集合为

$$R=\{(i_1,j_1),(i_2,j_2),\cdots,(i_m,j_m)\}$$

其中，$1\leqslant i_k\leqslant n$，$1\leqslant j_k\leqslant n$，$1\leqslant k\leqslant m$。要求自然数 $1\sim n$ 的一个序列满足：该序列中前面的数一定不是后面数的后件，后面的数一定不是前面数的前件。

例如，有一自然数集合 $D=\{1,2,3,4,5,6,7\}$，其所有的前后件关系为

$$R=\{(3,1),(3,2),(4,6),(4,7),(5,4),(5,6),(5,7),(6,7)\}$$

则可以验证，序列 $A=(3,1,2,5,4,6,7)$就是一个拓扑分类序列。拓扑分类序列不是唯一的。

一种有效的拓扑分类方法是：通过给定的二元组的集合 R 依次找出没有前件的 D 中的元素并输出，同时将它从 D 中删除，其具体过程如下。

首先定义以下几个数组。

- $F(1:n)$：其中每一个元素 $F(i)$ 用于存放相对于 R 的数 i 的前件个数(在 R 中数 i 是后件的二元组个数)，其初始状态为 $F(i)=0(i=1,2,\cdots,n)$。
- $G(1:n)$：其中每一个元素 $G(i)$ 用于链接 R 中数 i 的所有后件，其初始状态为 $G(i)=0(i=1,2,\cdots,n)$。
- $S(1:n)$：这是一个栈，用于在算法执行过程中存放当前所有没有前件的数。

另外，为了存放 R 中的 m 个后件，并将它们分别链接到以 $G(i)(i=1,2,\cdots,n)$ 为头指针的链接表中，这就需要 m 个结点，分别用数组 $V(1:m)$ 和 $\mathrm{NEXT}(1:m)$ 中的元素表示结点的值域与指针域。

然后依次读入 R 中的各二元组 $(i_k,j_k)(1\leqslant k\leqslant m)$，对于每一次的输入，将 $F(j_k)$ 增加 1(对数 j_k 的前件进行计数)，并将 j_k 插入以 $G(i_k)$ 为头指针的链接表中，其中结点依次取自数组 V 和 NEXT。

当 R 中的所有二元组读入结束后，再将所有没有前件的数推入栈 S 中，即将所有满足 $F(k)=0$ 的 $k(k=1,2,\cdots,n)$ 推入栈 S。

以上过程结束后，可以得到如下结果：

(1) $F(i)(i=1,2,\cdots,n)$ 给出了相对于 R 的数 i 的前件个数。

(2) 以 $G(i)(i=1,2,\cdots,n)$ 为头指针的链表中链接了相对于 R 的数 i 的所有后件，其中所有结点都取自于数组 V(存放数 i 的后件)和 NEXT(存放指针)。

(3) 栈 S 中存放了所有没有前件的数。

对于一个可以求解的实际问题中，应该至少有一个元素没有前件(至少应该有一个子工程没有前序工程，可以首先开工)，因此，在以上结果中，栈 S 中至少存放着一个没有前件的数。

最后，可以通过系统地修改数组 F 和栈 S 找出一个拓扑分类序列，其过程如下：

将栈 S 的栈顶元素(设为 i)输出(因为它已经没有前件)，并将它从栈 S 中删除。此时，对于数 i 的每一个后件 j(它们均被链接在以 $G(i)$ 为头指针的链接表中)，由于不必再考虑它的前件 i，因此，对于每一个 $F(j)$ 的值应当减去 1(因为形式上可以认为它的前件 i 已从集合中删去)。如果此时对于某些 $F(j)$ 已变为 0，则将这些 j 推入栈 S(因为它们也没有前件了)。这个过程一直进行到栈 S 变空为止。如果该问题可以求解，则这个过程能正确地终止。

拓扑分类算法的 C++ 描述如下：

```
//topo.h
    #include<iostream>
    using namespace std;
    void topo(int n, int r[], int m, int p[])
    { int top,i,j,k,t, * s, * g, * f;
      struct node                                  //定义结点结构
      { int suc;                                   //后件域
        int next;                                  //指针域
      } * q;
      q=new node[m];                               //申请结点空间
      f=new int[n];                                //申请数组 F 空间
```

```
    s=new int[n];                                    //申请栈空间
    g=new int[n];                                    //申请数组 G 空间
    top=-1; t=0;
    for (k=0; k<=n-1; k++)                           //初始化
        { f[k]=0; g[k]=-1;}
    for (k=0; k<=m-1; k++)                           //依次读入 m 个二元组
      { i=r[k+k]; j=r[k+k+1];                        //读入一个二元组
        f[j-1]=f[j-1]+1;                             //数 j 的前件计数
        q[k].next=g[i-1];
        q[k].suc=j;
        g[i-1]=k;                                    //将 j 链到以 G(j)为头指针的链表链头
      }
    for (k=0; k<=n-1; k++)                                   //将所有没有前件的数入栈
      if (f[k]==0) { top=top+1; s[top]=k+1;}
    while (top!=-1)
    { i=s[top]; top=top-1; p[t]=i; t=t+1;                    //从栈中退出一个无前件的数 i
      k=g[i-1];
      while (k!=-1)
      { j=q[k].suc; f[j-1]=f[j-1]-1;                         //i 后件 j 的前件计数减 1
        if (f[j-1]==0) { top=top+1; s[top]=j;}
        k=q[k].next;                                         //考虑 i 的下一个后件
      }
    }
    for (k=0; k<=n-1; k++)                                   //考虑无法分类的数
      if (f[k]!=0) { p[t]=-(k+1); t=t+1;}
    delete[] f; delete[] g; delete[] s; delete[] q;
    return;
  }
```

主函数程序如下：

```
//ch3_11.cpp
  #include "topo.h"
  int main()
  { int p[7], i;
    int r1[8][2]={ {3,1},{3,2},{4,6},{4,7},
                   {5,4},{5,6},{5,7},{6,7}};
    int r2[6][2]={ {3,1},{3,2},{2,7},
                   {4,5},{5,6},{6,4}};
    topo(7,&r1[0][0],8,p);
    for (i=0; i<=6; i++) cout<<p[i]<<"  ";
    cout<<endl;
    topo(7,&r2[0][0],6,p);
    for (i=0; i<=6; i++) cout<<p[i]<<"  ";
    cout<<endl;
    return 0;
  }
```

上述程序的运行结果如下：

```
5  4  6  7  3  1  2
3  1  2  7  -4  -5  -6
```

3.7 字符串匹配

3.7.1 字符串的基本概念

字符串(string)是字符的一个有限序列,它本质上就是数据元素类型为字符的线性表。字符串一般表示为

"$a_1 a_2 \cdots a_i \cdots a_n$"

其中,两边的双撇号是作为字符串的起止定界符号,不属于字符串中的字符;$a_i(1 \leqslant i \leqslant n, n \geqslant 0)$表示字符串中的第 i 个字符,n 表示字符串中字符的个数,称为字符串的长度;当 $n=0$ 时,称为空串,即字符串中不含任何字符。

由于字符串本质上是线性表,只不过其中的数据元素为字符类型,因此,对线性表的所有运算对字符串也适用。

从字符串的表示形式来看,字符串是字符的紧密排列,是一个有机的整体,用于描述事物的基本属性。例如,可以用字符串表示姓名、产品名称等。在一般的程序设计语言中,一般都定义了字符串类型,并且把字符型数组看成长度固定的字符串。

字符串除了具有一般线性表所具有的运算外,由于字符串具有多种数据类型的特点,因此,对字符串的运算要比一般的线性表更丰富。下面列出一些常用的字符串运算。

(1) 连接运算。将两个字符串首尾相连成一个字符串。

(2) 取子串运算。从一个字符串中取出从某个位置(或某个字符)开始的若干个连续字符。

(3) 删除子串运算。从一个字符串中删除从某个(或某个字符)位置开始的若干个连续字符。

(4) 插入子串运算。在一个字符串的某个位置处插入另一个字符串(称为子串)。

(5) 求子串位置。在一个字符串中找出首次与另一字符串(称为子串)相同的起始位置。

求子串位置的运算一般称为字符串匹配,也称为模式匹配。

3.7.2 字符串匹配的 KMP 算法

在一般的编辑软件系统中,经常要遇到在一个给定的文本中检测一个特定的字符串的问题,这就是字符串匹配。字符串匹配又称模式匹配。

设 P 是一个模式字符串(特定字符串,以下简称模式),其长度为 m(P 中的字符个数);S 是一个正文字符串(以下简称正文),其长度为 n。通常总是认为 n 要比 m 大得多。字符串匹配的问题就是要从正文 S 中检测出模式 P,即从正文 S 中查找模式 P 的位置。例如,要将字符串"CONGEMUE"中的"GEM"修改为"TIN",则首先应在该字符串中检测出"GEM"的位置,这就是字符串匹配的问题。其中,"CONGEMUE"为正文 S,"GEM"为模式 P。

1. 字符串匹配的简单算法

字符串匹配的一个直观而简单的方法是:从正文 S 和模式 P 的第一个字符出发,将 S

和 P 的字符依次进行比较。如果模式 P 中的所有字符均与 S 中的对应字符匹配完，则说明在正文 S 中找到了模式 P 的字符串；如果在字符比较过程中发现了一对字符不匹配，则将模式 P 沿正文 S 向后移动一个字符的位置，然后从模式 P 的第一个字符开始依次与正文 S 中的对应字符逐个进行比较。以此类推，这个过程直到模式 P 中的字符全部匹配完或模式 P 到达正文 S 的末端为止，前者说明在正文 S 中找到了模式 P，后者说明在正文 S 中找不到模式 P。

例如，设正文 S 为"ABABABCCA"，模式 P 为"ABABC"，利用上述方法进行比较的过程如下。

(1) 开始进行比较，并发现模式 P 的第 5 个字符 C 与正文 S 的对应字符 A 不匹配。即

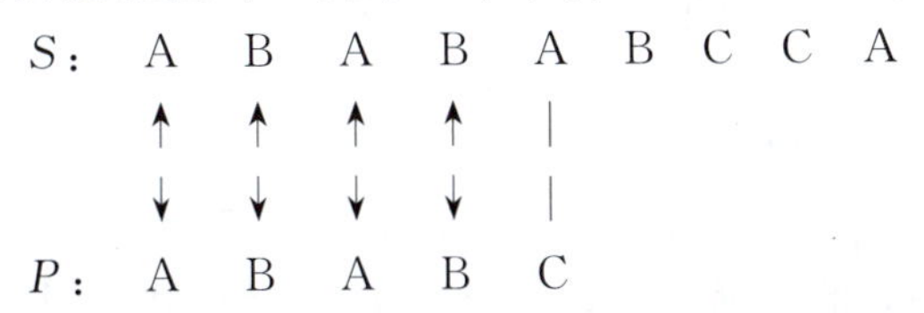

(2) 模式 P 沿正文 S 向后移动一个位置，从模式 P 的第一个字符开始重新进行比较，并且又发现了模式 P 的第一个字符 A 与正文 S 中的对应字符 B 不匹配。即

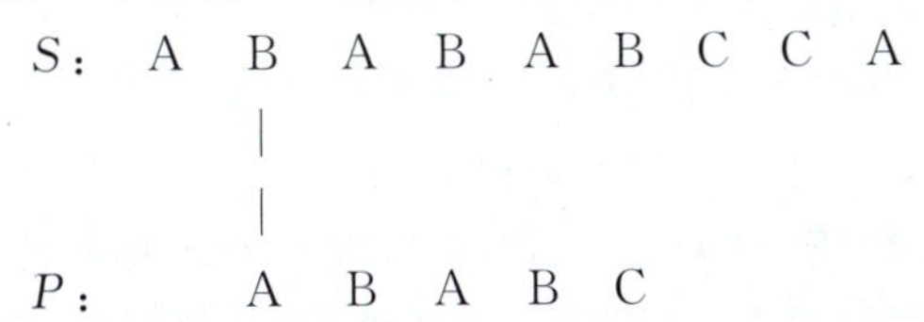

(3) 模式 P 沿正文 S 又向后移动一个位置，并从模式 P 的第一个字符开始又重新进行比较，此时，模式 P 中的字符全部匹配完。即

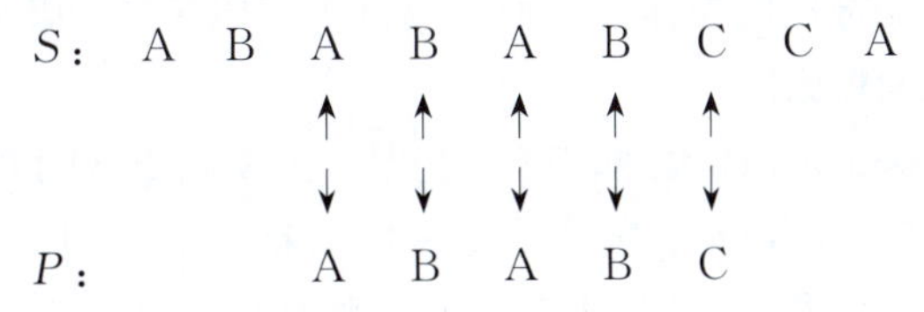

在正文 S 的第 3 个字符处找到了模式 P。

字符串匹配简单算法的 C++ 描述如下：

```
//zfpp.cpp
//字符串匹配简单算法
//s     正文字符串 S
//p     模式字符串 P
//n     正文字符串 S 长度
//m     模式字符串 P 长度
//zfpp()     返回模式 P 在正文 S 中的位置
    int  zfpp(char s[], char p[], int n, int m)
    { int  i, j, k, flag;
      i=0; flag=0;
      while  ((i<=n-m)&&(flag==0))
        { i=i+1;  j=i;  k=1;
          while  ((k<=m)&&(s[j-1]==p[k-1]))
            { j=j+1;  k=k+1;  }
```

```
        if  (k==m+1)   flag=1;
      }
    i=i-1;
    if  (flag==0)  i=-1;
    return(i);
  }
```

在上述算法程序中，若返回的函数值为-1，则说明查找失败；否则说明查找成功，且返回的函数值为模式 P 的第一个字符在正文中的位置(下标)。下面对这个算法的性能进行讨论。

如果模式 P 出现在正文 S 的始端，则只要进行 m 次比较就以"成功"结束，这显然是一种最好的情况。如果模式 P 的第一个字符根本不在正文 S 中，则在模式 P 与正文 S 的比较过程中，只需通过一次比较就发现不匹配，模式 P 就要沿正文 S 向后移动一个位置，这个过程直到模式 P 到达正文 S 的末端为止。因此，在这种情况下，只需比较 $n-m+1$ 次就以"失败"告终，这也是一种好的情况。还有一种情况是，在模式 P 中，除了最后一个字符外，其余的前 $m-1$ 个字符都与正文 S 中从任意位置开始的对应字符相匹配。例如，模式 P 为"A…AB"($m-1$ 个 A 后面紧跟 1 个 B)，正文 S 为"AA…A"(n 个 A)，这就属于这种情况。在这种情况下，模式 P 要与正文 S 比较 m 个字符后才能发现不匹配，也就是说，要比较 m 次后才使得模式 P 沿正文 S 向后移动一个位置，直至模式 P 移到正文 S 的末端为止。因此，在这种情况下，共需要比较 $m(n-m+1)$ 次，这是一种最坏的情况。

另外，在这个算法执行过程中，当发现一次不匹配时，模式 P 沿正文 S 只向后移动一个位置，这就造成先前已经比较过的正文字符可能还需进行比较，这不但增加了比较次数，而且会引起反复存取正文字符串的操作。下面介绍的 KMP 算法克服了这个缺点。

2. 字符串匹配的 KMP 算法

KMP(Knuth-Morris-Pratt)算法的基本思想是：当模式 P 与正文字符串 S 进行比较的过程中发生不匹配时，找到一种模式 P 沿正文 S 向后移动的规则，以便使得正文 S 中失去匹配的字符之前的字符不再参与比较，即只从当前失去匹配的字符开始与模式 P 中的字符继续依次进行比较，并且不能错过模式发现的机会。

例如，模式 P 为"ABABABCB"，并假设模式 P 与正文字符串 S 进行比较的过程中已经有 6 个连续的字符匹配如下：

```
S:  …  A  B  A  B  A  B  X  …
       ↑  ↑  ↑  ↑  ↑  ↑  |
       ↓  ↓  ↓  ↓  ↓  ↓  |
P:     A  B  A  B  A  B  C  B
```

现在，如果发现正文 S 的下一个字符 X 不是 C，即在模式 P 的第 7 个字符上匹配失败，此时，模式 P 可沿正文 S 向后移动两个位置或四个位置，这样，正文 S 中字符 X 以前的字符与模式 P 中的对应字符匹配，从而使 X 以前的字符不再进行重复比较。但为了不错过模式 P 在正文 S 中发现的机会，模式 P 只能沿正文 S 向后移动两个位置，即当模式 P 中的第 7 个字符与正文 S 中的对应字符不匹配时，应该用模式 P 中的第 5 个字符再开始与之进行比较，即

S：… A B A B A B X …

↑ ↑ ↑ ↑
↓ ↓ ↓ ↓

P：A B A B A B C B

通常用一个失败链接数组 FLINK 来描述模式 P 在匹配失败时的移动规则，其中 FLINK(i)表示当模式 P 中的第 i 个字符匹配失败时，模式 P 中重新开始进行比较的字符序号，其中 $1\leqslant i\leqslant m$。在上述例子中有 FLINK(7)=5，并称为模式 P 中第 7 个结点的失败链接应指向第 5 个结点。

失败链接数组只与模式 P 有关，而与具体的正文 S 无关。因此，在字符串匹配过程中，失败链接数组反映了模式 P 的特性。

下面具体介绍如何构造模式 P 的失败链接数组。

设在模式 P 中的第 i 个结点的失败链接为 j，即 FLINK(i)=j，则根据上面的叙述可知，失败链接应具有以下 3 个性质：

(1) $j<i$。也就是说，当发现模式 P 中的第 i 个字符不匹配时，应沿正文 S 向后移动。

(2) 在模式 P 中，前 $j-1$ 个字符与第 i 个结点之前的 $j-1$ 个字符匹配，即 $p_1, p_2, \cdots, p_{j-1}$ 匹配于 $p_{i-(j-1)}, \cdots, p_{i-2}, p_{i-1}$。这就是说，当模式 P 沿正文 S 向后移动后，正文 S 中失去匹配的字符之前的字符均已经与模式 P 中的字符相匹配，从而避免了正文字符的重复比较。

(3) j 是满足(1)和(2)的最大整数。这就是说，模式 P 的最初段与刚比较过的正文部分有最大的重叠，以避免错过模式 P 被发现的机会。

显然，FLINK(1)=0，即当模式 P 的第一个字符失去匹配时，应将模式 P 沿正文 S 向后移动一个位置，从模式 P 的第一个字符开始与正文 S 的下一个字符进行比较。

现假设模式 P 的前 $i-1$ 个结点的失败链接已经设置好，且 FLINK($i-1$)=j。下面设置第 i 个结点的失败链接。

根据失败链接的性质(2)，有如下匹配序列：

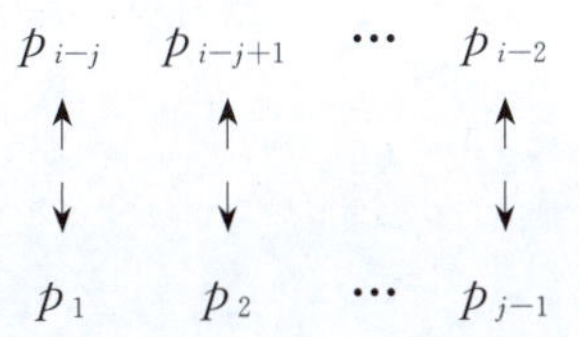

并且，在模式 P 与正文 S 进行比较的过程中，如果模式 P 已经到达第 i 个结点，则前一个被比较的正文字符必定为 p_{i-1}。由此可以得到以下两个规则。

(1) 如果 $p_{i-1}=p_j$，则在上述匹配序列中可以再延伸一对匹配字符，得

p_{i-j}　p_{i-j+1}　…　p_{i-2}　p_{i-1}

↑ ↑ ↑ ↑
↓ ↓ ↓ ↓

p_1　p_2　…　p_{j-1}　p_j

即模式 P 中的前 j 个字符与第 i 个结点之前的 j 个字符匹配。因此，根据失败链接的 3 个性质，第 i 个结点的失败链接为 $j+1$，即

$$\text{FLINK}(i)=\text{FLINK}(i-1)+1$$

(2) 如果 $p_{i-1} \neq p_j$,则必须寻找模式 P 中的一个初始子串,使它与以 p_{i-1} 结束的子串相匹配,这就需要返回。即令

$$j^{(1)} = \text{FLINK}(j)$$

然后判断 $p_{j^{(1)}}$ 是否等于 p_{i-1}。若相等,则有

$$\text{FLINK}(i) = j^{(1)} + 1$$

否则,再令

$$j^{(2)} = \text{FLINK}(j^{(1)})$$

以此类推,直到对于某个 $j^{(k)}$ 满足 $p_{j^{(k)}} = p_{i-1}$ 或 $j^{(k)} = 0$ 为止。此时有

$$\text{FLINK}(i) = j^{(k)} + 1$$

由以上两个规则,可以得到模式 P='ABABABCB'的失败链接如下:

```
FLINK(1)=0,FLINK(2)=1,FLINK(3)=1,FLINK(4)=2
FLINK(5)=3,FLINK(6)=4,FLINK(7)=5,FLINK(8)=1
```

有了模式 P 的失败链接数组后,就可以在具体的正文 S 中检测模式 P。

由以上的分析,可以得到字符串匹配 KMP 算法的 C++ 描述如下:

```
//kmp.cpp
//s      正文字符串 S
//p      模式字符串 P
//kmp()返回模式字符串 P 在正文字符串 S 中的位置
    #include<string.h>
    #include<iostream>
    using namespace std;
    void qflink(char [],int,int []);
    int kmp(char s[], char p[])
    { int  i, j, n, m, flag, *flink;
      n=strlen(s);                          //正文 S 的长度
      m=strlen(p);                          //模式 P 的长度
      flink=new int[m];                     //建立失败链接数组空间
      qflink(p, m, flink);                  //调用构造失败链接数组的函数
      i=1; j=1; flag=0;
      while  ((i<=n)&&(flag==0))
        {  while  ((j !=0)&&(p[j-1] !=s[i-1]))  j=flink[j-1];
           if  (j==m)  flag=1;
           else  { i=i+1; j=j+1; }
        }
      i=i-m;
      if  (flag==0)  i=-1;
      delete[] flink; return(i);
    }
    //构造模式 P 的失败链接数组
    void qflink(char p[], int m, int flink[])
    { int i, j;
      flink[0]=1; i=1;
      while (i<=m-1)
        { j=flink[i-1];
          while ((j !=0)&&(p[j-1] !=p[i-1]))  j=flink[j-1];
```

```
        flink[i]=j+1;
        i=i+1;
      }
    return;
  }
```

在上述描述的算法程序中，若返回的函数值为−1，则说明查找失败；否则说明查找成功，且返回的函数值为模式 P 的第一个字符在正文中的位置（下标）。

字符串匹配 KMP 算法的最坏情况是模式 P 不在正文 S 中出现，在这种情况下，算法中的内循环测试对于每一个正文字符最多有一次是成功匹配的，即算法中的内循环测试最多有 n 次比较是成功的。另一方面，算法执行外循环一次，j 都要增加 1，而外循环共执行了 n 次，因此，j 共增加了 n 次；但根据失败链接的性质（FLINK(i)<j），每执行一次内循环 j 将减少一次，而 j 又不能是负数。

因此，算法中的内循环最多执行 n 次，即内循环测试中的不成功比较最多有 n 次。由此可知，在算法的内循环测试中，最多有 n 次比较是成功的，也最多有 n 次比较是不成功的。而在这个算法中，所有的字符比较操作均包含在内循环测试中，因此，在字符串匹配的 KMP 算法中，在最坏情况下，最多要进行 $2n$ 次字符比较。

根据以上分析可以看出，字符串匹配的 KMP 算法与字符串匹配的简单算法相比，有两个显著的优点：一是时间复杂度小（字符比较的次数少）；二是避免了正文字符的重复比较，从而减少了对正文字符串反复存取的操作。

习题

3.1 依次输入以下元素序列：

56,78,34,45,85,45,36,91,84,78

试构造一棵二叉排序树。要在这棵二叉排序树中查找 55，需要比较多少次？

3.2 依次输入以下元素序列：

12,15,20,23,34,46,51,62,73,88

试构造一棵二叉排序树。

3.3 依次输入以下元素序列：

04,18,13,76,34,45,06,23,35,12

试构造一棵 5 阶（$m=2$）B^- 树。

3.4 设线性 Hash 表的长度 $n=12$，分别用下列 Hash 码将关键字元素序列（09,12,04,16,19,31,20,45,01,11,25,26）填入线性 Hash 表，并指出各关键字元素在填入过程中的冲突次数。

(1) $i=\text{mod}(k,n)$；

(2) $i=\text{mod}(k*0.618,n)$。

3.5 设溢出 Hash 表中的关键字元素均为非负整数，其存储空间为数组 $H(1:m)$。其中，Hash 表的长度为 $n(n<m)$，并使用数组 H 的前 n 个元素；溢出表为栈结构，存储空间使用数组 H 的后 $m-n$ 个元素。Hash 码为 $i=\text{mod}(k,n)$。

(1) 如何表示 Hash 表中的空表项?

(2) 给出 Hash 表与溢出表的初始状态。

(3) 编写在溢出 Hash 表中填入关键字元素的算法。在此算法中应考虑关键字元素的合法性及表空间是否溢出。

(4) 编写在溢出 Hash 表中查找关键字元素的算法。在此算法中要求检查待查元素的合法性,并要求设置一个标志说明是否查到。

3.6 设随机 Hash 表的长度为 $n=8$。

(1) 利用本章给出的算法,写出伪随机数序列中的前 6 个随机数。

(2) 设 Hash 码为 $i=\text{mod}(k*0.618,n)$。将关键字元素序列(19,31,20,45,01,11,25,26)填入随机 Hash 表,并注明冲突次数。

3.7 Hash 表技术的目标是什么? 如何提高 Hash 表的查找效率?

3.8 扼要归纳本章介绍的几种 Hash 表的适用对象及其优缺点。

3.9 分别用冒泡排序及谢尔排序对下列线性表进行排序。要求给出中间每一步的结果。

(1) (81,52,57,22,95,04,83,96,42,32,48,78,14,87,67);

(2) (424,887,807,709,882,616,573,413,679,180,975,264)。

3.10 试编写归并排序的递归算法。

3.11 分别依次读入题 3.9 中的两个无序序列中的元素,构造两个堆。

3.12 用快速排序法对题 3.9 中的两个无序序列进行排序。

3.13 编写下列程序:

(1) 产生 1000 个伪随机数,并依次存入一个数据文件。

(2) 对此 1000 个伪随机数序列分别用冒泡排序、快速排序、谢尔排序和堆排序方法进行排序,并比较它们的运行时间。

3.14 设自然数集合为 $D=\{1,2,3,4,5,6,7\}$,反映元素间前后件关系的二元组集合为

$$R=\{(1,2),(1,3),(2,4),(2,5),(2,6),(3,5),(3,7),(5,7),(6,7)\}$$

试确定一个相对于集合 R 的 D 的拓扑分类序列。

第4章　资源管理技术

当今的计算机系统是一个复杂的系统，它主要包括硬件和软件两大部分，硬件是指构成系统的物理设备，如中央处理器(CPU)、存储器、输入/输出设备等；软件是各种各样的程序及其文档的总称。软件的运行以硬件为基础，需要硬件的支持；而软件又起到了扩充和完善硬件功能的作用。硬件和软件的有机结合可使计算机系统完成各种复杂的操作。

计算机系统中所有的硬件和软件，统称为计算机资源。人们总是希望能够充分利用计算机系统中的所有资源，尽可能增强计算机系统的功能，而且能够为使用者提供良好的工作环境，操作系统正是为此而发展起来的。

由于操作系统的结构庞大、模块众多、各模块之间的联系也很复杂，因此给操作系统的研究带来了一定的难度。为此，人们提出了各种观点，试图给出一种系统的方法，以便研究、分析和设计操作系统的功能、组成部分、工作过程以及体系结构，最典型的如资源管理观点、进程观点、层次观点等。这些观点从不同的角度来分析和研究操作系统，互相并不矛盾。

本章将从资源管理的观点来讨论操作系统的有关技术，而这些技术同样可以用在其他应用软件的设计中。

4.1　操作系统的概念

4.1.1　操作系统的功能与任务

操作系统是最基本和核心的系统软件，也是当今计算机系统中不可缺少的组成部分，所有其他软件都依赖于操作系统的支持。

从计算机系统的组成层次出发，操作系统是直接与硬件层相邻的第一层软件，它对硬件进行首次扩充，是其他软件运行的基础。操作系统实际上由一些程序模块组成，它们是系统软件中最基本的部分，其主要作用有以下几方面：

(1) 管理系统资源，包括对CPU、内存储器、输入/输出设备、数据文件和其他软件资源的管理。

(2) 为用户提供资源共享的条件和环境，并对资源的使用进行合理调度。

(3) 提供输入/输出的方便环境，简化用户的输入/输出工作，提供良好的用户界面。

(4) 规定用户的接口，发现、处理或报告计算机操作过程中所发生的各种错误。

从上述几方面的作用可以看出，操作系统既是计算机系统资源的控制和管理者，又是用户和计算机系统之间的接口，当然它本身也是计算机系统的一部分。因此，概略地说，操作系统是用来控制和管理系统资源、方便用户使用计算机的程序的集合。

如果把操作系统看成计算机系统资源的管理者，则操作系统的功能和任务主要有以下5方面。

1. 处理机管理

处理机是整个计算机硬件的核心。处理机管理的主要任务是：充分发挥处理机的作用，提高它的使用效率。

2. 存储器管理

计算机的内存储器是计算机硬件系统中的重要资源，它的容量总是有限的。存储器管理的主要任务是：对有限的内存储器进行合理的分配，以满足多个用户程序运行的需要。

3. 设备管理

通常，用户在使用计算机时或多或少地要用到输入/输出操作，而这些操作都要涉及各种外部设备。设备管理的主要任务是：有效地管理各种外部设备，使这些设备充分发挥效率；给用户提供简单而易于使用的接口，以便在用户不了解设备性能的情况下，也能很方便地使用它们。

4. 文件管理

由于内存储器是有限的，因此，大部分的用户程序和数据，甚至是操作系统本身的部分以及其他系统程序的大部分，都要存放在外存储器上。文件管理的主要任务是：唯一地标识计算机系统中的每一组信息，以便能够对它们进行合理的访问和控制；以及有条理地组织这些信息，使用户能够方便且安全地使用它们。

5. 作业管理

作业管理是操作系统与用户之间的接口软件，它的主要任务是：对所有的用户作业进行分类，并且根据某种原则，源源不断地选取一些作业交给计算机去处理。

从操作系统的以上五项主要任务可以看出，操作系统实际上是计算机系统资源的管理者。对于实际的一些操作系统，可能由于其性能、使用方式各不相同，使系统功能、基本结构、支持硬件和应用环境等方面也有所不同，因此，操作系统所要完成的任务也各不相同。例如，对于微机操作系统，就不需要作业管理，而重点是处理机管理、文件管理和设备管理。

4.1.2 操作系统的发展过程

操作系统是在计算机技术发展的过程中形成和发展起来的，它以充分发挥处理机的处理能力，提高计算机资源的利用率，方便用户使用计算机为主要目标。本节简要讨论操作系统的形成和发展的过程，以及在每一发展阶段中系统的主要特点与采用的主要技术。

1. 手工操作阶段

在计算机发展的初期，计算机运行的速度比较低，能使用的外部设备也比较少，因此，在这一阶段中，用户以使用机器语言或符号语言的手编程序为主，操作员(用户)通过控制台上的开关来控制计算机的运行，而计算机通过指示灯来显示其运行的状态。在这种手工操作的方式下，由于大量的人工干预，降低了计算机的使用效率，主要体现在以下几方面：

(1) 由于单个用户独占计算机的所有资源，从而使资源得不到充分利用。

(2) 由于用户直接使用计算机硬件资源，因此，要求用户熟悉计算机各部分的细节，这就导致使用很不方便，也容易出错。

(3) 由于进行手工联机操作，人工干预较多，导致辅助时间过长。

以上缺点在计算机发展的初期还不十分突出，但随着计算机运行速度的提高和计算机应用的日益广泛，与程序的实际运行时间相比，人工干预的时间所占的比例越来越大，以至于上机解题的时间大部分花在了手工操作上；并且，非计算机专业的人员使用计算机的不方便性也越来越突出，因此，人工操作方式的弊病也就越来越明显了。

2. 成批处理系统

手工操作存在的根本问题是人工干预过多，因此，要克服手工操作方式的缺点，就必须减少人工干预，实现作业之间转接的自动化，以缩短作业转接时处理机的等待时间，从而比较明显地提高计算机的效率。为此，就出现了成批处理系统。

在早期的成批处理系统中，操作员把若干个作业合为一批，然后按先后次序通过输入机将这批作业读入内存缓冲区，再转储到磁带上，最后由监控程序从磁带上顺序读入每个作业到内存，交给处理机去处理。在处理完一个作业之后，再读入下一个作业进行处理，直到全部输入并处理完这一批作业，再把下一批作业读入磁带，以同样的方式进行处理。由这个过程可以看出，在处理一批作业时，各个作业之间的转接是在监控程序的控制下自动完成的，因此缩短了由于手工操作所造成的处理机等待时间。在这种系统中，手工操作带来的矛盾得以缓和，但由于处理机和输入/输出设备是串行工作的，因此，处理机与输入/输出设备之间速度不匹配的矛盾开始突出，处理机的绝大部分时间处于等待状态。为了进一步提高效率，出现了脱机技术。

在采用脱机技术的系统中，专门设置一台功能较弱、价格较低的小型卫星机来承担输入/输出设备的管理任务。该卫星机只与外部设备相连，不与主机直接连接，因此称之为脱机批处理系统，如图 4.1 所示。

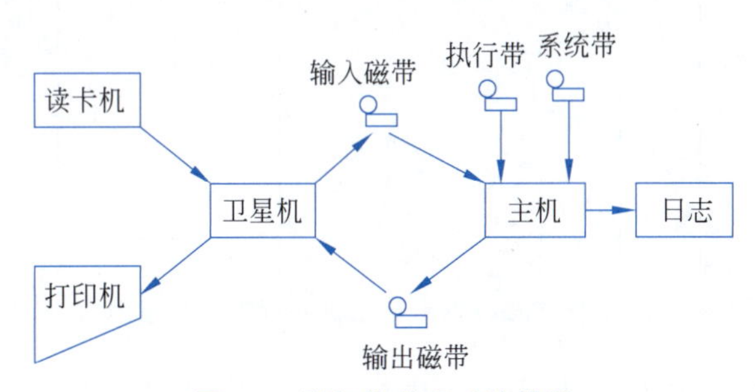

图 4.1　脱机批处理系统模型

在脱机批处理系统中，各个用户作业先由卫星机汇集到输入磁带上，然后由主机从磁带上把作业调到内存，并予以执行。主机在处理输入磁带上的作业时，将产生的输出结果送到输出磁带上，然后由卫星机把处理结果输出到输出设备上，每个作业的结果要在一批作业处理完以后才能得到。这就是脱机的单道程序成批处理系统。

脱机成批处理系统的特点是卫星机与主机并行工作，使主机摆脱了慢速的输入/输出操作；但是，它并没有从根本上解决发挥主机效率的问题。因为主机的运行和磁带机的输入/输出操作都是在程序控制下串行进行的，而磁带机的工作速度远低于主机，因此，主机的大部分时间仍消耗在输入/输出操作上。为了进一步提高系统的效率，有效的方法是使主机和输入/输出设备并行工作。为了使主机和输入/输出设备并行工作，后来人们使用了以通道技术、中断技术和多道程序设计技术为基础的假脱机(SPOOL)技术。

由此可以看出，成批处理系统较之手工操作具有很多的优点。在这样的系统中，提高了计算机系统资源的利用率，特别是处理机的处理能力。同时，由于成批处理系统的出现，推动了软件系统的发展，并且为用户使用计算机提供了方便。

3. 执行程序系统

前面提到,为了充分发挥计算机的效率,必须处理好主机与外部设备在速度上不匹配的问题,因为慢速的输入/输出设备和主机串行工作,势必使主机经常处于等待状态,影响主机效率的发挥。为了解决这个问题,在硬件上引进通道和中断机构,这样就产生了主机和通道之间并行工作的执行程序系统。

通道是一种硬件机构,它独立于处理机而直接控制输入/输出设备与内存之间的数据传送。中断是外界(如输入/输出设备、通道等)向主机报告信息的一种通信方式。为了便于理解执行程序系统的工作原理,下面以在中断方式下进行输入/输出的执行过程为例,说明执行程序系统的工作过程。

当主机需要在外部设备与内存之间传送数据时,首先在内存中开辟一个用于输入/输出的缓冲区,然后执行"启动通道"指令,此时就开始传送成组数据,在传送数据过程中,主机并不等待传送数据的完成,而是继续执行后续指令;当数据全部传送完成后,输入或输出设备报告给主机一个信号(称为中断请求信号),此时,主机暂时中断原来程序的执行,对其进行适当的处理(执行中断处理程序),处理完后(中断处理程序执行完)再继续执行被中断的程序。这个工作过程如图 4.2 所示。

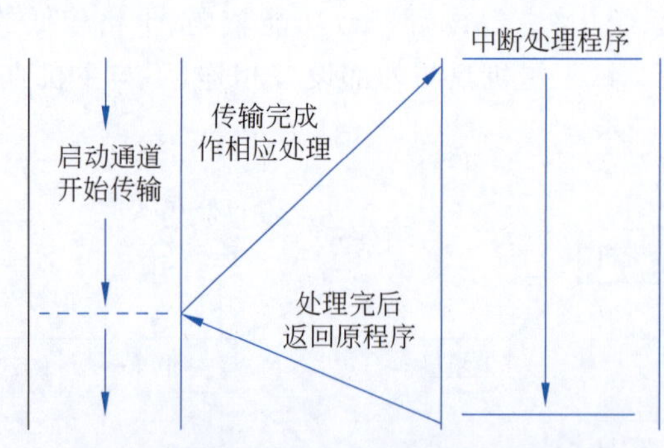

图 4.2　输入/输出与主机并行工作示意图

在这种工作方式下,输入/输出设备与主机并行工作,但要求主机具有较强的中断处理能力。所谓执行程序,包括输入/输出控制程序和中断处理程序。

执行程序系统更充分地利用了系统资源,提高了计算机的执行效率,同时增加了系统的安全性。另外,执行程序系统也简化了用户的使用界面,在程序设计时不必为时间匹配问题而花费精力。

4. 多道程序系统的引入

在执行程序系统阶段,各个用户程序在系统中是顺序执行的,因此,整个系统资源还不能得到充分利用。一般来说,用户程序往往各有处理的侧重点。例如,当执行计算量比较大的程序时,输入/输出设备的利用率就不高;而当计算量较小时,内存空间就得不到充分利用。如果在计算机中同时有多个程序在执行,就有可能使计算机系统中的各种资源更充分地发挥作用。

所谓多道程序技术,是指在计算机内存中同时存放多道相互独立的程序,它们在操作系统的控制下,共享系统的硬件和软件资源。

在单处理机的系统中,并发程序在微观上只能是交替地运行,仅在宏观上可看成并行的。例如，在图 4.3 中，处理机同时在处理两道程序 A 和 B，但由于只有一个处理机，因此，实际上同时只能运行一个程序。假设先运行程序 A，当运行到 XA 处，由于某种原因运行不下去了，此时，处理机不再等待，而是转向运行程序 B，当运行到 XB 处，又由于某种原因运行不下去了，处理机将回到程序 A 的 XA 处运行(此时程序 A 有可能能运行了)，如此继续。从图 4.3 可以看出，在某一小段时间内，处理机只能运行一道程序，但从宏观上来看程序 A 和程序 B 是在同时运行的，这正是这种系统的重要特征。

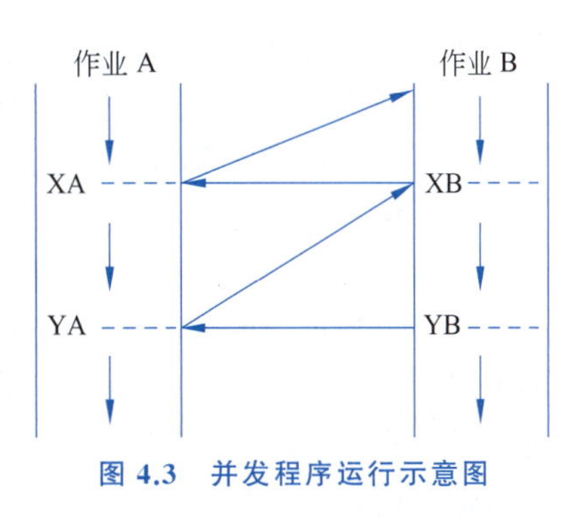

图 4.3　并发程序运行示意图

多道程序系统的显著优点是使主机、通道、输入/输出设备以及计算机系统的其他所有资源得到充分利用，也就是说，多道程序系统既具有并行性，又具有共享性。

4.1.3　操作系统的分类

计算机技术的迅速发展和日益广泛、深入的应用，必然会对操作系统的性能、使用方式等提出不同的要求，这就促使不同的操作系统在系统功能、基本结构、支援硬件和应用环境等方面都各有不同，从而形成不同类型的操作系统。

对操作系统进行分类的方法有很多。例如，按照计算机硬件规模的大小，可以分为大型机操作系统、小型机操作系统和微型机操作系统，它们的硬件资源和结构不同，使用环境也不一样，因此，操作系统设计的基本出发点、所要解决的问题和追求的主要目标都各不相同。按照操作系统在用户面前的使用环境以及访问方式，可以将操作系统分为多道批处理操作系统、分时操作系统和实时操作系统等。

1. 多道批处理操作系统

多道批处理操作系统包含“多道”和“批处理”两层意思。所谓“多道”，是指在计算机内存中存入多个用户作业。所谓“批处理”，是指这样一种操作方式，在外存中存入大量的后备作业，作业的运行完全由系统控制，用户与其作业之间没有交互作用，用户不能直接控制其作业的运行，通常称这种方式为批操作或脱机操作。

在多道批处理操作系统中，系统要根据一定的调度原则，从后备作业中选择一批搭配合理的作业调入内存运行。所谓“搭配合理”，主要是指要充分发挥系统资源的利用率，提高系统的处理能力，同时兼顾用户的响应时间。这类系统一般用于较大的计算机系统，由于它的硬件设备比较全，价格比较高，因此，多道成批处理系统十分注意 CPU 及其他设备的充分利用，以充分发挥资源的利用率为主要目标，追求高的吞吐量。这种系统的特点是，对资源的分配策略和分配机构以及对作业和处理机的调度等功能均经过精心设计，各类资源管理功能既全又强。

2. 分时操作系统

多道批处理系统吞吐量大，资源利用率高，但对用户来说，经常会感到使用不方便。用户一旦把作业交给系统，就失去了对该作业运行的控制能力。然而，对程序运行中的每个细节往往不是事先可以预料得到的，特别是新开发的程序，难免有不少错误或不当之处需要加以修改，因此，在这种情况下，用户希望能干预作业的运行，但多道批处理系统不提供这种程序调试的方便。此外,用户从提交作业到获得计算结果,一般需要等待很长的时间,因此,对于运行小程序的用户来说,大部分时间都花费在交付作业与取结果上,延缓了程序的开发进程。针对多道批处理系统的这些缺点,又出现了一种使用户和程序之间可以交互的系统,这就是分时系统。

在分时系统中,多个用户分享使用同一台计算机,即在一台计算机上联接若干台终端,每个用户可以独占一台终端。所谓分时,是指若干个并发程序对 CPU 的分时,其中每个程序对 CPU 的时间分享单位称为时间片。例如,设时间片长度为 100ms,现有 10 个用户,则操作系统对每个用户的平均响应时间为 10×100ms=1s。也就是说,每个用户轮流使用 100ms 的时间片。

分时系统具有以下几方面的特点:

(1) 同时性。即若干远、近程终端上的用户,在各自的终端上同时使用一台计算机。

(2) 独立性。即同一台计算机上的用户在各自的终端上独立工作,互不干扰。

(3) 及时性。即用户可以在很短的时间内得到计算机的响应。

(4) 交互性。即分时系统提供了人机对话的条件,用户可以根据系统对自己请求的响应情况,继续向系统提出新的要求,便于程序的检查和调试。

由上可知,分时系统显著提高了程序开发与调试的效率,为程序设计与开发者提供了一个理想的开发环境。并且,在分时系统下,用户可以通过终端随时使用本地或远程的计算机,使用起来很方便。此外,各分时系统的用户共享计算机资源,不仅使系统资源得以充分利用,还可以使用户之间方便地交流程序、信息和计算结果等,有利于用户合作完成一项计划。

第一个分时操作系统就是大家所熟悉的 UNIX 操作系统。

3. 实时操作系统

计算机的应用涉及各个领域和各方面,其中信息处理和过程控制是计算机的重要应用领域,且都有一定的实时要求。这种具有实时要求的系统称为实时系统。所谓实时,是指对随机发生的外部事件作出及时的响应并对其进行处理。这里所说的外部事件是指来自计算机系统相连接的设备所提出的服务要求和数据采集。

实时系统分为实时过程控制系统和实时信息处理系统两类。前者用于工业生产的自动控制、导弹发射和飞机飞行等军事方面的自动控制、实验过程控制等;后者用于如机票预订管理、银行或商店的数据处理、情报资料查询处理等方面。这些实时系统的特点是严格的时间限制,它要求计算机对输入的信息作出快速响应,并在规定的时间内完成规定的操作。实时系统都要由适应这种要求的操作系统——实时操作系统进行管理和协调,以满足实际的需要。

4. 通用操作系统

根据实际需要,往往要将以上这些系统的功能组合起来使用,从而形成通用操作系统。例如,成批处理与分时处理相组合,分时作业为前台作业,而成批处理的作业为后台作业,这样,计算机在处理分时作业的空闲时间内,就可以适当处理一些成批作业,以避免时间的浪费,充分发挥计算机的处理能力。同样,成批处理系统也可以与实时系统相组合,此时,实时作业为前台作业,成批处理的作业为后台作业,这样也可以充分发挥系统资源的作用。

5. 优良的操作环境——多窗口系统

现在的计算机，特别是微型计算机已经普及办公室和家庭，使用情况各不相同，使用者的水平也差别很大。因此，如何为用户提供一个简单、方便的操作环境，是推广和普及计算机应用的重要问题。要方便用户使用计算机，最重要的就是系统要向用户提供友好的界面，使用户能够通过简单、明了而且又非常醒目的提示，以尽可能少的操作使用计算机。多窗口系统正是这个目标的体现。

人们通过终端（或键盘与显示器）使用计算机，屏幕的输出管理是用户界面的重要部分。所谓多窗口系统，最初基本上是指管理屏幕上规定部分的输出和输入的工具。随着计算机技术的发展，多窗口系统的功能也在增强。实际上，现代的窗口操作系统已远远超出了上述概念。所谓多窗口，就是把计算机的显示屏幕划分出多个区域，每个区域称为一个窗口，每个窗口负责处理和显示某一类信息。从不同的角度看，对多窗口系统可以有以下 3 种不同的认识：

(1) 从用户或应用的角度来看，多窗口系统是用户可以同时运行多道程序的集成化环境。

(2) 从软件开发者的角度来看，多窗口系统作为集成化环境能够在无关程序之间共享信息。

(3) 一般可以认为，多窗口系统是提供友善的、菜单驱动的、通常有图形能力的用户界面的操作环境。

从上述对多窗口系统的认识中，很容易发现多窗口系统与操作系统之间有很多相似之处，主要体现在以下几方面：

(1) 它们都要提供资源访问能力，同时还要保证用户对资源的共享。操作系统提供存储器、输入/输出设备等资源的共享，多窗口系统提供窗口、事件等资源的共享。

(2) 多窗口系统可以同时运行多个任务，使其具有分时操作系统的特征。

(3) 由于多窗口系统按用户产生的事件来调度各个任务，而用户产生的事件实质上是应该立即处理的中断请求，因此，这种处理方式又使其与实时操作系统相接近。

由此可以看出，多窗口系统实际上是一种功能很强的操作系统。

与其他软件系统一样，多窗口系统的实现方法也各有不同，不同的多窗口系统与操作系统之间有着不同的关系。有的多窗口系统基本上与操作系统分离，是一个独立的操作环境；有的多窗口系统则是操作系统的扩充。但无论是哪一种系统，它们都体现了把与用户友好作为主要目标的设计思想，因为向用户提供友好界面是多窗口系统的基本出发点，主要体现在以下几方面。

1) 灵活、方便的窗口操作

窗口操作是多窗口系统的基本出发点，也是用户使用时的基本操作。灵活、方便的窗口操作功能会使用户感到非常简便。窗口操作通常包括：开辟窗口，选择活动窗口，窗口移动，改变窗口大小，执行窗口命令，对话框操作等。显然，有了这些窗口操作，用户可以随时决定窗口的位置、大小、有无，还可以随时启动命令的执行，而在命令执行过程中还可以与系统“对话”。这样，用户就可以得心应手地对计算机进行各种操作。

一般来说，在多窗口系统中，各种操作命令既可以用键盘中的功能键输入，也可以用鼠标驱动。因此，在多窗口系统中，其操作是很方便的。

2) 弹出式菜单

“菜单”驱动已成为计算机软件中用户接口的典型方式。但在多窗口系统下,各个程序都有自己的菜单,系统还有自己的主菜单,它们不可能在有限的屏幕上同时显示。因此,在多窗口系统中,一般采用“弹出式菜单”方式,即每个应用程序的命令按其性质分成若干组,在窗口上只列出菜单的名字,需要时选择适当的菜单名即可将其菜单“弹出”。

3) 命令对话框

许多命令在执行时要与用户对话,或者提示用户输入一些参数,或者告诉用户某些结果。在多窗口系统中,这种对话一般是通过对话框实现的。若某命令执行时需要和用户对话,就会在屏幕上显示一个对话框,用户可以在对话框内选择对象、输入参数或与程序对话。对话完成后,对话框就会消失。

多窗口系统能提供将多个作业同时展现在用户面前的操作环境,每个作业占据一个窗口,用户可以交替地与各个窗口进行对话,各窗口之间也可以互相通信、交换信息。显然,这种操作环境对用户是十分方便的。目前,作为多窗口系统的 Microsoft Windows 系统已在各种计算机上广泛应用。

4.2 多道程序设计

操作系统的主要目标是提高计算机系统的处理效率,增强系统中各种硬件的并行操作能力。为了达到这个目标,必须要求程序结构适应并发处理的需要,使计算机系统中能够同时存在两个或两个以上正在执行的程序。为此引出了多道程序设计的问题。

在多道程序系统中,因为在系统中同时有多个程序在执行,这些程序具有并行性、制约性、动态性等特点,因此,传统的程序设计方法中所用的程序概念已难以反映系统中的各种复杂情况,顺序程序的结构已不能适应系统的需要,为此有必要引进一些新的概念。本节将围绕多道程序设计的一些基本问题进行讨论。

4.2.1 并发程序设计

许多问题的处理过程都有着特定的顺序,用来处理这些问题的相应程序,其执行也必然有一定的先后次序。也就是说,在这种情况下,程序中与各个操作相对应的程序段的执行一定是顺序的。这样的程序称为顺序程序。具体地说,所谓顺序程序设计,是指所设计的程序具有以下 3 个特点:

(1) 程序所规定的动作严格地按顺序执行,即每个动作都必须在上一个动作执行完成以后才开始。或者说,每个动作都必须在下一个操作开始执行之前结束。这就是程序的顺序性。

(2) 程序一旦开始执行,其计算结果不受外界因素的影响。由于一道程序独占系统中的各种资源,所以,只有程序本身的执行动作才可能改变程序运行的环境(包括累加器、变址器、存储单元和指令计数器等)。由此可以断定,顺序程序本身就可以决定自己的行动路线,也就是说,顺序程序的静态文本与其计算过程有着一一对应的关系。这就是顺序程序的封闭性。

(3) 在程序运行过程中,任何两个动作之间的停顿对程序的计算结果不产生任何影响,即程序的计算结果与它的运行速度无关。只要给定相同的初始条件，并给予同样的输入，重复执行同一个程序一定会得到相同的结果。这就是顺序程序的可再现性。

顺序程序所具有的顺序性、封闭性和可再现性的特点，使得程序设计者能够控制程序执行的过程（包括执行顺序、执行时间），对程序执行的中间结果和状态可以预先估计，这样就可以方便地进行程序的测试和调试。顺序程序的 3 种常见类型如图 4.4 所示。

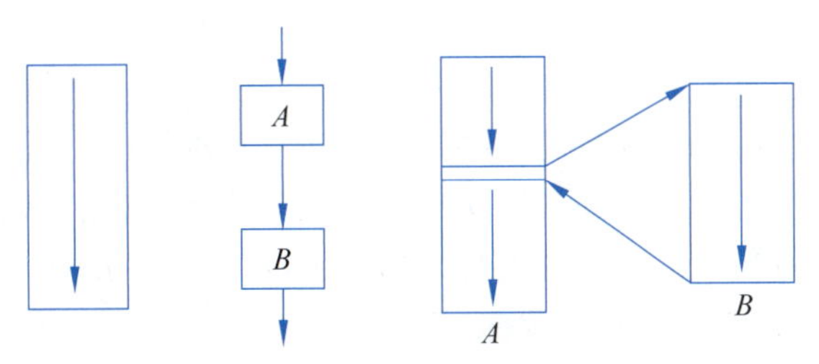

图 4.4　顺序程序的 3 种常见类型

为了充分利用系统资源，提高系统的效率，除了在硬件上采用通道技术、中断技术等措施，使设备间实现并行操作外，还要从软件上采取相应的措施，使多个程序能并发执行。

所谓多个程序并发执行，只有在多处理机系统中才可能做到物理上的真正并行。而在单处理机的系统中，这些程序只能在逻辑上或在宏观上做到并行执行。也就是说，在单处理机的情况下，所谓并发执行，是指多个程序的运行在时间上是重叠的，一个程序的运行尚未结束，另一个程序的运行已经开始，而并不是说这些程序在某一时刻同时占用处理机在运行。

多个程序并发执行是多道程序系统的特点。在多道程序系统中，不但作业之间可以并行运行，而且一个作业的各计算部分之间也可以并行运行。这是因为对于多数作业来说，各操作之间往往只是部分有序，即有些部分要求顺序地串行执行，有些部分可以并行地执行。显然，并发程序的执行情况与顺序程序的执行情况是很不相同的，它比顺序程序的执行情况要复杂得多，程序设计时要考虑的因素也多得多。考虑各种并行性的程序设计方法称为并发程序设计。

为了进行并发程序设计，必须考虑并发程序的执行所带来的新问题。下面以具体的例子来说明并发程序在执行过程中的特点。

1）并发程序没有封闭性

顺序程序具有封闭性，程序执行后的输出结果是一个与时间无关的函数。但是，在并发程序的执行过程中，某个程序中的变量可能被另外程序的执行所改变；或者某个程序中的变量在用另外一个程序输出时，不同时刻其输出值可能是不一样的。即并发程序的输出结果与各程序执行的相对速度有关，失去了程序的封闭性这个特点。

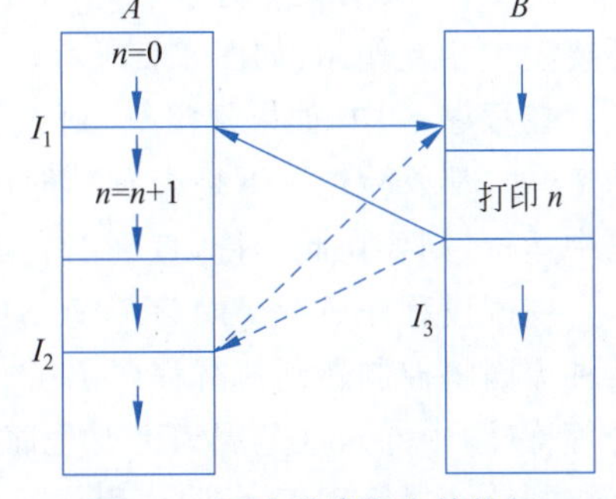

图 4.5　两个并发程序的执行

例 4.1　设有两个并发程序 A 和 B 互相独立运行，如图 4.5 所示。当程序 A 执行到 I_1 时，由于某个原因，将控制转到执行程序 B，由程序 B 打印 n 的值为 0，而后当程序 B 运行到 I_2 时，又将控制转到执行程序

A,接着 I_1 之后继续执行。

现假设程序 B 运行的速度慢一些,如果在程序 A 运行到 I_3 时,才将控制转到执行程序 B(如图中虚线所示),此时由程序 B 打印的 n 值为 1,而不是 0。

从这个例子可以看出,程序 B 的运行结果与它们的相对运行速度有关,这就说明程序没有封闭性。因为程序的执行结果与时间有关,因此,结果是不可再现的,即使输入相同的初始条件,也可能得到不同的结果,这称为"结果的不确定性"。

2)程序与其执行过程不是一一对应的关系

在顺序程序设计中,由程序的封闭性决定了程序与其执行过程是完全对应的,程序的执行路径、执行时间和所执行的操作都可以从程序中反映出来。但在多道程序并发执行的情况下,程序的执行过程由当时的系统环境与条件所决定,程序与其执行过程就不再有一一对应的关系。当多个执行过程共享某个程序时,它们都可以调用这个程序,调用一次即对应一个执行过程,也就是说,这个共享的程序对应多个执行过程。

例 4.2 设有两个并发程序 A 和 B,它们在执行过程中都要调用程序 C,如图 4.6 所示。

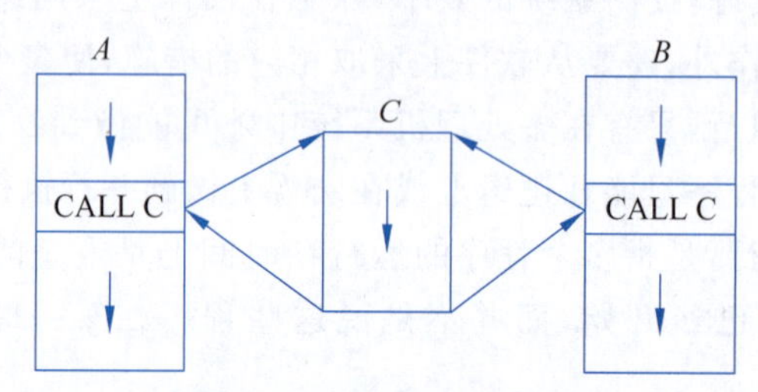

图 4.6 并发程序的共享

在这种情况下,程序 C 包含在来自程序 A 和程序 B 的两个不同执行过程中。显然,程序 C 与它的执行过程并不是一一对应的。在此特别要指出,这里的程序 C 要能够为不同的程序所共享,因此,在其执行过程中,本身不能有任何修改,这种可共享的过程称为纯过程或可重入过程。例如,在多道程序环境下,两个用户作业都需要用 C 编译程序,为了减少编译程序副本,它们共享一个编译程序,这样,一个编译程序能同时为两个作业服务,即这个编译程序对应两个执行过程。在这种情况下,C 编译程序必须是可重入程序。

3)程序并发执行可以互相制约

并发程序的执行过程是复杂的,这是因为它们之间不但可能有互为因果的直接制约关系,而且还可能由于共享某些资源或过程而具有间接的互相制约关系。

例 4.3 设有两个并发程序 A 和 B,它们不仅共享程序 S,并且,它们在分别执行 S 时还要发生相互作用,如图 4.7 所示。

在程序 S 中,如果规定 I_1 到 I_3 这段代码只能属于一个计算过程,则当某个执行过程到达 I_1 处,都要检查一下是否有其他计算在这段代码中运行,如果已有一个计算正在这段代码中运行,则要在此等待,直到已有的计算退出 I_3 时才唤醒在 I_1 处等待的计算。

现假设程序 A 先调用了程序 S(图中①),并且在穿过 I_1 之后到达 I_2 时(图中②),由于某种原因将控制转到执行程序 B(图中③与④),而程序 B 又调用程序 S(图中⑤),并在 I_1 处等待(图中⑥),这是因为已有程序 A 调用程序 S 的计算在 I_1 到 I_3 这段代码中。此时又将控制转到执行程序 A 调用程序 S 的过程(图中⑦),当运行到 I_3 的计算时唤醒程序 B 调用程序 S 的过程,然后继续运行(图中⑧),直到退出程序 S 返回到程序 A(图中⑨),或者将

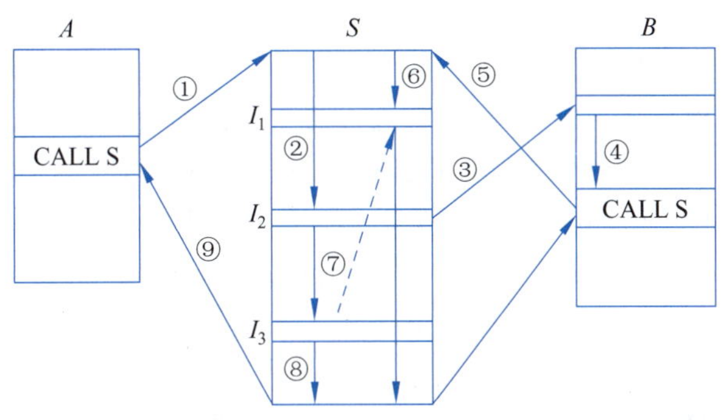

图 4.7　有制约关系的并发程序

控制转到执行程序 B 调用程序 S 的过程。

由此可以看出，并发程序 A 和 B 在执行过程中可以互相制约。在这个例子中，其相互制约点发生在程序 S 中。并发程序的这些特点说明它与顺序程序之间有着本质的区别，并发程序具有并行性和共享性，而顺序程序则以顺序性和封闭性为基本特征。

4.2.2　进程

1. 进程的基本概念

在多道程序系统的环境下，程序是并发执行的，在执行过程中它们互相制约，系统与其中各程序的状态在不断地变化，因此，系统的状态和各程序在其中活动的描述一定是动态的概念。程序是一个静态的概念，因此，程序本身不能刻画多道程序并发执行时的动态特性和并行特性，也就不能深刻地反映并发程序的活动规律和状态变化。为此，需要引进一个能够从变化的角度，动态地反映并发程序活动的新概念，这就是进程。

所谓进程，是指一个具有一定独立功能的程序关于某个数据集合的一次运行活动。简单地说，进程是可以并发执行的程序的执行过程，它是控制程序管理下的基本的多道程序单位。

由此可以看出，进程与程序有关，但它与程序又有本质的区别，主要反映在以下几方面。

(1) 进程是程序在处理机上的一次执行过程，它是动态的概念；而程序只是一组指令的有序集合，其本身没有任何运行的含义，它是一个静态的概念。

(2) 进程是程序的执行过程，是一次运行活动。因此，进程具有一定的生命期，它能够动态地产生和消亡。即进程可以由创建而产生，由调度而执行，因得不到资源而暂停，以致最后由撤销而消亡。也就是说，进程的存在是暂时的。而程序是可以作为一种软件资源长期保存的，它的存在是永久的。

(3) 进程是程序的执行过程，因此，进程的组成应包括程序和数据。除此之外，进程还包括由记录进程状态信息的“进程控制块”。

(4) 一个程序可能对应多个进程。例如，图 4.6 中的程序 C 对应了两个进程，一个是程序 A 调用它执行的进程，另一个是程序 B 调用它执行的进程。又如，当有多个 C 源程序共享一个编译程序同时进行编译时，该编译程序对应每个源程序的编译过程，都可以看作编译程序在不同数据上的运行，因此，它对应了多个不同的进程，这些进程都运行同一个编译程序。

(5) 一个进程可以包含多个程序。例如，主程序执行过程中可以调用其他程序，共同组成一个运行活动。

2. 进程的状态及其转化

进程是程序的执行过程,它具有一定的生命期,并且,在进程的存在过程中,由于系统中各进程并发执行以及相互制约的关系,使各进程的状态会不断发生变化。一般情况下,一个进程并不是自始至终都处于运行状态,而是时而处在运行状态,时而又由于某种原因暂停运行而处于等待状态,当使它暂停的原因消失后,它又处于准备运行的状态。这就是说,进程有着"走走停停"的活动规律,而它从"走"到"停"和从"停"到"走"的变化是由系统中的不同事件引起的。一般来说,一个进程的活动情况至少可以划分为以下 3 种基本状态。

1) 运行状态

处于运行状态下的进程实际上正占据着 CPU。显然,处于这种状态的进程数目不能多于 CPU 的数目。在单 CPU 的情况下,处于运行状态的进程只能有一个。

2) 就绪状态

这种状态下的进程已获得了除 CPU 以外的一切所需的资源,只是因为缺少 CPU 而不能运行,一旦获得 CPU,它就能立即投入运行。这种状态下的进程也称为逻辑上是可以运行的进程。

3) 等待状态

一个进程正在等待某一事件(如等待输入/输出操作的完成,等待某系统资源,等待其他进程来的信息等)的发生而暂时停止执行。在这种状态下,即使把 CPU 分配给它,该进程也不能运行,即处于等待状态,又称为阻塞状态或封锁状态。处于等待状态的进程有时也称为逻辑上是不可执行的。

一个作业(程序)一旦被调入内存,系统就为它建立一个或若干个进程。而每个进程的创建是以建立进程控制块为标志。一个进程被创建后,并不是固定地、静止地处于某个状态,而是随着进程自身的推进和外界条件的变化其状态在不断地变化。也就是说,进程的 3 种基本状态之间在一定的条件下是可以互相转化的。图 4.8 表示了进程的 3 种基本状态之间在一定条件下的转化。

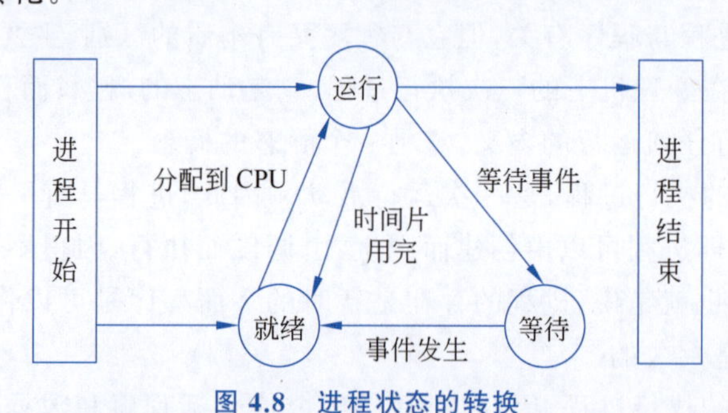

图 4.8　进程状态的转换

进程 3 种状态之间的转换条件如下:

(1) 处于就绪状态的进程,一旦分配到 CPU,就转为运行状态。

(2) 处于运行状态的进程,当需要等待某个事件发生才能继续运行时,则转为等待状态;或者由于分配给它的时间片用完,就让出 CPU 而转为就绪状态。

(3) 处于等待状态的进程,如果它等待的事件已经发生,即条件得到满足,就转为就绪状态。

通常,刚创建的进程可以处于 3 种状态中的任何一种,但一个进程只能在运行终止后结

束。也就是说，进程只能在运行状态下结束。

3. 进程控制块及其组织

一个进程的存在，除了要有程序和操作的数据这个实体外，更重要的是，在创建一个进程时，还要建立一个能够描述该进程执行情况，能够反映该进程和其他进程以及系统资源的关系，能够刻画该进程在各个不同时期所处的状态的数据块，即进程控制块（Process Control Block，PCB）。

1）PCB

PCB是由系统为每个进程分别建立的，用来记录对应进程的程序和数据的存储情况，记录进程的动态信息。系统根据PCB而感知进程的存在，根据PCB中的信息对进程实施控制管理。当进程结束时，系统即收回它的PCB，进程也随之消亡。因此可以说，PCB是一个进程存在的标志。

为了能够充分地描述一个进程，PCB中通常应包括以下一些基本内容：

（1）进程名。它是唯一标识对应进程的一个标识符或数字，系统根据该标识符来识别一个进程。

（2）特征信息。它反映了该进程是不是系统进程等信息。

（3）执行状态信息。说明对应进程当前的状态。

（4）通信信息。反映该进程与其他进程之间的通信关系。例如，当进程处于等待状态时，指明等待的理由等。

（5）调度优先数。用于分配CPU时参考的一种信息，它决定在所有就绪的进程中，究竟哪一个进程先得到CPU。

（6）现场信息。在对应进程放弃CPU（由运行状态转换为就绪或等待状态）时，处理机的一些现场信息（如指令计数器值，各寄存器值等）保留在该进程的PCB中，当下次再恢复运行时，只要按保存值重新装配即可继续运行。

（7）系统栈。这是在对应进程进入操作系统时，实行子程序嵌套调用时用的栈，主要用于保留每次调用时的程序现场。系统栈的内容主要反映对应进程在执行时的一条嵌套调用路径上的历史。

（8）进程映像信息。用来说明该进程的程序和数据存储情况。

（9）资源占有信息。指明对应进程所占有的外设种类、设备号等。

（10）族关系。反映该进程与其他进程间的隶属关系。例如，该进程是由哪个进程建立的，它的子进程是谁等。

除此之外，进程控制块中还包含文件信息、工作单元等内容。总之，进程控制块中的这些信息为系统对进程的管理和控制提供了依据。

2）进程的组织

系统中有许多进程，它们所处的状态各不相同，有的处于就绪状态，有的处于等待状态（等待的原因又各不相同），还有正在运行的进程。对这些处于不同状态的进程的物理组织形式将直接影响系统的效率。对进程的物理组织方式通常有线性表和链接表两种。

在线性表组织方式中，一种方法是将所有不同状态进程的PCB组织在一个表中。这种方法最为简单，适用于系统中进程数目不多的情况，其缺点是管理不方便，经常要扫描整个表，影响了整个系统的效率。

线性表形式的另一种组织方法是,分别把具有相同状态进程的 PCB 组织在同一个表中,这样就分别构成就绪进程表、各种等待事件的等待进程表以及运行进程表(多处理机系统中)。

链接表组织形式是按照进程的不同状态将相应的 PCB 放入不同的带链队列。特别要指出的是,等待队列有多个,它们分别等待在不同的事件上,当某个事件发生后,则要把相应的等待队列中的所有 PCB 送到就绪队列中。采用链接表的优点在于使系统的进程数目不受限制,可以动态地申请;又由于各种等待状态的队列是分开的,管理起来比较方便。

4. 死锁问题

操作系统的主要目标之一就是充分利用系统资源,为此,它允许多个进程并发执行,并且共享系统的软硬件资源。由于各进程互相独立地动态获得,不断申请和释放系统中的软硬件资源,这就有可能使系统出现这样一种状态:其中若干进程均因互相"无知地"等待对方所占有的资源而无限地等待。这种状态称为死锁。

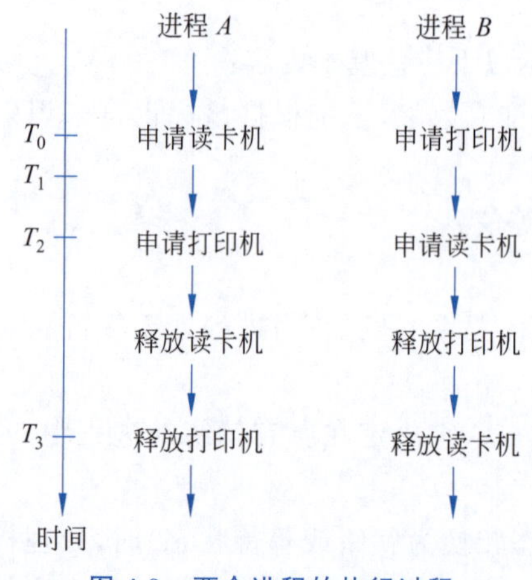

图 4.9 两个进程的执行过程

下面举例说明死锁现象是如何发生的。

例 4.4 有两个进程 A 和 B,它们都根据自己的需要申请和释放读卡机和打印机。现假设系统有读卡机和打印机各一台,两个进程的执行过程如图 4.9 所示。

当系统在时间 T_0 时,进程 A 和进程 B 分别申请读卡机和打印机,此时系统可以满足它们的要求;当时间到达 T_2 时,这两个进程又分别申请打印机和读卡机,但此时由于进程 A 申请的打印机已为进程 B 所占有,进程 B 申请的读卡机已为进程 A 所占有,因此,两个进程都不可能前进一步,发生了死锁。如果进程 A 的运行速度大于进程 B 的运行速度,并且仅当进程 A 到达时间 T_3 时,进程 B 再申请打印机,就不会发生死锁了。

由此可以看出,死锁的发生是与进程的相对运行速度有关的,而进程的相对运行速度又是不可预测的,因此,死锁是一种与时间有关的问题,并且是不可再现的。

例 4.5 假设系统中有 10 台磁带机,由 A、B、C 三个进程所共享。现假设 A、B、C 已分别占用了 2 台、3 台和 2 台磁带机,它们的最大需求量分别为 4 台、6 台和 8 台,如表 4.1 所示,并且假设每个进程只有满足了最大需求量后才可能释放其所有的资源。

表 4.1 3 个进程共享资源情况

进程名	已分配数	还要申请数	最大需求量	进程名	已分配数	还要申请数	最大需求量
A	2	2	4	C	2	6	8
B	3	3	6				

由表 4.1 可以看出,当前系统还剩下 3 台磁带机。假设 C 又申请了 3 台,则磁带机全部分配完,此时如果这三个进程再提出进一步的申请,则系统已无法满足它们了,但又由于每个进程都还没有满足自己最大需求量的要求,因此,它们也都不会释放自己所占用的磁带

机，于是它们都处于等待状态，发生了死锁。

为了避免死锁的发生，有必要分析死锁发生的必要条件，只要设法破坏其中的某一个必要条件，自然也就避免了死锁的发生。通过以上两个例子，可以总结出发生死锁的4个必要条件如下：

(1) 资源的独占使用。在例4.4中，由于读卡机和打印机只能是一个进程用完了才能为其他进程所使用，因此有可能发生死锁。

(2) 资源的非抢占分配。在例4.4中，一个进程占用了读卡机，另一个进程就不能把它抢夺过来，而只能等它用完。

(3) 资源的部分分配。对于某类资源，若干个进程每次只申请其最大需求量的一部分。在例4.5中，如果进程C一次申请8台磁带机，则不会发生死锁。

(4) 对资源的循环等待。在例4.4中，一个进程占有打印机而申请读卡机，另一进程则占有读卡机而申请打印机，这样就导致发生了死锁。

以上是发生死锁的必要条件，即当这四个条件中有某一条件满足时，有可能发生死锁，但也并不是一定会发生死锁。根据发生死锁的条件，在一个进程运行之前就可以预防。采用的方法是实行资源的静态分配，即在一个进程运行之前一次性地申请它所需要的全部资源，这样就破坏了上面的第三个必要条件，即资源的部分分配。但是，这样做的结果会导致系统开销大，系统的资源不能有效地得到利用。这是因为，在一个进程静态分配得到的资源中，某些资源可能只用很短的一段时间，但它也要一直占据。但这种方法比较简单，仍然具有一定的实用价值。

另一种方法是在运行期间避免死锁的发生。通常采用的算法有资源顺序分配法和银行家算法两种。所谓资源顺序分配法，就是将系统中所有种类的资源进行顺序编号，当某一进程提出申请时，只能按照编号增加(或减小)的方向进行。这种方法实际上破坏了死锁发生的第四个必要条件，即资源的循环等待。银行家算法允许资源动态地进行部分分配。为了避免在运行过程中发生死锁，系统对每一种资源的分配提供一种算法。当某个进程申请资源时，就用相应的算法去计算，以确定允许这一申请是否会造成死锁。如果计算结果表明有可能发生死锁，则不予分配，否则将该资源分配给它。这种方法过于保守，需要的计算时间很长。

还有一种常用而简单的方法是事先并不防止死锁的发生，而是在死锁发生时，及时地发现它，并让系统从死锁状态中解脱出来。例如，当死锁发生后，抽掉若干作业，重新启动系统。这是因为死锁是不可再现的，当适当改变了各进程的相对运行速度后，原来的死锁现象就可能不会出现了。

4.2.3 进程之间的通信

1. 进程的互斥与同步

若干进程在活动过程中，由于共享系统资源而存在着各种相互制约的关系，这种制约通常由操作系统进行协调处理。另外，当多个进程需要对系统中的同一个数据块进行操作时，这些进程之间还存在着协调和配合的问题，需要按一定的方式进行信息传递，这就是进程之间的通信。进程通信可分为互斥和同步两类。

1) 进程的互斥

互斥关系是进程之间的一种制约关系，是协调进程之间关系的一种特殊规则，即“多个操作决不能在同一时刻执行”。当多个进程共享数据块或其他排他性使用的资源时,不能同时进入存取或使用,但进入的次序可以任意,这些进程之间的这种制约关系称为互斥。这种排他性使用的资源,即一次只允许一个进程使用的资源称为临界资源。下面举例说明进程互斥的概念。

例 4.6 设有两个进程 A 和 B,进程 A 负责为用户作业分配打印机,进程 B 负责释放打印机,它们共用一张打印机分配表,如表 4.2 所示。在表 4.2 中,分配标志“1”表示该台打印机已分配出去,“0”表示该台打印机为空闲。

表 4.2 打印机分配表

打印机台号	分配标志	用户名	用户定义的设备号	打印机台号	分配标志	用户名	用户定义的设备号
0	1	LI	3	2	1	ZHAO	9
1	0			3	0		

(1) 进程 A 分配打印机的过程为:

① 逐项检查分配标志,找出分配标志为 0 的台号;

② 把该台分配标志置 1;

③ 把用户名和设备号填入分配表中相应的位置。

(2) 进程 B 释放打印机的过程为:

① 逐项检查分配表的各项信息,找出分配标志为 1,并且用户名和设备号与被释放的用户名和设备号相同的打印机台号;

② 该台分配标志置 0;

③ 清除该台打印机的用户名和设备号。

现假设进程 B 在释放用户 LI 所占用的第 0 台打印机过程中,在执行第③步之前被夺走 CPU,接着进程 A 开始为用户 ZHEN 分配设备号为 5 的打印机。此时,进程 A 发现第 0 台打印机的分配标志为 0,则把该台打印机分配出去,并填入用户名 ZHEN 和设备号 5,然后返回到进程 B。进程 B 继续执行第③步,结果把刚才进程 A 填入的用户名 ZHEN 和设备号 5 清除。很显然,由于没有协调好进程 A 和进程 B 之间的关系,而导致了错误的结果。

在这个例子中,进程 A 和进程 B 共享打印机分配表这一临界资源,它们不能同时对打印机分配表进行填写。只有当一个进程读写完成后,另一进程才能对它进行读写。也就是说,进程 A 和进程 B 应是互斥的。

在具有互斥关系的各进程中,访问临界资源的程序段称为临界区或临界段。显然,临界区是相对于某一资源而言的,对于同一公共变量的若干临界区,必须互斥地进入;即对公共变量的操作实现互斥执行,而对于不同资源的临界区不必互斥地执行。

为了禁止两个进程同时进入临界区,必须要协调它们的关系。例如,上例中进程 A 和进程 B 之间的关系可以协调,如图 4.10 所示。

互斥主要是解决并发进程对临界区的使用问题。进程之间这种基于临界区控制的交互作用是比较简单的,只要各进程对临界区的执行互斥,每个进程就可以忽略其他进程的存在和作用。

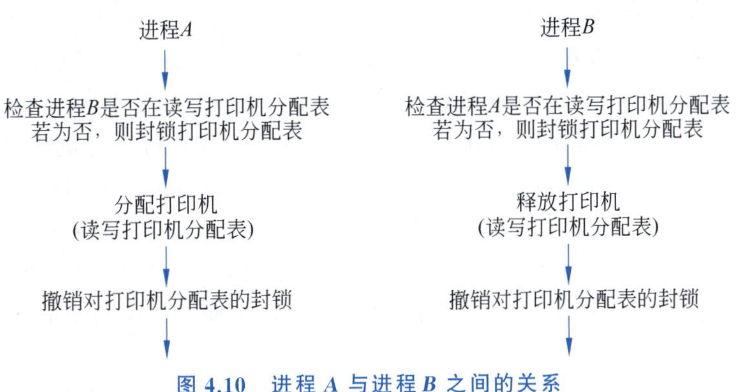

图 4.10　进程 A 与进程 B 之间的关系

2）进程的同步

在多道程序系统中，多个并发执行的进程之间还可能存在协同工作的关系。在这种情况下，相互合作的一组并发进程，其中每一个进程都以各自独立的、不可预测的速度向前推进，但它们又需要密切合作，以共同完成一个任务。为此，这些进程之间必须协同动作，互相配合，还要互相交换信息。进程之间为了合作完成一个任务，而需要互相等待和互相交换信息的相互制约关系称为同步。下面举例说明进程之间的同步关系。

例 4.7　设有一个计算进程 C 和一个打印输出计算结果的进程 P，它们合作完成计算并输出结果的任务，在工作过程中使用同一个缓冲区。为了正确完成计算并输出结果，它们之间必须是同步工作的。当计算进程 C 尚未完成对数据的计算，还没有把结果送到缓冲区之前，打印进程 P 应该等待；一旦计算进程 C 把计算结果送入缓冲区，则应给进程 P 发出一个通知信号，进程 P 收到通知信号后，便可以从缓冲区取出计算结果进行打印。反之，在进程 P 把缓冲区中的计算结果取出打印之前，进程 C 也不能把下一次的计算结果送入缓冲区。因此，进程 P 在取走缓冲区中的计算结果打印后，也要给进程 C 发送一个信号，进程 C 只有在收到该信号后，才能向缓冲区送下一个计算结果。这就是计算进程 C 和打印进程 P 之间的同步关系，如图 4.11 所示。

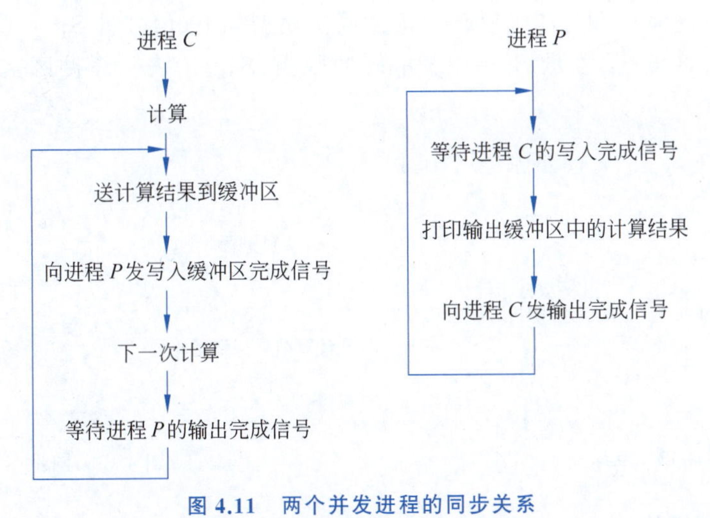

图 4.11　两个并发进程的同步关系

由上所述可以看出，并发进程之间存在着互斥与同步的制约关系。实际上，互斥也是一种特殊的同步关系。进程之间为了实现互斥或同步,需要有信息传递,也就是说需要进行通信。为此,需要一种实现进程之间通信的机构,这种机构通常称为通信原语。通信原语分为低级通信原语和高级通信原语两种,分别用于不同的通信需要。

进程的同步是通过通信来实现的。根据通信情况的不同,可以把进程之间的同步分成信号同步与信件同步。在信号同步情况下,发送者只给对方发出一个简单的信号,接收者在收到该信号后,就能够知道其中的含义,从而采取相应的操作。信件同步则不同,发送者向对方发出的不是简单的信号,而是一个复杂的信件,接收者收到信件后,要对信件进行分析,然后采取相应的操作。低级通信原语用于信号同步,高级通信原语用于信件同步。

2. P/V 操作

P/V 操作属于低级通信原语,它用一个信号量来实现进程之间的通信。信号量是一个只能由 P 操作和 V 操作改变其值的整型变量。

设 S 是一个信号量,对信号量的 P 操作记为 $P(S)$,对信号量的 V 操作记为 $V(S)$。

P 操作 $P(S)$ 的定义如下:

(1) $S=S-1$。

(2) 若 $S\geqslant 0$,则当前进程继续运行;否则置当前进程为等待状态,并将它加入 S 的等待队列。

V 操作 $V(S)$ 的定义如下:

(1) $S=S+1$。

(2) 若 $S>0$,则当前进程继续运行;否则将 S 等待队列中的排头进程转为就绪状态,且当前进程继续运行。

必须指出,$P(S)$ 与 $V(S)$ 操作都是不可分割的原子操作,即在一个进程执行 P/V 操作期间,其他进程不能改变信号量 S 的值。

利用 P/V 操作,能够有效地实现互斥模型。例如,设 S 为一个信号量,则可以用 P/V 操作实现例 4.6 中进程 A 和进程 B 的互斥模型(设初始状态为 $S=1$),如图 4.12 所示。

同样,也可以利用 P/V 操作实现同步模型。例如,如图 4.13 所示,可以用 P/V 操作实现例 4.7 中计算进程 C 和打印进程 P 之间的同步模型如下(信号量 $S_1=0$ 表示缓冲区空,$S_1=1$ 表示缓冲区满;信号量 $S_2=0$ 表示缓冲区满,$S_2=1$ 表示缓冲区空。初始状态为 $S_1=0$ 和 $S_2=1$)。

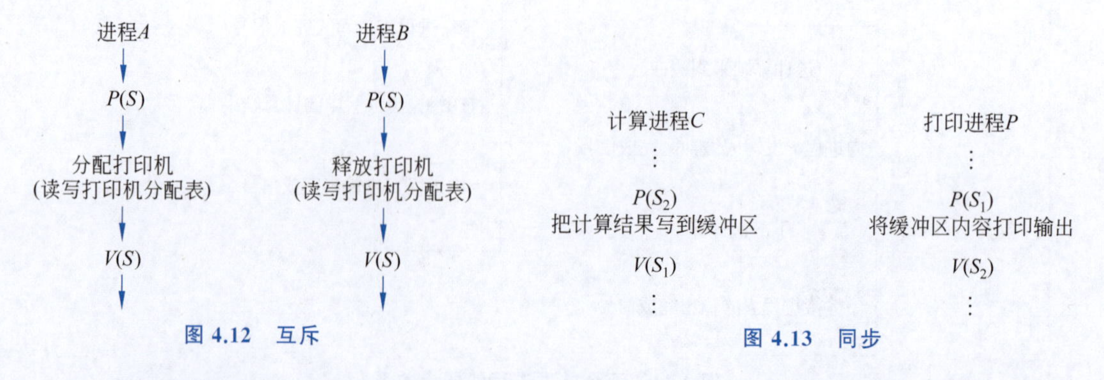

图 4.12 互斥　　　　图 4.13 同步

3. 消息缓冲通信

消息缓冲是进程之间的高级通信工具。在这种通信方式下,发送进程直接发送一个消

息给接收进程。所谓消息，实际上就是进程之间相互传送的赖以发生交互作用的有结构的数据。消息由消息头和消息正文组成，消息头包括消息发送者、消息队列中下一个消息的指针和消息的长度（字节数）等信信息。消息的结构如图 4.14 所示。

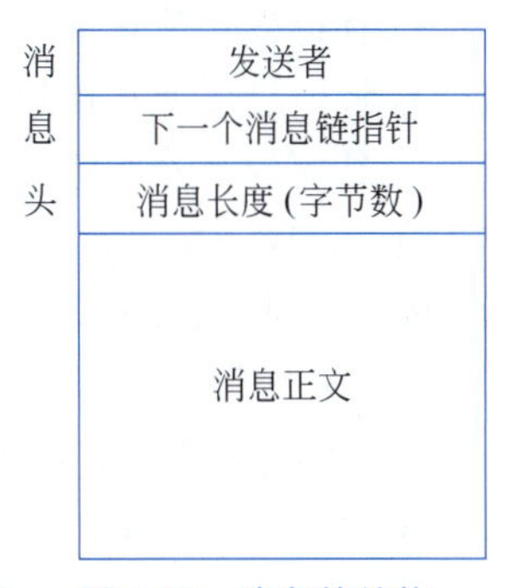

图 4.14　消息的结构

进程之间的通信往往不是“一对一”的形式，一个进程可以与多个进程通信，即一个进程可以向多个进程发送消息，它也可以接收不同进程发来的消息。每个进程为了接收和处理这些消息，把各个进程发送给它的消息组织成消息队列，各消息之间用“链”连接起来，该消息链的头指针通常就放在每个进程的 PCB 中。

消息缓冲通信方式的通信机构是发送原语和接收原语。下面简要介绍利用发送原语和接收原语进行进程通信的过程。

假设进程 A 向进程 B 发送消息，则进程 A 发送消息和进程 B 接收消息的过程如图 4.15 所示。

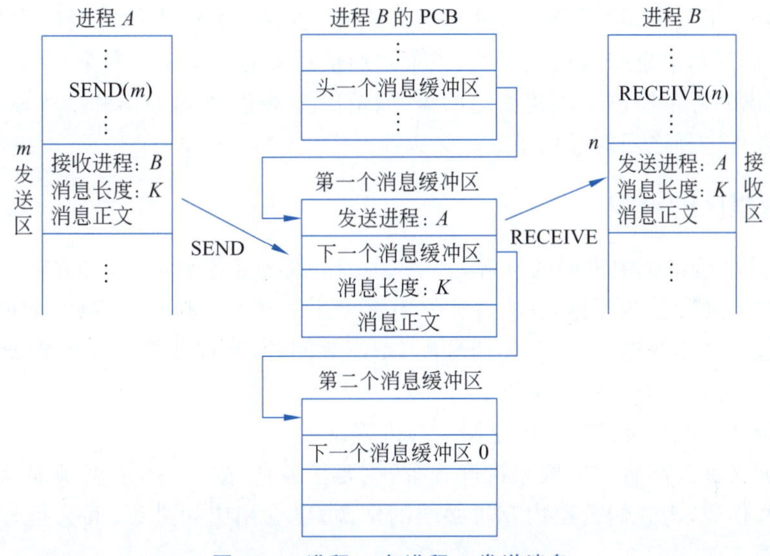

图 4.15　进程 A 向进程 B 发送消息

发送消息进程 A 的操作如下。

（1）在本进程空间内开辟一个发送区。

（2）把要发送的消息正文以及接收进程的名字 B 和消息长度填入发送区。

（3）用发送原语把消息发送出去。

发送原语的形式为

```
SEND(发送区起始地址)
```

发送原语的功能是：

- 申请一个消息缓冲区。
- 把消息正文和消息长度复制到缓冲区。

- 查得发送消息进程名 A,并填入缓冲区。
- 将消息缓冲区挂到接收进程 B 的消息队列末尾(链尾);此时若进程 B 正因等待消息而处于等待状态,则被唤醒。

经过这样一个过程,进程 A 就完成了一次消息发送。

接收消息进程 B 的操作如下:

(1) 在本进程空间内指定一个接收区。

(2) 用接收原语把消息缓冲区中的消息取到接收区。

接收原语的形式是:

```
RECEIVE(接收区起始地址)
```

接收原语的功能是:

- 将本进程消息队列队头的缓冲区中的消息发送者、消息长度和消息正文取到接收区。
- 释放该消息缓冲区。

在进行实际通信时,通信的两个进程之间往往需要多次互发消息,才能完成由于一次服务请求而引起的通信的全过程。

在高级通信工具中,除了消息缓冲通信方式外,还有一种称为信箱通信,它是消息缓冲通信的改进,但其基本思想是很相似的,只不过通信过程的实现较为复杂一些。在信箱通信方式中,要提供的通信原语有创建信箱原语、撤销信箱原语、发送原语和接收原语,利用这些原语就可以进行进程之间的通信了。

4.2.4 多道程序的组织

CPU 是计算机系统中重要的资源之一。在多道成批处理系统中,有许多等待运行的后备作业在作业队列中排队等待,在内存中则有多个进程在并发执行。因此,如何从大量的后备作业中挑选一些作业进入内存,如何分配 CPU 等问题,是操作系统中资源管理的重要问题,这个问题通常称为处理机的调度。

处理机调度一般分为两级:作业调度与进程调度。

作业调度又称为高级调度或宏调度,它的主要任务是,按照一定的原则从大量的后备作业中选取一些作业,为它们分配内存等必要的资源,建立相应的进程,并为运行完成的作业做好善后处理工作。

进程调度又称为低级调度或微调度,它的主要任务是,按照某种原则将 CPU 分配给处于就绪状态的进程,实现 CPU 在进程之间的转换。进程调度策略的优劣和 CPU 在进程之间转换的速度对整个系统性能有很大的影响。

特别要指出的是,后备作业被作业调度挑选上以后,虽然进入了内存,但它只是获得了使用 CPU 的资格,是否能够真正运行,还得由进程调度去调度。

不管是作业调度还是进程调度,其调度的原则基本是一致的,必须有利于提高计算机系统的工作效率;有利于充分利用系统资源,特别是充分发挥 CPU 的处理能力;有利于公平地响应每一个用户的服务请求。

1. 常用的作业调度算法

(1) 先来先服务调度算法。即按照作业到达系统的先后次序进行调度。

（2）短作业优先调度算法。即优先照顾运行时间短的作业。

（3）最高响应比优先调度算法。响应比是指作业的响应时间与实际运行时间的比值，即

响应比＝（作业等待时间＋作业实际运行时间）/作业实际运行时间

这种调度算法有利于短作业，同时也兼顾了长作业。

（4）基于优先级的调度算法。它又分为静态优先数法与动态优先数法两种。静态优先数法是指作业在进入系统时就为它确定了优先数。动态优先数法是指系统在每次调度作业时确定作业的优先数。

（5）均衡调度算法。这种调度算法的目标是力求均衡地使用系统中的各种资源，既注意发挥系统的效率，又力图使用户满意。

2. 常用的进程调度算法

（1）静态优先数法。

（2）动态优先数法。

（3）处理机抢占法。

（4）时间片轮转法。

为了实现 CPU 的有效利用，通常要由作业调度和进程调度共同完成。进程调度是实际的处理机调度，它使每个进程独占一台逻辑上的处理机。作业调度实际上管理的是整个计算机系统中所有资源的分配。作业调度相当于对计算机资源的若干竞争者进行第一次粗选，被选中的一部分作业还要为获得 CPU 而作最后的竞争。

4.3 存储空间的组织

4.3.1 内存储器的管理技术

内存储器是计算机系统的重要资源之一，它为多道程序所共享，也是各程序的竞争对象，因此，对存储器（注：本节所说的存储器均指内存储器）这个资源进行有效的组织、管理和分配也是操作系统的主要任务之一。

一般来说，用户在编写程序时并不知道自己的程序在执行时放在内存空间的什么区域，因此不可能用内存中的实际地址（称为绝对地址）来编写程序，只能用相对于某个基准地址（通常为 0 地址）来编写程序、安排指令和数据的位置，这种在用户程序中所用的地址通常称为相对地址。当用户程序进入内存执行时，又必须把用户程序中的所有相对地址转换成内存中的实际地址，否则用户程序就无法执行。这就是所谓的地址变换（又称地址映射）。在进行地址变换时，必须修改程序中所有与地址有关的项，也就是说，要对程序中的指令地址以及指令中有关地址的部分（称为有效地址）进行调整，这个调整过程称为地址重定位。

存储管理除了要解决地址重定位的问题以外，为了支持多道程序的运行，还必须把各个用户作业分配在适当的内存区域上，即要解决内存的分配问题；还要保证各用户程序在运行过程中不会互相干扰和破坏对方，即要解决存储的共享与保护问题；此外，还应满足各用户程序对存储空间的要求，即解决存储器的扩充问题。因此，在多道程序系统中，存储管理一般应包括以下功能：

(1) 地址变换。要把用户程序中的相对地址转换成实际内存空间的绝对地址。

(2) 内存分配。根据各用户程序的需要以及内存空间的实际大小,按照一定的策略划分内存,以便分配给各个程序使用。

(3) 存储共享与保护。由于各用户程序与操作系统同在内存,因此,一方面允许各用户程序能够共享系统或用户的程序和数据,另一方面要求各程序之间互不干扰或破坏对方。

(4) 存储器扩充。由于多道程序共享内存,使内存资源尤为紧张,这就要求操作系统根据各时刻用户程序允许的情况合理地利用内存,以便确保当前需要的程序和数据放在内存中,而其余部分可以暂时放在外存中,等确实需要时再调入内存。

下面简单介绍几种基本的存储管理技术。

1. 界地址存储管理

这种存储管理方式的基本特点是,内存空间被划分成一个个分区,一个作业占一个分区,即系统和用户作业都以分区为单位享用内存。

在这种内存分配方式中,为了实现地址的转换,需要设置一个基址寄存器(也称为重定位寄存器)BR 与限长寄存器(也称为界限寄存器)LR。具体的地址变换过程如下:

当一个作业被调入内存运行时,首先给这个作业分配一个内存分区,同时将该分区的首地址送到 BR,该分区的长度送到 LR。在该作业运行过程中,将指令中的有效地址转换成实际的内存地址,其转换的关系为

实际内存地址 D=BR+指令中的有效地址

如果 $BR \leqslant D < BR+LR$,则按地址 D 进行访问;如果 $D < BR$ 或 $D \geqslant BR+LR$,则说明地址越界错。

在分区分配方式中,分区的大小可以是固定的(称为固定分区),也可以是可变的(称为可变分区或动态分区)。在固定分区分配方式中,系统把内存划分成若干大小固定的分区,一个分区可以分给一个作业使用,直到某个作业完成后,才把其所用的分区归还系统。固定分区的大小是根据系统要处理的作业的一般规模来确定。如果分区太大,会造成内存空间的浪费;如果分区太小,则对于稍大一些的作业就无法调入内存运行了。在可变分区分配方式中,在作业调入内存时建立一个大小恰好与作业匹配的分区,这样就避免了每个分区对存储空间利用不充分的问题。可变分区虽然避免了固定分区中每个分区都可能有剩余空间的情况,但由于它的空闲区域仍是离散的,仍有碎片的存在,有可能出现这样的情况:内存中所有空闲区的总和可以容纳一个作业,但由于每个空闲区的容量都小于要进入作业的大小,从而导致这些空闲区仍然不能被利用,造成空间的浪费。

通常,固定分区分配方式用于单道程序系统,可变分区分配方式用于多道程序系统。

2. 分页存储管理

在分页存储管理方式中,作业空间被划分为页,实际的内存空间被划分为块,其中页的大小与块的大小相等。当某个作业被调入内存运行时,由重定位机构将作业中的页映射到内存空间对应的块上,从而实现地址的转换。

P	W
页号	页内偏移量

图 4.16 分页系统中指令有效地址的分解

为了具体实现地址转换,在分页系统中,用户程序指令中的有效地址应由页号和页内偏移量两部分组成,如图 4.16 所示。

在分页系统中,为了实现地址转换,还需要建立一些表,它们既可以由硬件寄存器实现,也可以借助于内存单元来实现。

(1) 每个作业要有一个页表 PMT。在页表中,用于记录该作业的每一页的页号(从第 0 页开始)以及该页是否在内存的标志,如果某页已进入内存,则还记录该页在内存中的块号。由此可以看出,每一个作业的页表实际上表示了该作业的分页情况以及每一页占有内存的情况。

(2) 存储分块表 MBT。在存储分块表中,记录了内存空间中每一块的使用情况,系统实际上就是按照这个表的内容来具体分配或释放内存块的。

(3) 作业表 JT。在作业表中,记录了每个作业的状态与资源使用的信箱,主要包括作业号、页表大小、页表地址等。

图 4.17 表示分页系统中页表、存储分块表与作业表三者之间的关系。由图 4.17 可以看出,系统中共有 4 个作业,开始时,作业 1、2、3 的所有页面以及作业 4 的第 0、1 页已经在内存中,而作业 4 的第 2、3 页不在内存中。

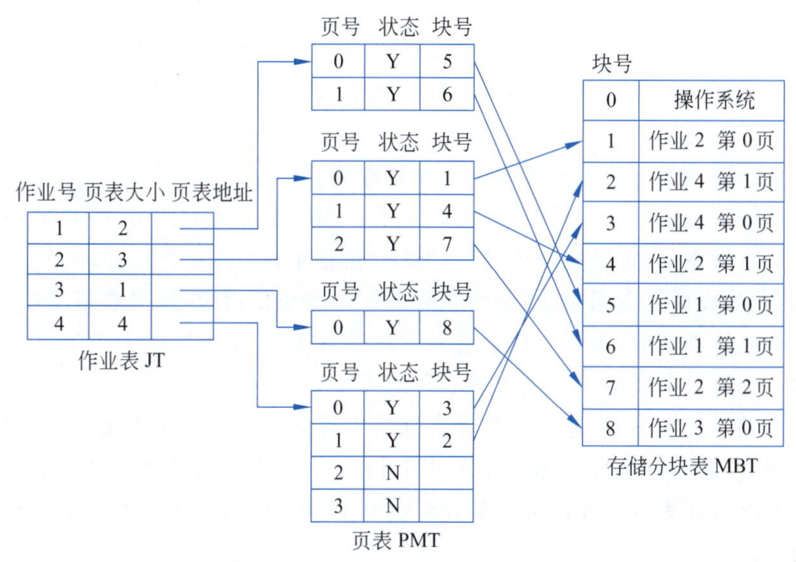

图 4.17　分页系统管理机构示意图

有了页表、存储分块表与作业表后,在具体运行某作业时,根据所执行指令的有效地址所在的页号,从页表中查到该页所在内存块的块号,然后在该块首地址的基础上加上页内偏移量,就得到了实际的内存地址。如果有效地址所在页不在内存(状态为"N"),则根据存储分块表找到一个空闲块,将所需要的那页调入内存,同时修改页表和存储分块表,然后进行访问。在这种情况下,如果内存中已没有空闲块,就需要在内存中选出一页调出后,再将所需要的页调入。

以上讨论的分页存储管理称为动态分页存储管理,这是一种支持"虚拟存储"的存储管理技术。一般来说,一个作业的大小不能超过实际内存空间的大小,实际内存空间是用户进行程序设计时可以利用的最大空间。但在实际上,根据程序的时间局部性和空间局部性,在作业运行过程中可以只让当前用到的信息进入内存,其他当前未用的信息留在外存;而当作业进一步运行需要用到外存中的信息时,再把已经用过但暂时还不会用到的信息换到外存,把当前要用的信息换到已空出的内存区中,从而给用户提供了一个比实际内存空间大得多的地址空间。对于用户来说,这个特别大的地址空间就好像是可以自由使用的内存空间一样。这种大容量的地址空间并不是真实的存储空间,而是虚拟的,因此,称这样的存储器为虚拟存储器。用于支持虚拟存储器的外存称为后备存储器。虚拟存储器的存取速度比较慢,因为它涉及内存与外存的数据交换,但确实给用户编制程序带来了很大的方便。

分页存储管理具有以下一些优点:

(1) 由于提供了大容量的虚拟存储器,用户的地址空间不再受内存大小的限制,大大方便了用户的程序设计。

(2) 由于作业地址空间中的各页面都是按照需要调入内存的,不用的信息不会调入内存,很少用的信息也只是短时间驻留在内存,因此更有效地利用了内存。

(3) 由于动态分页管理提供了虚拟存储器,每个作业一般只有一部分信息占用内存,从而可以容纳更多的作业进入系统,这就更有利于多道程序的运行。

3. 分段存储管理

分页存储管理支持虚拟存储,从而为解决扩充存储空间问题找到了一种有效的途径。在分页存储管理方式中,是在作业的线性地址空间上对作业进行分页的,这就带来了两个问题:一是不利于程序的动态连接装配;二是不利于程序与数据的共享。而分段存储管理正好解决了这两个问题。

分段存储管理也是支持虚拟存储的一种管理技术。

在分段存储管理方式下,分段地址空间是由一些大小不等的段组成的,每一个段是一个可动态增长的线性空间,它对应一个独立的逻辑信息单位,如一个数组、一个子程序或分程序等。因此,在分段地址空间中,指令的有效地址中既要指出段号,又要指出段内的偏移量。

与分页存储管理相似,每一个作业有一个段表 SMT。由于段的大小是可变的,因此,在段表中的每一个表目都要增加一项以表示段的大小。

在分段存储管理方案中,通常采用动态连接管理的方法。即在作业开始运行时,只需把主程序装入内存,而其他的程序均保存在外存中,仅当主程序或其他程序在运行过程中需要调用某个子程序时才为其分配内存空间,装入内存并执行它,从而避免了不必要的时间和存储空间的浪费。

4. 段页式存储管理

操作系统的存储管理主要实现两个目标:一是方便用户的程序设计,二是有效地利用内存空间。分段系统为用户提供了一个分段地址空间,段是信息的逻辑单位,反映了程序的逻辑结构,因此大大方便了用户的程序设计,但它不利于内存的有效利用。而在分页系统中,页是信息的物理单位,它有利于内存的有效利用,但不利于用户的程序设计。为了把这两种系统的优点结合起来,并克服它们各自的缺点,便产生了段页式存储管理方案。

S	P	W
段号	页号	页内偏移量

图 4.18　段页式系统中指令有效地址的分解

在段页式存储管理方式中,地址空间是分段的,但每一个段又分为若干页。因此,在段页式系统中,指令中的有效地址结构如图 4.18 所示。

4.3.2　外存储器中文件的组织结构

计算机中大量的信息都是以文件的形式存放在外存储器中。文件管理是操作系统的又一个重要功能。

所谓文件，是指具有符号名字的一组相关元素的有序集合。文件包括的范围很广。例如，用户作业、源程序和目标程序、初始数据和输出结果等，都是以文件的形式存在的；系统软件的资源，如汇编程序、编译程序和连接装配程序，以及编辑程序、调试程序和诊断程序等实用程序，也都是以文件的形式存在的。各类文件都是由文件系统来统一管理的。

所谓文件系统，是指负责存取和管理文件信息的软件机构。借助于文件系统，用户可以简单、方便地使用文件，而不必考虑文件存储空间的分配，也无须知道文件的具体存放位置，文件的存储和访问均由文件系统自动处理。同时，在文件系统中，通过文件的存取权限，对文件提供保护措施，并提供转储功能，为文件复制后备副本等。总之，文件系统一方面要方便用户，实现对文件的"按名存取"；另一方面要实现对文件存储空间的组织、分配和文件信息的存储，并且要对文件提供保护和有效的检索等功能。

1. 文件的逻辑结构

文件的逻辑结构就是从用户角度看到的文件组织形式。文件的逻辑结构通常分为记录式文件和无结构文件两种。

1）记录式文件

记录式文件又可以分为定长记录文件和变长记录文件。

在定长记录文件中，每个记录的长度是固定的。如果每个记录的字节数为 L，则具有 k 个记录的定长记录文件长度为 $k \times L$。有时为了方便，对于定长记录文件就直接用它的记录个数来表示其长度。

在变长记录文件中，每个记录的长度都是可变的。因此，在变长记录文件中，通常在每个记录的前面要用一个专门的单元来存放该记录的长度。

2）无结构文件

无结构文件只是有序的相关信息的集合，文件内部无结构。例如，源程序、中间代码等文件都是无结构文件。

文件的存取方法是与文件的结构密切相关的。文件的存取方法通常分为顺序存取和随机存取两种。顺序存取是指严格地按文件基本单位的排列顺序依次存取。例如，对于记录式文件，就是严格按照记录排列的顺序依次进行存取。随机存取是指允许对文件中的任意一个记录进行存取，而不管上一次存取了哪一个记录。对于定长记录文件来说，随机存取是很方便的。

2. 文件的物理结构

文件的物理结构是指文件在外存储器中的存储结构。文件的存储结构直接影响文件系统的性能，只有建立了合理的文件存储结构，才能有效地利用存储空间，便于系统对文件的存取。

与内存空间的存储情况类似，为了有效而方便地对文件进行处理，通常把存储文件的外存储空间划分成块，并以块为分配和传送的单位，每一块的长度通常是固定的。在记录式文件组织中，一个记录可以占用几块，也可以在一个物理块中存放多个记录。

一个文件在逻辑上是连续的，而在文件存储空间中的存放位置可以有各种形式。根据文件在存储空间中的存放形式，文件可以分为连续文件、链接文件和索引文件。

1）连续文件

连续文件是一种最简单的文件存储结构。在这种存储方式中，一个文件的信息，按其逻辑上的连续关系存放到相邻的物理空间中，这种存储结构如图 4.19 所示。

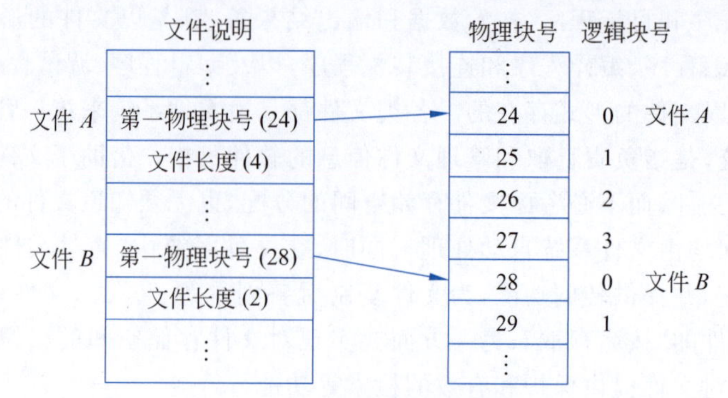

图 4.19 连续文件的结构

连续文件结构的优点是，知道了文件存储的起始地址和长度后，就可以连续地把所需的信息都读出来，速度比较快，而且结构简单。但是，这种结构要求用户给出文件的最大长度，一经固定就不易改变，因此不利于文件的扩充。

2) 链接文件

链接文件不一定需要连续的物理块，也不一定是顺序排列的文件存储方式。为了使系统能够找到逻辑上连续的下一个物理块，在每一个物理块中设有一个指针，指向该文件的下一个物理块。这种结构如图 4.20 所示。链接文件的优点是，文件可以动态地增长，不必事先提出长度要求。另外，由于不必连续分配，因此不会造成整块空间的浪费。

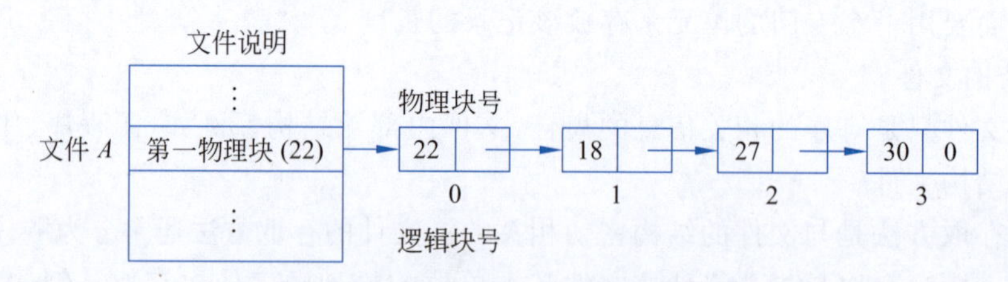

图 4.20 链接文件的结构

3) 索引文件

索引文件的组织方式要求为每个文件建立一张索引表，表中的每个项目指出了文件记录所在的物理块号。在文件说明中指出了各个文件的索引表，其结构如图 4.21 所示。

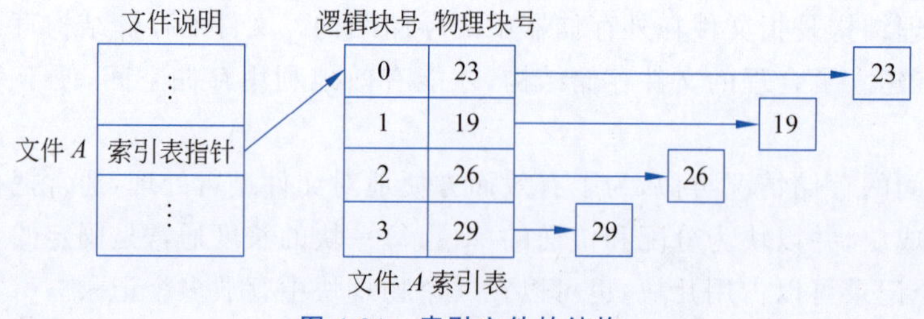

图 4.21 索引文件的结构

索引文件结构有利于进行随机存取，并具备链接文件结构的优点。在索引结构中，当索引表本身比较大时，对索引表的检索所需要的开销过大，速度比较慢。为了克服这一缺点，可以采用多级索引表的方法。在多级索引表结构中，由主索引和次级索引来指出文件；主索引表指出各次级索引表的位置，最后一级的次级索引表指出文件的具体位置，其结构如图 4.22 所示。

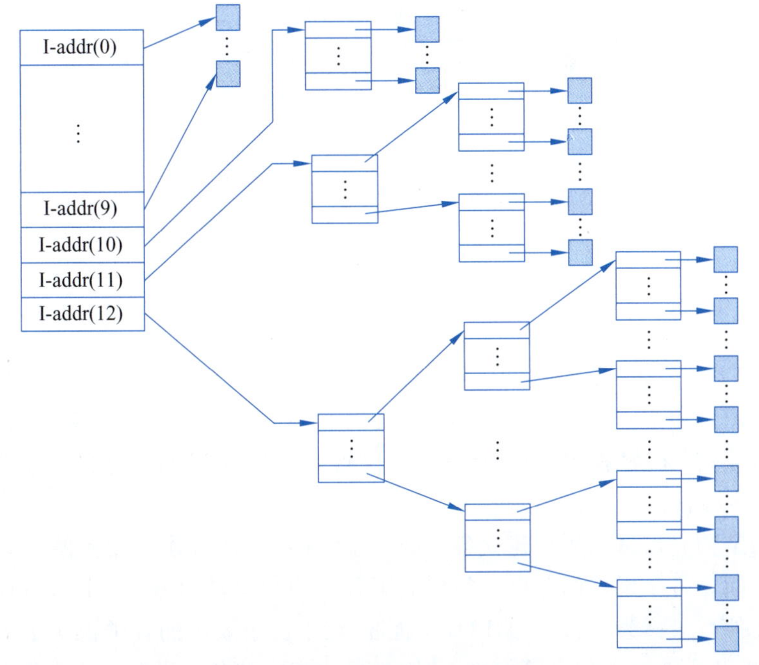

图 4.22　文件的多级索引结构

在图 4.22 中，I-addr 索引区共有 13 项，其中前 10 项(I-addr(0)到 I-addr(9))直接登记了存放文件信息的物理块号，称为直接寻址。0～9 可以看成逻辑块号。如果一个文件大于 10 块，则利用 I-addr(10)作一次间接寻址，即 I-addr(10)指向一个物理块，在该物理块中最多可存放 128 个存放文件信息的物理块的块号。如果文件更大，则还可以分别用 I-addr(11)和 I-addr(12)作两次甚至三次间接寻址。

根据统计，文件容量不超过 10 块的占文件总数的 80%，而这 10 块通过直接寻址就能得到文件的物理块号，只是对于大于 10 块的约占总数 20%的文件才采用间接寻址。这种结构的优点与一般索引文件结构相同，只是对于约 20%的文件由于多次取索引而影响速度。

3. 文件的目录结构

为了便于对文件进行存取和管理，系统要建立一个用于存放每个文件的有关信息的文件目录。文件系统的基本功能之一，就是负责文件目录的编排、维护和检索。

1) 简单文件目录

简单文件目录是一种最简单的目录结构，它是一个线性表，其每一个目录项中包含以下信息：

- 文件名；
- 有关文件结构的信息，包括逻辑结构和物理结构；
- 有关存取控制的信息；
- 有关管理的信息等。

目录项中究竟包括哪些内容,这要根据系统的要求而定。表 4.3 给出了具有连续结构的定长记录的文件目录。

表 4.3　简单文件目录

表目号	文件名	第一物理块号	保护信息	建立日期	其他
1	A	25	可读/写	1995.9.18	
2	BC	30	可读	1995.9.25	
3	空闲	38			
4	ASS	45	可执行	1995.10.10	
5	空闲	49			
6	空闲	53			
⋮	⋮	⋮	⋮	⋮	⋮

由于各个用户使用同一个目录表,因此,要防止不同用户对各自的文件取相同的名字。一旦文件名重复,就无法“按名存取”所需要的文件,这是简单文件目录的一个缺点。

2）二级目录结构

二级目录结构允许每个用户建立各自的名字空间,并通过建立相应的总文件目录来管理这些名字空间。各个用户的名字空间构成了各个用户文件目录(UFD),而管理这些用户目录表的总文件目录称为主目录(MFD)。通常,在主目录表中的各项说明了用户目录的名字、目录大小以及所在物理位置等信息,各用户目录表中的各项说明了各文件的具体位置和其他一些属性。二级目录结构如图 4.23 所示。

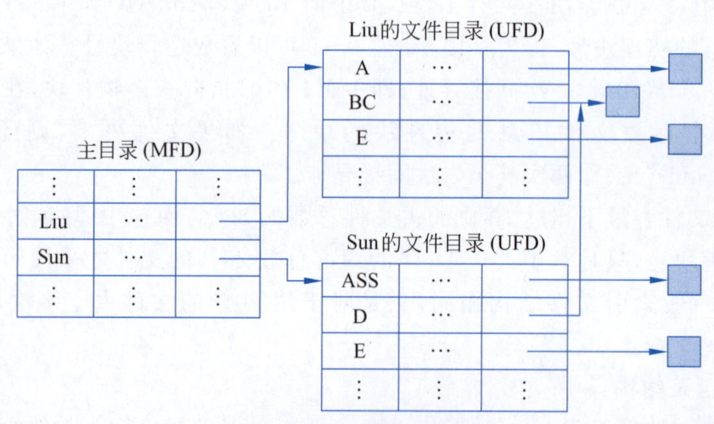

图 4.23　二级目录结构

在多用户情况下,采用二级目录结构是比较方便的。当一个新用户要建立文件时,系统为其在主目录表中分配一个表目,并为其分配一个存放二级目录的存储空间,同时要为新建立的文件在二级目录表中分配一个表目,并分配文件存储空间。当用户要访问一个文件时,先按用户名在主目录中找到该用户的二级目录,然后在二级目录中按文件名找出该文件的起始地址并进行访问。

显然,二级目录结构解决了文件重名的问题,也可以解决文件的连接问题。实际上,只要把目录指针指向要连接的文件登记项即可实现共享。例如,在图 4.23 中,用户 Sun 用名字 D 连接了用户 Liu 的文件 BC。

3）多级目录结构

根据二级目录的思想，可以推广到多级目录结构。在多级目录结构中，每一级目录可以是下级目录的说明，也可以是信息文件的说明，从而可以形成层次结构。多级目录结构中最常见的是树状目录结构。

4. 文件空闲区的组织

一个大容量的文件存储器要为系统和许多用户所共享。能自动地为用户文件分配存储空间是文件系统的又一重要功能。下面介绍几种文件存储空间管理的方案。

1）空闲文件项和空闲区表

空闲文件项是一种最简单的空闲区管理方法。在这种方法中，空闲区与其他文件目录放在一张表中。在分配时，系统依次扫描这个目录表，从标记为空闲的项中寻找长度满足要求的项，然后把相应项的空闲标记去掉，填上文件名。在删除文件时，只要把文件名栏标记为空闲即可。

在这种空闲区的管理方案中，由于空闲区与真正的目录表混在一起，因此，无论是分配空间还是查找目录，效率都不高。另外，如果空闲区比所申请的区要大，则多余的部分有可能被浪费。为解决这些问题，可以采用空闲区表的方法，即将空闲区项抽出来单独构成一张表，这样可以减少目录管理的复杂性，提高文件查找和空闲区查找的速度。

2）空闲块链

所谓空闲块链，是指将所有空闲块链接在一起。当需要空闲块时，从链头依次摘取一（些）块，且将链头指针依次指向后面的空闲块。当文件被删除而释放空闲块时，只需将被释放的空闲块挂到空闲块链的链头即可。

3）位示图

位示图的方法是用若干字节构成一张表，表中的每一个二进制位对应一个物理块，并依次顺序编号。如果位标记为“1”，则表示对应的物理块已分配；位标记为“0”，则表示对应物理块为空闲。在存储分配时，只要把找到的空闲块位标记改为“1”；释放时，只要把相应的位标记改为“0”即可。

4）空闲块成组链接法

在 UNIX 操作系统中，采用改进空闲块链方法来组织管理文件存储空间。其方法是，将所有的空闲块进行分组，在通过指针将组与组之间链接起来。这种空闲块的管理方法称为成组链接法。

为了说明这种管理方法，先介绍关于文件卷的概念。文件卷的空间分布如图 4.24 所示。

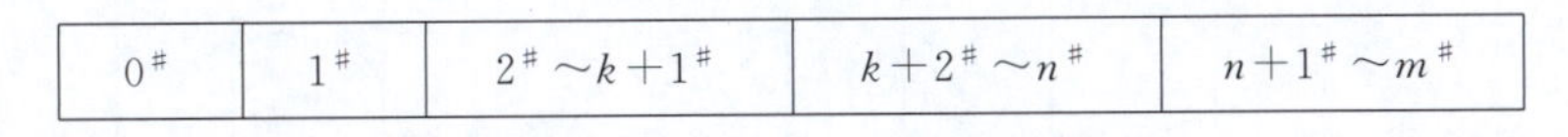

$0^{\#}$	$1^{\#}$	$2^{\#}\sim k+1^{\#}$	$k+2^{\#}\sim n^{\#}$	$n+1^{\#}\sim m^{\#}$

图 4.24 文件卷的空间分布

其中：

块 $0^{\#}$ 是作为系统引导用，不属于文件系统管理。

块 $1^{\#}$ 是文件卷的专用块，它用来记录文件卷总的使用情况，包括文件卷的总块数、索引节点区的大小、文件卷的保护特性等。在专用块中还开辟了一个用于登记空闲块区域的空闲块栈。

块 2# ~(k+1)# 是索引节点区。这个区的大小是依据系统的使用环境和文件的大小来决定的。例如,如果文件大而数量少,则索引节点区可以小些;反之,则可以大些。

块(k+2)# ~n# 是文件存储区(包括存储目录)。

块(n+1)# ~m# 是进程对换区,用来保留对换到外存的进程映像。这个区也不属于文件系统管理。

需要指出的是,专用块既是文件卷的控制块,也是文件卷上的资源(物理块、索引节点)管理表。

现假设文件卷共有 4801 个物理块,其中块 0# 为系统引导用,块 1# 为专用块,块 2# ~110# 为索引节点区,块 111# ~3999# 为文件存储区,块 4000# ~4800# 为进程对换区。文件存储区按如下原则进行组织:

(1) 从尾向前,每 50 块分成一组,并且每组的最后一块用于登记下一组 50 块的物理块号和块数。

(2) 最前面不超过 50 块的那一组(111# ~150#)的物理块号及其块数存放在专用块的空闲块栈中。

(3) 尾部第一组只有 49 块,第 3950 块的第一个元素为 0(其余每一元素对应一个块号),用来表示文件卷的卷尾。分配时,如果遇到块号为 0,则表示此文件卷的空闲区资源已耗尽,此时系统要发警报,并作特殊处理。

图 4.25 是系统初始化时空闲块的成组链接示意图。

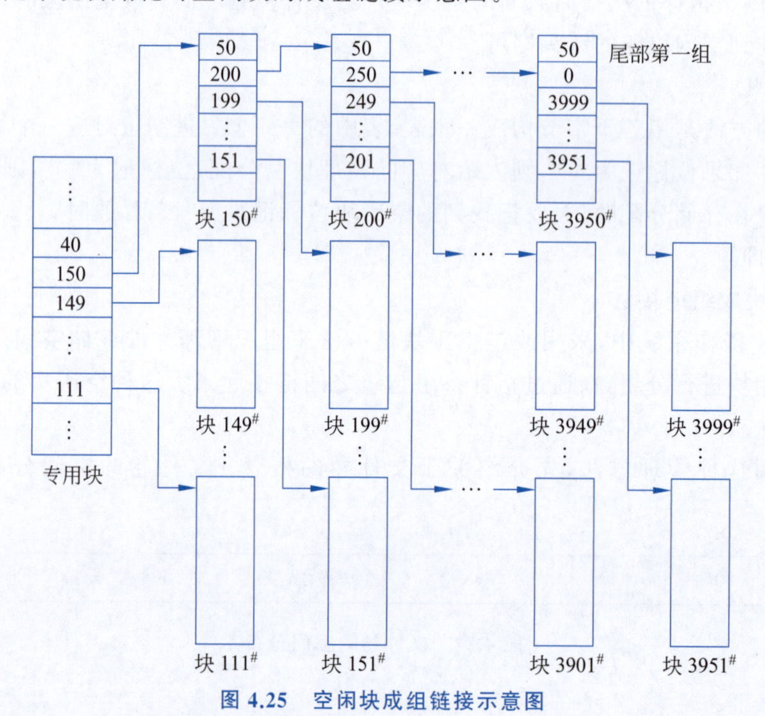

图 4.25　空闲块成组链接示意图

下面简要说明空闲块的分配与释放过程。

空闲块栈中登记的空闲块区是最近能被分配的空闲块。在初始化后，栈顶指针 SP=39，如图 4.26(a)所示。在申请时，只要将当前指针指向的内容（物理块号）取出分配，并记入该文件的活动索引节点的 I-addr 中，且指针退一（SP=SP−1）。如果当前指针为 0，则将当前物理块号（150）暂时保存起来，并将 150 块中的内容取至专用块的空闲块栈中，并置 SP=49，如图 4.26(b)所示。然后将块 150 分配出去，记入该文件的 I-addr 中。图 4.26(c)表示又分配出去两块后的情况。

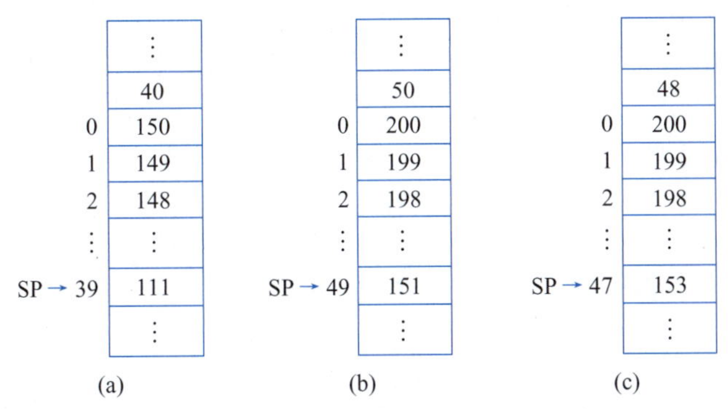

图 4.26 空闲块分配过程示意图

在空闲块释放时，要将指针 SP 进一（SP=SP+1），并将释放的物理块号记入 SP 指向的那个单元（压入栈中）。如果此时栈已满（SP=50），则将专用块中空闲块栈的内容记入要释放的物理块中，且置 SP=0，然后将释放的物理块号记入 SP 指向的那个单元（进行拉链）。

这种成组链接法及相应的空闲块分配、释放算法具有以下几个优点：

(1) 通常只需要在专用块中登记一部分空闲块号，其余的空闲块利用空闲块本身作为临时登记表，不需要为拉链花费额外的空间开销。

(2) 专用块在文件卷启用时就复制到内存中，申请和释放盘块都在内存中进行，除了在栈满（释放时）或空（分配时）时需要进行 I/O 操作外，平时不需要额外的 I/O 操作，因此速度比较快。

(3) 可以从内存的专用块中直接得到物理块号，填入 I-addr 后，即可交设备处理程序处理。

习题

4.1 什么是操作系统？它的主要功能是什么？

4.2 分时系统与实时系统的主要区别是什么？

4.3 多窗口系统的主要特点是什么？

4.4 并发执行的程序有什么特点？它与顺序执行的程序有什么本质的区别？

4.5 什么是进程？它与程序有什么关系？

4.6 进程的三种状态之间是如何转换的？

4.7 什么是死锁？为什么会发生死锁？

4.8 进程的互斥与同步有什么区别？它们之间有什么共同之处？

4.9 一个主程序用如下方式调用子程序：$y=f(x)$。如果把子程序 f 作为进程实现，则要考虑哪些同步问题?

4.10 P/V 操作与消息缓冲通信有什么共同之处?有什么区别?

4.11 存储管理系统有哪些主要功能?

4.12 什么是重定位?为什么要对程序进行重定位?

4.13 什么是虚拟存储器?它的大小受什么限制?

4.14 分页系统与分段系统各有什么优缺点?

4.15 文件系统的主要任务是什么?它为用户提供哪些主要功能?

4.16 文件的物理组织形式主要有哪几种?文件系统对磁盘空闲空间是如何管理的?

4.17 设一个文件有 326 个逻辑块,另一个文件有 2127 个逻辑块,请按文件的多级索引结构画出这两个文件的索引结构图。

第 5 章　数据库设计技术

5.1 数据库基本概念

目前,计算机已经被广泛应用于科技文化、组织管理各个领域以及国民经济的各行各业和日常生活的各方面。在众多应用中,计算机的作用已不仅是进行数值近似计算,更多的是用于数据的加工和管理。例如,天文气象观测资料的管理、地质勘探数据的处理、商店和银行的账目管理、行政事务管理、图书资料管理以及各种经济、军事情报数据的处理等。在这些应用中,计算机主要不是用于计算,而是用于对各种类型的数据进行综合、分析和加工。为了有效地对这样一些数据量庞大、结构比较复杂的数据进行处理,需要有专门的技术。数据库技术正是为了满足这种应用的需要而发展起来的。随着应用的不断普及和深入,数据库技术已经成为计算机应用中必须掌握的重要技术之一。

本章将从应用出发,介绍有关数据库技术的基本概念和基本的数据库设计方法。

5.1.1 数据库技术与数据库系统

1. 数据库管理技术

数据管理技术的发展是与计算机技术及其应用的发展联系在一起的,它大致经历了人工管理、文件管理和数据库管理三个阶段。

在计算机发展的初期,计算机系统的结构还比较简单,其功能比较弱,还没有大容量的外存,也没有操作系统,用户程序的运行由简单的管理程序来控制。在这一阶段中,计算机的应用也主要是科学计算,用户程序中需要管理的数据不多。因此,计算机中的数据与应用程序一一对应,即一组数据对应一个程序,如图 5.1 所示。程序中要用到的数据由程序员通过程序自己进行管理,当计算机中的数据结构改变时,其程序也必须随之修改,即计算机中的数据与程序不具有独立性。这就是人工管理阶段。在这种管理方式下,由于各应用程序所处理的数据经常是相互有关联的,因此,各程序中的数据会有大量重复。

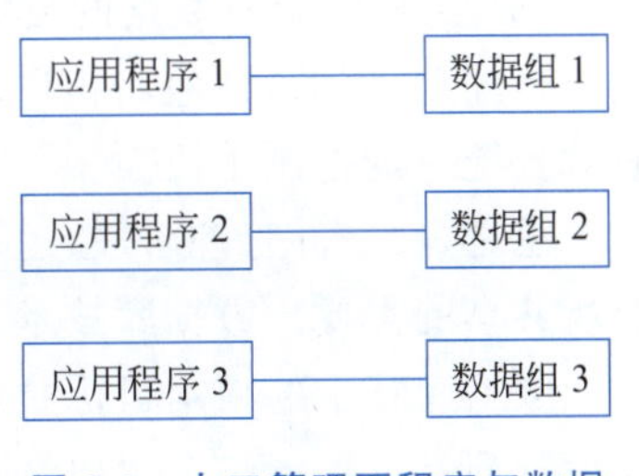

图 5.1　人工管理下程序与数据之间的关系

随着计算机技术的发展,特别是大容量外存的出现,在软件方面有了操作系统。计算机的应用范围不断扩大,它不仅用于科学计算,而且开始大量用于数据处理。这时的数据需要长期保存在计算机中,以便经常对数据进行处理。在这个阶段中,数据是以文件的形式存放在计算机中的,并且由操作系统中的文件系统来管理文件中的数据。这就是文件管理阶段。在这个阶段中,借助操作系统中的文件系统,数据可以用统一的格式,以文件的形式长期保存在计算机系统中,并且数据的各种转换以及存储位置的安排,完全由文件系统来统一管理,从而使程序与数据之间具有一定的独立性。在这种情况下,由于程序是通过操作系统中的文件系统与数据文件进行联系的,因此,一个应用程序可以使用多个文件中的数据。不同的应用程序也可以使用同一个文件中的数据。程序与数据之间的关系如图 5.2 所示。

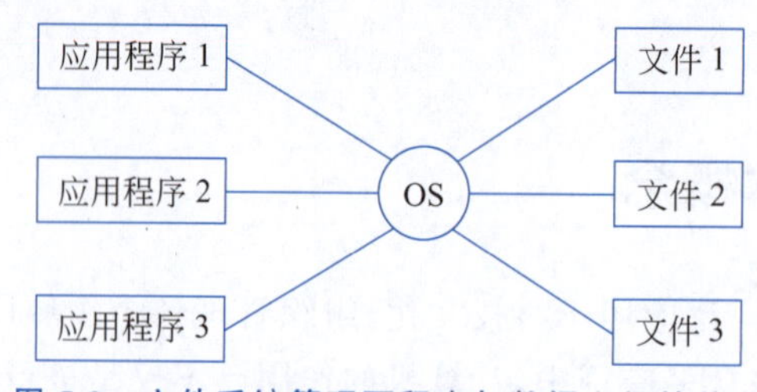

图 5.2　文件系统管理下程序与数据之间的关系

文件系统对数据的管理虽然比人工管理大大前进了一步,但随着计算机应用的不断发展,管理的数据规模越来越大,文件系统对数据的管理也就越来越不适应了。主要体现在以下三方面:

(1) 数据的冗余度比较大。在文件管理阶段,由于数据还是面向应用的,数据文件是针对某个具体应用而建立起来的,因此,文件之间互相孤立,不能反映各文件中数据之间的联系,即使所用数据有许多相同的部分,不同的应用还需要建立不同的文件。也就是说,数据不能共享,从而使数据大量重复。这不仅造成存储空间的浪费,而且使数据的修改变得十分困难,很可能使数据不一致,从而影响数据的正确性。

(2) 由于数据是面向应用的,因此程序与数据互相依赖。由于一个文件中的数据只为一个或几个应用程序所专用,因此,为了适应一些新的应用,要对文件中的数据进行扩展是很困难的。这是因为,一旦文件中数据的结构被修改,应用程序也必须作相应的修改。同样,如果在应用程序中对数据的使用方式发生了变化,则文件中数据的结构也必须随之作相应的修改。由此可以看出,在文件管理阶段,对数据的使用还是很不方便的。

(3) 文件系统对数据的控制没有统一的方法,而是完全靠应用程序自己对文件中的数据进行控制,因此,使应用程序的编制很麻烦,而且缺乏对数据的正确性、安全性、保密性等有效且统一的控制手段。

总之,在文件管理阶段,还不能满足将大量数据集中存储、统一控制以及数据为多个用户所共享的需要。数据库技术正是为克服文件系统中对数据管理的不足而产生的。

数据库技术的根本目标是解决数据的共享问题。也正是这个问题的解决,使数据的数据库管理具有以下三个主要特点。

(1) 数据是结构化的,是面向系统的,数据的冗余度小,从而节省了数据的存储空间,也减少了对数据的存取时间,提高了访问效率,避免了数据的不一致性,同时也提高了数据的可扩充性和数据应用的灵活性。

(2) 数据具有独立性。通过系统提供的映像功能,使数据具有两方面的独立性。一是物理独立性,即由于数据的存储结构与逻辑结构之间由系统提供映像,因此当数据的存储结构改变时,其逻辑结构可以不变,从而基于逻辑结构的应用程序可不必修改;二是逻辑独立性,即由于数据的局部逻辑结构(它是总体逻辑结构的一个子集,由具体的应用程序所确定,并且根据具体的需要可以作一定的修改)与总体逻辑结构之间也由系统提供映像,因此当总体逻辑结构改变时,其局部逻辑结构可以不变,从而根据局部逻辑结构编写的应用程序也可以不必修改。数据具有这两方面的独立性,使应用程序的维护大大简化。

(3) 保证了数据的完整性、安全性和并发性。因为数据库中的数据是结构化的,数据量大,影响面也很大,因此,保证数据的正确性、有效性、相容性至关重要,必须充分予以保证。同时,因为往往有多个用户一起使用数据库,因此,数据库还要具有并发控制的功能,以避免并发程序之间互相干扰。

在数据库管理下,程序与数据之间的关系如图 5.3 所示。

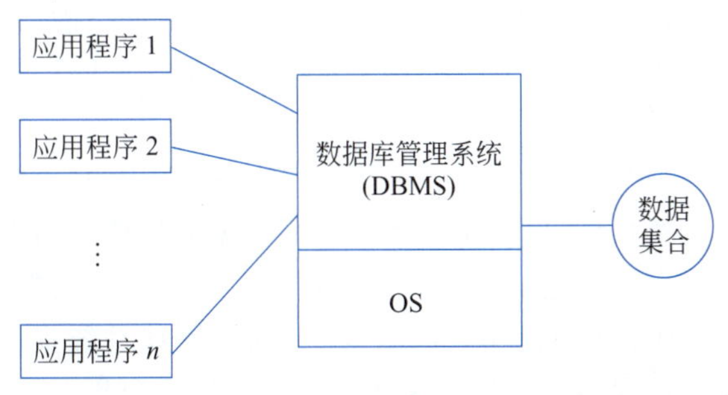

图 5.3 数据库管理阶段程序与数据之间的关系

综上所述,可以说,数据库是一个通用化的、综合性的数据集合,它可以为各种用户所共享,具有最小的冗余度和较高的数据与程序的独立性,而且能并发地为多个应用服务,同时具有安全性和完整性。因此,数据库系统是一个功能很强的复杂系统,数据库技术是计算机领域中重要的技术之一。

2. 数据库管理系统

前面提到,数据库管理最本质的特点是实现数据的共享。为了实现数据的共享,保证数据的独立性、完整性和安全性,需要有一组软件来管理数据库中的数据,处理用户对数据库的访问,这组软件就是数据库管理系统(DBMS)。数据库管理系统与计算机系统内的其他软件一样,也在操作系统(OS)的支持下工作,它与操作系统的关系极为密切。操作系统、数据库管理系统与应用程序在一定的硬件支持下就构成了数据库系统。

数据库管理系统是数据库系统中实现各种数据管理功能的核心软件,它负责数据库中所有数据的存储、检索、修改以及安全保护等,数据库内的所有活动都是在其控制下进行的。数据库管理系统虽然依赖于操作系统的支持,但它作为一个管理数据的独立软件系统,较之计算机系统内的其他软件,有它自己的一些特点。例如,数据库管理系统具有一套独立于操作系统的存取数据的命令,数据存储空间的分配由数据库管理系统自己来完成等。

数据库管理系统具有较强的对数据进行集中控制的能力,它包含各种类型的系统程序。一个大型的数据库系统,其复杂程度可能远远超过一个操作系统。一般来说,数据库管理系统具有以下功能。

(1) 定义数据库,包括总体逻辑数据结构的定义、局部逻辑数据结构的定义、存储结构定义、保密定义等。

(2) 管理数据库,包括控制整个数据库系统的运行,数据存取、插入、删除、修改等操作,数据完整性和安全性控制以及并发控制等。

(3) 建立和维护数据库,包括数据库的建立、数据更新、数据库再组织、数据库的维护、数据库恢复以及性能监视等。

(4) 数据通信,具备与操作系统的联机处理、分时系统以及远程作业输入的相应接口。

上述几方面的功能分别由数据库管理系统中的各个系统程序来实现,每个程序实现各自的功能。数据库管理系统中的主要程序模块可以划分成以下三部分。

(1) 语言处理部分。语言处理部分又分为以下4部分。

① 数据描述语言(Data Description Language,DDL)解释程序。其中包括模式DDL、子模式DDL和物理DDL。

模式DDL是数据库管理员用来定义数据库总体逻辑数据结构的,它包括所有数据元素的名字、特征以及相互关系。模式DDL还用来定义数据的保密码以及有关安全性和完整性的规定、存储路径等。

子模式DDL是用户用来定义其所用的局部逻辑数据结构的。

物理DDL又称为设备介质语言,主要用来定义数据的物理存储方式,例如,怎样建立索引以及数据如何压缩、分页等。它是最低一级的描述,因此,它与硬件的特性密切相关。

② 数据操纵语言DML处理程序。DML是数据库管理系统提供给用户进行存储、检索、修改和删除数据库中数据的工具。将用DML语言写的应用程序转换成主语言的一个过程调用语句,这种DML称为宿主型的。有的数据库系统还配有供用户直接检索和更新数据用的查询语言,通常由一组命令组成,这是一种独立使用的DML。

③ 终端询问解释程序。用于解释终端询问的意义,决定操作执行过程。

④ 数据库控制命令解释程序。用于解释每个控制命令的定义,决定怎样工作。

(2) 系统运行控制程序。系统控制运行程序又分为以下几个模块。

① 系统总控程序。它是DBMS的神经中枢,其功能是控制和协调DBMS中各程序的活动,使系统有条不紊地运行。

② 访问控制程序。其功能主要是核对用户标识符、口令,核对授权表,检验访问的合法性等。

③ 并发控制程序。其功能是在多个用户同时访问数据库时,协调各个用户的访问。

④ 保密控制程序。其功能是在执行操作之前核对保密规定。

⑤ 数据完整性控制程序。其功能是在执行操作前或操作后,核对数据库完整约束条件,从而决定是否允许操作执行或清除已经执行操作的影响。

⑥ 数据访问程序。其功能是根据用户的访问请求,实施对数据的访问,从物理文件中查找数据,执行插入、删除、修改等操作。

⑦ 通信控制程序。实现用户程序与数据库管理系统之间的通信。

(3) 系统建立与维护程序。它分为以下几个模块。

① 数据装入程序。其功能是将数据装入数据库。

② 工作日志程序。负责记录进入数据库系统的所有访问,包括用户名称、进入系统时间、进行何种操作、数据对象、数据改变情况等。

③ 性能监督程序。监督操作时间与存储空间的占用情况,作出系统性能估算。

④ 系统恢复程序。其功能是:当软、硬件遭到破坏时,负责将数据库系统恢复到可用状态。

⑤ 重新组织程序。其功能是:当数据库性能变坏时,对数据重新进行物理组织。

以上列举的是数据库管理系统通常包含的内容，一个具体的数据库管理系统包含的内容可以根据具体条件和要求来确定。例如，有的数据库管理系统没有物理 DDL，有的数据库管理系统没有查询语言解释程序等。

3. 数据库系统的构成

前面提到，一个数据库系统是由操作系统、数据库管理系统（DBMS）和应用程序在一定的硬件支持下构成的。因此，数据库系统不仅指数据库本身，也不仅指数据库管理系统，而是指计算机系统中引进数据库以后的系统。对于较大型的数据库系统，通常还应有数据库管理员（DBA）。

数据库系统的层次结构如图 5.4 所示。

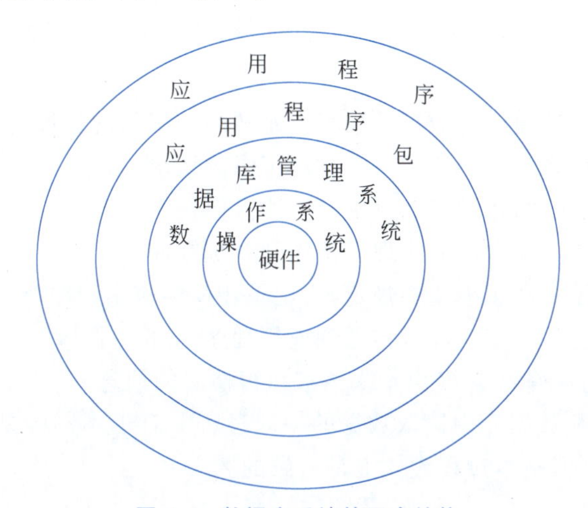

图 5.4　数据库系统的层次结构

一般来说，数据库系统中的每一层都依赖于内层的支持，而对最内层的硬件有一定的要求。例如，具有足够大的内存，以便能存放操作系统、数据库管理系统、应用程序以及数据表等；具有大容量的外存，以便存放大量的数据；具有高的数据通道能力等。

由图 5.4 还可以看出，在软件方面需要支持数据库系统的操作系统和 DBMS。为了使数据库的使用简单方便，一般还要配备应用软件包。数据库管理系统是整个数据库系统的核心，它对数据库中的数据进行管理，还在用户的个别应用与整体数据库之间起接口作用。

数据库管理员负责整个数据库系统的建立、维护和协调工作。数据库管理员要熟悉操作系统和数据库管理系统，同时还要熟悉有关的业务工作。数据库管理员不仅要决定数据库的信息内容，进行数据的逻辑设计（描述模式），建立与用户的联系（描述子模式），决定存取结构和存取策略（描述物理模式），定义用户的存取权限；还要负责建立数据库及其维护和恢复的工作。由此可见，数据库管理员在数据库系统中的作用是很重要的。

下面通过一个应用程序从数据库中读取一个数据记录的例子，说明用户访问数据库中数据的过程，同时也具体反映了各部分的作用以及它们之间的相互关系。

图 5.5 表示用户访问数据库中数据时的过程及主要步骤。

(1) 用户在应用程序中向 DBMS 发出读取记录的请求，同时给出记录名和要读取记录的关键字值。

(2) DBMS 接到请求后，利用应用程序 A 所用的子模式来分析这一请求。

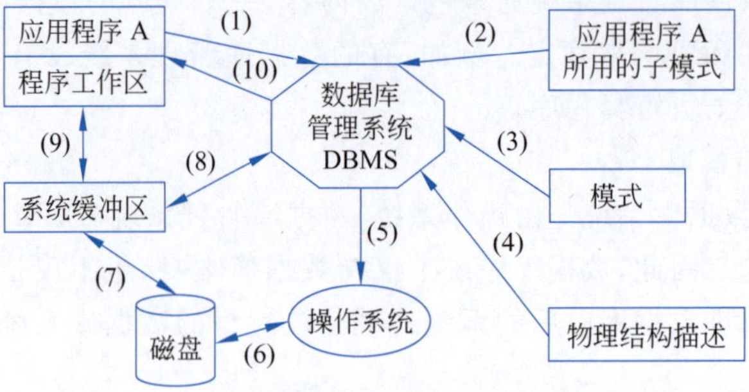

图 5.5　访问数据库中数据的过程及主要步骤

(3) DBMS 调用模式,进一步分析请求,根据子模式与模式之间变换的定义,决定应读入哪些模式记录。

(4) DBMS 通过物理模式将数据的逻辑记录转换为实际的物理记录。

(5) DBMS 向操作系统发出读取所需物理记录的请求。

(6) 操作系统对实际的物理存储设备启动读操作。

(7) 读出的记录从保存数据的物理设备送到系统缓冲区。

(8) DBMS 根据模式和子模式的规定,将记录转换为应用程序所需要的形式。

(9) DBMS 将数据从系统缓冲区传送到应用程序 A 的工作区。

(10) DBMS 向用户程序 A 发出本次请求执行情况的信息。

以上步骤是用户从数据库中读取数据的一般过程。对于不同类型的 DBMS,有可能在具体细节上稍有不同,但基本过程大体上是一致的。

5.1.2　数据描述

1. 信息的存在形态

现实生活中反映客观事物的信息是各种各样的,在计算机中都以二进制数据的形式表示。数据库设计是与实际应用对象紧密相关的,为了对数据进行有效的管理,在设计数据库的过程中,首先必须对反映客观事物的各种信息及其相互之间的联系进行考察和分析,以便确切地用数据来描述它们。就信息的存在形态而言,可以将所有信息划分为三个阶段:现实(客观)世界、观念(信息)世界与数据世界。

(1) 现实世界:在现实世界中所反映的是所有客观存在的事物及其相互之间的联系,它们只是处理对象最原始的表示形式。

(2) 观念世界:观念世界又称为信息世界。在观念世界中所存在的信息是现实世界的客观事物在人们头脑中的反映,并经过一定的选择、命名和分类。在观念世界中的主要对象是实体(entity)。

实体是客观存在的事物在人们头脑中的反映。实体可以指人,如一个教师、一个学生、一个医生等;也可以指物,如一本书、一个茶杯等。实体不仅可以指实际的物体,还可以指抽象的事件,如一次演出、一次借书等;甚至还可以指事物与事物之间的联系,如"学生选课登记""教师任课记录"等。

下面给出在观念世界中所涉及的几个基本概念。

① 属性:在观念世界中,属性是一个很重要的概念。所谓属性,是指事物在某一方面

的特性，例如，教师的属性有姓名、年龄、性别、职称等。

属性所取的具体值称为属性值。例如，某一教师的姓名为李明，这是教师属性“姓名”的取值；该教师的年龄为 45，这是教师属性“年龄”的取值；等等。一个属性可能取的所有属性值的范围称为该属性的属性值的域。例如，教师属性“性别”的域为男、女；教师属性“职称”的域为助教、讲师、副教授、教授；等等。

② 实体：若干属性的属性值的集合。例如，某一教师的姓名为李明，性别为男，年龄为 45，职称为副教授，这是教师的一个实体。

由此可知，每个属性是个变量，属性值就是变量所取的值，而域是变量的变化的范围。因此，属性是表征实体的最基本的信息。

③ 实体型：表征某一类实体的属性的集合。例如，姓名、年龄、性别、职称等属性是表征“教师”这一类实体的，因此，用这些属性所描述的是实体型“教师”。

④ 实体集：同一类型实体的集合。例如，某一学校中的教师具有相同的属性，它们就构成了实体集“教师”。

在观念世界中，一般就用上述这些概念来描述各种客观事物以及相互之间的区别与联系。

(3) 数据世界。信息经过加工、编码后即进入数据世界，可以利用计算机来处理它们。因此，数据世界中的对象是数据。现实世界中的客观事物及其联系在数据世界中是用数据模型来描述的。

与观念世界中的基本概念对应，在数据世界中也涉及一些基本概念。

① 数据项(字段)(field)：相应于观念世界中的属性。例如，实体型“教师”中的各个属性：姓名、年龄、性别、职称等就是数据项。

② 记录(record)：每一个实体所对应的数据。例如，对应某一教师的各属性值：李明、45、男、副教授等就是一个记录。

③ 记录型(record type)：相应于观念世界中的实体型。

④ 文件(file)：相应于观念世界中的实体集。

⑤ 关键字(key)：能够唯一标识一个记录的字段集。

在数据世界中，就是通过上述这些概念来描述客观事物及其联系的。图 5.6 是“教师”记录型与“教师”文件的示意图。

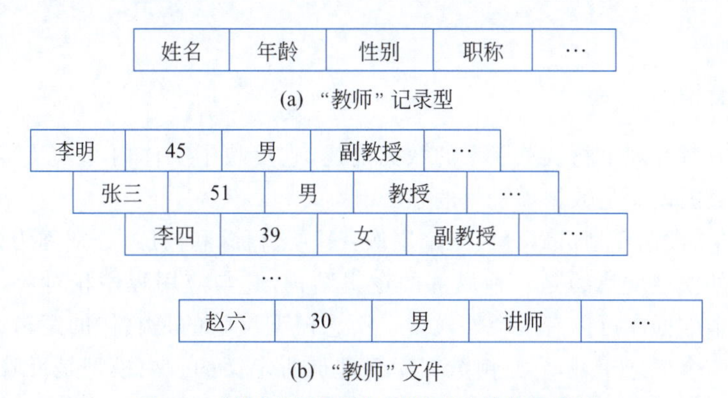

图 5.6　“教师”记录型与“教师”文件的示意图

描述信息是为了更好地处理信息,计算机所处理的信息形式是数据。因此,为了用计算机来处理信息,首先必须将现实世界转换为观念世界,然后将观念世界中的信息数据化。

2. 实体间的联系

客观事物相互之间存在着各种各样的联系,因此,在描述客观事物时,不仅要描述客观事物本身,还要描述它们相互之间的联系。

客观事物之间的联系包括两方面:一是实体内部的联系,它反映在数据模型中是记录内部的联系;二是实体与实体之间的联系,在数据模型中表现为记录与记录之间的联系。实体之间各种各样的联系可以归结为三类:一对一的联系、一对多的联系、多对多的联系。

1) 一对一(1∶1)的联系

设有两个实体集 E_1 和 E_2,如果 E_1 和 E_2 中的每一个实体最多与另一个实体集中的一个实体有联系,则称实体集 E_1 和 E_2 的联系是一对一的联系,通常表示为"1∶1 的联系"。例如,实体集学校与实体集校长之间的联系就是 1∶1 的联系。因为一个校长只领导一个学校,且一个学校也只有一个校长。

2) 一对多(1∶n)的联系

设有两个实体集 E_1 和 E_2,如果 E_2 中的每一个实体与 E_1 中的任意个实体(包括零个)有联系,而 E_1 中的每一个实体最多与 E_2 中的一个实体有联系,则称这样的联系为"从 E_2 到 E_1 的一对多的联系",通常表示为"1∶n 的联系"。例如,实体集学校与实体集教师之间的联系为一对多的联系。因为一个学校有许多教师,而一个教师只归属于一个学校。又如,校长实体集与学生实体集之间的联系也是一对多的联系。一对多的联系是实体集之间比较普遍的一种联系。

3) 多对多(m∶n)的联系

设有两个实体集 E_1 和 E_2,其中的每一个实体都与另一个实体集中的任意个(包括零个)实体有联系,则称这两个实体集之间的联系是"多对多的联系",通常表示为"m∶n 的联系"。例如,教师实体集与学生实体集之间的联系是多对多的联系。因为,一个教师要对许多学生进行教学,而一个学生要学习多个教师所讲授的课程。又如,学生实体集和课程实体集之间的联系也是一种多对多的联系。多对多的联系是实体集之间更具有一般性的联系。

由上述叙述可以看出,一对一的联系是最简单的一种实体联系,它是一对多的联系的一种特殊情况。一对多的联系是比较常见的一种实体联系,它又是多对多的联系的一种特殊情况。

5.1.3 数据模型

数据模型是对客观事物及其联系的数据描述,它反映了实体内部以及实体与实体之间的联系,因此,数据模型是数据库设计的核心。

在数据库中,数据模型可以分为三个层次:外层、概念和内层,分别称为外模型、概念模型和内模型。外模型反映的是一种局部的逻辑结构,它与应用程序相对应,由用户自己定义。对应于一个数据库可以有多个外模型。概念模型反映的是总体的逻辑结构,对应于一个数据库只有一个概念模型,它是由数据库管理员所定义的。内模型是反映物理数据存储的模型,它也是由数据库管理员所定义的。

在数据库系统中,由于采用的数据模型不同,相应的数据库管理系统也不同。常用的数据模型有 3 种：层次模型、网状模型和关系模型。

1. 层次模型

在层次模型中，实体之间的联系是用树结构来表示的，其中实体集（记录型）是树中的结点，而树中各结点之间的连线表示它们之间的关系。根据树结构的特点，建立数据的层次模型需要满足下列两个条件：

(1) 有一个数据记录没有“父亲”，这个记录即是根结点。

(2) 其他数据记录有且只有一个“父亲”。

在实际应用中，许多实体之间的联系本身就是自然的层次关系。例如，一个学校下属有若干个系、处和研究所；每个系下属有若干个教研组和办公室，每个研究所下属有若干个科研组和办公室，每个处下属有若干个科室；等等。这样一个学校的行政机构就明显地有着层次关系，可以用图 5.7 所示的层次模型将这种关系表示出来。

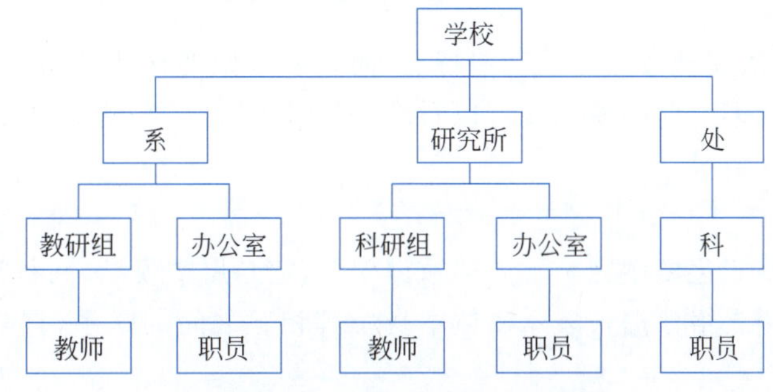

图 5.7 学校行政机构的层次模型

层次模型最明显的特点是层次清楚，构造简单，易于实现，它可以很方便地表示出一对一和一对多的两种实体之间的联系。但是，层次模型不能直接表示多对多的实体之间的联系。如果要用层次模型来表示实体之间的多对多的联系，则必须首先将实体之间多对多的联系分解为几个一对多的联系才能表示出来。因此，对于复杂的数据关系，用层次模型表示是比较麻烦的，这也正是层次模型的局限性。

以层次模型为数据模型所设计的数据库称为层次数据库。层次模型的数据库管理系统是最早出现的数据库系统。

2. 网状模型

网状数据模型是以记录型为结点的网状结构，它的特点是：

(1) 可以有一个以上的结点无“父亲”。

(2) 至少有一个结点有多于一个的“父亲”。

由这两个特点可知，网状模型可以描述数据之间的复杂关系。例如，关于学校的教学情况可以用图 5.8 所示的网状模型来描述。

网状模型和层次模型都属于格式化模型。所谓格式化模型，是指在建立数据模型时，根据应用的需要，事先将数据之间的逻辑关系固定下来，即先对数据逻辑结构进行设计，使数据结构化。由于网状模型中所描述的数据之间的关系要比层次模型复杂得多，为了描述记录之间的联系，引进了系(set)的概念，每一种联系都用系来表示，并给予不同的名字，以便互相区别，如图 5.8 中的教师-课程系、课程-学习系、学生-学习系和班级-学生系等。

用网状模型设计出来的数据库称为网状数据库。网状数据库是应用较为广泛的一种数

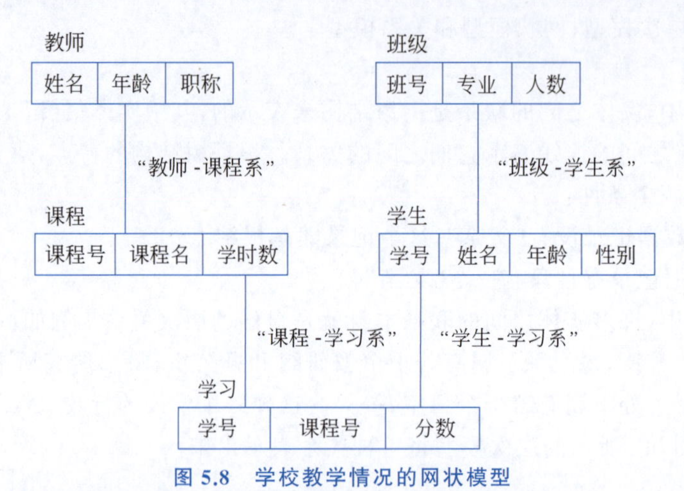

图 5.8 学校教学情况的网状模型

据库,它不仅具有层次模型数据库的一些特点,而且能方便地描述较为复杂的数据关系,可以直接表示实体之间多对多的联系。可以看出,网状模型是层次模型的一般形式,层次模型则是网状模型的特殊情况。

3. 关系模型

关系模型是与格式化模型完全不同的数据模型,它与层次模型、网状模型相比有着本质的区别。关系模型用表格数据来表示实体本身及其相互之间的联系,它是建立在数学理论基础上的。

在关系模型中,把数据看成一个二维表,每一个二维表称为一个关系。例如,表 5.1 所示的二维表就是一个关系,表中的每一列称为一个属性,相当于记录中的一个数据项,对属性的命名称为属性名,表中的一行称为一个元组,相当于记录值。

表 5.1 关系例

学号 $S^{\#}$	学生姓名 SN	所属系 SD	…
S_1	WANG	MATH	
S_2	MA	PHYS	…
…	…	…	…
S_n	ZHANG	CHEM	…

对于一个表示关系的二维表,其最基本的要求是,表中元组的每一个分量必须是不可分的数据项,即不允许表中再有表。关系是关系模型中最基本的概念。

在格式化模型中,要事先根据应用的需要,将数据之间的逻辑关系固定下来,即先对数据进行结构化。但在关系模型中,不需要事先构造数据的逻辑关系,只要将数据按照一定的关系存入计算机,也就是建立关系。当需要用这些数据作某种应用时,就将这些关系归结为某些集合的运算,如并、交、差以及投影等,从而达到在许多数据中选取所需要数据的目的。

关系模型较之格式化模型有以下几方面的优点。

1) 数据结构比较简单

在关系模型中,对实体的描述、实体之间联系的描述,都采用关系这个单一的结构来表

示，因此，数据的结构比较简单、清晰。

2）具有很高的数据独立性

在关系模型中，用户完全不涉及数据的物理存储，只与数据本身的特性发生关系，因此数据独立性很高。

3）可以直接处理多对多的联系

在关系模型中，由于使用表格数据来表示实体之间的联系，因此，可以直接描述多对多的实体联系。例如，表 5.2 所示的二维表表示了一个“学生选课”的关系。在层次模型和网状模型中，都不能直接表示出“学生”和“课程”这两个实体之间多对多的联系，而必须通过引进“学生选课”这样一种记录，将其分解为两个一对多的联系，才能表示出它们的联系。但在表 5.2 所示的二维表中，则能直接表示出它们之间的联系。

表 5.2　“学生选课”关系的二维表

学　号	姓　名	课 程 号	学 时 数	学　分
814706	张三	JS1	64	4
813204	李四	JS2	32	2
…	…	…	…	…
811754	赵六	J3	48	3

4）有坚实的理论基础

在层次模型和网状模型的系统研究和数据库设计中，其性能和质量主要决定于设计者的经验和技术水平，而缺乏一定的理论指导。因此，系统的研制和数据库的设计都比较盲目，即使是同一个数据库管理系统，相同的应用、不同设计者设计出来的系统其性能可以差别很大。关系模型以数学理论为基础，从而避免了层次模型和网状模型系统中存在的问题。

在层次模型中，一个 n 元关系有 n 个属性，属性的取值范围称为值域。

一个关系的属性名表称为关系模式，也就是二维表的表框架，相当于记录型。若某一关系的关系名为 R，其属性名为 $A_1,A_2,\cdots,A_n$，则该关系的关系模式记为

$$R(A_1,A_2,\cdots,A_n)$$

例如，图 5.9 所示的二维表为一个三元关系，其关系名为 ER，关系模式（二维表的表框架）为 ER(S＃，SN，SD)。其中，S＃，SN，SD 分别是这个关系中的三个属性的名字，$\{S_1,S_2,S_3,S_4,S_5\}$ 是属性 S＃（学号）的值域，{CHANG，WANG，LI，HU，MA} 是属性 SN（学生姓名）的值域，{MATH，EL，PHYS，COM} 是属性 SD（所属系）的值域。

ER		
学号 S＃	学生姓名 SN	所属系 SD
S_1	CHANG	MATH
S_2	WANG	EL
S_3	LI	PHSY
S_4	HU	COM
S_5	MA	EL

图 5.9　关系 ER

5.2 关系代数

前面提到，在关系模型数据库中，把对数据的操作归结为各种集合运算。实际上，在关系模型的数据语言中，一般除了运用常规的集合运算（并、交、差、笛卡儿积等）外，还定义了

一些专门的关系运算,如投影、选择、联接等运算。前者将关系(二维表)看成元组的集合,这些运算主要是从二维表的行的方向来进行的;后者主要是从二维表的列的方向来进行运算。两者统称为关系代数。

本节将分别介绍关系代数中的各种运算。

1. 并运算(union)

假设有 n 元关系 R 和 n 元关系 S,它们相应的属性值取自同一个域,则它们的并仍然是一个 n 元关系,它由属于关系 R 或属于关系 S 的元组组成,并记为 $R\cup S$。并运算满足交换律,即 $R\cup S$ 与 $S\cup R$ 是相等的。

例 5.1 设关系 R 和关系 S 分别如图 5.10(a)和(b)所示,则关系 $R\cup S$ 如图 5.10(c)所示。

R

A	*B*	*C*
a	b	c
d	e	f
x	y	z

(a) 关系 R

S

A	*B*	*C*
x	y	z
w	u	v
m	n	p

(b) 关系 S

R∪S

A	*B*	*C*
a	b	c
d	e	f
x	y	z
w	u	v
m	n	p

(c) 关系 $R\cup S$

图 5.10 关系的并运算示例

2. 差运算(difference)

假设有 n 元关系 R 和 n 元关系 S,它们相应的属性值取自同一个域,则 n 元关系 R 和 n 元关系 S 的差仍然是一个 n 元关系,它由属于关系 R 而不属于关系 S 的元组组成,并记为 $R-S$。特别要注意的是,差运算不满足交换律,即 $R-S$ 与 $S-R$ 是不相等的。

例 5.2 设关系 R 和关系 S 分别如图 5.11(a)和(b)所示,则关系 $R-S$ 如图 5.11(c)所示。

R

A	*B*	*C*
a	b	c
d	e	f
x	y	z

(a) 关系 R

S

A	*B*	*C*
x	y	z
w	u	v
m	n	p

(b) 关系 S

R−S

A	*B*	*C*
a	b	c
d	e	f

(c) 关系 $R-S$

图 5.11 关系的差运算示例

3. 交运算(intersection)

假设有 n 元关系 R 和 n 元关系 S,它们相应的属性值取自同一个域,则它们的交仍然是

一个 n 元关系，它由属于关系 R 且又属于关系 S 的元组组成，并记为 $R\cap S$。交运算满足交换律，即 $R\cap S$ 与 $S\cap R$ 是相等的。

例 5.3 设关系 R 和关系 S 分别如图 5.12(a)和(b)所示，则关系 $R\cap S$ 如图 5.12(c)所示。

R		
A	*B*	*C*
a	b	c
d	e	f
x	y	z

(a) 关系 R

S		
A	*B*	*C*
x	y	z
w	u	v
m	n	p

(b) 关系 S

R∩S		
A	*B*	*C*
x	y	z

(c) 关系 $R\cap S$

图 5.12 关系的交运算例

特别要指出的是，在上面的三种运算中，都要求参加运算的两个关系具有相同的属性名表，其运算结果也与它们具有相同的属性名，即它们的表框架是相同的。还要注意，并运算与交运算满足交换律，而差运算是不满足交换律的。

4. 笛卡儿积(Cartesian product)

设有 m 元关系 R 和 n 元关系 S，则 R 与 S 的笛卡儿积记为 $R\times S$，它是一个 $m+n$ 元组的集合($m+n$ 元关系)，其中每个元组的前 m 个分量是 R 的一个元组，后 n 个分量是 S 的一个元组。$R\times S$ 是所有具备这种条件的元组组成的集合。在实际进行组合时，可以从 R 的第一个元组开始到最后一个元组，依次与 S 的所有元组组合，最后得到 $R\times S$ 的全部元组。显然，$R\times S$ 共有 $m\times n$ 个元组。

例 5.4 设关系 R 和关系 S 分别如图 5.13(a)和(b)所示，则其笛卡儿积 $R\times S$ 如图 5.13(c)所示。

R		
A	*B*	*C*
1	2	3
4	5	6
7	8	9

(a) 关系 R

S	
D	*E*
10	11
12	13

(b) 关系 S

R×S				
A	*B*	*C*	*D*	*E*
1	2	3	10	11
1	2	3	12	13
4	5	6	10	11
4	5	6	12	13
7	8	9	10	11
7	8	9	12	13

(c) 笛卡儿积 $R\times S$

图 5.13 关系的笛卡儿积例

笛卡儿积在下面要介绍的连接运算中是很有用的。

5. 选择运算(selection)

选择运算是在指定的关系中选取所有满足给定条件的元组,构成一个新的关系,而这个新的关系是原关系的一个子集。选择运算用公式表示为

$$R[g]=\{r \mid r \in R \text{ 且 } g(r) \text{ 为真}\}$$

或

$$\sigma_g(R)=\{r \mid r \in R \text{ 且 } g(r) \text{ 为真}\}$$

公式中的 R 是关系名;g 为一个逻辑表达式,取值为真或假。g 由逻辑运算符 ∧ 或 and(与)、∨ 或 or(或)、¬或 not(非)联接各算术比较表达式组成;算术比较符有=、≠、>、≥、<、≤,其运算对象为常量、属性名或简单函数。在后一种表示中,σ 为选择运算符。

由选择运算的定义可以看出,选择运算在关系中的行的方向上进行运算,从一个关系中选择满足条件的元组。

例 5.5 设关系 R 如图 5.14 所示。如果要选择所在系(SD)为 COM 且所选课程(C#)为 C_1 的那些元组,则其运算为

$$R[\text{SD}='\text{COM}' \wedge \text{C\#}='C_1']$$

或表示为

$$\sigma_{\text{SD}='\text{COM}' \wedge \text{C\#}='C_1'}(R)$$

运算结果如图 5.15 所示。

R

S#	SN	SD	C#
S_1	MA	ELE	C_3
S_2	HU	COM	C_1
S_3	LI	MATH	C_2
S_4	CHEN	PHSY	C_1

图 5.14 关系 R

S#	SN	SD	C#
S_2	HU	COM	C_1

图 5.15 关系 $R[\text{SD}='\text{COM}' \wedge \text{C\#}='C_1']$

在进行选择运算时,条件表达式中的各运算符的运算顺序为:先算术比较符,后逻辑运算符。逻辑运算符的运算顺序为:¬(not)、∧(and)、∨(or)。

6. 投影运算(projection)

投影运算是在给定关系的某些域上进行的运算。通过投影运算可以从一个关系中选择出所需要的属性成分,并且按要求排列成一个新的关系,而新关系的各个属性值来自原关系中相应的属性值。因此,经过投影运算后,会取消某些列,而且有可能出现一些重复元组。由于在一个关系中的任意两个元组在各分量上不能完全相同,根据关系的基本要求,必须删除重复元组,最后形成一个新的关系,并给予新的名字。

给定关系 R 在其域列 SN 和 C 上的投影用公式表示为

$$R[\text{SN},C] \text{ 或 } \pi_{\text{SN},C}(R)$$

例 5.6 设关系 R 如图 5.16 所示。关系 R 在域 $S^{\#}$、SN 和 MAR 上的投影是一个新的关系,如果新的关系取名为 SNM,则其运算公式为

$$\text{SNM}=R[\text{S\#},\text{SN},\text{MAR}]$$

或

$$\text{SNM}=\pi_{\text{S\#},\text{SN},\text{MAR}}(R)$$

班级 CLA	学号 S#	姓名 SN	所属系 SD	年龄 SA	成绩 MAR
W_1	S_1	MA	PHSY	19	92
W_4	S_2	ZHU	MATH	20	87
W_2	S_5	HU	ELE	20	83
W_3	S_6	QI	COM	19	91
W_1	S_3	ZHOU	ELE	19	95

图 5.16　关系 *R*

运算结果如图 5.17 所示。

从这个例子可以看出，投影运算是在关系的列的方向上进行选择。当需要取出表中某些列的值时，用投影运算是很方便的。

S#	SN	MAR
S_1	MA	92
S_2	ZHU	87
S_5	HU	83
S_6	QI	91
S_3	ZHOU	95

图 5.17　关系 SNM=*R*[S#,SN,MAR]

7. 联接运算(join)

联接运算是对两个关系进行的运算，其意义是从两个关系的笛卡儿积中选出满足给定属性中一定条件的那些元组。

设 m 元关系 R 和 n 元关系 S，则 R 和 S 两个关系的联接运算用公式表示为

$$R \underset{[i]\theta[j]}{|\times|} S$$

运算的结果为 $m+n$ 元关系。其中，$|\times|$ 是联接运算符；θ 为算术比较符；$[i]$与$[j]$分别表示关系 R 中第 i 个属性的属性名和关系 S 中第 j 个属性的属性名，它们之间应具有可比性。这个式子的意思是：在关系 R 和关系 S 的笛卡儿积中，找出关系 R 的第 i 个属性和关系 S 的第 j 个属性之间满足 θ 关系的所有元组。比较符 θ 有以下三种情况：

- 当 θ 为=时，称为等值联接；
- 当 θ 为<时，称为小于联接；
- 当 θ 为>时，称为大于联接。

联接运算的上述公式还可以表示为

$$R[f]S=\{ r\hat{}s \mid r\in R \quad 且 \quad s\in S \quad 且 \quad f(r,s) 为真 \}$$

其中，f 为布尔函数(联接条件)，其取值为真或假；$r\hat{}s$ 是关系 R 和关系 S 的笛卡儿积中的任一元组。

例 5.7　设关系 R 和 S 如图 5.18 所示，则联接运算$R \underset{[3]=[1]}{|\times|} S$的结果如图 5.19 所示。其中，联接运算的条件是[3]=[1]，[3]和[1]分别表示关系 R 中的第 3 个属性和关系 S 中的第 1 个属性。

销往城市	销售员	产品号	销售量
C_1	M_1	D_1	2000
C_2	M_2	D_2	2500
C_3	M_3	D_1	1500
C_4	M_4	D_2	3000

(a) 关系 *R*

产品号	生产量	订购数
D_1	3700	3000
D_2	5500	5000
D_3	4000	3500

(b) 关系 *S*

图 5.18　关系 *R* 和关系 *S*

销往城市	销售员	产品号	销售量	产品号	生产量	订购数
C_1	M_1	D_1	2000	D_1	3700	3000
C_2	M_2	D_2	2500	D_2	5500	5000
C_3	M_3	D_1	1500	D_1	3700	3000
C_4	M_4	D_2	3000	D_2	5500	5000

图 5.19　关系 R 和关系 S 联接运算 $R \underset{[3]=[1]}{|\times|} S$ 后的结果

8. 自然联接运算(natural join)

自然联接运算是对两个具有公共属性的关系所进行的运算。设关系 R 和关系 S 具有公共的属性,则关系 R 和关系 S 的自然联接的结果,是从它们的笛卡儿积 $R\times S$ 中选出公共属性值相等的那些元组。具体地说,如果关系 R 和关系 S 具有相同的属性名 $A_1,A_2,\cdots,A_k$,则它们的自然联接是从笛卡儿积 $R\times S$ 中选出 $R\cdot A_1=S\cdot A_1 \wedge R\cdot A_2=S\cdot A_2 \wedge \cdots \wedge R\cdot A_k=S\cdot A_k$ 的所有元组,并去掉重复属性的元组集合,记为

$$R\ |\times|\ S$$

其中,$R\cdot A_1,R\cdot A_2,\cdots,R\cdot A_k$ 表示 $R\times S$ 中对应于关系 R 中的属性 $A_1,A_2,\cdots,A_k$ 的属性名;同样,$S\cdot A_1,S\cdot A_2,\cdots,S\cdot A_k$ 表示 $R\times S$ 中对应于关系 S 中的属性 $A_1,A_2,\cdots,A_k$ 的属性名。在此只是为了区分 R 和 S 两个关系中的公共属性而采用的一种标记。

如果用 $j_1,j_2,\cdots,j_m$ 来表示 $R\times S$ 中除去 $S\cdot A_1,S\cdot A_2,\cdots,S\cdot A_k$ 以后按顺序列出的所有其他分量的序号,则根据自然联接的定义,可以用选择运算和投影运算来表示自然联接:

$$R\ |\times|\ S=\pi_{j1,j2,\cdots,jm}(\sigma_{R\cdot A1=S\cdot A1 \wedge R\cdot A2=S\cdot A2 \wedge \cdots \wedge R\cdot A_k=S\cdot A_k}(R\times S))$$

上式表明,自然联接运算分以下三步进行:

(1) 计算笛卡儿积 $R\times S$;

(2) 选出同时满足 $R\cdot A_i=S\cdot A_i$(A_i 为 R 和 S 的公共属性)的所有元组;

(3) 去掉重复属性。

例如,对图 5.18 所示的两个关系 R 和 S 作自然联接 $R|\times|S$ 的结果如图 5.20 所示。

销往城市	销售员	产品号	销售量	生产量	订购数
C_1	M_1	D_1	2000	3700	3000
C_2	M_2	D_2	2500	5500	5000
C_3	M_3	D_1	1500	3700	3000
C_4	M_4	D_2	3000	5500	5000

图 5.20　关系 R 和关系 S 自然联接运算 $R|\times|S$ 后的结果

自然联接是组合关系的有效方法,利用投影、选择和自然联接可以任意地分割和组合关系,这正是关系模型的数据操纵语言具有各种优点的根本原因。

特别需要说明的是,两个关系的联接运算和自然联接运算虽然都是并表运算,但它们是有区别的,特别是联接运算中的等值联接与自然联接是不同的。等值联接要求相等的分量不一定是公共属性,它只要求一个分量相等即可;而自然联接则要求相等的分量必须是公共

属性，而且公共属性的个数可以多于一个。此外，等值联接后不把重复的属性去掉，而自然联接则要将重复的属性去掉。

由上所述，利用关系代数运算可以方便地对一个或多个关系进行各种拆分和组装。在关系数据库中，正是通过这些运算对数据库中的数据进行各种操作。下面举例说明。

例 5.8　设有一个关系 R 如图 5.21 所示，现要找出平均成绩(AVER)在 85 分以上的学生姓名和学号。

根据题目要求，可以先通过选择运算把 AVER≥85 的所有元组挑选出来，然后在学号(S#)和学生姓名(SN)两个域上投影，即可得到所需的结果，即

$$P=\pi_{S\#,SN}(\sigma_{AVER\geq 85}(R))=\{(S_1,MA),(S_3,FAN),(S_4,WANG)\}$$

最后的结果如图 5.22 所示。

R

S#	SN	SD	AVER	SUM
S_1	MA	CS1	85	425
S_2	BI	CS1	81	406
S_3	FAN	CS2	91	455
S_4	WANG	CS2	87	437

图 5.21　关系 R

P

S#	SN
S_1	MA
S_3	FAN
S_4	WANG

图 5.22　关系 P

例 5.9　设有关系 T 和 P 如图 5.23(a)和(b)所示，现要找出讲授课程 G1 的教师姓名、所在系及其职称。

先对关系 T 和 P 作自然联接，其结果如图 5.24(a)所示；然后对自然联接后的结果作选择与投影运算，其结果如图 5.24(b)所示，即

$$TP=\pi_{TN,TD,T}(\sigma_{TG=G1}(T|\times|P))$$

T

教师姓名 TN	所属系 TD	年龄 TA	性别 TS	职称 T
LI	PHSY	51	男	副教授
WU	CHEN	42	男	讲师
HE	COM	54	男	副教授
LU	ELE	35	男	讲师

(a) 关系 T

P

教师姓名 TN	所任课程 TG
LI	G_1
LU	G_2
HE	G_3
WU	G_4

(b) 关系 P

图 5.23　关系 T 和关系 P

教师姓名 TN	所属系 TD	年龄 TA	性别 TS	职称 T	所任课程 TG
LI	PHSY	51	男	副教授	G_1
WU	CHEN	42	男	讲师	G_4
HE	COM	54	男	副教授	G_3
LU	ELE	35	男	讲师	G_2

(a) $T|\times|P$

图 5.24　T|×|P 与关系 TP

TP		
教师姓名 TN	所属系 TD	职称 T
LI	PHSY	副教授

(b) 关系 *TP*

图 5.24 (续)

例 5.10 设有一关系 W,现要在关系 W 中存入一个元组(a,b,c,d,e,f,g)。

对于这个操作可以用以下运算来实现:

$$W \cup (a,b,c,d,e,f,g)\ \text{GIVING}\quad W$$

其中,GIVING 表示经过并运算后的结果赋予 W,对于每一种具体的语言可以有不同的表示方法。

从以上几个例子可以看出,关系代数作为一种语言是非常简便和清晰的,它集定义、查询、更新和控制为一体,而其核心是查询,因此又称为查询语言。

5.3 数据库设计

5.3.1 数据库设计的基本概念

数据库设计是指在已有数据库管理系统的基础上建立数据库的过程。数据库设计在数据库系统开发中占有非常重要的地位,数据库设计的好坏直接影响了整个系统的效率。

如果说学会使用一个数据库比较容易,那么要设计一个数据库就不是一件轻而易举的事情,而是一个比较复杂的过程。数据库设计的过程本质上是将数据库系统与实际的应用对象紧密地结合起来,构成一个有机整体的过程。因此,数据库设计者要了解和掌握数据库系统和实际应用对象这两方面的知识,不仅要懂得计算机和数据库,还要知道相应的业务工作,并具有一定的实际经验。由此可见,数据库设计所涉及的面很宽,对设计者的要求比较高,是一项比较复杂、难度比较大的工作。

一般来说,数据库的设计过程要经历三个大的阶段,即可行性分析与研究阶段、系统设计阶段、设计实施与系统运行阶段。

可行性分析与研究阶段是整个设计过程的前期工作。在这个阶段中,主要是对已有的计算机系统(包括数据库管理系统)和实际应用两方面做尽可能详细的调查,对数据库设计中的问题,建成以后的性能、效益以及为此所需要的投资等进行分析和研究,从而作出可行性报告。

系统设计阶段是系统的具体设计过程。在这个阶段中,主要包括概念设计、逻辑结构设计、物理结构设计这三个步骤。这三个不同层次上的设计过程是把实体以及相互之间的联系转换为"数据"并落实于计算机中的过程。数据库设计中的主要技术工作在这个阶段中完成。

设计实施与系统运行阶段是对系统的正确性进行验证和总调试,并且正式启动系统运行的阶段。在这个阶段中,还要为系统的日后运行与维护做好准备,即整理出详细的资料,编制说明书以及人员培训等。这一阶段是一个完善系统设计、提供系统性能指标的过程，其中还包括编制数据字典这一工作。

数据库的整个设计过程是使系统性能不断提高和完善的过程。为了达到满意的效果，往往需要反复调整和修改。因此，数据库设计的整个过程是一个循环的过程，循环的终止条件是对性能指标测试与系统评价满意。

5.3.2 数据库设计的过程

上一节简单说明了数据库设计的主要阶段，但具体的实施方法可以有所不同。本节将根据基本的设计方法来说明数据库设计的具体过程，并且对几个主要步骤重点讨论。

1. 需求分析

需求分析是整个数据库设计过程中最重要的一步，它是全部设计工作的基础。在需求分析这一步中的工作做得越细，整个设计工作也就会越顺利。

需求分析的目的是了解用户要求，对现实世界中的处理对象进行调查、分析，制定出数据库设计的具体目标。为此要进行深入细致的调查，调查的内容主要包括以下几方面。

(1) 了解组织机构。组织机构情况的调查是分析信息流程的基础，它对掌握数据的规律决定数据的组织形式有着重要的作用。

(2) 了解具体的业务现状，即了解各部门的业务活动情况。通过这项调查，可以知道现行业务中信息的种类、信息的流程、信息的处理方式以及各种业务的工作过程。这实际上是对数据的产生过程、数据之间的联系以及数据的处理方式和用途的详细了解过程，这也是调查的重点。

(3) 了解外部要求。例如，响应时间的要求、数据安全性、完整性的要求等。

(4) 了解长远规划中的应用范围和要求。一个数据库的建立，特别是大型数据库的建立，往往要投入大量的人力和物力。如果不充分考虑长远的发展需要，那么所建立的数据库可能暂时满足了用户的应用需要，但随着形势的发展，当用户提出新的应用要求时，原有的系统就不能适应需要，从而导致系统失效，造成很大的浪费。因此，在设计数据库时，要充分考虑今后发展的需要，要留有余地，充分考虑系统的可修改和可扩充性。

经过这些调查以后，掌握了必要的数据和资料，对数据的基本规律和用户的要求也会非常清楚。在此基础上，结合对已有系统的分析结果，要确定系统的范围以及它与外部环境之间的相互关系，即确定哪些功能由计算机完成或将来准备让计算机完成，哪些功能由人工完成。这也就是确定系统的边界，提出系统的功能。

需求分析是可行性分析阶段的主要工作。当然，作为可行性的分析，还应该对已有的条件进行分析。例如，已有的或将要购进的计算机系统的配置、性能指标是什么样的？数据库管理系统的功能如何？这些都应该很清楚。同时对系统设计的约束条件也要作出分析，如人力、财力、物力的条件以及时间上的要求等。综合“条件”和“需求”两方面，可以做出可行性报告，给出系统设计的目标、计划和比较具体的设计方案，为下一阶段的具体设计打下基础。

2. 概念结构设计

概念结构设计是系统结构设计的第一步，它是在需求分析的基础上对客观世界所做的抽象，它独立于数据库的逻辑结构，也独立于具体的数据库管理系统。概念模型是对实际应用对象形象而又具体的描述,因此,也可以把概念模型设计看成逻辑设计的开始。

概念模型有以下几个主要特点:

(1) 能充分反映实际应用中的实体及其相互之间的联系,是现实世界的一个真实模型。

(2) 由于概念模型独立于具体的计算机系统和具体的数据库管理系统,因此便于用户理解,有利于用户积极参与设计工作。

(3) 概念模型容易修改。当问题有变化时,反映实际问题的概念模型可以很方便地扩充和修改。

(4) 便于向各种模型转换。由于概念模型不依赖于具体的数据库管理系统,因此容易向关系模型、网状模型和层次模型等各种模型转换。

概念结构设计要借助于某种方便又直观的描述工具,E-R(实体-联系,Entity-Relationship)图是设计概念模型的有力工具。在 E-R 图中,用三种图框分别表示实体、属性和实体之间的联系,其规定如下:

- 用矩形框表示实体,框内标明实体名;
- 用椭圆状框表示实体的属性,框内标明属性名;
- 用菱形框表示实体间的联系,框内标明联系名;
- 实体与其属性之间以无向边联接,菱形框与相关实体之间也用无向边联接,并在无向边旁标明联系的类型。

用 E- R 图可以简单明了地描述实体及其相互之间的联系。例如,班长实体集和班级实体集之间是一对一的联系,校长实体集和教师实体集之间是一对多的联系,学生实体集和课程实体集之间是多对多的联系,可以用图 5.25 所示的 E-R 图表示这些实体的联系。

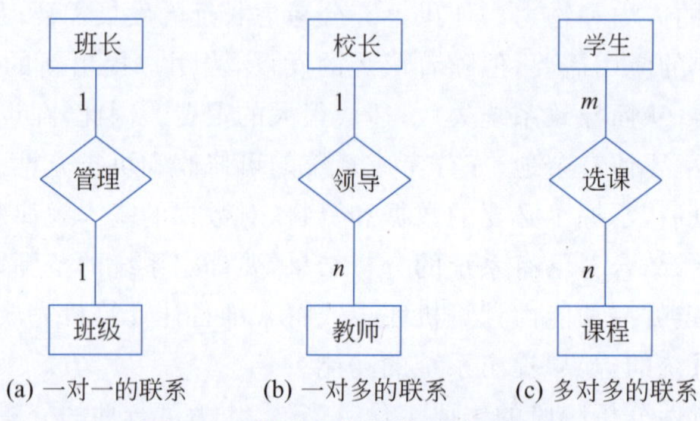

图 5.25　描述实体集联系的 E-R 图

用 E-R 图还可以方便地描述多个实体集之间的联系和一个实体集内部实体之间的联系。例如,课程实体集和教师实体集之间是多对多的联系,课程实体集和学生实体集之间是多对多的联系。因此,这三个实体集的实体之间的联系可用图 5.26 所示的 E-R 图来表示。而在教师实体集中,在"科研"联系上存在多对多的联系,因为一个课题组长领导若干个组员,而一个教师可能参与几个课题的研究工作,这种联系可以用图 5.27 所示的 E-R 图来描述。

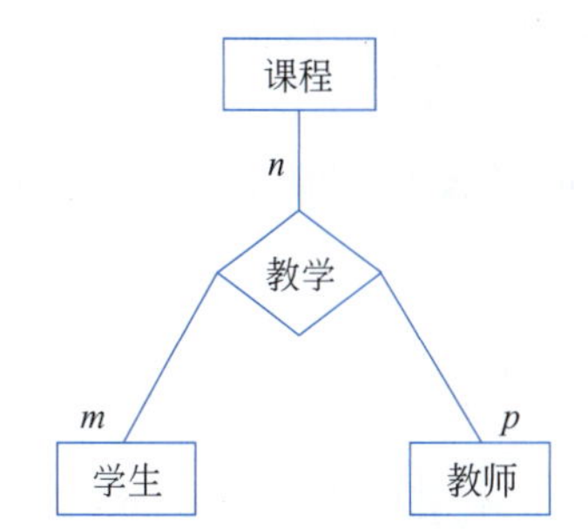

图 5.26 多个实体集联系的 E-R 图

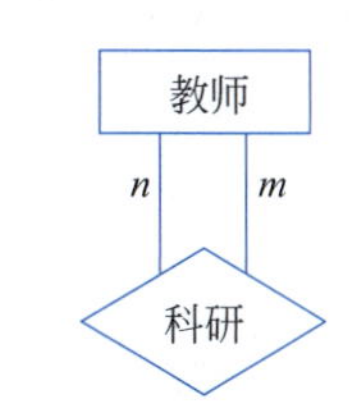

图 5.27 同一个实体集内实体联系的 E-R 图

图 5.28 是教师实体属性的 E-R 图。图 5.29 是材料实体集和购买材料的合同实体集之间联系“M-O”属性的 E-R 图。

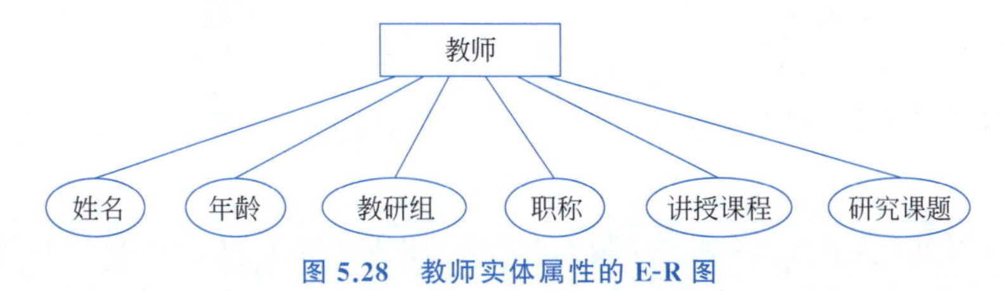

图 5.28 教师实体属性的 E-R 图

利用 E-R 图可以很方便地进行概念结构设计。概念结构设计是对实体的抽象过程，这个过程一般分三步来完成：首先根据各个局部应用设计出分 E-R 图；然后综合各分 E-R 图得到初步的 E-R 图，在综合过程中主要是消除冲突；最后对初步的 E-R 图消去冗余，得到基本 E-R 图。下面分别说明这三个步骤。

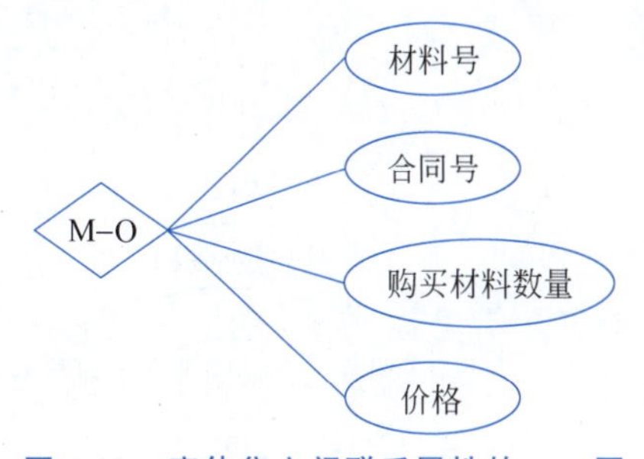

图 5.29 实体集之间联系属性的 E-R 图

(1) 建立分 E-R 图。建立分 E-R 图的主要工作是对需求分析阶段收集到的数据进行分类、组织、划分实体和属性，确定实体之间的联系。实体和属性之间在形式上并没有可以截然划分的界限，而常常是现实对它们的存在所作的大概的自然划分。这种划分随应用环境的不同而不同，在给定的应用环境下，划分实体和属性的原则是：

① 属性与其所描述的实体之间的联系只能是一对多的；

② 属性本身不能再具有需要描述的性质或与其他事物具有联系。

根据以上原则划分属性时，能作为属性的应尽量作为属性而不划分为实体，以简化 E-R 图。

例 5.11 在一个简单的教学管理系统中，主要的实体型是学生、教师、课程、课外科技小组，在这些实体型之间有以下几种联系：

- “课程-学生”联系，记为“C-S”联系，这是多对多的联系；
- “课程-教师”联系，记为“C-T”联系，这也是多对多的联系；
- “学生-科技小组”联系，记为“S-R”联系，这也是多对多的联系；
- “教师-科技小组”联系，记为“T-R”联系，这是一对一的联系。

根据以上分析,可以得到相应的表示这四个联系的联系图,同时确定每个实体的属性,这样就可以得到四个简单的分 E-R 图,如图 5.30 所示。

在这个例子中,举出的只是最简单的情况。当实际问题比较复杂时,要选择合适的层次来建立分 E-R 图。

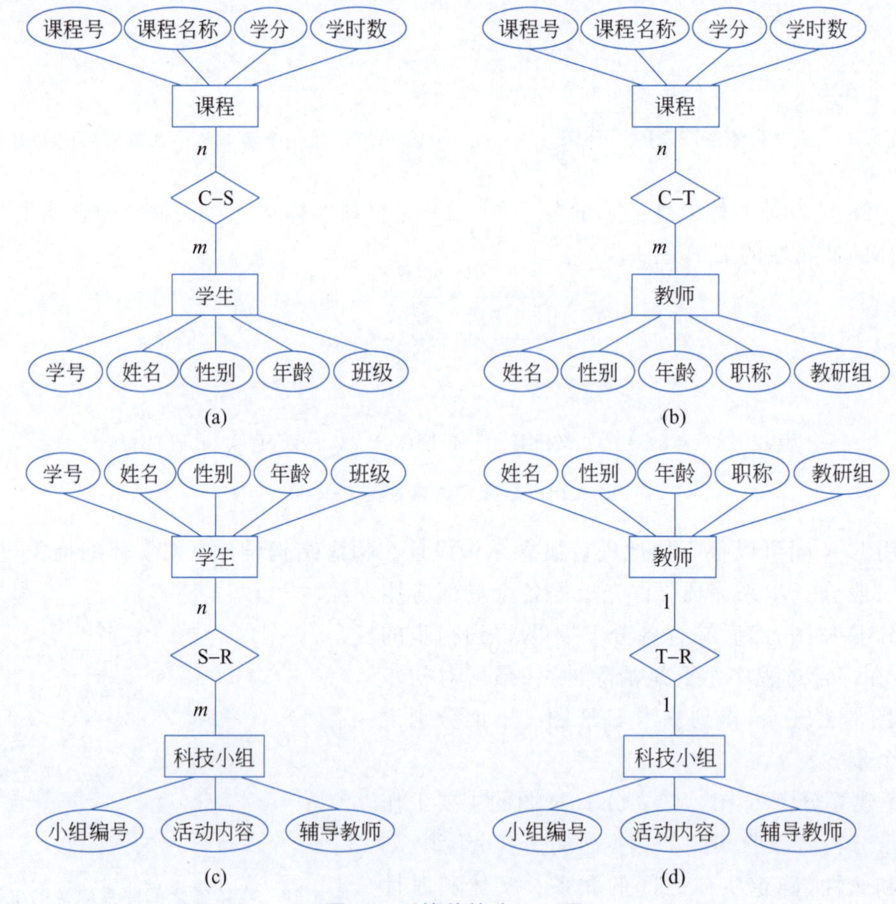

图 5.30　简单的分 E-R 图

(2) 设计初步 E-R 图。建立了各分 E-R 图以后,要对它们进行综合,即把各分 E-R 图连接在一起。这一步的主要工作是找出各分 E-R 图之间的联系,而在确定各分 E-R 图的联系时,可能会遇到相互之间不一致的问题,称为冲突。这是因为分 E-R 图是实际应用问题的抽象,不同的应用通常由不同的设计人员进行概念结构的设计,因此,分 E-R 图之间的冲突往往是不可避免的。冲突可能出现在以下几方面:

① 属性域冲突。即同一个属性在不同的分 E-R 图中其值的类型、取值范围等不一致或者是属性取值单位不同,这需要各部门之间协商使之统一。

② 命名冲突。即属性名、实体名、联系名之间有同名异义或异名同义的问题存在,这显然也是不允许的,需要讨论协商解决。

③ 结构冲突。这主要表现在同一对象在不同的应用中有不同的抽象。例如,同一对象在不同的分 E-R 图中有实体和属性两种不同的抽象。又如,同一实体在不同的分 E-R 图中有不同的属性组成,如属性个数不同、属性次序不一致等。还如,相同的实体之间的联系,在

不同的分E-R图中其类型可能不一样，如在一个分E-R图中是一对多的联系，而在另一个分E-R图中是多对多的联系。

在综合各分E-R图时，必须要解决上述各类冲突，从而得到一个集中了各用户的信息要求，为所有用户共同理解和接受的初步的总体模型，即初步的E-R图。

(3) 设计基本E-R图。初步的E-R图综合了系统中各用户对信息的要求，但它可能存在冗余的数据和联系。也就是说，在初步的E-R图中可能存在这样的数据和联系，它们分别可以由基本数据和基本联系导出。冗余的数据和联系的存在会破坏数据库的完整性，增加数据库管理的困难，因此需要加以消除。初步E-R图在消除了冗余以后，称为基本E-R图。

例5.12 一个百货商店的管理系统可以从营业和采购两方面来考虑，其初步E-R图如图5.31所示。从图5.31可以看出，职工和商品之间的"销售"联系是冗余的联系，因为职工和商品之间的联系完全可以通过职工和商品部的联系以及商品部和商品的联系反映出来，因此应该消除这个联系。消除这个冗余以后就得到了基本E-R图，如图5.32所示。

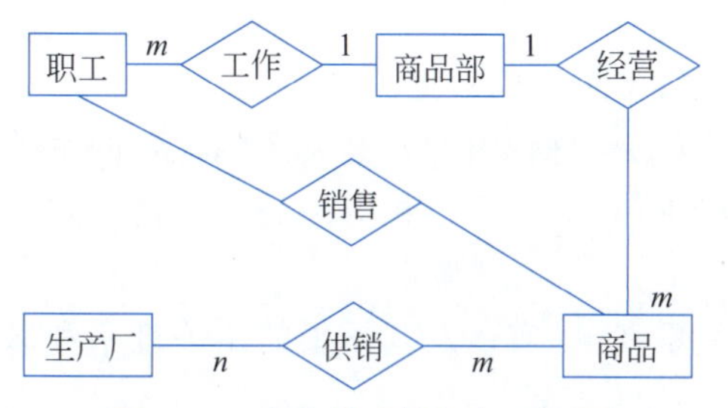

图5.31 商店管理的初步E-R图

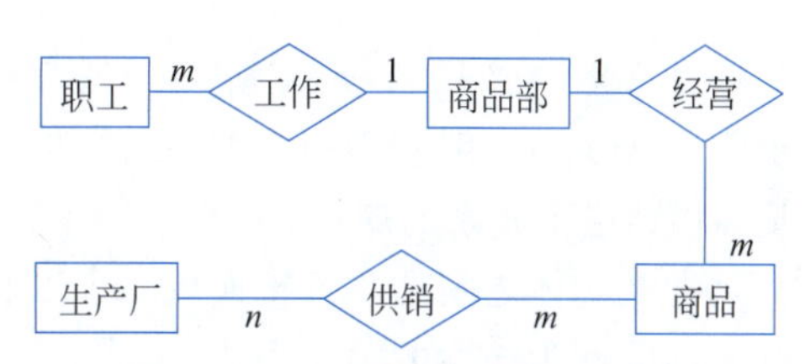

图5.32 商店管理的基本E-R图

设计得到的基本E-R图应正确无误地反映所有用户的要求，因此，设计出基本E-R图后，要与用户一起反复讨论并修改，直到满足用户与设计要求后再进入下一步的设计。

3. 逻辑结构设计

为了建立用户所要求的数据库，必须把概念结构转换为某个具体的数据库管理系统所支持的数据模型，这就是逻辑结构设计所要完成的任务。

在已给定数据库管理系统的情况下，数据库的逻辑设计可以分两步来进行：将概念模型转换成一般的数据模型；将一般的数据模型转换为特定的数据库管理系统所支持的数据模型。

下面以转换成关系数据模型为例来说明转换的规则和方法。

把概念模型转换成关系数据模型就是把E-R图转换成一组关系模式，它需要完成以下几项工作：

- 确定整个数据库由哪些关系模式组成，即确定有哪些"表"组成。
- 确定每个关系模式由哪些属性组成，即确定每个"表"中的字段。
- 确定每个关系模式中的关键字属性。

根据这些目标，可以采取以下两个规则来完成从概念模型到关系数据模型的转换。

(1) 每一个实体型转换为一个关系模式。首先，以实体名为关系名，以实体的属性为关系的属性；然后确定关键字属性，这可以通过写出相应实体的属性间的函数依赖关系来找出。例如，在例5.12的商店管理系统中，实体职工可以转换成一个职工关系，如图5.33所示。根据函数依赖关系,确定属性“工作证号”作为关键字。

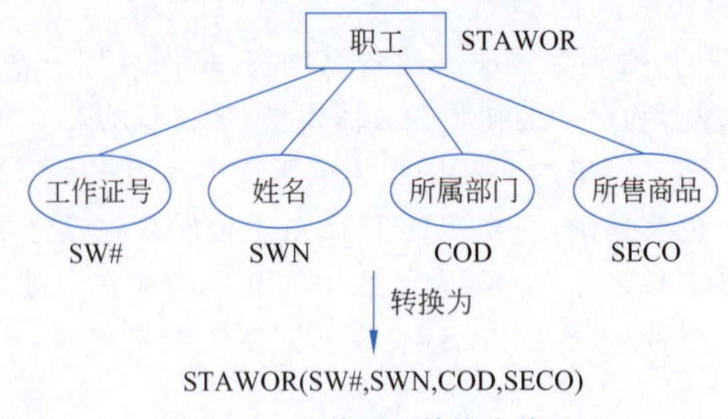

图 5.33 实体职工转换为关系

(2) 每个联系分别转换为关系模式。不同型实体之间的联系转换成一个以联系名为关系名的关系模式,该关系的属性由相关实体所对应的关系模式的主关键字以及联系本身的属性所组成。例如,在例 5.12 的商店管理系统中,生产厂和商品之间的联系“工厂-商品”可以转换成模式“FACO”:

FACO(FAN,CO#,FAQTY,FAPR)

其中,FAN(生产厂名)是关系“生产厂”的主关键字,CO#(商品代号)是关系“商品”的主关键字,FAQTY(相应厂提供相应商品的数量)和 FAPR(相应厂提供相应商品的价格)是“工厂-商品”这个联系的属性。

同型实体之间的联系转换成一个以联系名为关系名、以实体及其子集的主关键字和以联系的属性为属性的关系模式。

4. 物理结构设计

完成数据库的逻辑结构设计以后,还要进行物理结构的设计。物理结构设计的任务就是为逻辑结构设计阶段所得到的逻辑数据模型选择一个最适合应用环境的物理结构。

物理结构的设计依赖于具体的计算机系统,它是一个反复进行的过程。首先要针对具体的数据库管理系统和设备的特性,确定实现所设计的逻辑数据模型必须采取的存储结构和存取方法;然后对该存储模式进行性能评价,若评价结果满足原设计要求,则进入设计实施阶段,否则就要修改设计,经过多次反复,直到取得满意的结果为止。

下面简单介绍物理结构设计的内容和要求。

(1) 物理结构设计的准备工作。为了有效地进行物理结构设计,设计人员必须对特定的数据库管理系统和设备特性有充分的了解。

① 要充分了解和掌握所用的数据库管理系统的性能和特点,包括数据库管理系统的功能,提供的物理环境、存储结构、存取方法和可利用的工具等,同时对它们的优缺点要心中有数。通常,数据库管理系统提供了一种以上的存储结构和存取方法,只有对它们的特点、适用范围等有充分的了解,才有可能针对用户的应用要求选择最合适的存储结构和存取方法。

② 要十分熟悉存放数据的外存设备的特性。例如,要清楚地知道物理存储区的划分原则、物理块的大小、设备的 I/O 特性等。

③ 要了解并熟悉应用要求。掌握系统中各个应用之间的关系,分清主次,对不同应用按照对组织的重要程度和使用方式进行分类。了解各个应用的处理频率和响应时间要求,

对时间和空间效率的平衡是非常重要的。在物理结构设计中，要考虑数据的存取和数据的处理两方面，必须要处理时间和空间的矛盾，充分了解和掌握各种应用的情况，以便做出最优处理。

(2) 物理结构设计的内容。

① 确定数据的存储结构。在确定数据的存储结构时，主要是在存取时间、存储空间的利用率和结构维护三方面进行折中考虑。通常，数据库管理系统提供了多种存储结构，因此，设计者可以根据各个应用的特点和要求从所提供的存储结构中进行选择。

② 选择存取路径。数据库的根本特性是数据的共享，因此，对同一数据存储要提供多种存取路径。存取路径直接影响数据存取的效率。在进行物理结构设计时要确定建立哪些路径，而路径的选择主要是考虑索引的选择和文件之间的联系这两个问题。例如，要对建立多少个索引、在哪些数据上建立索引、文件之间的联系如何实现等作出选择。选择的原则是既有较高的检索效率，又使花费的代价最小。

③ 确定数据存放的位置。数据的存放位置对系统性能也有直接影响。为了提高系统的效率，要根据应用情况对数据进行分组，按存取频率和存取速度的不同，分别存放在不同的存储设备上，以满足存取要求。同时，对一个文件内的数据也可以进行“分解”，根据各数据存取频率的不同，可以对文件进行“垂直分解”，把经常存取的数据放在一起，可以提高存取效率。根据各记录存取频率的不同，可以对文件进行“水平分解”，把经常使用的记录或要顺序存取的记录分为一组，并存放在一起，这样可以提高系统的存取效率。

④ 确定存储分配。根据应用和数据库管理系统所提供的存储分配参数，确定块大小、缓冲区的大小和个数、溢出空间的大小等，以便使存取时间和存储空间的分配尽量达到最优。

5.3.3　数据字典

1. 数据字典的作用

数据库系统是一个复杂的系统，它通过数据库管理系统对数据库中的数据实现统一的管理和控制，以保证数据的共享、最小冗余度和数据的正确性等。为了达到这些目的，系统中除了数据库以外，还必须有许多用来保证数据库管理系统对数据进行控制和管理的非数据信息，这些信息对数据库中的数据及其相互关系进行了全面的描述，它们不仅是数据库管理系统对数据库进行控制管理的依据，而且也是数据库设计和系统分析的工具，因此，它们是至关重要的，通常把这些信息集中放在一个专门的地方，这就是数据字典。

数据字典是数据库的信息系统，是由关于数据库中数据描述信息组成的库，也称为描述数据库。数据字典的编制过程贯穿于数据库设计的各个阶段，从收集信息开始即着手编制，随着设计工作的展开，数据字典也逐步形成。

数据字典主要有以下几方面的作用：

(1) 对数据进行标准化管理。数据字典集中了设计数据库时所收集的全部信息，如实体、属性、实体联系、各种处理要求、用户名等。这不仅为管理和收集这些数据提供了方法和手段，而且使这些数据的名称、个数和含义统一，避免混淆。也就是说，系统中的数据是标准化的。

(2) 使收集的信息文本化。数据字典对所收集的有关数据描述的信息进行统一管理。

因此,如同数据库中的数据一样,可以方便地对这些信息进行各种操作,如查询、插入、删除和修改等。

(3) 为数据库设计和系统分析提供了有力的工具。在数据库设计的各阶段以及在调试过程中,设计者必须保证原始信息与数据的准确性。而数据字典中存放的与数据库系统有关的各种信息和原始资料,正是为数据库中数据及其相互关系的准确性提供了依据。

(4) 为数据库管理系统对数据库的存取控制和管理提供条件。数据库管理系统对所有的数据库存取请求都要进行检查,如检查用户标识、口令、模式等。对存取请求采取什么样的控制取决于检查的结果。也就是说,数据库管理系统对数据库的控制和管理是以数据字典为依据的。如果没有数据字典或数据字典被破坏了,数据库管理系统对数据库的控制和管理也就失去了条件。

(5) 为数据库的维护和扩充提供依据。数据库管理员可以通过查阅数据字典及时了解数据库的动态,掌握系统性能、空间使用情况和各种统计信息,以便及时维护、修改和扩充数据库。

由此可见,数据字典的作用是十分明显的,数据字典和数据库管理系统是数据库管理中的两个主要工具。

2. 数据字典的内容

数据字典的内容,即数据字典中所包括的信息,虽然各个不同的数据库系统有所不同,但一般来说,凡是关于数据描述的信息都可以放入数据字典。例如,在数据库设计的第一阶段所收集的所有信息,如实体、属性、实体联系、事务处理要求、用户标识、口令等都可以存入数据字典中;还有逻辑设计的结果、物理结构设计的输出信息,如模式、子模式、物理模式的描述等也都是数据字典的内容;还有数据空间的总数、各种数据的使用、修改情况也记录在数据字典中。

一般来说,数据字典主要有以下几方面的描述与说明:

(1) 描述数据库系统的所有对象,如实体、属性、记录型、数据项、用户标识、口令、物理文件名及其位置、文件组织形式等。

(2) 描述数据库中各种对象之间的联系。如用户使用的子模式、记录分配的区域和所在的物理设备等描述。

(3) 记录所有对象在不同场合、不同视图中的名称对照。

(4) 描述模式、子模式和物理模式,包括这些模式的修改情况记录。

数据字典的具体内容和组织方式,在不同的系统和不同的应用中可以视具体需要而不同。不断开发数据字典的功能,充分发挥数据字典这个工具在数据库管理中的作用,也是数据库设计与应用的重要内容之一。

习题

5.1 数据管理技术的发展经历了哪几个阶段?各个阶段与计算机技术的发展有何关系?

5.2 数据库技术的主要特点是什么?它与传统的文件系统有何本质的区别?

5.3 数据的逻辑独立性的含义是什么?数据的物理独立性的含义是什么?

5.4 举例说明实体集之间一对一、一对多、多对多的联系。

5.5 关系模型与格式化模型比较有哪些主要优点？

5.6 在关系模型中，一个关系是一张二维表，任意一个二维表是否就是一个关系？为什么？

5.7 设有一关系 S 如图 5.34 所示。分别写出符合下列要求的关系运算式和运算结果。

S						
学号 S#	姓名 SN	数学 MT	物理 PH	外语 FL	总分 TA	平均分 ME
S1	A	95	90	91	276	92
S2	B	90	84	87	261	87
S3	C	85	91	70	246	82
S4	D	91	92	90	273	91
S5	E	82	87	86	255	85
S6	F	80	76	87	243	81

图 5.34 关系 S

(1) 找出平均分在 85 分(包含 85 分)以上的所有记录。

(2) 列出总分在 270 分(包含 270 分)以上的学生的学号、姓名、总分和平均分。

5.8 数据库设计过程包括哪几个阶段？各阶段的主要工作是什么？

5.9 什么是 E-R 图？利用 E-R 图进行数据库概念结构设计分为哪几步？

5.10 数据库的逻辑结构设计主要完成什么任务？把概念模型转换为关系模型时需要做哪些工作？

5.11 假设一个图书出版社的行政组织可以分为编辑、出版、发行三部分，包括若干个编辑室、几个录入排版组、几个定点印刷厂、若干图书发行员和几个图书仓库。其中，每个编辑室有若干名编辑，他们负责组稿、编辑加工、发稿，且每人有规定的任务量。每个录入排版组有若干名职工，他们负责书稿的录入与排版工作，书稿排版有时间要求，每个人的录入排版有数量(字数)和质量要求。若干名发行员负责图书的征订和发行工作，每人有规定的任务。几个定点印刷厂负责图书的印刷。一个厂可承印多种图书，但同一种图书不会在几个印刷厂印刷。若干个仓库存放未销售出去的图书。一个仓库能存放多种图书，但同一种图书不能放在几个仓库中。根据以上信息，设计一个出版社管理系统的概念模型。要求画出分 E-R 图、初步E-R 图和基本 E-R 图。

5.12 什么是数据字典？它在数据库中的作用是什么？

第6章 应用软件设计与开发技术

6.1 软件工程概述

6.1.1 软件工程的概念

自第一台计算机问世以来，计算机硬件的发展经历了电子管、晶体管、集成电路和大规模集成电路或超大规模集成电路四个时代，而计算机软件也很自然地随着硬件的发展而发展。

从第一代计算机发展到第二代计算机这一时期，人们对计算机硬件的研究花费了很大的精力，但对软件的研究和发展还不是很重视。在这一时期，人们仅根据需要来编制一些可以直接运行的程序，而不考虑系统地开发软件。程序也基本上是为解决某个具体问题而研制的，不考虑其通用性。并且，由于对编制的程序没有足够的资料说明，因此，对程序的查错和修改也只有程序编制者才能胜任。这是一种个体化的软件生产环境。

从第二代计算机发展到第三代计算机这一时期，由于硬件技术的变革，计算机硬件需要功能较强的软件，以便充分发挥计算机硬件的效率与内在潜力，从而出现了操作系统、数据库管理系统等软件。在这个时期，无论是软件的规模还是复杂程度，都使普通用户无力开发，因此，人们广泛使用软件产品，许多用户不必自编软件，而是去购买或定制软件。这是一种作坊式的软件生产环境。

从第三代计算机发展到第四代计算机这一时期，硬件上已出现大规模和超大规模集成电路，计算机系统的复杂程度大大提高，计算机的应用领域也大大扩展。由于硬件的发展速度极快，如果没有可开发硬件潜力的有效软件，也就不可能充分利用计算机。因此，人们普遍产生了对支持软件的迫切要求。但在这一时期，软件的开发还远远不能满足不断发展的计算机系统的需要，并且，软件的维护费用占数据处理总成本的70%以上。

由此可以看出，计算机软件已经由过去的无足轻重发展到今天这样在计算机系统中占有如此重要的地位。然而，软件数量的迅速膨胀，又使人们承受不了软件的资源耗费。因此，有必要对软件生产方式进行彻底的改造。软件工程正是从管理和技术两方面研究更好地开发和维护计算机软件的一门学科。

软件工程学是研究软件开发和维护的普遍原理与技术的一门工程学科。所谓软件工程，是指采用工程的概念、原理、技术和方法指导软件的开发与维护。软件工程学的主要研究对象包括软件开发与维护的技术、方法、工具和管理等方面。在软件研制开发过程中，若能严格遵循软件工程的方法论，便可提高软件开发的成功率，减少软件开发和维护中出现的问题。

6.1.2 软件生命周期

软件工程注重研究如何指导软件生产全过程的所有活动，以最终达到“在合理的时间、成本等资源的约束下，生产出高质量的软件产品”的目标。为了更有效、更科学地组织和管理软件生产，将某一软件从被提出并着手开始实现，直到软件完成其使命为止的全过程划分为一些阶段，并称这一全过程为软件生命周期。通常，软件生命周期包括八个阶段：问题定义、可行性研究、需求分析、系统设计、详细设计、编码、测试、运行维护。为使各时期的任务更明确，又可以分为以下三个时期：

- 软件定义期：包括问题定义、可行性研究和需求分析三个阶段。
- 软件开发期：包括系统设计、详细设计、编码和测试四个阶段。
- 软件维护期：运行维护阶段。

1. 软件定义期

1）问题定义

这一阶段的主要目的是确定问题的性质、工程目标以及规模。这是软件生命周期的第一阶段，应力求使软件开发人员、用户以及使用部门负责人对问题的性质、工程目标与规模取得完全一致的看法，这对确保软件开发的成功是非常重要的。一旦对问题有了明确认识之后，分析员应提交书面报告给用户与使用部门负责人进行审查。

2）可行性研究

可行性研究的目的是进一步研究上一阶段所定义的问题是否可解。在问题定义的基础上，通过复查系统的目标和规模，并研究现在正使用的系统，从而导出试探性的解。这个过程可能要反复多遍，最后导出新系统的高层逻辑模型。在系统的高层逻辑模型的基础上，再从各方面分析物理系统的可行性，推荐一个可行方案，供有关部门审批。

在这一阶段中，通常用数据流图与数据字典共同描述系统的逻辑模型。数据流图利用数据流、加工、文件、数据的源点及终点4种成分来描绘信息在系统中的流动和处理情况。

数据字典是关于数据信息的集合。如果没有数据字典精确定义数据流图中的每个元素，数据流图就不够严谨；反之，如果没有数据流图，数据字典就不够直观，难以发挥作用。

在描述物理系统时，常常采用系统流程图这一工具。系统流程图采用一些约定的图形符号以黑盒方式对系统内部各部件进行描述。

在这个阶段中，往往还需要对成本和效益进行分析，最后还要提交必要的文档。

3）需求分析

在这个阶段中，根据可行性研究阶段提交的文档，特别是从数据流图出发，对目标系统提出清晰、准确和具体的要求，即要明确系统必须做什么的问题。这一阶段的具体任务包括以下几方面：

（1）确定对系统的综合要求。即功能要求、性能要求、运行要求以及将来可能会提出的一些要求。

（2）对系统的数据要求进行分析。主要包括数据元素的分类和规范化，描绘实体之间的关系图，进行事务分析与数据库模型的建立。

（3）在前面分析的基础上，推导出系统的详细模型系统。

（4）修正开发计划，并建立模型系统。

需求分析首先从数据流图着手，在沿数据流图回溯的过程中，更多的数据元素被划分出来，更多的算法被确定下来。在这个过程中，将得到的有关数据元素的信息记录在数据字典中，而将对算法的简单描述记录在输入/处理/输出（IPO）图中，被补充的数据流、数据存储和处理添加到数据流图的适当位置,然后提交用户进行复查,以便补遗。经过反复进行上述分析,分析员对系统的数据以及功能就有了更深入的了解,此时可通过对功能的分解将数据流图细化,即将数据流图中比较复杂的处理功能分解成若干个简单的子功能,而这些较低层的子功能又重新组成一张数据流图。这就是逐步细化的具体体现。

经过以上分析,就可以修正开发计划,然后写出必要的文档。文档的内容主要包括以下几方面:

(1) 系统的功能说明。它主要由数据流图与输入/处理/输出图(或其他形式的算法描述记录)组成,主要描述了目标系统的概貌与对系统的综合要求。

(2) 系统对数据的要求。它主要由数据字典以及描述数据结构的层次方框图组成。

(3) 用户系统描述。这也是初步的用户手册,它主要包括对系统功能和性能的简要描述、使用的方法与步骤等内容。

在转入下一阶段之前,还必须进行审查和复查,通过之后即可进入软件开发期。

2. 软件开发期

1) 系统设计

这一阶段也称为一般设计,其任务是划分出构成系统的各物理元素(如程序、文件、数据库、人工过程与文档等)以及设计出软件的结构(如确定模块及模块间的关系)。设计过程通常分为以下几步:

(1) 提出可选择方案;

(2) 选择合理方案;

(3) 推荐最佳方案;

(4) 功能分解;

(5) 设计软件结构;

(6) 制订测试计划;

(7) 提交文档。

这一阶段的最后要对结果进行严格的技术审查,然后由使用部门负责人从管理的角度进行审查。

2) 详细设计

详细设计的任务是对系统作出精确的描述,以便在编码阶段可直接将这一描述用程序设计语言编制成程序。除了应保证程序的可靠性外,此阶段最重要的目标是保证将来的程序易读、易理解、易测试、易修改和易维护。因此,结构程序设计技术就成为实现上述目标的基本保证,并且也是详细设计的逻辑基础。

作为这一阶段的最后结果,应提供详细的编码规格说明,它通常采用层次图与输入/处理/输出图的结合(HIPO)或过程描述语言(PDL)来描述。

3) 编码

编码是将系统设计与详细设计阶段中的结果翻译成用某种程序设计语言书写的程序。虽然程序的质量基本上由设计质量决定,但在编码过程中,也有几个因素对提高程序质量有重大影响,主要有以下几方面:

(1) 选择适当的程序设计语言。

(2) 使程序内部有良好的文档资料、规范的数据格式说明、简单清晰的语句结构和合理

的输入/输出格式，这些都可以大大提高程序的可读性，而且也可以改进程序的可维护性。

(3) 充分利用已有的软件工具来帮助编码，以提高编码效率和减少程序中的错误。

4) 测试

软件测试是保证软件可靠性的主要手段，它是软件开发过程中最艰巨也是最繁重的工作。测试的目的是尽量发现程序中的错误，但绝不能证明程序的正确性。

调试不同于测试，调试主要是推断错误的原因，从而进一步改正错误。

测试和调试是软件测试阶段两个密切相关的过程，通常是交替进行的。

3. 软件维护期

维护是软件生命周期的最后一个阶段，也是持续时间最长、付出代价最大的阶段。软件工程学的目的就在于提高软件的可维护性，同时也要设法降低维护的代价。

软件维护通常有以下 4 类：

(1) 为纠正使用中出现的错误而进行的改正性维护。

(2) 为适应环境变化而进行的适应性维护。

(3) 为改进原有软件而进行的完善性维护。

(4) 为将来的可维护和可靠而进行的预防性维护。

软件的可理解性、可测试性与可修改性将直接影响和决定软件的可维护性，而且软件生命周期的各个阶段也都与可维护性有关。良好的设计、完善的文档资料以及一系列严格的复审和测试，都会使错误一旦出现就较为容易被诊断和纠正；而且当用户有所要求或外部环境有变化时，软件都比较容易适应，并能减少维护所引起的副作用。因此，在软件生命周期的各个阶段都必须充分考虑维护的问题，并且为维护做好准备。

软件维护不仅包括程序代码的维护，还包括文档的维护。文档可以分为用户文档和系统文档两类。但无论是哪类文档，都必须与程序代码同时维护。只有与程序代码完全一致的文档才有意义和价值。有许多软件工具能够帮助建立文档，这不仅有利于提高书写文档的效率和质量，还有助于文档的及时维护。

6.1.3　软件支援环境

随着软件概念的更新，软件已经作为一种独立的商品被出售，于是就产生了软件产业。但是，早期的软件开发停留在“个人作坊式”的生产方式上，而这种生产方式与计算机应用领域的不断扩大、计算机数量的猛增、软件规模越来越大、软件复杂程度越来越高的局面极不适应。为此，人们开始致力于寻找一种新的软件开发环境，摆脱手工生产软件的状况，逐步实现软件研制和维护的自动化，从而提高软件的生产率，为此提出了软件支援环境的基本思想。

所谓软件支援环境(software support environment)，是指在宿主硬件和宿主软件的基础上，用于辅助、支援其他软件的研制和维护的一组软件。大型软件的研制和维护是一种费用大、耗时多的工程，软件支援环境对于改进软件质量、提高软件生产率起到了很重要的作用。

一个完备的软件支援环境应具有以下功能：

(1) 能够支援软件生命的全周期。软件支援环境不仅要能支援软件研制和维护中的个别阶段，而且要能支援系统的、连续的、整体性很强的软件开发和维护的全过程。

(2) 能够支援大型软件工程项目。即不仅支援个别程序的研制开发,还要能支援大型软件工程项目的研制和维护中所涉及的所有程序。

(3) 能够支援软件配置管理。

显然,在这样一个软件支援环境中,软件生产将会变得很容易、方便,而且效率也高,最后的软件产品将是很可靠的。因此,软件支援环境正不断地改变着程序设计的面貌,使越来越多的程序可以直接从支援环境中调到所需的"组件"。

一般的软件支援环境由以下几部分组成。

(1) 环境数据库:这是软件支援环境的重要组成部分。在环境数据库中,存放着被研制的软件在其生命周期中所必要的信息以及软件研制工具的有关信息。

(2) 接口软件:包括系统与用户的接口以及系统与环境数据库和工具之间的接口。软件支援环境要求这些接口机构具有统一性。例如,为了实现用户和各工具的通信,要求有统一的调用方式。

(3) 工具组:包括软件研制工具、软件维护工具和控制配置工具等。例如,供源程序及文件资料归档用的编辑程序,供目标机用的编译程序、连接程序和装配程序等。工具组中的各个工具一般应设计成由一些基本功能组成,这些功能成分可以组合,也可供用户选用。

6.2 软件详细设计的表达

在软件设计过程中,一个很重要的环节是确定实现各种功能的算法,并且要精确地把它们表达出来。工程上常用的表达工具有以下三类:

(1) 图形工具。即用图形方式来描述实现一个算法的过程。

(2) 表格工具。即用一张表格来列出实现算法过程中的每一步操作。

(3) 语言工具。即将算法的实现过程用某种语言来描述,这种语言一般类似于某种程序设计语言。

本节将介绍工程上常用的几种算法描述工具。

6.2.1 程序流程图

程序流程图又称为程序框图,它是软件开发者最熟悉的一种算法描述工具,它的主要优点是独立于任何一种程序设计语言,比较直观、清晰,易于学习掌握。

在程序流程图中常用的图形符号如图 6.1 所示。

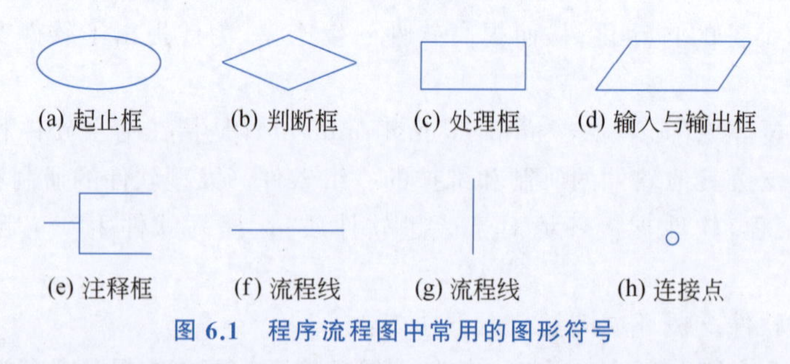

图 6.1 程序流程图中常用的图形符号

流程图中的流程线用来指明程序的动态执行顺序。结构化程序设计限制流程图只能使用 5 种基本控制结构，如图 6.2 所示。

(1) 顺序结构反映了若干个模块之间连续执行的顺序。

(2) 在选择结构中，由某个条件 P 的取值来决定执行两个模块之间的哪一个。

(3) 在当型循环结构中，只有当某个条件成立时才重复执行特定的模块(称为循环体)。

(4) 在直到型循环结构中，重复执行一个特定的模块，直到某个条件成立时才退出该模块的重复执行。

(5) 在多情况选择结构中，根据某控制变量的取值来决定选择多个模块中的哪一个。

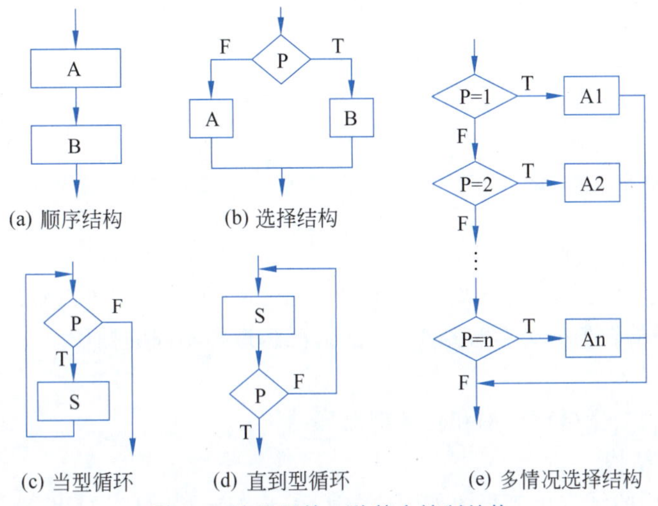

图 6.2　流程图的 5 种基本控制结构

程序流程图的主要缺点有以下几方面：

(1) 程序流程图本质上不是逐步求精的好工具，它会使程序员过早地考虑程序的控制流程，而不去考虑程序的全局结构。

(2) 程序流程图不易表示层次结构。

(3) 程序流程图不易表示数据结构和模块调用关系等重要信息。

(4) 程序流程图中用箭头代表控制流，因此，程序员不受任何约束，可以完全不顾结构程序设计的思想，随意进行转移控制。

6.2.2　N-S 图

N-S 图是一种不允许破坏结构化原则的图形算法描述工具，又称为盒图。在 N-S 图中，去掉了流程图中容易引起麻烦的流程线，全部算法都写在一个框内，每一种基本结构也是一个框。

N-S 图有以下几个基本特点：

(1) 功能域比较明确，可以从框图中直接反映出来。

(2) 不可能任意转移控制，符合结构化原则。

(3) 很容易确定局部和全程数据的作用域。

(4) 很容易表示嵌套关系，也可以表示模块的层次结构。

下面简要介绍利用 N-S 图描述的三种基本控制结构的形式。

1. 顺序结构

顺序结构的结构化流程图如图 6.3 所示。在图 6.3 中,块 S_1、S_2、S_3 是按顺序执行的。

2. 选择结构

选择结构分为两路分支选择结构和多路分支选择结构。其中,多路分支选择结构又称为分情形选择结构。

1)两路分支选择结构

两路分支选择结构的结构化流程图如图 6.4 所示。由图 6.4 可以看出,在两路分支选择结构中,当条件满足时,执行块 S_1,否则执行块 S_2,两者选其一。

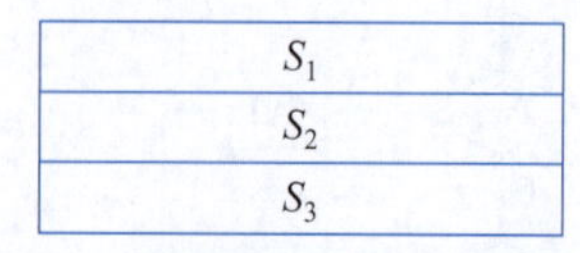

图 6.3 顺序结构的结构化流程图

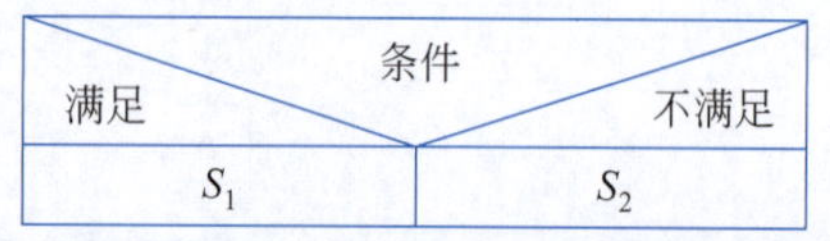

图 6.4 两路分支选择结构的结构化流程图

2)多路分支选择结构

多路分支选择结构的结构化流程图如图 6.5 所示。由图 6.5 可以看出,在多路分支选择结构中,根据条件的取值分为多种情况,不同情况将选择不同的操作。

3. 循环结构

循环结构分为当型循环结构和直到型循环结构。

1)当型循环结构

当型循环结构的结构化流程图如图 6.6 所示。由图 6.6 可以看出,在当型循环结构中,当条件满足时就执行块 S;否则退出循环,执行该循环结构后面的程序。显然,在当型循环结构中,块 S(称为循环体)有可能一次也不执行(一开始条件就不满足)。要指出的是,在循环体 S 中,应有改变条件的成分,否则将会造成死循环。

条 件			
情况 1	情况 2	…	情况 n
S_1	S_2	…	S_n

图 6.5 多路分支选择结构的结构化流程图

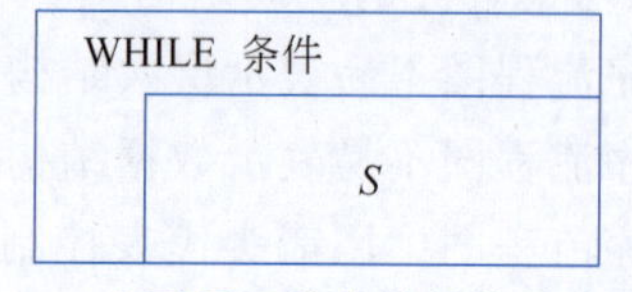

图 6.6 当型循环结构的结构化流程图

2)直到型循环结构

直到型循环结构的结构化流程图如图 6.7 所示。由图 6.7 可以看出,直到型循环结构与当型循环结构的不同之处是,在直到型循环结构中,首先执行循环体 S,然后判断条件,若条件不满足,则继续执行循环体,这个过程直到条件满足,此时退出循环,执行该循环结构后面的程序。显然,在直到型循环结构中,循环体至少要执行一次。与当型循环结构一样,在直到型循环结构的循环体 S 中,也应有改变条件的成分,否则也将会造成死循环。

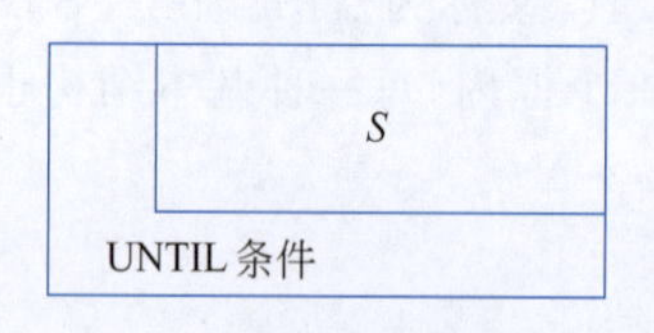

图 6.7 直到型循环结构的结构化流程图

在以上三种基本结构中,每一个模块 S 或 S_1、S_2、S_3 等都可以是这三种基本结构之一。

6.2.3　问题分析图

问题分析图(PAD 图)是用结构化程序设计思想来表示程序逻辑结构的一种图形工具。在 PAD 图中,设置了 5 种基本控制结构的图式,如图 6.8 所示,并允许递归使用。

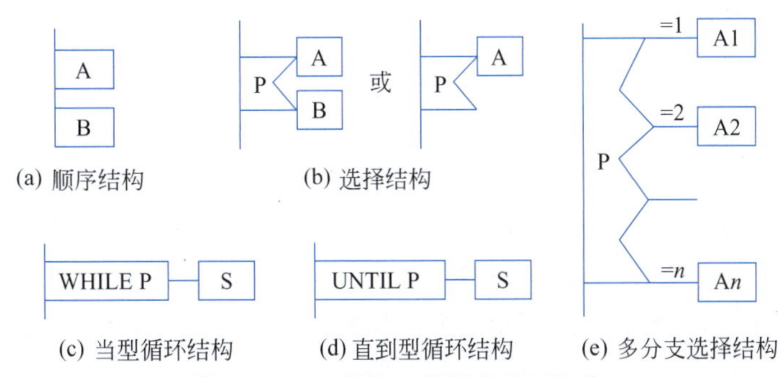

图 6.8　PAD 图的 5 种基本控制结构

PAD 的执行顺序是从最左主干线的上端结点开始,自上而下依次执行。当遇到判断或循环时,就自左而右进入下一层,从表示下一层的纵线上端开始执行,直到该纵线下端,再返回上一层的纵线的转入处。如此继续,直到执行到主干线的下端为止。

用 PAD 所表达的程序,其结构清晰,结构化程度高,这是 PAD 图的优点。

6.2.4　判定表

当算法中包含多重嵌套的条件选择时,用程序流程图、N-S 图都不易清楚地描述,而利用判定表就能够清晰地表示复杂的条件组合与各功能之间的对应关系。

一张判定表由以下 4 部分组成:

- 左上部列出所有条件;
- 左下部是所有可能的动作;
- 右上部是表示各种条件组合的一个矩阵;
- 右下部是和每种条件组合相对应的动作。

判定表右半部的每一列实际上就是一个规则,规定了与特定的条件组合相对应的动作。下面用一个简单的例子来说明判定表的组织方法。

假设某大学要从学生中挑选男子篮球队队员,基本条件是各门课程的平均分在 70 分以上,身高超过 1.80 米,体重超过 75 公斤。需要从学生登记表中挑选出符合上述条件的男同学,并列出他们的姓名和住址,以便进一步选拔。用判定表可以清楚地表示上述条件和动作之间的关系,如表 6.1 所示。

在判定表的右上部分中的"T"表示它左边那个条件成立,"F"表示条件不成立,空白表示这个条件成立与否并不影响对动作的选择。在判定表右下部分中画"×"表示做它左边的那个动作,空白表示不做那个动作。从表 6.1 可以看出,仅当"是男同学""平均分高于 70 分""身高超过 1.80 米""体重超过 75 公斤"这 4 个条件都成立时,才做"列出姓名和住址"这个动作,这就是表右部第一列(规则 1)所表示的内容。当上述 4 个条件中有一个(或多个)不成立时,则"拒绝这个学生",这就是规则 2 到规则 5 所表示的内容。

表 6.1　判定表

		1	2	3	4	5
条件	是男同学 平均分高于 70 分 身高超过 1.80 米 体重超过 75 公斤	T T T T	F	 F	 F	 F
动作	列出姓名和住址 拒绝这个学生	×	×	×	×	×

从这个例子可以看出,判定表能够简洁而又无歧义地描述处理规则。当把判定表与布尔代数或卡诺图结合起来使用时,可以对判定表进行校验或化简。但是,判定表不适合于作为一种通用的设计工具,没有一种简单的方法使它们能同时清晰地表示顺序和循环等处理特性。

6.2.5　过程设计语言

过程设计语言(PDL)又称为伪码或结构化语言,现在已经有多种不同的过程设计语言在使用。

PDL 具有严格的关键字外部语法,用于定义控制结构和数据结构。同时,PDL 所表示的实际操作和内部语法通常又是灵活自由的,以便适应各种工程项目的需要。因此,PDL 是一种"混合"语言,它用一种自然语言中的词汇和一种结构化程序设计语言中的控制结构来描述算法。

一般来说,PDL 应该具有以下几个特点:

(1) 关键字的固定语法,提供了结构化控制结构、数据说明和模块化的特点。为了使结构清晰和可读性好,通常在所有可能嵌套使用的控制结构的头和尾都有关键字。例如,if…endif 等。

(2) 用自然语言的自由语法来描述处理部分。

(3) 具有数据说明的手段,它应该既包括简单的数据结构(例如纯量和数组),又包括复杂的数据结构(如链表或层次的数据结构)。

(4) 具有模块定义和调用的机制,提供各种接口描述模式。

PDL 作为一种设计工具,它具有以下一些优点:

(1) 可以作为注释直接插在源程序中间。这样做的好处是,能促使维护人员在修改源程序代码的同时也修改 PDL 注释,有助于保持文档和程序的一致性,提高了文档的质量。

(2) 可以使用普通的正文编辑程序或文字处理系统很方便地完成 PDL 的书写和编辑工作。

(3) 利用已有的自动处理程序,可以自动由 PDL 生成程序代码。

PDL 的缺点是不如图形工具形象直观;在描述复杂的条件组合与动作之间的对应关系时,PDL 不如判定表清晰简单。

6.3 结构化分析与设计方法

6.3.1 应用软件开发的原则和方法

1. 应用软件开发的基本原则

应用软件的开发是一个复杂的过程，一般要遵循以下两个原则。

(1) 自顶向下的系统结构开发原则。这种方法的基本思想是，对一个复杂系统进行分解，由高度抽象到逐步具体的方法，形成一个树状结构。在树状结构中，每一层次都设计成独立的模块，每个模块又都可以调用它的下属模块，因此，这是一种逐层分解的方式，也称为层次结构。

这种系统结构的优点是，关系明了、简单，各层次中的模块之间联系比较少，各模块相对独立，易于理解，便于修改。

(2) 模块化结构开发原则。这种方法是将系统分成若干模块，但整体结构并不要求是树状结构，允许网状结构(一个模块可以被两个或两个以上的模块所调用)的存在。

这种系统结构的优点是结构比较灵活，整个系统类似搭积木，独立性强，提供了系统开发的可靠性。

2. 应用软件的开发方法

软件的开发方法是保证软件生产过程的一套规范。软件开发方法的主要内容体现在软件生产的三方面：明确的工作步骤、具体的文档格式、确定的评价标准。此外，在软件开发过程中还要用一套科学的、规范化的图表工具。随着计算机技术的飞速发展，相继出现了越来越多的开发方法，这些方法各有特点，大致可分为以下三类。

1) 非自动形式的开发方法

这种方法是一种人工方式的开发方法，也是使用最为广泛的方法，它主要有以下 5 种方法。

(1) 系统流程图法(system flowchart)。这种方法采用自顶向下的功能分割手段，对一个复杂系统进行逐层分解。这种方法主要用于事务系统的系统分析和系统设计。

在这种方法中，一般采用一种称为“事务处理流程图”的工具(也称为系统流程图)来描述系统分析和系统设计的结果。描述内容包括系统中数据的流动，对数据的加工处理，各数据之间的组成和相互关系等。由于这种方法比较直观，既反映了系统的逻辑结构，又反映了数据与加工的某些物理特征，因此十分简练、明确地描述了整个系统的全貌和某些细节(如数据结构、加工内容、文件记录形式等)。但这种方法的缺点是开发工作量大，也不容易维护。

(2) 结构化分析方法(SA 方法)。这种方法主要用于系统分析。这种方法能有效地控制分析工作的复杂性，并且分析工作比较直观，又易于理解。在这种方法中，采用自顶向下的数据流分割技术，采用数据流程图、数据字典、判定树、判定表以及结构化的规范化工具来描述现行系统或新建系统的逻辑结构，使用较为广泛。6.3.2 节将详细描述这种方法。

(3) 结构化设计方法(SD 方法)。这种方法适用于系统设计，它采用模块化的设计方法，主要使用控制结构图、模块说明书来描述设计结果。这种方法是 SA 方法的延续，使用也较为广泛。对于这种方法,6.3.3 节也将进行详细讨论。

(4) 数据结构法(Jackson 法)。这种方法是由英国人 M.Jackson 提出的,在西欧首先使用。这种方法主要用于系统设计阶段,尤其适用于企事业的小型信息管理系统的设计。在这种方法中,采用的设计原则是"程序结构与数据结构相对应"。在描述"顺序""循环"和"选择"三种基本控制结构时,这种方法采用结构图与称为纲要逻辑的语言形式。

Jackson 方法的基本思想与 SD 方法相似,如自顶向下逐步细化、模块化结构等。但它与 SD 方法也有不同之处,例如,SD 方法是在数据流程图的基础上建立程序结构的,而 Jackson 方法是在数据结构的基础上建立程序结构的。

(5) 层次输入-处理-输出方法(HIPO 方法)。这种方法既适用于系统分析,也适用于系统设计。这种方法的主要特点是用分层图来描述功能及其输入-处理-输出的关系,并使用规范化工具 HIPO 图来描述设计结果。

2) 半自动形式的开发方法

半自动形式的开发方法是在软件开发过程中部分地使用软件开发工具,常用的有以下两种方法。

(1) SREM 方法。SREM 方法称为软件需求工程法,它主要适用于系统分析,可以半自动地进行系统分析以减少差错。这种方法的特点是用描述语言处理器和模拟工具进行系统分析,其规范化工具有 RSL 描述语言和 REVS 支持工具系统。

(2) PSL/PSA 方法。PSL 是一种问题说明语言(Problem Statement Language),PSA 是一种问题说明分析器(Problem Statement Analyzer),它们是美国密执安大学 ISDOS 小组开发的用于系统分析的工具,其特点与 SREM 方法类似。

MICRO_PSL/PSA 系统是它的微型化子集,它提供了 18 种目标类型和 40 多种关系,从系统特性、系统边界、系统结构、数据结构等八方面来描述系统。该系统已由我国汉化并应用于微机上,它基本满足了在信息系统进行系统分析时对各种结构、数据流、处理功能进行分析、描述和说明之用,并为数据的可靠性、一致性和完整性提供了保证。

3) 自动形式的系统开发方法

这种方法主要以 HOS(Higher Order Software 公司)方法为代表,可用于自动进行系统分析和系统设计,并可进行自动编程。

6.3.2 结构化分析方法

结构化分析(Structured Analysis,SA)方法主要用于系统分析阶段,特别是对于大型数据处理最为有效,在理论上和实践上较为成熟,是当前采用的主要分析方法。

1. SA 方法的特点

(1) 分解和抽象。在软件工程中,控制复杂性的基本手段是分解和抽象,SA 方法正是采用了这两个基本手段。

SA 方法采用从顶向下逐层分解的原则。例如,如果一个系统 X 很复杂,为了便于理解,可以将它分解为 X.1,X.2,X.3 三个子系统;如果子系统 X.1 和 X.3 还比较复杂,则又可以将它们分别分解为 X.1.1,X.1.2,X.1.3 和 X.3.1,X.3.2,X.3.3,X.3.4;如此继续下去,直到所有子系统都足够简单,能够很清楚地被理解和表达为止,如图 6.9 所示。

逐层分解也体现了抽象的原则,它使人们不至于一下子被过多的细节所淹没,而是有控

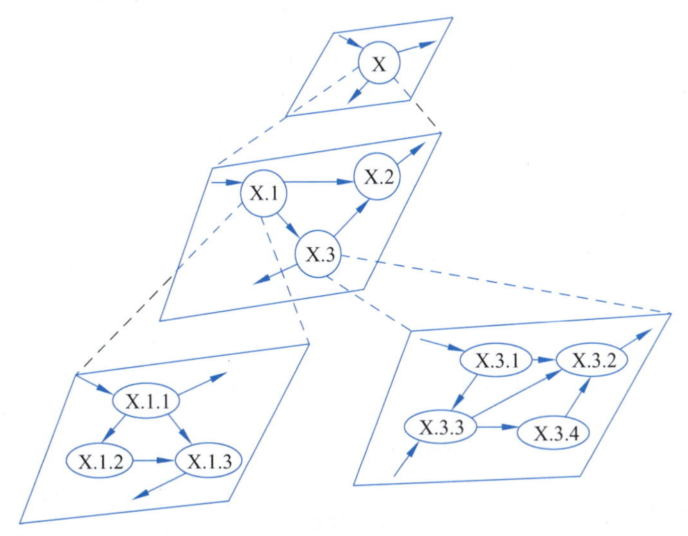

图 6.9 复杂系统的分解

制地逐步了解更多的细节，有助于对问题的理解。在图 6.9 中，顶层抽象地描述了整个系统，而底层具体地画出了系统的每个细节，中间层(可能不止一层)则是从抽象到具体的逐步过渡。由此可见，利用这种逐步分解的办法，无论系统多么复杂，分析工作都可以有计划、有步骤地进行。因此，即使系统规模增大了，但分析的复杂程度增加不大，无非是多分解几个层次而已，即 SA 方法有效地控制了系统的复杂性。同时，SA 方法采用了图形的描述方法，比较形象化、直观、易于理解。

(2) 文档的规范化。SA 方法按一定的格式来建立文档(规范化的说明书)，这套文档共分以下 4 部分。

① 一套分层的数据流程图，用于描述系统的逻辑关系。

② 一本数据字典，用于描述系统中所用到的全部数据和文件。

③ 一组小说明，描述各个加工处理应完成的工作。

④ 其他补充材料，描述尚未说明或需要进一步交代的问题。

(3) 面向用户。SA 方法是面向用户的，在系统开发的各个阶段都考虑到用户的需求，所有工作都尽量让用户参加，以提高系统的开发效率和质量。

(4) 系统的逻辑设计和物理设计分开进行。在系统分析阶段，SA 方法用来对系统进行逻辑设计，此时不考虑物理实现的问题，而只考虑“做什么”的问题，而系统的物理设计(“如何做”)的问题留在系统设计阶段用 SD 方法完成。

2. 数据流程图

1) 数据流程图的概念

绝大多数计算机软件本质上是信息处理系统，因此，根据计算机所处理的信息来设计软件是比较合适的。在 SA 方法中，利用数据在系统中的流动来确定软件的结构。这种方法可以概括为以下两个步骤。

(1) 用数据流程图描述系统中信息的变换和传递过程，并辅以其他形式的说明，如数据字典、判定表和判定树等。

(2) 将数据流程图转换成相应的软件结构。

数据流程图简称 DFD(Data Flow Diagram),是 SA 方法最主要的一种图形工具,它从数据加工的角度,以图形方式描述信息处理系统的逻辑结构,能比较直观地描述信息处理中的业务情况。

图 6.10 是一个描述研究生从入学到毕业的业务活动的数据流程图。

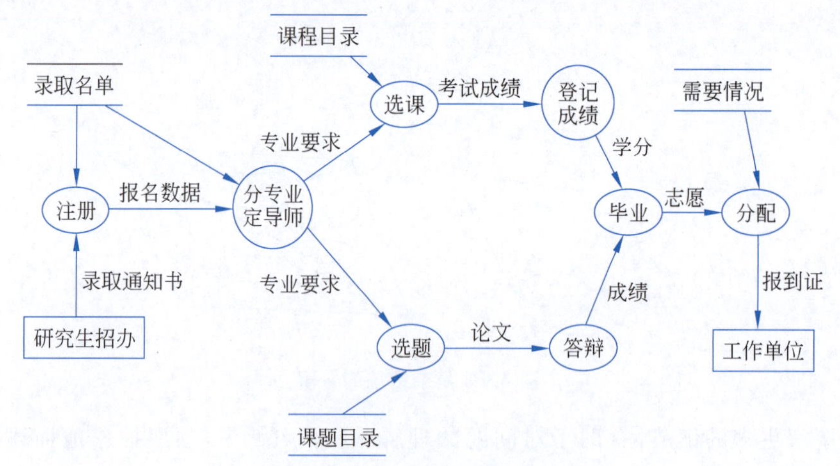

图 6.10 研究生业务活动数据流程图

2) 数据流程图的组成符号

一般来说,数据流程图由 4 种基本成分构成:数据流、数据处理、数据存储、外部实体。它们的符号如图 6.11 所示。

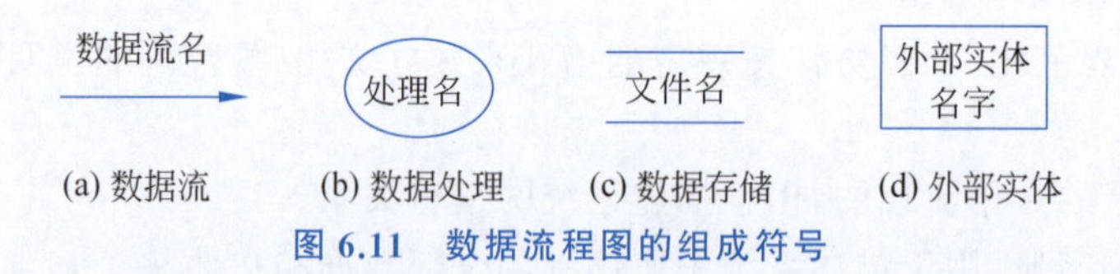

图 6.11 数据流程图的组成符号

(1) 数据流。数据流相当于一条管道,并有一组数据(信息)流经它。在数据流程图中,用标有名字的箭头来表示数据流。例如,在图 6.10 中的“录取通知书”“专业要求”“成绩”等,由于它们都由一组具体含义的数据组成,因此它们都是数据流。数据流可以从加工流向加工,也可以从加工流向文件或从文件流向加工,并且可以从外部实体流向系统或从系统流向外部实体。

(2) 数据处理。数据处理又称为加工。在数据流程图中,加工用标有名字(处理名)的圆圈表示,其中处理名就是对数据进行操作的名称。指向加工的数据流表示该加工的输入数据,离开加工的数据流表示该加工的输出数据。例如,图 6.10 中的“注册”“分专业定导师”“选课”等都是加工。

(3) 数据存储(文件)。数据流程图中的数据存储用两根平行线表示,在计算机中常用文件来表示数据存储,文件名写在两平行线之间。如果某加工需要文件,则数据流方向是从文件流向该加工;如果某加工输出的数据要存入文件或修改文件,则数据流是从该加工流向文件。通常,进出文件的数据流的名字可以省略,例如,在图 6.10 中,由文件“课程目录”流向“选课”加工的数据流名为“课程目录”。

(4) 外部实体。数据的源点与终点是软件之外的实体,通常称之为外部实体,它们与软

件系统的设计一般无直接关系，只是用于说明数据流的来龙去脉。在数据流程图中，外部实体用标有名字的方框来表示。例如，图 6.10 中的“研究生招办”与“工作单位”就是外部实体。

在数据流程图中，有时根据需要还可以使用其他一些辅助的运算符号。

需要特别指出的是，数据流程图中的数据流完全不同于一般程序流程图（程序框图）中的控制流。程序流程图中的控制流只是表示程序执行的次序，在其箭头上没有数据的传递；而数据流程图中的数据流箭头表示有数据沿此箭头流动，并不直接反映加工处理的先后次序。数据流程图是从数据的角度来描述一个系统。

3）画数据流程图的方法

数据流程图是对实际（已有的或要设计的）信息处理系统的抽象。具体画数据流程图的方法有很多，常用的有自顶向下逐层分解和由外向里逐渐深化两种方法。

（1）自顶向下逐层分解。对于一个大型软件系统来说，直接画出一张数据流程图描述一般是很困难的，但如果自顶向下分成若干层，再对每一分层的数据流程图进行描述就简单多了。分层的数据流程图一般由顶层、中间层和底层组成。顶层图说明系统的边界，即输入和输出；底层图由一些不必再分解的基本加工（数据处理）组成；中间层描述了某个加工的分解，它处于顶层和底层之间，其中的组成部分还可以进一步进行分解，即中间层还可以分为若干层。最后可以将这三层的数据流程图归并成一张总的数据流程图。图 6.9 就是自顶向下逐层分解数据流程图的示意图，其中中间层只有一层。

（2）由外向里逐渐深化。用这种方法画数据流程图时，首先画出系统的输入和输出数据流，然后考虑系统的内部。在画加工时，同样先画出它们的输入/输出，再考虑这个加工的内部。在数据流的组成或值发生变化的地方应画上一个“加工（数据处理）”，以便实现这一变化。

3. 数据字典

数据流程图只描述了系统的“分解”，而对于系统中的各成分没有给出说明。为了给出系统中各成分的详细说明，还需要有一个数据字典。数据流程图与数据字典结合才能构成系统的逻辑模型。

数据字典是结构化分析方法的另一个重要工具。数据字典主要是给数据流程图中的每一个数据流名、文件名以及处理名建立一个条目，在这些条目中给出各名字的定义。在每一个条目下又可以建立子条目，直到每一个组成部分不能再分为止。

在数据字典中，通常有 4 种类型的条目。

（1）基本数据项条目。基本数据项条目给出某个数据单项的定义，通常包括基本数据项的名称及其含义、数据类型及其长度、允许值范围等。例如，学生“年龄”这个数据项的定义如下：

数据项名称：学生年龄

数据类型：整型

数据长度：1 字节

取值范围：16～30

（2）数据流条目。数据流条目给出某个数据流的定义，其形式为列出组成数据流的各数据项。图 6.10 中由文件“课程目录”流向“选课”加工的数据流“课程目录”，由“课程名”

"学时""学分""教员""课表"等数据项组成,在数据字典中表示为

课程目录=课程名+学时+学分+教员+课表

其中"教员"又可以列为一个子目录,表示为

教员=姓名+年龄+职称

"课表"也可以列为一个子目录,表示为

课表=星期几+第几节+教室

等。

一般来说,构成数据流条目的各数据项可以分为以下 3 种。

① 必有项:即数据流条目中必定包含的数据项。

② 必选项:即在某几项中必定出现其中一项或几项。

③ 任选项:即可选可不选的数据项。

在表示数据流条目时,一般要用到以下一些符号。

=:含义是"定义为"或"等价为"。

+:含义是连接,表示几个数据项的合成。

[ ]:表示必选项。

( ):表示任选项。

{}:表示重复(有时用上下标表示重复次数)。

例如,

$$考试成绩=\{学号+姓名\}_1^{100}+[平均分+方差]$$

(3) 文件条目。文件条目给出某个文件的定义,它的形式与数据流条目相同。例如,上述数据流"课程目录"的条目实际上也是文件"课程目录"的条目。

(4) 加工条目(数据处理条目)。加工条目实际上是对数据流程图中的每一个加工给出详细的描述。但这种描述只涉及"做什么",而不涉及"如何做"的问题。显然,数据流程图中所有加工条目的综合就是整个系统的说明,每一个加工条目对应系统的一个模块的处理描述。

6.3.3 结构化设计方法

1. 结构化设计方法的特点

结构化设计(Structured Design,SD)方法是系统设计时应用较为广泛和成熟的方法之一。一般来说,SD 方法是继 SA 方法之后,将结构化分析阶段形成的系统逻辑模型转换成一个具体的物理方案,该阶段主要是解决"如何做"的问题。在这一阶段中,系统设计人员的主要任务是在保证逻辑模型的前提下,尽可能提高系统的可靠性、工作质量、效率和可变更性。

SD 方法采取"分解"的手段来控制系统的复杂性,即把一个大型系统分解成若干个相对独立、功能单一的模块。同时,SD 方法还提出了评价模块结构图质量的具体标准,即模块之间的联系(称为耦合度)以及模块内各成分之间的联系(称为内聚度)。SD 方法追求的目标是耦合度尽可能低,而内聚度尽可能高。

SD 方法分为总体设计(系统设计)和详细设计(模块设计)两步。

总体设计的任务是决定系统的模块结构,这一步主要考虑以下 4 个问题:

(1) 如何将系统划分为一个个模块。

(2) 模块之间传递什么数据。

(3) 模块之间如何进行调用。

(4) 如何评价模块结构的质量。

详细设计的任务是具体考虑每一个模块内部采用什么算法,模块的输入、输出以及该模块的功能。

本节主要讨论总体设计的过程。

2. 结构图

SD 方法的主要生成文档是结构图以及相应的模块功能说明。

结构图简称 SC(Structured Chart)图。结构图的基本元素是模块,一般用矩形框表示。结构图将一个系统分解为若干个模块,每个模块可以看成一个"黑盒",在图中表示它的层次、构成和相互之间的关系。结构图通常用层次结构表示,这样的结构可以描述系统逐层分解的过程,即系统总的功能是如何分解为一个个具体任务的。由于结构图是一个分层结构,因此,图中的上层模块与下层模块的关系从逻辑上讲是上层模块的功能包括下层模块的功能,从物理上讲是一个调用关系。

图 6.12 是一个计算工资的结构图,表示一个计算、打印工资单的系统。

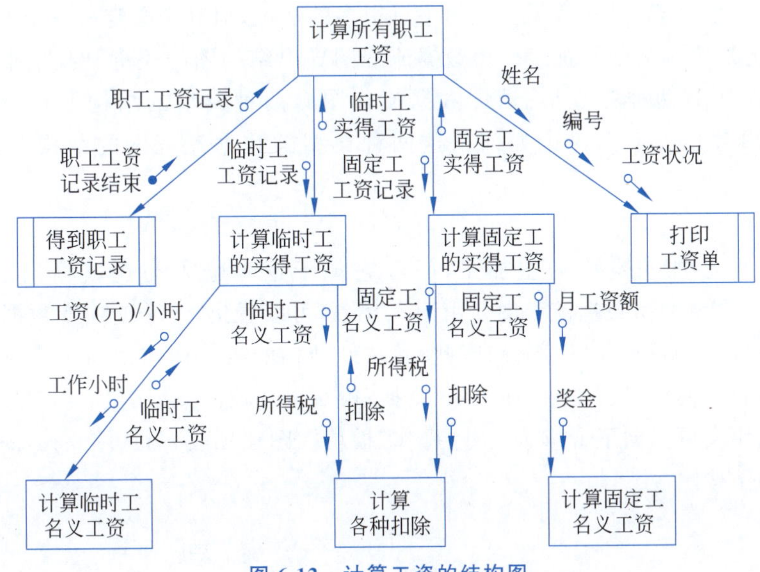

图 6.12　计算工资的结构图

一般来说,结构图包括以下 4 种成分。

1) 模块

模块用矩形框表示,矩形框中标明模块的名称,它反映该模块的功能。

在结构图中,模块被看成一个黑盒,只考虑该模块的外部表现(如输入/输出参数和功能),而不考虑该模块的内部机构(如内部代码、内部数据等)。

对于一个事先已经定义好的模块(已经存储在系统或库文件中),一般在模块名的两边加两条竖线表示,这样的模块一定出现在结构图的最底层,在设计时不必再去考虑。例如,在图 6.12 中,"得到职工工资记录"和"打印工资单"这两个模块就属于这种类型的模块。

2）调用

在结构图中,用带有箭头的连线表示模块之间的调用关系。箭头由前一个模块指向后一个模块,表示前一个模块调用后一个模块。

3）模块间信息传递

在结构图中,用一些带有圆圈的小箭头来表示模块之间的通信,即模块调用时数据或控制信息的传递,箭头的方向表示传递的方向。其中,带有空心圆圈的小箭头表示数据的传递,而带有实心圆圈的小箭头表示控制信息的传递。例如,在图 6.12 中,“职工工资记录结束”小箭头表示控制信息。

4）辅助符号

在结构图中,有时还要用到一些辅助符号。例如,用菱形符号表示有条件的选择,用循环调用符号表示循环调用下层模块等。

3. 由数据流程图导出结构图

SD 方法实际上是面向数据流程图的,即它的工作对象实际上是在 SA 方法中形成的数据流程图。因此,可以由数据流程图来导出结构图。

数据流程图表达了问题中的数据流与加工之间的关系,并且,每一个加工实际上对应一个处理模块。一般来说,虽然数据流程图中有很多的加工,但其中必定有一个加工是起核心作用的,这样的加工称为中心加工。由数据流程图导出结构图的关键是找出中心加工。一般来说,中心加工有两种存在形态,即数据流程图有两种典型的结构形式:一种是变换型,另一种是事务型。下面讨论如何从这两种典型的数据流程图的结构形式来导出结构图。

1）变换型

变换型的中心加工也称为主加工,一般它位于逻辑输入与逻辑输出之间。例如,图 6.13(a)为一个变换型数据流程图。由图 6.13(a)可以看出,一个变换型数据流程图可以明显地分为输入、变换和输出三部分,因此,其软件结构的第一层应由向主模块(顶层模块)提供数据的“输入”模块、进行变换加工的“变换”模块以及输出数据的“输出”模块组成,而其中的每一个模块又可以向下分解为一些“操作”模块。图 6.13(b)为从图 6.13(a)所示的数据流程图导出的结构图。

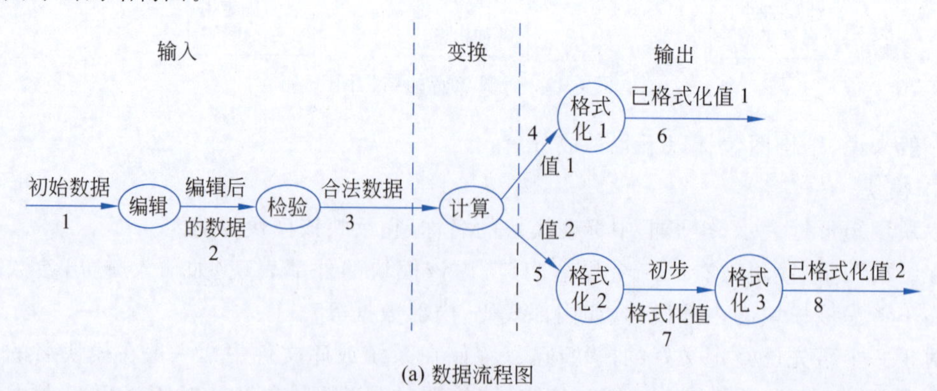

(a) 数据流程图

图 6.13 从变换型 DFD 导出结构图

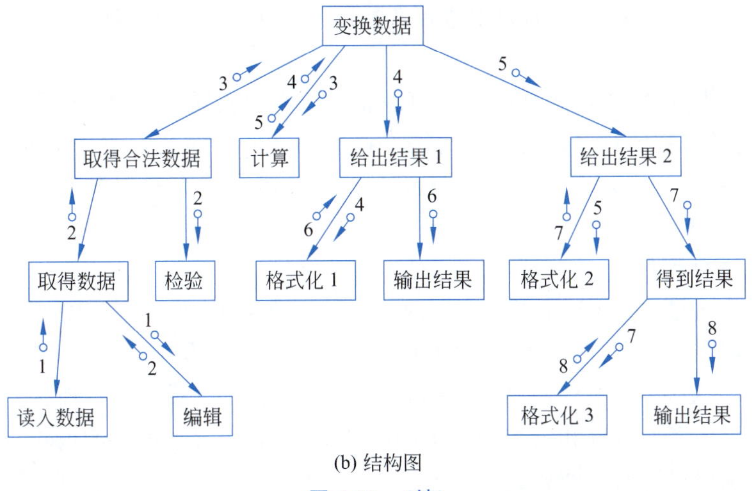

(b) 结构图

图 6.13　(续)

2）事务型

事务型的中心加工称为事务中心。事务中心把数据流程图分离成若干活动路径，而每一条活动路径不能作为输入或输出，它们只是进一步的处理。图 6.14(a)为事务型数据流程图的模型。一个事务型数据流程图所对应的软件结构的第一层由提供数据的“输入”模块、输出数据的“输出”模块和若干与路径对应的“事务处理”模块组成。每个“事务处理”模块又可以向下分解为一些“操作”模块，每个“操作”模块还可以分解为一些“细节”模块。

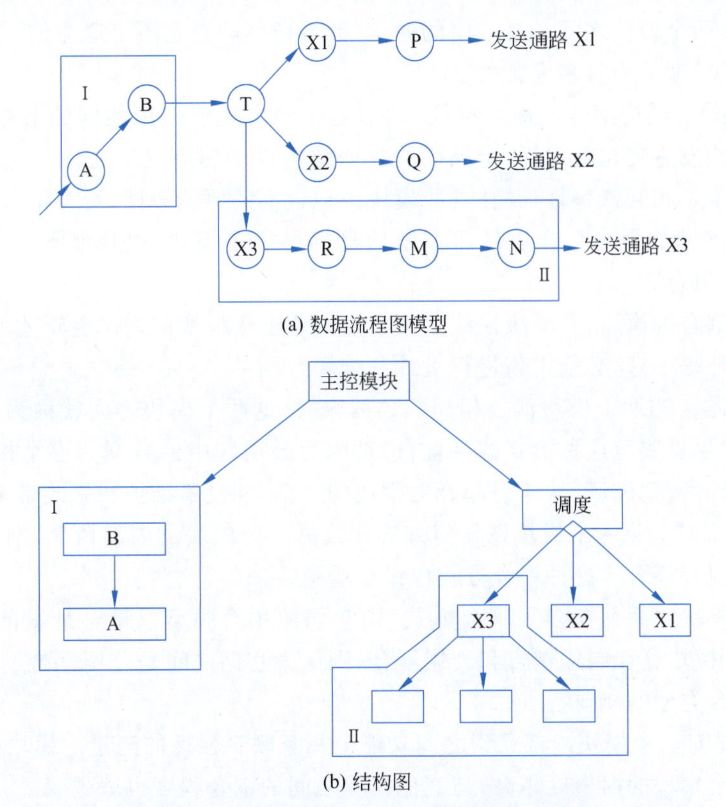

(a) 数据流程图模型

(b) 结构图

图 6.14　从事务型 DFD 导出结构图示意图

图 6.14(b)为从图 6.14(a)所示的数据流程图导出的结构图,图中“调度”转入 X1、X2、X3 之一,因此用菱形符号表示选择。

对于一个大型系统,可以把变换型与事务型分析应用在同一个数据流程图的不同部分。一般来说,所有的数据流程图都可以认为是变换型的。但当遇到有明显事务特性的数据流程图时,建议采用事务型分析方法;而对于不具有明显事务特点的数据流程图,一般采用变换型分析方法。

4. 模块独立性评价

系统设计的质量主要反映在模块的独立性上。评价模块独立性的主要标准有两个:一是模块之间的耦合,它表明两个模块之间互相独立的程度;二是模块内部之间的关系是否紧密,称为内聚。一般来说,要求模块之间的耦合尽可能地弱,即模块尽可能独立,而要求模块的内聚程度尽量地高。耦合和内聚是一个问题的两方面,耦合程度弱的模块,其内聚程度一定高。下面分别讨论这两个问题。

(1) 模块之间的耦合反映了模块的独立性,也反映了系统分解后的复杂程度。为了使系统各模块之间相互影响尽可能地少,使系统简单而易理解,应减少模块之间的耦合程度。

影响模块之间耦合的主要因素有两个:一是模块之间的连接形式,二是模块接口的复杂性。其中,模块之间的连接形式是影响模块独立性的最重要因素。

按照耦合程度从弱到强,可以将模块的耦合分为以下五种。

① 数据耦合:如果两个模块之间用参数来进行通信,其中每个参数都是一个数据元素,则这种耦合称为数据耦合。

一般来说,两个模块之间总有一定的通信,数据通信联系是不可避免的,因此,只要这种耦合数量尽量少,就不会有多大害处。

② 同构耦合:同构耦合又称为特征耦合,是指两个模块使用相同的数据结构,当一个模块的数据结构发生变化时,另一个模块的数据结构也要相应发生变化。这种耦合使本应无关的模块产生了相互依赖性,并在某些模块中包含不需要的数据,给查错带来困难。

③ 控制耦合:如果一个模块传递一组信息到另一个模块,以控制那个模块的内部逻辑,则称为控制耦合。

存在这种耦合的模块,其上级模块必须事先知道下级模块的内部逻辑才能做出决策,这就说明系统设计得不好,必须重新进行设计和分解。

④ 公用耦合:当两个模块涉及相同的数据区时,这两个模块之间就称为公用耦合。在实际应用中,应尽量避免这种形式的耦合,这是因为公用区中的数据为多个模块所共用,缺乏保护,很有可能遭到破坏,从而引起有关模块的出错,并且给维护和修改带来困难。

⑤ 内容耦合:如果一个模块以任何方式涉及另一个模块的内部情况,则这两个模块之间的耦合称为内容耦合。这种耦合方式应设法避免。

如果两个模块之间存在多种耦合方式,则它们的耦合类型以耦合最紧的类型来决定。例如,如果两个模块存在同构耦合和公用耦合,则认为它们之间是公用耦合的。表 6.2 列出了上述 5 种耦合类型的简要特点。

(2) 内聚是对一个模块内部元素之间功能上相互联系强度的测量。模块内聚度又称为模块强度。一个模块的内聚度越高,与其他模块之间的耦合程度也就越弱。

内聚度从高到低可分为以下 7 类。

表6.2 5种耦合类型的比较

耦合类型	耦合程度	可维护性	可理解性	模块在其他系统中的可重用性
数据耦合	合适	好	好	好
同构耦合	合适	中等	中等	中等
控制耦合	中等	差	差	差
公用耦合	差	中等	坏	坏
内容耦合	坏	坏	坏	坏

① 功能内聚：功能内聚又称为函数内聚，其模块所包含的元素用来完成一个（仅一个）与问题有关的任务。虽然功能模块有些很简单，有些又很复杂，而且它们在结构图中的位置也不同，但不管模块如何复杂，只要能把它归结为一个面向问题的功能，则它就是功能内聚的。这种类型的模块内聚度最高，与其他模块的耦合度也最弱。

② 序列内聚：在一个模块内的各组成部分中，如果前一个处理产生的输出数据是下一个动作的输入数据，则该模块称为序列内聚的。这种内聚虽然不如功能内聚好，但也是一种较好的内聚方式。

③ 通信内聚：通信内聚的模块是一些使用相同输入或输出数据的动作的结合。例如，某一模块中涉及有关书的信息：书名、定价、作者、出版社、出版日期等，这些信息都是相关的，涉及共同的输入数据——书，因此，完成这些动作的模块是通信内聚的。通信内聚和序列内聚看上去较为相似，但前者内部的执行顺序并不重要，而后者的执行次序是重要的。

④ 过程内聚：过程内聚模块内各组成部分的处理动作各不相同，彼此之间也没有什么关系，但它们是受同一控制流的支配以决定它们的执行顺序。这种模块的内部结构通常是由程序流程图中强调的执行顺序、方法或运行效率直接演变过来的。过程内聚是具有高内聚度、易于修改的模块与具有中等内聚度、不易修改的模块之间的分界。

⑤ 时间内聚：时间内聚又称为瞬间内聚，其内部所有动作都是与时间相关的。例如，初始化模块就是典型的时间内聚模块。时间内聚与过程内聚有类似之处，它们都是从程序流程图演变而来的。其区别在于，时间内聚模块内的各个处理动作的执行顺序并不重要，而过程内聚模块却恰恰相反。

⑥ 逻辑内聚：一个模块内各个组成部分的处理动作在逻辑上是有关的，但在功能上彼此不同或无关，这种模块称为逻辑内聚的模块。例如，一个模块将各种逻辑输入和逻辑输出操作都集中起来而形成的模块就是典型的逻辑内聚的模块。显然，逻辑内聚的模块内聚度低，与其他模块之间的连接十分复杂，难以维护和修改。

例如，图6.15(a)中的模块 M 是一个逻辑内聚模块，M 根据控制信号“平均/最高”取出平均成绩或最高成绩返回给上级模块。在这种情况下，可以将模块 M 分解为 M_1 和 M_2，如图6.15(b)所示。

⑦ 偶然内聚：偶然内聚模块内部的动作相互没有关系，其内聚度为零。上级模块调用这类模块时必须发出明确的特别信号，以告诉它应该做什么，也就是说，必须清楚该模块的内部情况。

表6.3给出了上述7种类型模块的内聚度比较。图6.16是决定模块内聚程度的判定树。

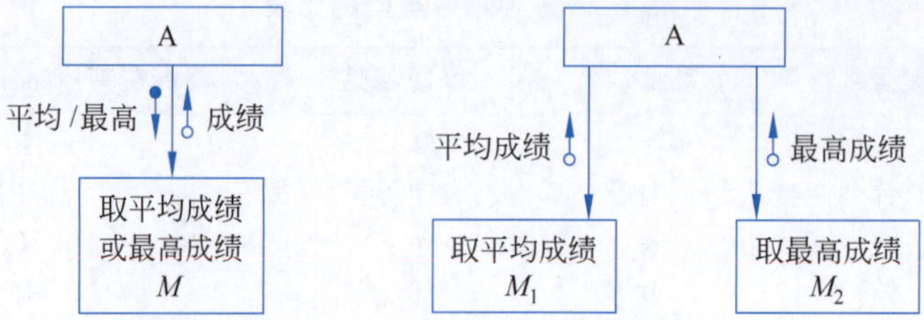

A
平均/最高
成绩
取平均成绩
或最高成绩
M
(a) 模块M

A
平均成绩
最高成绩
取平均成绩
M_1
取最高成绩
M_2
(b) 分解为M_1、M_2

图 6.15 逻辑内聚模块的分解

表 6.3 模块内聚度的比较

内聚类型	耦合程度	执行情况	在其他系统中的可用性	可维护性	可理解性
功能内聚	弱	好	好	好	好
序列内聚	弱	好	中等	好	好
通信内聚	中等	好	差	中等	中等
过程内聚	可接受	中等	差	可接受	可接受
时间内聚	较弱	中等	坏	中等	中等
逻辑内聚	强	坏	坏	坏	差
偶然内聚	强	差	坏	坏	坏

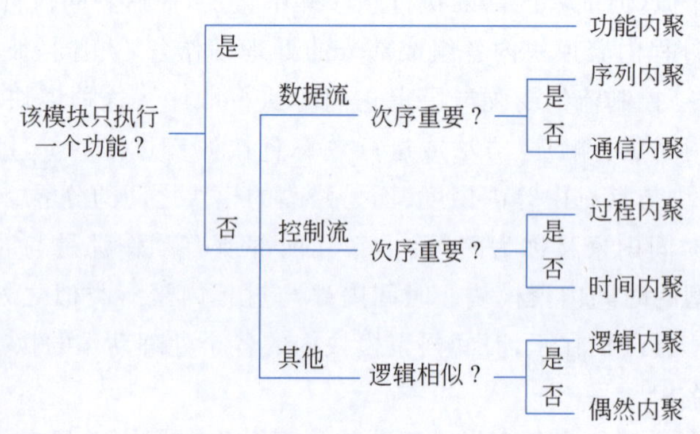

图 6.16 决定内聚程度的判定树

6.4 测试与调试基本技术

6.4.1 测试

1. 测试的基本概念

提高软件的可靠性是每一个软件工作者的愿望，也是用户对软件开发人员的要求。虽然有效的软件设计方法可以提高软件的可靠性，但是，由于各种各样的原因，软件产品中的缺陷总是难免的。为了保证软件产品的质量，提高每一个程序的可靠性，软件工程要求把测试作为软件开发过程中一个非常重要的阶段。软件测试的目标是在精心控制的环境下执行程序，以发现程序中的错误，给出程序可靠性的鉴定。

测试具有以下三个重要特征。

1）测试的挑剔性

测试不是为了证明程序是正确的，而是在设想程序有错误的前提下进行的，其目的是设法暴露程序中的错误和缺陷。因此，有人将测试的挑剔性总结为以下三点：

（1）测试是程序执行的过程，目的在于发现错误。

（2）一个好的测试在于能发现至今未发现的错误。

（3）一个成功的测试是发现了至今未发现的错误。

由于测试的这一特征，一般应当避免由开发者测试自己的程序。

2）完全测试的不可能性

测试只能说明程序有错，而不能证明程序无错，希望通过有限次的测试就能发现程序中的所有错误是不可能的，即完全测试是不可能的。由于测试的这一特征，程序也不可能具有百分之百的可靠性。因此，有人将程序的可靠性定义为“在给定的时间和给定的环境下，系统成功地执行所指定功能的概率。”

3）测试的经济性

测试是保证程序质量的关键，但完全测试又是不可能的。因此，应当在程序的用途及重要性和测试所花的代价两者之间进行权衡。如果采用黑箱法和白箱法相结合对程序进行测试，可按如下5个层次进行：

① 没有语法错误；

② 运行有结果；

③ 对典型数据能得到正确的结果；

④ 对典型的有效数据能得到正确的结果，对无效数据有防范措施；

⑤ 对一切能出现的数据不出错。

显然，对于上述5个层次来说，一层比一层细致，因此工作量也一层比一层大。

2. 测试的过程

程序的测试一般按3种方式进行：静态分析、动态测试、自动测试。这3种测试方式通常反映了测试的过程，即先进行静态分析，然后进行动态测试，在某些特殊情况下，又可以借助自动测试工具对程序进行查错。

（1）程序的静态分析。所谓静态分析，是指不执行程序，而只由人工对程序文本进行检查，通过阅读和讨论，分析和发现程序中的错误。

实践证明，静态分析是一种卓有成效的测试方法，30%～70%的逻辑设计错误和编码错误可以通过静态分析检查出来。

静态分析通常采用讨论和走查两种方式。所谓讨论，是由一些有经验的测试人员阅读程序文本及有关文档，对程序的结构与功能、数据的结构、接口、控制流以及语法进行讨论和分析，从而揭示程序中的错误；所谓走查，是指由测试人员用一些测试用例沿程序逻辑运行，并随时记录程序的踪迹，然后进行分析，发现程序中的错误。

（2）程序的动态分析。所谓动态分析，是指使用测试用例在计算机上运行程序，使程序在运行过程中暴露错误。

（3）自动测试工具。程序的测试是相当费人力和时间的，有时还会浪费大量资金。为了提高测试工作的效率和软件质量，人们越来越希望能用自动化的测试工具对程序进行测试。自动测试工具实际上是人们编制的用于测试的软件,并用它来代替人工测试。

自动测试工具通常有以下 3 种。

① 静态分析工具。主要包括以下 3 种。

- 静态确认工具。这种工具用以对程序进行静态分析和确认,以便暴露常见的错误;检查程序中的不可靠结构,识别出可疑的、易出错误的结构;进行危险变量的监视等。
- 符号执行工具。这种工具以符号值作为程序的输入,使程序执行符号。这种系统可以"穷尽"地对测试符号进行选择,以便能自动或交互地检查符号执行时的每条路径,并自动将输出结果与输出断言进行比较。一般来说,这样的系统具有交互式排错功能,包括跟踪、设置断点与状态存储等。
- 程序验证工具。这是一种程序正确性的证明工具。在这种系统中,输入的是源程序及其规范,输出的是对程序正确性的一个严格证明。系统可以自动产生程序的中间归纳断言,也可以由人工交互式地插入断言。

② 动态分析工具。主要包括以下 4 种。

- 测试数据生成器;
- 覆盖监视器;
- 模块驱动工具;
- 符号查错工具等。

③ 综合测试评估工具。这类工具把静态分析、功能分析、测试评估等结合在一起,测试人员可以用命令来控制系统执行不同的功能模块。

3. 测试的层次

1) 模块测试

大型程序是由许多模块按层次结构组织在一起的,因此,首先要对组成程序的各个模块进行测试。模块测试又称为单元测试。

模块测试的目标是发现局部模块的逻辑与功能上的错误和缺陷,它主要对以下几方面进行测试。

(1) 模块接口。主要测试穿过模块的数据流(如数据个数、属性、单位、次序等)。如果数据不能被模块正确地接受和输出,进行其他测试则是毫无意义的。

(2) 局部数据结构。数据结构通常是错误的藏身之地。这些错误主要包括数据引用错(如数组元素下标出界、数据类型不一致、上溢、下溢等)和数据说明错(如不正确的说明、系统保留字误用等)。除了对局部变量进行测试外,有时还需要测试全局变量对模块的影响。

(3) 重要路径。模块测试的一项基本任务是要选择适当的测试用例,对模块中的重要执行路径进行测试,以暴露程序中的计算错误(如用了非法运算符、运算次序不对、结果溢出等)、比较错误(如运算符错、不同类型数据比较、错误的比较表达式等)以及控制流错误(如循环终止条件不对、嵌套错、程序不能终止等)。

(4) 错误处理的能力。有意识地给出不合理的输入,以检查程序对错误的处理能力。

(5) I/O 错误。对含有 I/O 功能的模块,还应测试 I/O 方面的有关错误,如文件属性是否正确,打开文件语句是否正确,格式说明是否正确等。

总之，由于单个模块的规模一般不大，且功能单一、逻辑简单，在进行模块测试时，应尽可能达到彻底测试，力求暴露更多的错误。在测试过程中，测试人员应首先通过模块说明书和源程序清楚地了解该模块的 I/O 条件和逻辑结构，测试时以结构测试为主，功能测试为辅。

由于模块不是一个独立的程序，不能单独运行，因此，在进行模块测试时，还应为每个被测试的模块另外设计了两类模块——驱动模块和承接模块。其中，驱动模块的作用是将测试数据传送给被测试的模块，并显示被测试模块所产生的结果；承接模块的作用是模拟被测试模块的下层模块，通常，承接模块有多个。图 6.17 为模块测试的结构示意图。

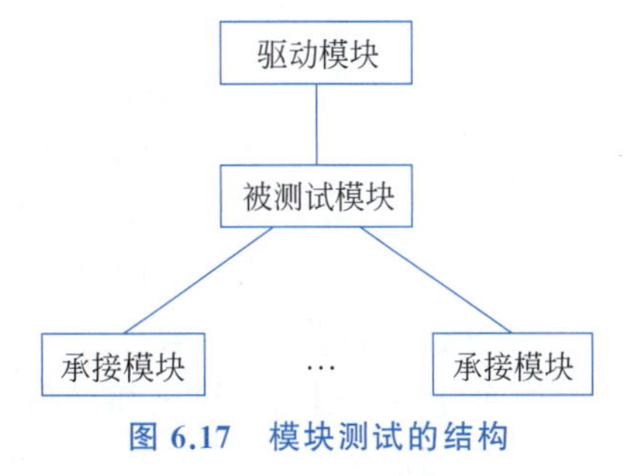

图 6.17　模块测试的结构

2）整体测试

当做完各模块的独立测试后，还要将各模块连接起来进行整体测试。整体测试的目标是尽量暴露模块测试时不能暴露的结构错误，如一个模块是否破坏了另一个模块的功能，数据通过接口时是否会丢失，能否产生主功能，误差是否有积累等。

整体测试可分为非渐增式与渐增式两种。

非渐增式的整体测试是将经过单独测试的所有模块连接到一起进行测试。

渐增式的整体测试往往是与模块测试同步进行的，即在对模块逐步装配的过程中同时进行的。这种测试方式可以减少模块测试时要设计的驱动模块或承接模块，又可以及时、准确地发现结构错误的位置。渐增式的整体测试一般可以分为“自顶向下”和“自底向上”两种。

(1)“自顶向下”渐增式测试。“自顶向下”渐增式测试是先测试顶层的主模块，然后逐层向下增殖。这种测试方式的好处是可以尽早发现程序结构的逻辑错误，且不必设计驱动模块。但它的承接模块往往比较多，设计起来比较困难。

(2)“自底向上”渐增式测试。“自底向上”渐增式测试是先测试最底层的各模块，然后逐层向上，逐渐用父模块对它们进行组装。这种测试方式的好处是符合分而治之、简化处理的原则，测试容易，错误容易在本模块内找到；当错误大多发生在底层时，测试工作量小，收敛比较快；不用设计承接模块，且对同一层上的模块进行单独测试时，可以使用同一个驱动模块，容易设计；测试用例容易设计。

3）高级测试

模块测试和整体测试是最基本的测试。除此之外，还有以下 4 种测试。

(1) 功能测试。功能测试又称为有效性测试，主要是用黑箱法测试软件功能是否与用户一致。

(2) 系统测试。把软件元素与硬件元素结合在一起进行测试。

(3) 验收测试。主要检查程序的操作与原设计要求以及用户要求是否一致。这类测试常以用户为主体进行。

(4) 安装测试。主要检查软件在安装时产生的问题。

以上 4 种测试统称为高级测试。进行这 4 种测试，往往要求测试人员有比较深入的知识和丰富的经验。

4. 测试的方法

对程序进行测试需要使用一些数据,每进行一次测试,就需要一组测试数据,这些测试数据通常称为测试用例。测试的关键是设计测试用例。由于完全测试的不可能性,因此,用有限的测试用例去发现更多的错误就显得非常重要。一般来说,设计和使用测试用例有以下几个基本原则:

(1) 设计测试用例时,应同时确定程序运行的预期结果。

(2) 测试用例不仅要选用合理的输入数据,也要选用不合理的输入数据。

(3) 除了需要检查程序是否做了应该做的事,还要检查程序是否做了不应该做的事。

(4) 千万不要幻想程序是正确的。

(5) 保留有用的测试用例,以便再测试时使用。

(6) 测试用例要系统地进行设计,不可随意凑合。

下面分别介绍用白箱法和黑箱法测试时,其测试用例的设计。

1) 白箱法

白箱测试是根据对程序内部逻辑结构的分析来选取测试用例。由于测试用例对程序逻辑覆盖的程度决定了测试完全性的程度,因此,白箱测试也称为逻辑覆盖测试。白箱测试用例的设计准则有:语句覆盖、分支覆盖、条件覆盖和组合条件覆盖。下面分别加以说明。

(1) 语句覆盖。语句覆盖准则是企图用足够多的测试用例,使程序中的每个语句都执行一遍,以便尽可能多地发现程序中的错误。

例如,某程序段如下:

```
...
IF (a>1 and b=0)  THEN  x=x/a
IF (a=2 or x>1)  THEN  x=x+1
...
```

图 6.18 为这个程序段的流程图。从流程图可以看出,只要能经过路径 ACE,便可以将所有语句都执行一遍。显然,若取 a=2 与 b=0(x 为任何值)为测试数据,就可以完成这一测试任务。

但是,这个测试用例不能检查出下列错误:第一个语句中的“and”误写为“or”;第二个语句中的“x>1”误写为“x=1”等。因此,语句覆盖准则是很弱的,通常不宜采用。

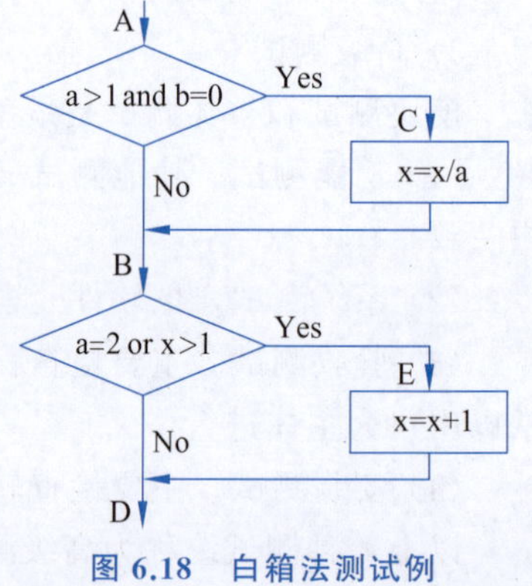

图 6.18 白箱法测试例

(2) 分支覆盖。分支覆盖准则也称为判定覆盖准则,它要求通过足够多的测试用例,使程序中的每个分支至少通过一次。如在图 6.18 中,需要通过 ACE 和 ABD 两条路径。为此,可以选用下列两个测试用例:

a=3, b=0, x=2 (测试路径 ACE)

a=1, x=1, b 任意 (测试路径 ABD)

也就是说,通过两次测试,就可以使程序中的每个分支都通过一次。

分支覆盖准则比语句覆盖准则严密了一些,但还是不够充分。这是因为在一个判定中往往包含多个条件，而用分支覆盖准则并没有考虑将每个条件都测试一次。例如，如果将第二个语句中的条件“a=2”误写为“a=3”，则上述两个测试用例就发现不了程序中的这个错误。

(3) 条件覆盖。条件覆盖准则是通过执行足够多的测试用例，使每个判定中的每个条件都能取到两种不同的结果(“真”与“假”)。例如，上述例子中共有 4 个条件，用以下两个测试用例便可以使每个条件都取到“真”值和“假”值：

a=2，　b=1，　x=1　(“a>1”为真，“b=0”为假，“a=2”为真，“x>1”为假)

a=1，　b=0，　x=3　(“a>1”为假，“b=0”为真，“a=2”为假，“x>1”为真)

(4) 组合条件覆盖。虽然条件覆盖要比分支覆盖优越，但条件覆盖并不能完全满足分支覆盖准则。例如，上述条件覆盖所使用的两个测试用例不能使第一个判定框为“真”，也不能使第二个判定框为“假”。于是人们便提出一种更强的准则，即组合条件覆盖准则。

组合条件覆盖准则要求通过足够多的测试用例，使每个判定中各条件的各种可能组合至少出现一次。例如，对于上述例子来说，第一个判定框中的两个条件有以下 4 种组合：

条件组合 1　a>1，b=0；

条件组合 2　a>1，b≠0；

条件组合 3　a≤1，b=0；

条件组合 4　a≤1，b≠0。

而第二个判定框中的两个条件也有以下 4 种组合：

条件组合 5　a=2，x>1；

条件组合 6　a=2，x≤1；

条件组合 7　a≠2，x>1；

条件组合 8　a≠2，x≤1。

下面的 4 个测试用例就可以覆盖上述 8 种可能的条件组合：

a=2，　b=0，　x=4　(覆盖条件组合 1 和 5)

a=2，　b=1，　x=1　(覆盖条件组合 2 和 6)

a=1，　b=0，　x=2　(覆盖条件组合 3 和 7)

a=1，　b=1，　x=1　(覆盖条件组合 4 和 8)

组合条件覆盖准则既能满足分支覆盖准则，也能满足条件覆盖准则。但是，组合条件覆盖准则也不是完全测试，如果仔细检查上述 4 个测试用例，就会发现漏掉了路径 ACD。

2) 黑箱法

黑箱测试方法完全不考虑程序的内部结构和内部特征，而只是根据程序功能导出测试用例。常用的黑箱测试有等价分类法、边值分析法、因果图法和错误推测法。

(1) 等价分类法。穷尽的黑箱测试是不现实的，通常只能选取少量最有代表性的输入数据，以期用最小的代价暴露出较多的程序错误。

等价分类法是把所有可能的输入数据(有效的和无效的)划分成若干等价类，使每一类中的一个典型数据在测试中的作用与这一类中所有其他数据的作用相同。因此，在实际进行测试时，可以从每个等价类中只取一组数据作为测试用例。

由此可知，等价分类法分为两步：一是划分等价类(包括有效等价类和无效等价类)；二是从每个等价类中选取测试用例。

划分等价类的基本方法是：根据程序的功能说明，找出所有的输入条件，然后为每一个输入条件划分等价类。

例如，对计算$\sqrt{x-3}/(5-x)$的程序划分等价类。由程序的功能可以得到输入条件为合理的x，其中包括分母不为零和分子合理，即$(5-x)\neq 0$和$(x-3)\geqslant 0$。由此可以得到等价类的划分如表6.4所示。然后选取若干测试用例，使它们能够覆盖表6.4中的6个等价类。

表 6.4　等价类的划分

输入条件	有效等价类	无效等价类	输入条件	有效等价类	无效等价类
分母不为零	$x<5$ $x>5$	$x=5$	分子合理	$x>3$ $x=3$	$x<3$

在给出了输入条件后，确定等价类大体上是一个启发的过程，取决于测试人员对问题的理解力和创造力，带有很大的试探性。通常，以下划分等价类的几个原则可以作为参考：

- 如果输入条件规定了值的范围，则可以确定一个有效等价类和两个无效等价类。
- 如果输入条件规定了值的个数，则可以确定一个有效等价类和两个无效等价类。
- 如果输入条件规定了一个输入值的有穷集，且确信程序对每个输入值单独处理，则可以对集合中的每一个输入值确定一个有效等价类，同时可以确定一个无效等价类。
- 如果输入条件规定了"必须如何"的条件，则可以确定一个有效等价类和一个无效等价类。
- 如果确信某一等价类中的各元素在程序中的处理方式是有区别的，则应把这个等价类分成更小的等价类。

(2) 边值分析法。经验表明，程序错误往往发生于边缘情况。因此，考虑边界条件的测试比没有考虑边界条件的测试效果要好得多。

特别要指出的是，边值分析不是从等价类中随便选一个例子作为代表，而是着眼于使该等价类的边界情况成为测试的主要目标来选取测试用例；并且，边值分析不仅要考虑输入条件，还要考虑输出条件。

采用边值分析法设计测试用例，通常要考虑以下几个原则：

- 如果输入条件规定了值的范围，则要对这个范围的边界情况以及稍微超出范围的无效情况进行测试。
- 如果输入条件规定了值的个数，则要分别对值的最大个数、最小个数、稍多于最大个数和稍少于最小个数的情况进行测试。
- 对于输出条件使用上述两条。
- 如果输入和输出是有序集，则应把注意力集中在第一个和最后一个元素上。

(3) 因果图法。上述等价分类法与边值分析法的缺点是，只独立地检查了各个输入条件，而没有检查各种输入条件的组合。但要对各条件的组合进行检查并非易事，一般来说，没有一个系统的方法是不行的。

因果图法是设计测试用例的一种系统方法，有助于测试人员系统地选择高效的测试用例。其基本思想是把输入条件视为“因”，输出条件视为“果”，把黑箱视为从“因”到“果”的逻辑网络图。通过因果图可以得到一张判定表，然后为判定表的每一列设计测试用例。

(4) 错误推测法。错误推测法也称为猜错法，它无一定之规可循，在很大程度上是凭经验或直觉推测程序中可能存在的各种错误，从而有针对性地编写测试用例。

例如，要测试一个排序程序，特别需要检查的情况有：

- 输入表为空。
- 输入表只含有一个元素。
- 输入表中所有元素相同。
- 输入表实际有序。

3) 综合策略

前面叙述的各种方法都提供了部分实用的测试情况，但是没有一种方法能够单独地产生一套完整的测试用例。因此，在实际进行测试时，需要将各种方法联合使用。下面的综合策略可供参考。

(1) 如果程序功能说明中包含有输入条件的组合，便应从因果图开始，以减少组合情况。

(2) 在任何情况下都要用边值分析法，通过分析输入和输出条件的边界值，补充一些测试用例。

(3) 判别输入/输出的有效和无效等价类，进一步补充测试用例。

(4) 利用错误推测法补充一些测试用例。

(5) 查看上述测试用例的覆盖程度，对未满足的覆盖标准增加一些测试用例。

最后需要强调的是，无论使用什么测试策略，都需要测试人员付出大量艰巨的劳动，而且还不能发现所有的错误。

6.4.2　调试

调试也称为排错，它是一个与测试有联系又有区别的概念。调试与测试的关系主要体现在以下几方面：

(1) 测试的目的是暴露错误，评价程序的可靠性；而调试的目的是发现错误的位置，并改正错误。

(2) 测试是揭示设计人员的过失，通常应由非设计人员来承担；而调试是帮助设计人员纠正错误，可以由设计人员自己承担。

(3) 测试是机械的、强制的、严格的，也是可预测的；而调试要求随机应变、联想、经验、智力，并要求自主地去完成。

(4) 经测试发现错误后，可以立即进行调试并改正错误；经过调试后的程序还需进行回归测试，以检查调试的效果，同时也可防止在调试过程中引入新的错误。

(5) 调试用例与测试用例可以一致，也可以不一致。

一般的调试过程分为错误侦查、错误诊断和改正错误。

1. 调试技术

常用的调试技术有以下 5 种。

(1) 输出存储器内容。

(2) 在程序中插入调试语句。常用的调试语句有:

① 设置状态变量;

② 设置计数器;

③ 插入打印语句,包括回声打印、追踪打印和抽点打印。

(3) 利用调试用例,迫使程序逐个通过所有可能出现的执行路径,系统地排除"无错"的程序分支,逐步缩小检查的范围。

(4) 经静态分析、动态测试或自动测试,都会得到大量与程序错误有关的信息,这些信息都可在调试时加以利用。

(5) 借助调试工具。

2. 调试策略

常用的调试策略主要有以下 5 种。

1) 试探法

首先分析错误征兆,猜测发生错误的大概位置,然后利用有关的调试技术进一步获得错误信息。这种策略往往是缓慢而低效的。

2) 回溯法

首先检查错误征兆,最先发现错误的位置,然后人工沿程序的控制流往回追踪源程序代码,直到找出错误根源或确定故障范围为止。

回溯法对于小程序而言是一种比较好的调试策略。但是,对于大程序而言,其回溯的路径数目会变得很大,以致使彻底回溯成为不可能。

回溯法的另一种形式是正向追踪,即使用插入打印语句的方法检查一系列中间结果,以确定最先出现错误的地方。

3) 对分查找法

在程序的中点附近输入某些变量的正确值(如利用赋值语句或输入语句),然后观察程序的输出。若输出结果正确,则说明错误出现在程序的前半部分;否则,说明程序的后半部分有错。对于程序中有错的那部分再重复使用这个方法,直到把错误范围缩小到容易诊断的程度为止。

4) 归纳法

所谓归纳法,是指从个别推断全体,即从线索(错误征兆)出发,通过分析这些线索之间的关系而找出故障。这种方法主要有以下 4 个步骤:

(1) 收集已有的使程序出错与不出错的所有数据。

(2) 整理这些数据,以便发现规律或矛盾。

(3) 提出关于故障的若干假设。

(4) 证明假设的合理性,根据假设排除故障。

5) 演绎法

演绎法是从一般原理或前提出发,经过删除和精化的过程,最后推导出结论。用演绎法排错时,首先要列出所有可能造成出错的原因和假设,然后逐个排除,最后证明剩下的原因确实是错误的根源。演绎法排错主要有以下 4 个步骤:

(1) 设想所有可能产生错误的原因。

(2) 利用已有的数据排除不正确的假设。

(3) 精化剩下的假设。

(4) 证明假设的合理性,根据假设排除故障。

6.5 软件开发新技术

6.5.1 原型方法

软件生命周期法将软件开发过程分为 8 个阶段,其开发的时间比较长,而在这段时间内,用户的参与只局限在软件定义期的 3 个阶段中,以后的开发工作实际上只是由软件开发人员去完成。这样,在开发过程中,由于环境的变化,用户对系统的要求也在变更,但因用户不参与实际的开发过程,这些变化与用户产生的新的要求就得不到及时反映。因此,当最后将产品交给用户时,用户对产品不满意的现象就会经常发生,同时也造成软件维护工作量的增加。

原型法(prototyping approach)是对软件生命周期法的改进。原型法鼓励用户与软件开发人员通力合作,共同工作,在软件开发的每一个阶段中都有用户的参与。这样,在软件开发的全过程中,都能及时反映用户的要求,不断缩小开发人员与用户之间的差距,以提高最终的软件产品的质量。

原型法将软件开发过程分为以下 4 个步骤。

(1) 确定用户的基本要求。在这一步中,要求系统分析员、程序员和用户一起集中精力确定用户对系统的最基本且是至关重要的要求。同时,还要对数据与数据间的关系进行调查,完成对数据的定义,并设计出输出报告格式、屏幕画面及菜单结构。对于一些大型系统,还要求准备一个需求分析文档。

(2) 开发初始原型。由系统分析员或程序员组成的设计小组继续同用户讨论需求报告,并按照最小系统原则设计出一个能工作的初始原型。在初始原型中,一般只包括系统的一些最基本的功能。因此,初始原型是非常简单的。

(3) 实现并运行原型。在计算机上实现已经设计出的原型,使原型成为一个活的可执行系统。在这一步中,设计人员要向用户介绍原型,并让用户参加实际操作。在这个基础上,再进行讨论,提出修改或完善意见,制定出新的需求报告。

(4) 修改并完善原型。设计人员根据新的需求报告,对原型进行修改和完善,从而进一步提出新的原型。然后返回到第(3)步重新运行。

由以上步骤可以看出,设计软件原型是一个迭代过程,它以初始原型为输入,随着不断试验、纠错、使用、评价和修改,不断获得新的原型。在每一次的迭代过程中,都有用户的参加,面对实际存在的模型,用户也就有了实在的感受,从而能够提出切合实际的要求,经过每一次修改得到的新的原型可以完成更多的任务,具有更强的功能。如此反复,直到用户满意为止。

采用原型法开发软件,可以使系统开发更加迅速,整个开发过程为用户提供了一个可塑的系统,而不是一些冗长的文档资料,从而能使用户很有兴趣地参与到开发过程中。

原型法强烈依赖于软件支援环境。一般来说,原型法所需要的基本软件支援环境包括以下几方面:

① 交互式系统;

② 数据库管理系统;

③ 通用输入输出软件;

④ 超级语言;

⑤ 能重入的代码库。

6.5.2 瀑布模型

为了反映软件生命周期内各种活动应如何组织,各阶段应如何衔接,这就需要用一个软件生命期模型来直观地表示。

所谓软件生命期模型,是指对整个软件生命周期内的系统开发、运作和维护所实施的全部过程、活动和任务的结构框架。瀑布模型(Waterfall Model)就是其中之一。

瀑布模型规定了在整个软件生命周期内的各项软件工程活动,并且还规定了这些活动自上而下、相互衔接的顺序,如图 6.19 所示。

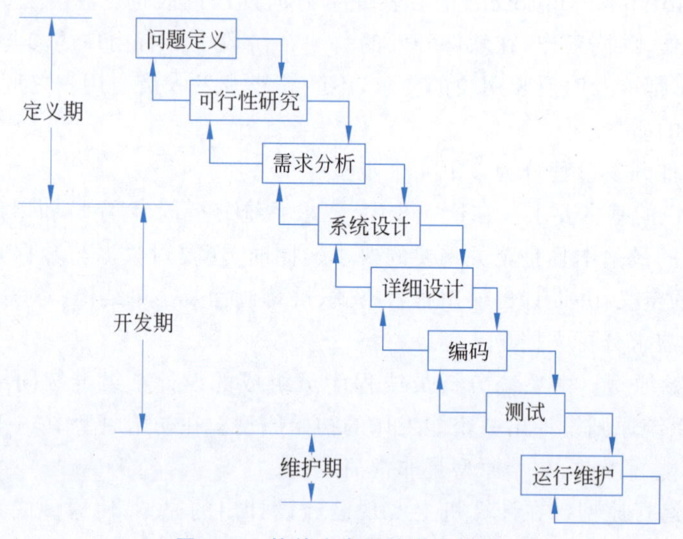

图 6.19 软件生命期的瀑布模型

由图 6.19 可以看出,瀑布模型规定了软件生命期中各阶段的活动次序,如同瀑布流水,逐级下落。由图 6.19 还可以看出,在实际进行软件开发的过程中,软件生命期中各阶段的活动并不完全是自上而下的,而是遵循以下原则:

(1) 每一阶段活动的输入是上一个阶段的输出结果。

(2) 利用上一阶段的输出结果具体实施本阶段应完成的内容。

(3) 对当前阶段活动中的工作进行评审,若工作得到确认,则继续进行下一阶段的活动;否则返回到上一阶段的活动。

(4) 当前阶段的活动结束时,总是将工作成果作为输出传给下一阶段的活动。

6.5.3 面向对象技术

1. 面向对象技术的基本概念

抽象是软件工程的基本思想之一。在传统的程序设计中,有两种抽象:一种是功能抽

象(如函数、过程、程序包等),从而产生了面向过程的设计方法;另一种是对数据的抽象(如抽象数据类型和抽象数据等),从而产生了面向数据(概念数据库)的设计方法。

计算机解决的问题都是现实世界中的实际问题,而现实世界中的问题被抽象到计算机内部时,总是包含过程和数据两个成分。面向过程和面向数据的设计方法都只是侧重问题的一方面去解决软件部件化问题。这种分割方法只是在一定程度上解决了软件可靠性、可修改性、可理解性和生产率等方面的问题。面向对象技术则是对问题领域实行自然分割,按人们习惯的思维方式建立问题领域的模型,设计尽可能直接、自然地表现问题求解的软件。因此,面向对象技术成为构造复杂软件系统的一种重要技术。

在面向对象技术中,采用统一的基本表示框架,既可用于分析,也可用于设计和具体实现。因此,面向对象技术主要包括三方面:面向对象的分析(需求分析,OOA)、面向对象的设计(OOD)、面向对象的实现(OOI)。

面向对象分析的主要任务是了解问题域内所涉及的对象、对象之间的关系和作用(操作),然后构造出对象模型,力争这个"模型"能反映所要解决的"实质问题"。在这一过程中,抽象是最本质、最重要的方法。

面向对象设计的主要任务是设计软件的对象模型。在软件系统中设计各个对象、对象之间的关系(如层次关系、继承关系等)、对象间的通信方式(消息)等。总之,在这一过程中,主要是设计各个对象"应该做什么"。

面向对象实现的主要任务是实现软件功能,实现各个对象所应完成的任务,包括实现每个对象的内部功能、系统的界面设计、输出格式等。

在面向对象技术中,主要用到以下基本概念。

(1) 对象(object)。客观世界是由实体及其实体之间的联系所组成。其中,客观世界中的实体称为问题域的对象。例如,一本书、一辆车等都是一个对象。

(2) 类(class)。类描述的是具有相似性质的一组对象。例如,每本具体的书是一个对象,而这些具体的书都有共同的性质,它们都属于更一般的概念"书"这一类对象。一个具体对象称为类的特例。

(3) 方法(method)。允许作用于某个对象上的各种操作。

(4) 消息(message)。用来请求对象执行某一处理或回答某些信息的要求。

(5) 继承(inheritance)。表示类之间的相似性的机制。如果类X继承类Y,则X为Y的子类,Y为X的父类(超类)。例如,"车"是一类对象,"小轿车""卡车"等都继承了"车"类的性质,因此是"车"的子类。

(6) 封装(encapsulation)。是一种信息隐蔽技术,目的在于将对象的使用者和对象的设计者分开。用户只能见到对象封装界面上的信息,不必知道实现的细节。封装一方面通过数据抽象,把相关的信息结合在一起,另一方面也简化了接口。

由此可以看出,对象具有以下基本特征。

(1) 模块性。一个对象是一个可以独立存在的实体。各个对象之间相对独立,相互依赖性小。

(2) 继承性和类比性。可以把具有相同属性的一些不同对象归类,称为对象类,并且还可以划分类的子类,构成层次系统,下一层次的对象继承上一层次对象的某些属性。

(3) 动态连接性。对象与对象之间可以相互连接构成各种不同的系统。对象与对象之间具有的统一、方便、动态的连接和传送消息的能力与机制称为动态连接性。

(4) 易维护性。任何一个对象是一个独立的模块,无论是改善其功能还是改变其细节均局限于该对象内部,不会影响其他对象。

2. 面向对象技术的特点

与传统的结构化分析与设计技术相比,面向对象技术具有许多明显的优点,主要体现在以下三方面。

(1) 可重用性。继承是面向对象技术的一个重要机制。用面向对象方法设计的系统的基本对象类可以被其他新系统重用,这通常是通过一个包含类和子类层次结构的类库来实现的。因此,面向对象方法可以从一个项目向另一个项目提供一些重用类,从而显著提高生产效率。

(2) 可维护性。由于面向对象方法所构造的系统是建立在系统对象基础上的,结构比较稳定,因此,当系统的功能要求扩充或改善时,可以在保持系统结构不变的情况下进行维护。

(3) 表示方法的一致性。面向对象方法在系统的整个开发过程中,从面向对象分析到面向对象设计,直到面向对象实现,都采用一致的表示方法,从而加强了分析、设计和实现之间的内在一致性,并且改善了用户、分析员以及程序员之间的信息交流。此外,这种一致的表示方法使得分析、设计的结果很容易向编程转换,从而有利于计算机辅助软件工程的发展。

6.1 软件生命周期分哪几个阶段?每个阶段输出的文档是什么?

6.2 什么是数据流程图?数据流程图与程序流程图有什么区别?

6.3 数据字典包括哪些内容?

6.4 什么是软件支援环境?你所熟悉的软件支援环境有哪些?

6.5 有人说:“软件是不会用坏的,因此,经过测试和调试的软件不需要维护。”你认为这句话有道理吗?为什么?

6.6 设程序功能为计算下列分段函数值:

$$f(x)=\begin{cases}x^2+x-3 & (1<x\leqslant 2)\\ x+1 & (2<x\leqslant 5)\\ 0 & (x\leqslant 1\text{ 或 }x>5)\end{cases}$$

(1) 画出实现该功能的程序流程图。

(2) 根据程序流程图,用白箱法的 4 种覆盖准则设计测试用例。

(3) 用边值分析法设计测试用例。

第7章　大数据技术概述

随着计算机的发展，人类已经不知不觉地进入了智能时代，云计算、大数据、物联网、人工智能、机器人等已成为这个时代的热门话题。其中，大数据和人工智能两大技术已成为计算机专业本科生与研究生的重要课程。

大数据技术指的是用于处理和分析大规模数据集的技术和工具集合，它涉及数据的收集、存储、处理和分析等多方面，通过运用各种大数据技术，人们可以从庞大的数据中获取有价值的信息并进行深入的分析。

大数据技术在当今的信息化社会中显得尤为重要。随着互联网的普及和数字化生活的加速发展，数据量呈现爆发式的增长趋势。传统的数据处理方式已经无法胜任海量数据的处理任务，因此需要借助大数据技术来解决这一难题。同时，大数据技术也为企业和组织带来了许多新的商机和竞争优势，因此被广泛应用于各个领域。

本章只对大数据技术作简单的介绍。

7.1　基本概念

7.1.1　信息与数据

一般来说，信息是指对各种事物的变化和特征的反映，它是事物之间相互作用和联系的表征。可以说，现实世界是一个充满信息的世界。信息的内容是各种各样的，有的是能看得见、摸得着的有形的客观事物，如物体的形状、颜色等信息；有的则是看不见、摸不着的抽象的事物和概念，如商品的价格、物体的温度、各种理论等信息。

信息同物质、能源一样重要，是人类生存和社会发展的三大基本资源之一。信息不仅维系着社会的生存和发展，而且在不断地推动着社会的进步与经济的发展。

人们在生产活动和生活活动过程中，一般是通过接收信息来认识事物的。

数据是信息的载体，它是对客观事件进行记录并可以鉴别的符号，是对客观事物的性质、状态以及相互关系等进行记载的物理符号或这些物理符号的组合，它是可识别的、抽象的符号。因此，数据不仅指狭义上的数字，还可以是具有一定意义的文字、字母、数字符号的组合，以及图形、图像、视频、音频等，也是客观事物的属性、数量、位置及其相互关系的抽象表示。例如，“0、1、2、…”“阴、雨、下降、气温”“学生的档案记录”“货物的运输情况”等都是数据。数据经过加工后就成为信息。同样，数值、文字、语言、图形、图像等都可以表达某种信息，而这些信息又都可以转换成一定形式的数据。

在日常的谈论中，虽然有时把“信息”和“数据”这两个词互换使用，但本质上，“信息”与“数据”是两个不同的概念。信息是有独立意义的，而数据在独立存在时就没有意义。例如，这件衣服的价格为25元，这是一种有意义的信息，其中25元只是写在衣服价格标签上的一个数据。但25元是什么意思？什么东西是25元？因此，“25元”这个数据本身是没有意义的,而"这件衣服的价格为25元"才是信息,信息是有意义的。

信息与数据既有联系,又有区别。数据是信息的表现形式和载体,可以是符号、文字、数字、语音、图像、视频等。而信息是数据的内涵,信息加载于数据之上,对数据做具有含义的解释。数据和信息是不可分离的,信息依赖数据来表达,数据则生动具体地表达出信息。数据是符号,是物理性的;信息是对数据进行加工处理之后所得的对决策产生影响的数据,是具有逻辑性和观念性的。数据是信息的表现形式;信息是数据有意义的表示。数据是信息的表达、载体;信息是数据的内涵,是形与质的关系。数据本身没有意义,数据只有对实体行为产生影响时才成为信息。

总之,信息和数据是两个既相互联系与相互依存,又相互有区别的概念。数据只是信息的一种表示形式,而信息则具体反映了数据所表达的含义。

数据实际上就是一串符号序列,它可以是数值型数据,也可以是字符型数据。例如,商品的价格或数量等为数值型数据,而姓名、声音、图形等统称为字符型数据。

通常,数据可以由科学实验、检验、统计等获得,且用于科学研究、技术设计、查证、决策等。也就是说,数据是人们通过观察、实验或计算得出的结果。总之,数据是对真实世界的一种符号化描述,其形式多样,包括但不限于文本、图像、声音、视频和数字等,它们可以被理解为一种表示方式,是人类创造的符号形态,用来描述现实世界。数据不仅仅是数字,还包括文字、字母、符号和模拟量的集合。

必须指出的是,在不同的应用领域中,对数据的理解是不一样的。例如,在计算机科学中,只要是能输入计算机中,并能被计算机程序所处理的具有一定意义的数字、字母、符号以及模拟量等都统称为数据。还例如,在统计学领域中,为了能找出实际问题规律而检测到的与问题相关的变量的观察值就称为数据,因为它们是对客观现象进行计量的结果。

根据承载形式,数据可以分为数字化数据和非数字化数据。数字化数据是基于信息技术,通过0和1这样的二进制数码表示的数据;而非数字化数据则是用物理形式表示的数据,例如实体书、打印的图片等。

此外,数据还可以根据其结构和格式分为结构化数据和非结构化数据。结构化数据是有固定格式和预定义含义的数据,如数据库中的数据表;而非结构化数据则是不遵循固定格式,需要人工解析的数据,如文本、图像、音频、视频等。

综上所述,数据是信息的载体,它可以通过不同的形式和结构来表达和存储信息。无论是数字还是非数字形式的材料,只要它们能够传达有用的信息,就都可以被称为数据。

数据的重要性在于它能够承载信息和知识。单纯的数字或其他数据在没有赋予特定意义的情况下是没有多大含义的。例如,一个身份证号码如果没有标明它的身份标识作用,它就是一串无意义的数字。因此,数据必须关联到具体的信息才能发挥其价值。

由此可以看出,数据只有在特定的背景下才有意义。也就是说,对数据的研究不能脱离产生该数据的背景。

7.1.2 大数据

大数据的概念最早出现于20世纪90年代,当时被认为是和超级计算机相关的一种技术。

大数据的起源是互联网。因为大数据的目的是更好地了解客户的喜好,它对海量碎片化的信息数据进行筛选、分析，并最终归纳、整理出企业需要的资讯。而这些海量的信息则来源于互联网。

大数据主要通过以下3个途径得到。

（1）人为产生的数据。包括电子邮件、文档、图片、音频、视频等社交媒体产生的数据流。这部分主要是非结构数据。

（2）交易产生的数据。包括POS机数据、信用卡刷卡数据、电子商务数据、互联网点击数据、销售系统数据、客户关系管理系统数据、公司的生产数据、库存数据、订单数据、供应链数据等。大数据平台能够获取时间跨度更大、更海量的结构化交易数据，这样就可以对更广泛的交易数据类型进行分析，它不仅包括POS机或电子商务购物数据，还包括行为交易数据，例如Web服务器记录的互联网点击流数据日志。

（3）移动通信产生的数据。由于能够上网的智能手机等移动设备越来越普遍，而这些设备记录的数据量和数据的立体完整度通常也优于各家互联网公司掌握的数据。

大数据的发展前景非常广阔。一方面，大数据本身可以创造巨大的价值空间，大数据的价值体系具有巨大的增长潜力。当互联网发展到工业互联网阶段时，大数据的价值将越来越得到体现。另一方面，目前的"新基础架构"计划中就包含大数据，可以为大数据带来更强大的资源集成能力，从而全面促进大数据的应用。

1. 大数据的定义

简单来说，大数据是指无法在一定时间内用常规软件工具对其内容进行抓取、管理和处理的数据集合。大数据也称巨型资料。

由这个定义可以看出，大数据由巨型数据集组成，这些数据集的大小已经超出人类对数据的收集、使用和处理能力，因此，大数据必须借由计算机对数据进行统计、比对、解析方能得出客观结果。另外，大数据不仅数据量巨大，其数量大小也经常在变化，从而无法通过主流软件工具在合理时间内达到抓取、管理、处理并整理成为帮助企业进行经营决策的资讯的目的。

大数据技术是指从各种各样类型的数据中快速获得有价值信息的能力。能用于大数据的技术包括大规模并行处理（MPP）数据库、数据挖掘电网、分布式文件系统、分布式数据库、云计算平台、互联网和可扩展的存储系统。

从各种不同的角度出发，可以给大数据下不同定义。例如：大数据是需要新处理模式才能具有更强的决策力、洞察发现力和流程优化能力以适应海量、高增长率和多样化的信息资产；大数据是一种规模大到在获取、存储、管理、分析方面大大超出传统数据库软件工具能力范围的数据集合，具有海量的数据规模、快速的数据流转、多样的数据类型和价值密度低四大特征；等等。

大数据技术的战略意义不在于掌握庞大的数据信息，而在于对这些含有意义的数据进行专业化处理。

从技术上看，大数据必然无法用单台计算机进行处理，必须采用分布式架构，它的特色在于对海量数据进行分布式数据挖掘。

大数据的数据量巨大，其最小的基本单位是bit，按由小到大的顺序给出各单位是bit、Byte、KB、MB、GB、TB、PB、EB、ZB、YB、BB、NB、DB，它们按照进率1024（2的十次方）来计算：

1 Byte = 8 bit

1 KB = 1024 Byte = 8192 bit

1 MB = 1024 KB = 1048576 Byte

1 GB = 1024 MB = 1048576 KB

1 TB = 1024 GB = 1048576 MB

1 PB = 1024 TB = 1048576 GB

1 EB = 1024 PB = 1048576 TB

1 ZB = 1024 EB = 1048576 PB

1 YB = 1024 ZB = 1048576 EB

1 BB = 1024 YB = 1048576 ZB

1 NB = 1024 BB = 1048576 YB

1 DB = 1024 NB = 1048576 BB

2. 大数据的分类

大数据可以分为以下 3 类。

(1) 结构化数据(Structured Data)。结构化数据是指具有明确结构和固定格式的数据,常见的形式为表格或数据库中的数据。这类数据可以使用关系数据库进行存储和处理,如 SQL 数据库或 Excel 表格。结构化数据包括数字、文本、日期、布尔等数据类型,可以通过使用查询语言(如 SQL)进行分析和提取。

(2) 非结构化数据(Unstructured Data)。非结构化数据是指没有明确结构和格式的数据,通常以文本、图像、音频、视频等形式存在。这类数据无法直接使用传统的关系数据库进行处理,需要进行特殊的处理和分析。非结构化数据具有丰富的信息内容,如社交媒体数据、电子邮件、日志文件等,可以通过文本挖掘、图像识别等技术进行分析和提取。

(3) 半结构化数据(Semi-structured Data)。半结构化数据介于结构化数据和非结构化数据之间,具有某些结构化元素,但不符合传统关系数据库的格式要求。常见的半结构化数据类型包括 XML(可扩展标记语言)、JSON(JavaScript 对象表示法) 等。半结构化数据不适合传统的关系数据库存储,但可以通过 NoSQL 数据库或其他特定的数据存储方式进行管理和处理。半结构化数据通常用于 Web 数据、日志文件等,可以通过数据清洗和转换等变为结构化数据。

3. 大数据的特点

大数据主要具有大量、高速、多样、低价值密度等特点。

(1) 大量(Volume)。大数据的首要特点就是数据量大。随着互联网的普及,人们使用互联网服务时会产生大量的数据,如搜索记录、浏览记录、购买记录等。这些数据被存储在服务器上,形成了一个巨大的数据集合。

(2) 高速(Velocity)。高速是指处理速度快。数据处理遵循"一秒定律",可从各种类型的数据中快速获得高价值的信息。大数据的处理速度要求非常快。传统的数据处理方法通常需要几小时或更长时间来完成,但大数据技术需要在几秒或更短的时间内完成处理,这样才能保证数据的实时性和准确性。

(3) 多样(Variety)。多样是指数据类型多样。随着互联网技术的不断发展,人们产生的数据类型也越来越多样化,数据类型不仅是文本形式,更多的是图片、视频、音频、地理位置信息等类型，个性化数据占绝大多数。这些数据类型不仅需要存储，还需要分析和处理。

（4）低价值密度（Value）。低价值密度是指价值密度低。以视频为例，1小时的监控视频中可能有用的画面仅仅只有一两秒。由于大数据的种类繁多、数据量巨大，因此其中蕴含的价值也非常丰富。在这种情况下，如何从海量的数据中挖掘出有价值的信息就成了一个难题。需要对数据进行深入的分析和挖掘，才能发现其中的价值。

除了以上4个特征之外，大数据还具有真实性（Veracity）的特点，以上5个特点被称为大数据的5V特点。

这些特点使得大数据技术在当今社会中扮演着越来越重要的角色，应用也越来越广泛，例如人工智能、智慧城市、医疗健康等。

4. 大数据的技术架构

1）基础层

基础层是整个大数据技术架构基础的最底层。要实现大数据规模的应用，企业一般需要一个自动化程度高且可以横向扩展的存储和计算平台。这个基础设施要求将以前的存储孤岛发展为具有共享能力的高容量存储池，其容量、性能和吞吐量必须线性扩展。

此外，云模型鼓励访问数据并提供弹性资源池来应对大规模问题，解决了如何存储大量数据，以及如何积聚所需的计算资源来操作数据的问题。在云中，数据跨多个节点调配和分布，使得数据更接近需要它的用户，从而可以缩短响应时间和提高生产效率。

2）管理层

为了支持在多源数据上做深层次的分析，大数据技术架构中需要一个管理平台，以使结构化和非结构化数据管理成为一体，具备实时传送和查询、计算功能。管理层既包括数据的存储和管理，也涉及数据的计算。并行化和分布式是大数据管理平台必须考虑的要素。

3）分析层

大数据应用需要大数据分析。分析层提供基于统计学的数据挖掘和机器学习算法，用于分析和解释数据集，帮助企业获得对数据价值的深入领悟。可扩展性强、使用灵活的大数据分析平台更可成为数据科学家的利器，起到事半功倍的效果。

4）应用层

大数据的价值体现在帮助企业进行决策和为终端用户提供服务。不同的新型商业需求驱动了大数据的应用。反之，大数据应用为企业提供的竞争优势使得企业更加重视大数据的价值。新型大数据应用对大数据技术不断提出新的要求，大数据技术也因此在不断的发展变化中日趋成熟。

5. 大数据的作用

（1）对大数据的处理分析正成为第一代信息技术融合应用的结点。移动互联网、物联网、社交网络、数字家庭、电子商务等是新一代信息技术的应用形态，这些应用不断产生着大数据。云计算为这些海量、多样化的大数据提供存储和运算平台。通过对不同来源数据的管理、处理、分析与优化，将结果反馈到上述应用中，将创造出巨大的经济和社会价值。

（2）大数据的利用将成为提高核心竞争力的关键因素。各行各业的决策正在从“业务驱动”转向“数据驱动”。对大数据的分析可以使零售商实时掌握市场动态并迅速做出应对，可以为商家制定更加精准有效的营销策略，提供决策支持；可以帮助企业为消费者提供更加及时和个性化的服务；在医疗领域，可提高诊断准确性和药物有效性；等等。

(3) 在大数据时代,科学研究的方法手段将发生重大改变。例如,抽样调查是社会科学的基本研究方法。在大数据时代,可通过实时监测、跟踪研究对象在互联网上产生的海量行为数据进行挖掘分析,展示具有规律性的现象,提出研究结论和对策。

7.2 大数据处理

比较完整的大数据处理流程主要包括数据采集、数据导入与预处理、数据统计与分析以及数据挖掘这四个步骤。

7.2.1 数据采集

数据采集是指利用多个数据库接收发自客户端(Web、App 或者传感器形式等)的数据,并且用户可以通过这些数据库进行简单的查询和处理工作。例如,电商会使用传统的关系数据库 MySQL 和 Oracle 等存储每一笔事务数据,除此之外,Redis 和 MongoDB 这样的 NoSQL 数据库也常用于数据采集。

在数据采集过程中,ETL(Extract Transform Load) 工具负责将分布的、异构数据源中的数据,如关系数据、平面数据文件等抽取到临时中间层进行清洗、转换、集成,最后加载到数据仓库或数据集中,成为联机分析处理、数据挖掘的基础。

这个过程的主要特点和挑战是并发数高,因为有可能同时有成千上万的用户进行访问和操作,例如火车售票网站和淘宝,它们的并发访问量在峰值时达到上百万,所以需要在采集端部署大量数据库才能得以支撑。并且,如何在这些数据库之间进行负载均衡和分片也是需要深入思考的问题。

数据采集是现代数据分析的基础,通过采集数据,可以深入挖掘数据的潜在价值,提供有效的决策依据。为了保证采集数据的质量和有效性,在数据采集过程中,需要关注明确目标、注重细节和持续优化三大要点。

(1) 数据采集需要有明确的目标。在进行数据采集之前,需要明确数据采集的目标是什么。是为了评估产品的用户满意度,还是为了找出用户的行为习惯。只有明确了目标,才能有针对性地采集数据,确保数据的准确性和有效性。此外,还需要考虑数据的来源和采集方式。不同的数据源和采集方式会影响数据的质量和有效性,需要根据实际情况选择合适的采集方式。

(2) 数据采集需要注重细节。在数据采集过程中,需要注意许多细节,例如采集数据的格式、采集的时间和频率等。这些细节都会影响数据的质量和有效性。例如,采集数据的格式不正确可能会导致数据分析结果出现偏差。因此,需要细心谨慎地处理每一个细节,确保数据的准确性和有效性。

(3) 数据采集需要持续不断地优化。数据采集是一个不断优化的过程,需要不断地调整和改进采集方式和方法,以适应不同的场景和需求。例如,当数据源发生变化时,需要及时调整采集方式和方法,以保证数据的准确性和有效性。此外,还需要对采集到的数据进行定期审查和维护,以确保数据的可靠性和有效性。

数据采集的五大原则包括完整性、准确性、实时性、可靠性和经济性。

数据采集的基本架构包括数据源、数据采集器、数据处理和数据存储四个组成部分。

数据采集的基本方法有以下五种。

(1) 传感器采集。主要通过传感器方式采集数据,例如温湿度传感器、气体传感器、视频传感器等。

(2) 爬虫采集。通过编写网络爬虫有针对性地收集数据。

(3) 录入采集。通过编写系统录入网页,将已有数据录入数据库。

(4) 导入采集。通过开发导入工具将已有的批量数据导入系统。

(5) 接口采集。通过 API 接口将其他系统中的数据导入自己的系统。

7.2.2 数据导入与预处理

虽然采集端本身会有很多数据库,但是如果要对这些海量数据进行有效的分析,还需要对这些数据进行导入和预处理操作。

数据的导入与预处理指的是将来自前端的数据导入一个集中的大型分布式数据库或者分布式存储集群,并且在导入基础上做一些简单的清洗和预处理工作。

导入与预处理过程的特点和挑战是导入的数据量大,每秒的导入量会达到百兆甚至千兆级别。

数据预处理主要包括以下几方面。

1. 数据类型转换

在数据分析过程中,经常需要对数据类型进行转换,将原始数据转换成更适合分析和建模的格式,例如,将数值型数据转换为分类变量,或者改变数据的类型和格式以满足特定的需求,例如,将字符串类型转换为数字类型、日期格式的转换、布尔类型的转换等。

常见的数据类型转换方法如下。

(1) 强制类型转换。将某个数据类型强制转换为另一种数据类型。例如,将字符串类型转换为数字类型。

(2) 自动类型转换。在一些运算或者赋值操作中,程序会自动对数据类型进行转换。例如,将整型数和浮点数相加时,整型数会自动转换为浮点数。

2. 数据清洗

数据清洗是指对数据中的缺失值、异常值、重复值等进行处理,使数据更加准确和可靠。这是数据预处理中最基础和关键的部分,主要是检查和移除无效、重复或不相关的数据,以确保数据的有效性和准确性。

常见的数据清洗方法如下。

(1) 缺失值处理。当数据集中出现缺失值时,需要通过合适的方法来填补这些缺失值,以免影响后续的模型构建和应用。对于数据中的缺失值,可以使用平均值、中位数、众数等方法进行填充。

(2) 异常值处理。对于数据中的异常值,可以使用删除、替换等方法进行处理。

(3) 重复值处理。对于数据中的重复值,可以使用删除、合并等方法进行处理。

3. 数据规范化

数据规范化是指对不同数据的值范围进行统一处理,以便更好地进行分析和应用。

常见的数据规范化方法如下。

(1) 最小-最大规范化。将数据的范围映射到[0,1]。

(2) z-score 归一化。将数据转换为标准正态分布,均值为 0,标准差为 1。

(3)小数定标规范化。将数据除以一个固定的数值,使得数据的绝对值小于 1。

4. 数据离散化

数据离散化是指将连续的数值型数据转换为离散的数据,以便更好地进行分析和应用。常见的数据离散化方法如下。

(1) 等宽离散化。将数据的值范围平均分成 n 个区间。

(2) 等频离散化。将数据分成 n 个区间,每个区间的数据个数相等。

(3) 聚类离散化。使用聚类算法将数据分成 n 个区间。

5. 数据转换

数据转换是指将原始数据转换为新的数据,以便更好地进行分析和应用。

常见的数据转换方法如下。

(1) 对数变换。对数据进行对数变换,以适应不同的分布形式。

(2) 幂次变换。对数据进行幂次变换,以适应不同的分布形式。

(3) 离散余弦变换。对数据进行离散余弦变换,以便进行频域分析。

数据转换也是数据分析和应用过程中不可或缺的一部分。在实际应用中,需要根据具体情况选择合适的数据转换方法,以确保数据分析和应用的准确性和可靠性。

6. 数据集成

数据集成是指将来自不同来源的数据整合到一起,形成一个统一的数据集,以便进行统一的分析和处理。

数据预处理的重要性体现在以下几方面。

(1) 提升数据的质量和可用性。通过数据清洗和整理,可以提高数据的质量和可用性,从而更准确地进行后续的分析。

(2) 减少错误和误差。通过数据预处理可以识别和修正错误数据,减少错误和误差,提高数据分析结果的可靠性。

(3) 优化模型性能。在机器学习等领域,数据预处理可以通过特征选择等方式优化模型性能,降低模型的复杂度和提高模型的可解释性。

(4) 加速数据分析流程。数据预处理可以简化后续的数据分析流程,节省时间和资源,提高数据分析的整体效率。

综上所述,数据预处理是一个关键的步骤,它在数据分析中起到了至关重要的作用,不仅提高了数据的质量,也提升了数据分析的效率和效果。

7.2.3 数据统计与分析

数据分析是大数据处理流程的核心步骤,通过数据抽取和集成环节,我们已经从异构的数据源中获得了用于大数据处理的原始数据,用户可以根据自己的需求对这些数据进行分析处理,例如数据挖掘、机器学习、数据统计等。数据分析可以用于决策支持、商业智能、推荐系统、预测系统等。通过数据分析,我们能够掌握数据中的信息。

大数据已经不只是简简单单的数据量大的问题了,最重要的是需要对大数据进行分析。只有通过分析,才能获取很多智能的、深入的、有价值的信息。现在,越来越多的应用涉及大数据,而这些大数据的属性,包括数量、速度、多样性等都呈现了大数据不断增长的复杂性。

因此，大数据的分析方法在大数据领域就显得尤为重要，可以说是决定最终信息是否有价值的决定性因素。

大数据分析的使用者中既有大数据专家，也有普通用户，二者对于大数据分析最基本的共同要求就是可视化分析，因为可视化分析能够直观地呈现大数据特点，同时能够非常容易地被读者所接受，就如同看图说话一样简单明了。

大数据分析重要的应用领域之一就是预测大数据中挖掘出的特点，科学地建立模型便可以通过带入新的数据预测未来的数据。因此，预测性分析也是大数据分析的重点之一。

另外，非结构化数据的多元化给数据分析带来了新的挑战，需要用一套工具系统去分析、提炼数据。语义引擎需要设计足够的人工智能以从数据中主动地提取信息。

大数据分析离不开数据质量和数据管理，无论是在学术研究还是在商业应用领域，高质量的数据和有效的数据管理都能够保证分析结果的真实和有价值。

除此之外，为了分析大数据，还需要更多、更有特点、更加深入、更加专业的大数据分析方法。

统计与分析主要利用分布式数据库以及分布式计算集群来对存储于其内的海量数据进行普通的分析和分类汇总，以满足大多数常见的分析需求。

统计分析的主要特点和挑战是分析所涉及的数据量大，其对系统资源，特别是对I/O会有极大的占用。

用于大数据统计分析的算法有假设检验、显著性检验、差异分析、相关分析、T检验、方差分析、偏相关分析、回归分析、简单回归分析、多元回归分析、logistic回归分析、曲线估计、因子分析、聚类分析、主成分分析、快速聚类法与聚类法、判别分析、对应分析等。

7.2.4　数据挖掘

大数据分析的核心理论就是数据挖掘算法。各种数据挖掘的算法基于不同的数据类型和格式才能更加科学地呈现出数据本身具备的特点，也正是因为这些被所有统计学家公认的各种统计方法(可以称之为真理)，才能深入数据内部，挖掘出公认的价值。另外也是因为有了这些挖掘算法，才能更快速地处理大数据。如果一个算法得花上好几年才能得出结论，那么大数据的价值也就无从说起了。

与统计和分析过程不同的是，数据挖掘一般没有预先设定好的主题，主要是在现有数据上进行基于各种算法的计算，从而起到预测的效果，实现一些高级别数据分析的需求。

用于数据挖掘的算法主要有分类(classification)、估计(estimation)、预测(prediction)、相关性分组或关联规则(affinity grouping or association rules)、聚类(clustering)等。

7.3　数据统计分析

数据统计方法主要有以下两种。

(1) 描述性统计。这是最常用的一种统计方法，通过概括性的数学方法和图表方式描述大数据的分布现状，主要包括中心趋势度量(如均值等)、离散程度度量(如方差、标准差等)、相关性分析(如相关系数)。

(2) 推断统计分析方法。这种统计方法主要用于从样本数据中推断总体数据的特征和属性,包括参数估计(如点估计和区间估计)、方差分析(比较两组或多组样本均值的差异)、回归分析(建立回归模型,分析自变量和因变量之间的关系) 等。

此外,还有一些其他的统计方法,如聚类分析、分类和预测、关联分析等,这些都是大数据统计方法的重要组成部分。

本节只介绍一些基本的数据统计方法,并给出相应的算法。

7.3.1 随机样本分析

设给定随机变量 x 的 n 个样本点值 $x_i(i=0,1,\cdots,n-1)$。

1) 计算样本参数值

随机样本算术平均值的计算公式为

$$\bar{x}=\sum_{i=0}^{n-1}x_i/n$$

样本方差的计算公式为

$$s=\sum_{i=0}^{n-1}(x_i-\bar{x})^2/n$$

样本标准差的计算公式为

$$t=\sqrt{s}$$

2) 按高斯分布计算给定各区间上的近似理论样本点数

设随机变量 x 的起始值为 x_0,区间长度为 h,则第 i 个区间中点的计算公式为

$$x_i^*=x_0+(i-0.5)h,\quad i=1,2,\cdots,n$$

在第 i 个区间上,按高斯分布所应有的近似理论样本点数为

$$F_i=\frac{\pi}{\sqrt{2\pi s}}\exp\left(-\frac{(x_i^*-\bar{x})^2}{2s}\right)h$$

3) 输出经验直方图

在直方图上方输出样本点数 n,直方图中随机变量的起始值为 x_0,区间长度值为 h,区间总数为 m,随机变量样本的算术平均值为 xx,方差为 s,标准差为 t。

在输出的直方图中,左起第一列为从小到大输出各区间的中点值,第二列输出随机样本中落在对应区间中的实际点数。

右边是直方图本身。各区间对应行上的符号"X"的个数代表样本中随机变量值落在该区间中的点数,而" * "号所占的序数则为按高斯分布计算得到的近似理论点数。

在直方图的下方输出直方图的比例,即在直方图中每一个符号所表示的点数。

算法的 C++ 描述如下:

```
//随机样本分析.cpp
    #include <iostream>
    #include <fstream>
    #include <cmath>
    #include <iomanip>
    using namespace std;
    class RND_SAMPLE
    {
        private:
```

```
        int n;                      //随机样本点数
        int m;                      //直方图中区间总数
        int * g;                    //存放在 m 个区间的按高斯分布所应有的近似理论样本点数
        int * q;                    //存放在 m 个区间中每一个区间上的随机样本实际点数
        double * x;                 //存放随机变量的 n 个样本点值
        double x0;                  //直方图中随机变量的起始值
        double h;                   //直方图中随机变量等区间长度值
        double xx;                  //随机样本的算术平均值
        double s;                   //随机样本的方差
        double t;                   //随机样本的标准差
    public:                         //函数声明

        RND_SAMPLE()                //构造函数
        {x0=0; h=0; xx=0; s=0; t=0; n=0; m=0; }
        void rhis();                //随机样本分析
        void arrayint(int,double,double,int,double *);
                                    //从数组读入数据
        void dataintput(char *);
                                    //从文件读入数据
        void dataoutput(char *);
                                    //输出结果
        void histogram(char *);
                                    //输出直方图
        ~RND_SAMPLE()               //析构函数
          {delete[] x; delete[] g; delete[] q;}
};

//随机样本分析
 void RND_SAMPLE::rhis()
 {
     int i,j;
     double p;
     for (i=0; i<=n-1; i++)    //随机样本的算术平均值
         xx=xx+x[i]/n;
     for (i=0; i<=n-1; i++)
         s=s+(x[i]-xx) * (x[i]-xx);
     s=s/n;                         //随机样本的方差
     t=sqrt(s);                     //随机样本的标准差
     for (i=0; i<=m-1; i++)    //按高斯分布所应有的近似理论样本点数
     {  p=x0+(i+0.5) * h-xx;
        p=exp(-p * p/(2.0 * s));
        g[i]=(int)(n * p * h/(t * 2.5066));
     }
     p=x0+m * h;
     for (i=0; i<=n-1; i++)    //落在每一个区间上的随机样本实际点数
     if ((x[i]-x0)>=0.0)
       if ((p-x[i])>=0.0)
       {
           j=(int)((x[i]-x0)/h);
           q[j]=q[j]+1;
       }
     return;
```

```
    }

  //从数组读入数据
  //mmm                                             直方图区间数
  //x00                                             直方图中随机变量的起始值
  //hhh                                             直方图中随机变量等区间长度值
  //nn                                              数值点数
  //xxx[]                                           数值点值
    void RND_SAMPLE::arrayint(int mmm,double x00,double hhh,
                                                    int nnn,double xxx[])
    {
         int i;
         n=nnn; m=mmm;
         x0=x00; h=hhh;
         x=new double[n];                           //动态分配内存
         g=new int[m];
         q=new int[m];
         for(i=0; i<n; i++) x[i]=xxx[i];
                                                    //从数组读入数据
         for(i=0; i<m; i++) g[i]=0.0;
                                                    //初始化
         for(i=0; i<m; i++) q[i]=0.0;
         return ;
    }

  //从文件读入数据
  //c                                               数据文件名
    void RND_SAMPLE::dataintput(char * c)
    {
       int i;
       ifstream fin(c);
       fin >>m; fin >>x0; fin >>h;fin >>n;
         x=new double[n];                           //动态分配内存
         g=new int[m];
         q=new int[m];
         for(i=0; i<m; i++) g[i]=0.0;
                                                    //初始化
         for(i=0; i<m; i++) q[i]=0.0;
         for(i=0; i<n; i++) fin >>x[i] ;
                                                    //从文件读入数据
         fin.close();                               //数据读入结束
         return ;
       }

  //结果输出
  //c                                               输出结果文件名
  void RND_SAMPLE::dataoutput(char * c)
  {
      int i;
      ofstream fout(c);
      fout <<"数据点总数 n=" <<n <<endl;
      fout <<"直方图中区间总数 m =" <<m <<endl;
```

```
    fout <<"随机变量起始值 x0 =" <<x0 <<endl;
    fout <<"随机变量区间长度 h =" <<h <<endl;
    fout <<"样本算术平均值 xx=" <<xx <<endl;
    fout <<"样本的方差 s=" <<s <<endl;
    fout <<"样本的标准差 t=" <<t <<endl;
    fout <<"按高斯分布所应有的近似理论样本点数:" <<endl;
    for (i=0; i<=m-1; i++) fout <<g[i]<<" " ;
    fout <<endl;
    fout <<"落在每一个区间上的随机样本实际点数:" <<endl;
    for (i=0; i<=m-1; i++) fout <<q[i] <<" " ;
    fout <<endl;
    fout.close();
  //同时显示
    cout <<"数据点总数 n=" <<n <<endl;
    cout <<"直方图中区间总数 m =" <<m <<endl;
    cout <<"随机变量起始值 x0 =" <<x0 <<endl;
    cout <<"随机变量区间长度 h =" <<h <<endl;
    cout <<"样本算术平均值 xx=" <<xx <<endl;
    cout <<"样本的方差 s=" <<s <<endl;
    cout <<"样本的标准差 t=" <<t <<endl;
    cout <<"按高斯分布所应有的近似理论样本点数:" <<endl;
    for (i=0; i<=m-1; i++) cout <<g[i]<<" " ;
    cout <<endl;
    cout <<"落在每一个区间上的随机样本实际点数:" <<endl;
    for (i=0; i<=m-1; i++) cout <<q[i] <<" " ;
    cout <<endl;
    return ;
 }

//输出直方图到文件
//c                                              输出直方图文件名
void RND_SAMPLE::histogram(char * c)
{
   int i,j,k,z;
   double u;
   char a[50];
   ofstream fout(c);
   fout <<"数据点总数 n =" <<n <<endl;
   fout <<"随机变量起始值 x0 =" <<x0 <<endl;
   fout <<"随机变量区间长度 h =" <<h <<endl;
   fout <<"直方图中区间总数 m =" <<m <<endl;
   fout <<"样本算术平均值 xx=" <<xx <<endl;
   fout <<"样本的方差 s=" <<s <<endl;
   fout <<"样本的标准差 t=" <<t <<endl;
   k=1; z=0;
   for (i=0; i<=m-1; i++) if (q[i]>z) z=q[i];
   while (z>50) { z=z/2; k=2 * k;}              //k 为比例系数
   fout <<"区间中点 实际点数 直方图" <<endl;
   for (i=0; i<=m-1; i++)
   {
```

```
        u=x0+(i+0.5)*h;                          //区间中点值
        for (j=0; j<=49; j++) a[j]=' ';
        j=q[i]/k;
        for (z=0; z<=j-1; z++) a[z]='X';         //实际点数位置符号
        j=g[i]/k;
        if ((j>0)&&(j<50)) a[j]='*';             //理论点数位置符号
        fout <<setw(8) <<u <<setw(10) <<q[i] <<" ";
        for (j=0; j<=49; j++) fout <<a[j];
        fout <<endl;
    }
    fout <<"比例 1 : " <<k <<endl;
    fout.close();
  //同时显示
    cout <<"数据点总数 n =" <<n <<endl;
    cout <<"随机变量起始值 x0 =" <<x0 <<endl;
    cout <<"随机变量区间长度 h =" <<h <<endl;
    cout <<"直方图中区间总数 m =" <<m <<endl;
    cout <<"样本算术平均值 xx=" <<xx <<endl;
    cout <<"样本的方差 s=" <<s <<endl;
    cout <<"样本的标准差 t=" <<t <<endl;
    k=1; z=0;
    for (i=0; i<=m-1; i++) if (q[i]>z) z=q[i];
    while (z>50) { z=z/2; k=2*k;}
                                                 //k 为比例系数
    cout <<"区间中点 实际点数 直方图" <<endl;
    for (i=0; i<=m-1; i++)
    {
        u=x0+(i+0.5)*h;                          //区间中点值
        for (j=0; j<=49; j++) a[j]=' ';
        j=q[i]/k;
        for (z=0; z<=j-1; z++) a[z]='X';         //实际点数位置符号
        j=g[i]/k;
        if ((j>0)&&(j<50)) a[j]='*';             //理论点数位置符号
        cout <<setw(8) <<u <<setw(10) <<q[i] <<" ";
        for (j=0; j<=49; j++) cout <<a[j];
        cout <<endl;
    }
    cout <<"比例 1 : " <<k <<endl;
    return ;
}
```

在从文件读入数据时,数据在文件中的顺序如下:

```
<m><△><x0><△><h><△>
<n><△>
<x0><△><x1><△>…<xn-1><回车换行>
```

其中,△表示空格或回车换行。即文件中的数据依次为:直方图区间总数 m、直方图中随机变量的起始值 x_0、直方图中随机变量区间长度值 h、随机样本点数 n 以及随机变量的 n 个样本点值,且每两个值之间用一个空格或回车换行分开,最后以回车换行结束。

例 7.1 给定随机变量的 100 个样本点(参看数据文件 rnd_sample.in),又给定直方图中区间总数为 $m = 10$、随机变量起始值 $x_0 = 192$、随机变量区间长度 $h = 2$。要求计算并输出：

(1) 样本算术平均值。

(2) 样本的方差。

(3) 样本的标准差。

(4) 按高斯分布所应有的近似理论样本点数。

(5) 落在每一个区间上的随机样本实际点数。

(6) 直方图。

数据文件 rhis1.in 的内容如下：

```
10 192 2
100
193.199 195.673 195.757 196.051 196.092 196.596 196.579 196.763 196.847 197.267
197.392 197.477 198.189 193.85  198.944 199.07  199.111 199.153 199.237 199.698
199.572 199.614 199.824 199.908 200.188 200.16  200.243 200.285 200.453 200.704
200.746 200.83  200.872 200.914 200.956 200.998 200.998 201.123 201.208 201.333
201.375 201.543 201.543 201.584 201.711 201.878 201.919 202.004 202.004 202.088
202.172 202.172 202.297 202.339 202.381 202.507 202.591 202.716 202.633 202.884
203.051 203.052 203.094 203.094 203.177 203.178 203.219 203.764 203.765 203.848
203.89  203.974 204.184 204.267 204.352 204.352 204.729 205.106 205.148 205.231
205.357 205.4   205.483 206.07  206.112 206.154 206.155 206.615 206.657 206.993
207.243 207.621 208.124 208.375 208.502 208.628 208.67  208.711 210.012 211.394
```

其中，第 1 行表示直方图中区间总数为 $m=10$、随机变量起始值 $x_0=192$、随机变量区间长度 $h=2$，第 2 行表示随机样本点数为 $n=100$，以后依次为 100 个数据值。

主函数程序如下：

```
//随机样本分析例 1
  #include <iostream>
  #include <cmath>
  #include <fstream>
  #include "随机样本分析.cpp"
  using namespace std;
  int main()
  {
      char *c1, *c2, *c3;
      RND_SAMPLE h;
      c1="rhis1.in";                  //数据文件名
      c2="rhis11.out";                //结果文件名
      c3="rhis12.out";                //直方图文件名
      h.dataintput(c1);               //从文件读入数据
      h.rhis();                       //随机样本分析
      h.dataoutput(c2);               //结果输出到文件
      h.histogram(c3);                //输出直方图到文件
      return 0;
  }
```

程序运行结果分别存放在文件 rhis11.out 和 rhis12.out 中。其中，文件 rhis11.out 中的内容如下：

```
————————————————————————————————————————————————
数据点总数 n=100
直方图中区间总数 m =10
随机变量起始值 x0 =192
随机变量区间长度 h =2
样本算术平均值 xx=202.23
样本的方差 s=12.9867
样本的标准差 t=3.60371
按高斯分布所应有的近似理论样本点数:
0 2 7 14 20 21 16 9 3 1
落在每一个区间上的随机样本实际点数:
2 2 9 11 23 25 11 9 6 2
————————————————————————————————————————————————
```

文件 rhis12.out 中的内容如下:

```
————————————————————————————————————————————————
数据点总数 n =100
随机变量起始值 x0 =192
随机变量区间长度 h =2
直方图中区间总数 m =10
样本算术平均值 xx=202.23
样本的方差 s=12.9867
样本的标准差 t=3.60371
区间中点  实际点数  直方图
   193         2  XX
   195         2  XX*
   197         9  XXXXXXX*X
   199        11  XXXXXXXXXXX *
   201        23  XXXXXXXXXXXXXXXXXXXX*XX
   203        25  XXXXXXXXXXXXXXXXXXXXX*XXX
   205        11  XXXXXXXXXXX *
   207         9  XXXXXXXXX*
   209         6  XXX*XX
   211         2  X*
比例 1 : 1
————————————————————————————————————————————————
```

在例 7.1 中,如果 100 个随机样本数据点采用数组的形式给出,则可以将主函数程序改成如下:

```
//随机样本分析例 2
  #include <iostream>
  #include <cmath>
  #include <fstream>
//  #include "随机样本分析.cpp"
  using namespace std;
  int main()
  {
      char *c2, *c3;
      double x[100]={
          193.199,195.673,195.757,196.051,196.092,196.596,
          196.579,196.763,196.847,197.267,197.392,197.477,
```

```
        198.189,193.850,198.944,199.070,199.111,199.153,
        199.237,199.698,199.572,199.614,199.824,199.908,
        200.188,200.160,200.243,200.285,200.453,200.704,
        200.746,200.830,200.872,200.914,200.956,200.998,
        200.998,201.123,201.208,201.333,201.375,201.543,
        201.543,201.584,201.711,201.878,201.919,202.004,
        202.004,202.088,202.172,202.172,202.297,202.339,
        202.381,202.507,202.591,202.716,202.633,202.884,
        203.051,203.052,203.094,203.094,203.177,203.178,
        203.219,203.764,203.765,203.848,203.890,203.974,
        204.184,204.267,204.352,204.352,204.729,205.106,
        205.148,205.231,205.357,205.400,205.483,206.070,
        206.112,206.154,206.155,206.615,206.657,206.993,
        207.243,207.621,208.124,208.375,208.502,208.628,
        208.670,208.711,210.012,211.394};
        RND_SAMPLE h;
    c2="rhis21.out";                                    //结果文件名
    c3="rhis22.out";                                    //直方图文件名
    h.arrayint(10, 192.0, 2.0, 100, x);                 //从数组读入数据
    h.rhis();                                           //随机样本分析
    h.dataoutput(c2);                                   //结果输出到文件
    h.histogram(c3);                                    //输出直方图到文件
    return 0;
}
```

程序运行结果分别存放在文件 rhis21.out 和 rhis22.out 中,其结果是一样的。

7.3.2 线性回归分析

设随机变量 y 及 m 个自变量 $x_0,x_1,\cdots,x_{m-1}$。给定 n 组观测值($x_{0k},x_{1k},\cdots,x_{m-1,k},y_k$)($k=0,1,\cdots,n-1$),用线性表达式

$$y=a_0x_0+a_1x_1+\cdots+a_{m-1}x_{m-1}+a_m$$

对观测数据进行回归分析,其中,$a_0,a_1,\cdots,a_{m-1},a_m$ 为回归系数。

根据最小二乘原理,为使

$$q=\sum_{i=0}^{n-1}[y_i-(a_0x_{0i}+a_1x_{1i}+\cdots+a_{m-1}x_{m-1,i}+a_m)]^2$$

达到最小,回归系数 $a_0,a_1,\cdots,a_{m-1},a_m$ 应满足方程组

$$(\boldsymbol{CC}^{\mathrm{T}})\begin{bmatrix}a_0\\a_1\\a_2\\\vdots\\a_{m-1}\\a_m\end{bmatrix}=\boldsymbol{C}\begin{bmatrix}y_0\\y_1\\y_2\\\vdots\\y_{n-2}\\y_{n-1}\end{bmatrix}$$

其中,

$$C=\begin{bmatrix} x_{00} & x_{01} & x_{02} & \cdots & x_{0,n-1} \\ x_{10} & x_{11} & x_{12} & \cdots & x_{1,n-1} \\ \vdots & \vdots & \vdots & & \vdots \\ x_{m-1,0} & x_{m-1,1} & x_{m-1,2} & \cdots & x_{m-1,n-1} \\ 1 & 1 & 1 & \cdots & 1 \end{bmatrix}$$

可以采用乔里斯基(Cholesky)分解法解出回归系数 $a_0,a_1,\cdots,a_{m-1},a_m$。

为了衡量回归效果,还可以计算出以下5个量。

(1) 偏差平方和:

$$q=\sum_{i=0}^{n-1}[y_i-(a_0x_{0i}+a_1x_{1i}+\cdots+a_{m-1}x_{m-1,i}+a_m)]^2$$

(2) 平均标准偏差:

$$s=\sqrt{\frac{q}{n}}$$

(3) 复相关系数:

$$r=\sqrt{1-\frac{q}{t}}$$

其中,

$$t=\sum_{i=0}^{n-1}(y_i-\bar{y})^2,\quad \bar{y}=\sum_{i=0}^{n-1}y_i/n$$

当 r 接近于1时,说明相对误差 q/t 接近于0,线性回归效果好。

(4) 偏相关系数:

$$v_j=\sqrt{1-\frac{q}{q_j}},j=0,1,\cdots,m-1$$

其中,

$$q_j=\sum_{i=0}^{n-1}\left[y_i-\left(a_m+\sum_{m-1}a_kx_{ki}\right)\right]^2$$

当 v_j 越大时,说明 x_j 对于 y 的作用越显著,此时不可把 x_j 剔除。

(5) 回归平方和:

$$u=\sum_{i=9}^{n-1}[\bar{y}-(a_0x_{0i}+a_1x_{1i}+\cdots+a_{m-1}x_{m-1,i}+a_m)]^2$$

算法的C++描述如下:

```
//线性回归分析.cpp
  #include <iostream>
  #include <cmath>
  #include <fstream>
  using namespace std;
  class MUL_SLINE
  {
      private:
          int m;.                              //自变量个数
          int n;                               //观测数据的组数
          double * x;                          //n组m个自变量的观测值
```

```
        double * y;                     //随机变量 y 的 n 个预测值
        double * a;                     //m+1 个回归系数 a[0],a[1],...,a[m]
        double q;                       //偏差平方和
        double s;                       //平均标准偏差
        double r;                       //复相关系数
        double u;                       //回归平方和
        double * v;                     //m 个自变量的偏相关系数

    public:                             //函数声明
        MUL_SLINE()                     //构造函数
        {q=0; s=0; r=0; u=0;}
        void mul_reg();                 //线性回归分析
        void arrayint(int, int ,double * , double * );
                                        //从数组读入数据
        void dataintput(char * );       //从文件读入数据
        void dataoutput(char * );       //输出结果
        ~MUL_SLINE()                    //析构函数
        {delete[] x; delete[] y; delete[] v; delete[] a; }
};

//线性回归分析
  void MUL_SLINE::mul_reg()
  {
      int i,j,k,mm;
      double e,p,yy,pp, * b;
      b=new double[(m+1) * (m+1)];      //(m+1) * (m+1)阶对称正定系数矩阵
      mm=m+1;
      b[mm * mm-1]=n;
      for (j=0; j<=m-1; j++)
      {
          p=0.0;
          for (i=0; i<=n-1; i++) p=p+x[j * n+i];
          b[m * mm+j]=p;
          b[j * mm+m]=p;
      }
      for (i=0; i<=m-1; i++)
      for (j=i; j<=m-1; j++)
      {
          p=0.0;
          for (k=0; k<=n-1; k++) p=p+x[i * n+k] * x[j * n+k];
          b[j * mm+i]=p;
          b[i * mm+j]=p;
      }
      a[m]=0.0;
      for (i=0; i<=n-1; i++) a[m]=a[m]+y[i];
      for (i=0; i<=m-1; i++)
      {
          a[i]=0.0;
          for (j=0; j<=n-1; j++) a[i]=a[i]+x[i * n+j] * y[j];
      }
//平方根法求解回归系数段开始
      b[0]=sqrt(b[0]);
      for (j=1; j<=m; j++) b[j]=b[j]/b[0];
```

```
        for (i=1; i<=m; i++)
        {
            for (j=1; j<=i; j++)
            b[i*(m+1)+i]=b[i*(m+1)+i]-b[(j-1)*(m+1)+i]*b[(j-1)*(m+1)+i];
            b[i*(m+1)+i]=sqrt(b[i*(m+1)+i]);
            if (i! =m)
            {
                for (j=i+1; j<=m; j++)
                {
                    for (k=1; k<=i; k++)
                    b[i*(m+1)+j]=b[i*(m+1)+j]-b[(k-1)*(m+1)+i]*b[(k-1)*(m+
                   1)+j];
                    b[i*(m+1)+j]=b[i*(m+1)+j]/b[i*(m+1)+i];
                }
            }
        }
        a[0]=a[0]/b[0];
        for (i=1; i<=m; i++)
        {
            for (k=1; k<=i; k++)
                a[i]=a[i]-b[(k-1)*(m+1)+i]*a[(k-1)];
            a[i]=a[i]/b[i*(m+1)+i];
        }
        a[m]=a[m]/b[(m+1)*(m+1)-1];
        for (k=m; k>=1; k--)
          {
              for (i=k; i<=m; i++)
                  a[k-1]=a[k-1]-b[(k-1)*(m+1)+i]*a[i];
              a[k-1]=a[k-1]/b[(k-1)*(m+1)+k-1];
          }
//平方根法求解回归系数段结束
        yy=0.0;
        for (i=0; i<=n-1; i++) yy=yy+y[i]/n;
        q=0.0; e=0.0; u=0.0;
        for (i=0; i<=n-1; i++)
        {
            p=a[m];
            for (j=0; j<=m-1; j++) p=p+a[j]*x[j*n+i];
            q=q+(y[i]-p)*(y[i]-p);                    //偏差平方和
            e=e+(y[i]-yy)*(y[i]-yy);
            u=u+(yy-p)*(yy-p);
        }
        s=sqrt(q/n); //平均标准偏差
        r=sqrt(1.0-q/e); //复相关系数
        for (j=0; j<=m-1; j++)
        {
            p=0.0;
            for (i=0; i<=n-1; i++)
            {
                pp=a[m];
                for (k=0; k<=m-1; k++)
                    if (k! =j) pp=pp+a[k]*x[k*n+i];
```

```
                p=p+(y[i]-pp)*(y[i]-pp);
            }
            v[j]=sqrt(1.0-q/p);             //各自变量的偏相关系数
        }
          delete[] b;
          return ;
    }

//从数组读入数据
//mm                                        自变量个数
//nn                                        数据点数
//xx[]                                      mm*nn个自变量值
//yy[]                                      nn个函数值
    void MUL_SLINE::arrayint(int mm, int nn, double xx[], double yy[])
    {
          int i, j, k;
          n=nn; m=mm;
          x=new double[m*n];                //动态分配内存
          y=new double[n];
          a=new double[m+1];
          v=new double[m];
          k=0;
          for(i=0; i<m; i++)                //从数组读入数据
          for(j=0; j<n; j++)
            { x[k]=xx[k]; k=k+1; }
          for(i=0; i<n; i++) y[i]=yy[i];
          return ;
    }

//从文件读入数据
//c                                         数据文件名
  void MUL_SLINE::dataintput(char *c)
  {
          int i,j, k;
            ifstream fin(c);
            fin >>m; fin >>n;
            x=new double[m*n];              //动态分配内存
            y=new double[n];
            a=new double[m+1];
            v=new double[m];
            k=0;
            for(i=0; i<m; i++)              //从文件读入数据
            for(j=0; j<n; j++)
              { fin >>x[k]; k=k+1; }
            for(i=0; i<n; i++) fin >>y[i];
            fin.close();                    //数据读入结束
            return ;
  }

//结果输出
//c                                         结果文件名
  void MUL_SLINE::dataoutput(char *c)
```

```
  {
      int i;
      ofstream fout(c);
      fout <<"回归系数 :" <<endl;
      for (i=0; i<=m; i++) fout <<"a[" <<i <<"] =" <<a[i] <<endl;
      fout <<"偏差平方和 q=" <<q <<endl;
      fout <<"平均标准偏差 s=" <<s <<endl;
      fout <<"复相关系数 r=" <<r <<endl;
      fout <<"回归平方和 u=" <<u <<endl;
      fout <<"偏相关系数 :" <<endl;
      for (i=0; i<m; i++) fout <<"v[" <<i <<"] =" <<v[i] <<endl;
      fout.close();
//同时在屏幕输出
      cout <<"回归系数 :" <<endl;
      for (i=0; i<=m; i++) cout <<"a[" <<i <<"] =" <<a[i] <<endl;
      cout <<"偏差平方和 q=" <<q <<endl;
      cout <<"平均标准偏差 s=" <<s <<endl;
      cout <<"复相关系数 r=" <<r <<endl;
      cout <<"回归平方和 u=" <<u <<endl;
      cout <<"偏相关系数 :" <<endl;
      for (i=0; i<m; i++) cout <<"v[" <<i <<"] =" <<v[i] <<endl;
      return ;
  }
```

在用文件读入数据时,数据在文件中的顺序为:

<m><△><n><△>

<x_{00}><△><x_{01}><△><x_{02}><△>…<$x_{0,n-1}$><△>

<x_{10}><△><x_{11}><△><x_{12}><△>…<$x_{1,n-1}$><△>

…

<x_{m0}><△><x_{m1}><△><x_{m2}><△>…<$x_{m,n-1}$><△>

<y_0><△><y_1><△><y_2><△>…<y_{n-1}><回车换行>

其中,△表示空格或回车换行。即文件中的数据依次为:自变量个数 m,观测数据组数 n,n 组自变量的值,n 个随机变量 y 的值,且每两个值之间用一个空格或回车换行分开,最后以回车换行结束。

例 7.2 给定 11 个观测值如下,请作线性回归分析。

x	0.0	0.1	0.2	0.3	0.4	0.5	0.6	0.7	0.8	0.9	1.0
y	2.75	2.84	2.965	3.01	3.20	3.25	3.38	3.43	3.55	3.66	3.74

这实际上是一元线性回归。数据文件 mul_reg1.in 的内容如下。

```
1 11
0.0 0.1 0.2 0.3 0.4 0.5 0.6 0.7 0.8 0.9 1.0
2.75 2.84 2.965 3.01 3.20 3.25 3.38 3.43 3.55 3.66 3.74
```

主函数程序如下:

```
//线性回归分析例 1
```

```
#include <iostream>
#include <cmath>
#include <fstream>
#include "线性回归分析.cpp"
using namespace std;
int main()
{
    char *c1, *c2;
    MUL_SLINE h;
    c1="mul_reg1.in";              //数据文件名
    c2="mul_reg1.out";             //结果文件名
    h.dataintput(c1);              //从文件读入数据
    h.mul_reg();                   //线性回归分析
    h.dataoutput(c2);              //结果输出到文件
    return 0;
}
```

运行结果存放在文件 mul_reg1.out 中，其内容如下：

```
—————————————————————————————————————
回归系数：
a[0]=1.00045
a[1]=2.75205
偏差平方和 q=0.00586795
平均标准偏差 s=0.0230965
复相关系数 r=0.997346
回归平方和 u=1.101
偏相关系数：
v[0]=0.999239
—————————————————————————————————————
```

例 7.3　对随机变量 y 及自变量 x_0,x_1,x_2 的下列 5 组观测数据作多元线性回归分析。

k	x_{0k}	x_{1k}	x_{2k}	y_k
0	1.1	2.0	3.2	10.1
1	1.0	2.0	3.2	10.2
2	1.2	1.8	3.0	10.0
3	1.1	1.9	2.9	10.1
4	0.0	2.1	2.9	10.0

数据文件 mul_reg2.in 的内容如下：

```
—————————————————————————————————————
3 5
1.1 1.0 1.2 1.1 0.9
2.0 2.0 1.8 1.9 2.1
3.2 3.2 3.0 2.9 2.9
10.1 10.2 10.0 10.1 10.0
—————————————————————————————————————
//线性回归分析例 2
```

```
#include <iostream>
#include <cmath>
#include <fstream>
#include "线性回归分析.cpp"
using namespace std;
int main()
{
    char * c1, * c2;
    MUL_SLINE h;
    c1="mul_reg2.in";              //数据文件名
    c2="mul_reg2.out";             //结果文件名
    h.dataintput(c1);              //从文件读入数据
    h.mul_reg();                   //多元线性回归分析
    h.dataoutput(c2);              //结果输出到文件
    return 0;
}
```

运行结果存放在文件 mul_reg2.out 中,其内容如下:

```
------------------------------------------------------------
回归系数 :
a[0] =-0.8
a[1] =-0.7
a[2] =0.5
a[3] =10.78
偏差平方和 q=0.012
平均标准偏差 s=0.0489898
复相关系数 r=0.755929
回归平方和 u=0.016
偏相关系数 :
v[0] =0.998351
v[1] =0.999365
v[2] =0.999482
------------------------------------------------------------
```

如果要将例 7.3 改成从数组读入数据,则主函数程序修改如下:

```
//线性回归分析例 3
#include <iostream>
#include <cmath>
#include <fstream>
#include "线性回归分析.cpp"
using namespace std;
int main()
{
    char * c2;
    MUL_SLINE h;
    double x[3][5]={ {1.1,1.0,1.2,1.1,0.9},
        {2.0,2.0,1.8,1.9,2.1},{3.2,3.2,3.0,2.9,2.9}};
    double y[5]={10.1,10.2,10.0,10.1,10.0};
        c2="mul_reg3.out";                  //结果文件名
    h.arrayint(3, 5, &x[0][0], y);          //从数组读入数据
    h.mul_reg();                            //多元线性回归分析
    h.dataoutput(c2);                       //结果输出到文件
    return 0;
}
```

运行结果存放在文件 mul_reg3.out 中,与文件 mul_reg2.out 中的内容相同。

7.3.3 逐步回归分析

逐步回归分析的基本思想是：对多元线性回归进行因子筛选，最后给出一定显著性水平下各因子均为显著的回归方程中的诸回归系数、偏回归平方和、估计的标准偏差、复相关系数以及F-检验值、各回归系数的标准偏差、因变量条件期望值的估计值与残差。

设 n 个自变量为 $x_j(j=0,1,\cdots,n-1)$，因变量为 y。有 k 个观测点为

$$(x_{i0},x_{i1},\cdots,x_{i,n-1},y_i),\quad i=0,1,\cdots,k-1$$

根据最小二乘原理，y 的估计值为

$$\hat{y}=b_{i_0}x_{i_0}+b_{i_1}x_{i_1}+\cdots+b_{i_l}x_{i_l}+b_n$$

其中，$0\leqslant i_0<i_1<\cdots<i_l\leqslant n-1$，且各 $x_{i_t}(t=0,1,\cdots,l)$ 是从 n 个自变量 $x_j(j=0,1,\cdots,n-1)$ 中按一定显著性水平筛选出的统计检验为显著的因子，其筛选过程如下。

(1) 首先作出 $(n+1)\times(n+1)$ 的规格化的系数初始相关阵

$$\boldsymbol{R}=\begin{bmatrix} r_{00} & r_{01} & \cdots & r_{0,n-1} & r_{0y} \\ r_{10} & r_{11} & \cdots & r_{1,n-1} & r_{1y} \\ \vdots & \vdots & & \vdots & \vdots \\ r_{n-1,0} & r_{n-1,1} & \cdots & r_{n-1,n-1} & r_{n-1,y} \\ r_{y0} & r_{y1} & \cdots & r_{y,n-1} & r_{yy} \end{bmatrix}$$

矩阵中各元素为

$$r_{ij}=\frac{d_{ij}}{d_i d_j}=\frac{\sum_{l=0}^{k-1}(x_{li}-\bar{x}_i)(x_{lj}-\bar{x}_j)}{\sqrt{\sum_{l=0}^{k-1}(x_{li}-\bar{x}_i)^2}\cdot\sqrt{\sum_{l=0}^{k-1}(x_{lj}-\bar{x}_j)^2}},\quad i,j=0,1,\cdots,n-1,n$$

其中，下标与 n 对应的是因变量 y。式中

$$\bar{x}_i=\frac{1}{k}\sum_{l=0}^{k-1}x_{li},\quad i=0,1,\cdots,n-1,n$$

(2) 计算偏回归平方和 $V_i=\dfrac{r_{iy}r_{yi}}{r_{ii}},i=0,1,\cdots,n-1$。

(3) 若 $V_i<0$，则对应的 x_i 为已被选入回归方程的因子。

从所有 $V_i<0$ 的 V_i 中选出 $V_{\min}=\min|V_i|$，其对应的因子为 $x_{\min}$。然后检验因子 $x_{\min}$ 的显著性。若

$$\frac{\varphi V_{\min}}{r_{yy}}<F_2$$

则剔除因子 $x_{\min}$，并对系数相关阵 $\boldsymbol{R}$ 进行该因子的消元变换。转(2)。

(4) 若 $V_i>0$，则对应的 x_i 为尚待选入回归方程的因子。

从所有 $V_i>0$ 的 V_i 中选出 $V_{\max}=\max|V_i|$，其对应的因子为 $x_{\max}$。然后检验因子 $x_{\max}$ 的显著性。若

$$\frac{(\varphi-1)V_{\max}}{r_{yy}-V_{\max}}\geqslant F_1$$

则因子 $x_{\max}$ 应选入，并对系数相关阵 $\boldsymbol{R}$ 进行该因子的消元变换。转(2)。

上述过程一直进行到无因子可剔可选为止。

在以上步骤中,φ 为相应的残差平方和的自由度。F_1 与 F_2 均是 F-分布值,它们取决于观测点数、已选入的因子数以及取舍显著性水平 α。通常取 $F_1 > F_2$。当选入单个因子的显著性水平取为 α 时,可以从 F-分布表中取 $m=1$,观测点数为 n 时的 F_α 为 F_2,而取 $m=1$,观测点数为 $n-1$ 时的 F_α 为 F_1。

当要剔除或选入某个因子 x_l 时,均需对系数相关阵 $\boldsymbol{R}$ 进行消元变换,其算法如下:

$$r_{ij} = r_{ij} - \frac{r_{ij}}{r_{ll}} r_{il}, \quad i,j = 0,1,\cdots,n; i,j \neq l$$

$$r_{lj} = \frac{r_{lj}}{r_{ll}}, \quad j = 0,1,\cdots,n; j \neq l$$

$$r_{il} = -\frac{r_{il}}{r_{ll}}, \quad i = 0,1,\cdots,n; i \neq l$$

$$r_{ll} = \frac{1}{r_{ll}}$$

当筛选结束时,就可得出规格化回归方程的各回归系数 $b_0, b_1, \cdots, b_n$,其中值为 0 的系数表示对应的自变量可剔除。

回归模型的各有关值由下列各式计算。

(1) 选入回归方程的各因子的回归系数:

$$b_i = \frac{d_y}{d_i} r_{iy}, \quad i = 0,1,\cdots,n-1$$

(2) 回归方程的常数项:

$$b_n = \bar{y} - \sum_{i=0}^{n-1} b_i \bar{x}_i$$

(3) 各因子的偏回归平方和:

$$V_i = \frac{r_{iy} r_{yi}}{r_{ii}}, \quad i = 0,1,\cdots,n-1$$

(4) 估计的标准偏差:

$$s = d_y \sqrt{\frac{r_{yy}}{\varphi}}$$

(5) 各回归系数的标准偏差:

$$s_i = \frac{s\sqrt{r_{ii}}}{d_i}, \quad i = 0,1,\cdots,n-1$$

(6) 复相关系数:

$$C = \sqrt{1 - r_{yy}}$$

(7) F-检验值:

$$F = \frac{\varphi(1 - r_{yy})}{(k - \varphi - 1) r_{yy}}$$

(8) 残差平方和:

$$q = d_y^2 r_{yy}$$

(9) 因变量条件期望值的估计值:

$$e_i = b_n + \sum_{j=0}^{n-1} b_j x_{ij}, \quad i = 0, 1, \cdots, k-1$$

（10）残差：

$$\delta_i = y_i - e_i, i = 0, 1, \cdots, k-1$$

算法的 C++ 描述如下：

```
//逐步回归分析.cpp
  #include <iostream>
  #include <cmath>
  #include <fstream>
  #include <iomanip>
  using namespace std;
  class GRAD
  {
      private:
          int n;                          //自变量个数
          int k;                          //观测数据的点数
          double *x;                      //前 n 列为变量 x 的 k 次观测值
                                          //最后一列为因变量 y 的 k 次观测值
          double f1;                      //欲选入因子时显著性检验的 F-分布值
          double f2;                      //欲剔除因子时显著性检验的 F-分布值
          double *xx;                     //前 n 个分量返回 n 个自变量的算术平均值
                                          //最后一个分量返回因变量 y 的算术平均值
          double *b;                      //返回回归方程中各因子的(n+1)个回归系数
          double *v;                      //前 n 个分量返回各因子的偏回归平方和
                                          //最后一个分量返回残差平方和
          double *s;                      //前 n 个分量返回各因子回归系数的标准偏差
                                          //最后一个分量返回估计的标准偏差
          double c;                       //返回复相关系数
          double f;                       //返回 F-检验值
          double *ye;                     //返回观测值的因变量条件期望值的 k 个估计值
          double *yr;                     //返回因变量的 k 个观测值的残差
          double *r;                      //返回最终的规格化的系数相关矩阵

      public:                             //函数声明
          GRAD()                          //构造函数
          {f1=0; f2=0; c=0; f=0;}
          void grad_reg();                //逐步回归分析
          void arrayint(double ,double,int,int,double *);   //从数组读入数据
          void dataintput(char *);                          //从文件读入数据
          void dataoutput(char *);                          //输出结果
          ~GRAD()                                           //析构函数
          { delete[] x; delete[] xx; delete[] b; delete[] v; delete[] s;
                              delete[] ye; delete[] yr; delete[] r; }
  };

//逐步回归分析
  void GRAD::grad_reg()
  {
      int i,j,ii,m,imi,imx,l,it;
      double z,phi,sd,vmi,vmx,q,fmi,fmx, eps=1.0e-30;
      m=n+1; q=0.0;
      for (j=0; j<=n; j++)
      {
          z=0.0;
```

```
        for (i=0; i<=k-1; i++) z=z+x[i * m+j]/k;
        xx[j]=z;
    }
    for (i=0; i<=n; i++)
    for (j=0; j<=i; j++)
    {
        z=0.0;
        for (ii=0; ii<=k-1; ii++)
            z=z+(x[ii * m+i]-xx[i]) * (x[ii * m+j]-xx[j]);
        r[i * m+j]=z;
    }
    for (i=0; i<=n; i++) ye[i]=sqrt(r[i * m+i]);
    for (i=0; i<=n; i++)
    for (j=0; j<=i; j++)
    {
        r[i * m+j]=r[i * m+j]/(ye[i] * ye[j]);
        r[j * m+i]=r[i * m+j];
    }
    phi=k-1.0;
    sd=ye[n]/sqrt(k-1.0);
    it=1;
    while (it==1)
    {
        it=0;
        vmi=1.0e+35; vmx=0.0;
        imi=-1; imx=-1;
        for (i=0; i<=n; i++)
        { v[i]=0.0; b[i]=0.0; s[i]=0.0; }
        for (i=0; i<=n-1; i++)
          if (r[i * m+i]>=eps)
          {
              v[i]=r[i * m+n] * r[n * m+i]/r[i * m+i];
              if (v[i]>=0.0)
              {
                  if (v[i]>vmx) { vmx=v[i]; imx=i; }
              }
              else
              {
                  b[i]=r[i * m+n] * ye[n]/ye[i];
                  s[i]=sqrt(r[i * m+i]) * sd/ye[i];
                  if (fabs(v[i])<vmi)
                  { vmi=fabs(v[i]); imi=i; }
              }
          }
        if (phi! =n-1.0)
        {
            z=0.0;
            for (i=0; i<=n-1; i++) z=z+b[i] * xx[i];
            b[n]=xx[n]-z; s[n]=sd; v[n]=q;
        }
        else { b[n]=xx[n]; s[n]=sd; }
        fmi=vmi * phi/r[n * m+n];
        fmx=(phi-1.0) * vmx/(r[n * m+n]-vmx);
```

```
        if ((fmi< f2) || (fmx> = f1))
        {
              if (fmi< f2) { phi=phi+1.0; l=imi;}
              else { phi=phi-1.0; l=imx;}
              for (i=0; i<=n; i++)
              if (i! =l)
                for (j=0; j<=n; j++)
                    if (j! =l)
                        r[i * m+j]=r[i * m+j]-(r[l * m+j]/r[l * m+l]) * r[i * m+l];
                for (j=0; j<=n; j++)
                  if (j! =l) r[l * m+j]=r[l * m+j]/r[l * m+l];
                for (i=0; i<=n; i++)
                if (i! =l) r[i * m+l]=-r[i * m+l]/r[l * m+l];
                r[l * m+l]=1.0/r[l * m+l];
                q=r[n * m+n] * ye[n] * ye[n];
                sd=sqrt(r[n * m+n]/phi) * ye[n];
                c=sqrt(1.0-r[n * m+n]);
                f=(phi * (1.0-r[n * m+n]))/((k-phi-1.0) * r[n * m+n]);
                it=1;
        }
  }
  for (i=0; i<=k-1; i++)
  {
      z=0.0;
      for (j=0; j<=n-1; j++) z=z+b[j] * x[i * m+j];
      ye[i]=b[n]+z; yr[i]=x[i * m+n]-ye[i];
  }
  return;
  }

//从数组读入数据
//ff1                     欲选入因子时显著性检验的 F-分布值
//ff2                     欲剔除因子时显著性检验的 F-分布值
//nn                      自变量个数
//kk                      数据点数
//xxx[]                   前 nn 列为变量 x 的 kk 次观测值
//                        最后一列为因变量 y 的 kk 次观测值
  void GRAD::arrayint(double ff1, double ff2, int nn, int kk, double * xxx)
  {
      int i, j, m;
      f1=ff1; f2=ff2;
      n=nn; k=kk;
      x=new double[k * (n+1)];                              //动态分配内存
      xx=new double[n+1];
        b=new double[n+1];
        v=new double[n+1];
        s=new double[n+1];
        ye=new double[k];
        yr=new double[k];
        r=new double[(n+1) * (n+1)];
        m=0;
      for(i=0; i<k; i++)                                    //数据从数组读入
```

```
            {
                for(j=0; j<n; j++)
                { x[m]=xxx[m]; m=m+1; }
                  x[m]=xxx[m]; m=m+1;
                }
return ;
       }

//从文件读入数据
//c                                                              数据文件名
  void GRAD::dataintput(char * c1)
  {
    int i,j, m;
    ifstream fin(c1);
    fin >>f1; fin >>f2;
    fin >>n; fin >>k;
      x=new double[k * (n+1)];                                   //动态分配内存
      xx=new double[n+1];
    b=new double[n+1];
    v=new double[n+1];
    s=new double[n+1];
    ye=new double[k];
    yr=new double[k];
    r=new double[(n+1) * (n+1)];
      m=0;
      for(i=0; i<k; i++)                                         //从文件读入数据
      {
          for(j=0; j<n; j++)
          { fin >>x[m]; m=m+1; }
          fin >>x[m]; m=m+1;
      }
      fin.close();                                               //数据读入结束
      return ;
  }

//结果输出
//c                                                              结果文件名
  void GRAD::dataoutput(char * c1)                               //结果输出
  {
      int i, j;
      ofstream fout(c1);
      fout <<"f1 =" <<f1 <<" f2 =" <<f2 <<endl;
      fout <<"观测值 :" <<endl;
      for (i=0; i<=k-1; i++)

      {
          for (j=0; j<=n-1; j++)
          fout <<" x(" <<j <<")=" <<setw(5) <<x[i * (n+1)+j];
          fout <<" y(" <<i <<")=" <<x[i * (n+1)+n] <<endl;
      }
```

```
    fout <<"平均值 : " <<endl;
    for (i=0; i<=n-1; i++)
    fout <<" x(" <<i <<")=" <<xx[i];
    fout <<" y =" <<xx[n] <<endl;
    fout <<"回归系数 :" <<endl;
    for (i=0; i<=n; i++) cout <<"b(" <<i <<")=" <<b[i] <<endl;
    fout <<"各因子的偏回归平方和" <<endl;
    for (i=0; i<=n-1; i++) fout <<"v(" <<i <<")=" <<v[i] <<endl;
    fout <<"残差平方和 =" <<v[4] <<endl;
    cout <<"各因子回归系数的标准偏差 : " <<endl;
    for (i=0; i<=n-1; i++) fout <<"s(" <<i <<")=" <<s[i] <<endl;
    fout <<"估计的标准偏差 =" <<s[n] <<endl;
    fout <<"复相关系数 c=" <<c <<endl;
    fout <<"F-检验值 f=" <<f <<endl;
    fout <<"因变量条件期望值的估计值以及观测值的残差 :" <<endl;
    for (i=0; i<=12; i++)
        fout <<"ye(" <<i <<")=" <<ye[i]
                              <<"  yr(" <<i <<")=" <<yr[i] <<endl;
        fout <<"系数相关矩阵 :" <<endl;
        for (i=0; i<=n; i++)
        {
            for (j=0; j<=n; j++) fout <<setw(11) <<r[i*(n+1)+j];
            fout <<endl;
        }
        fout <<endl;
        fout.close();
//同时在屏幕输出
        cout <<"f1 =" <<f1 <<" f2 =" <<f2 <<endl;
        cout <<"观测值 :" <<endl;
        for (i=0; i<=k-1; i++)
        {
            for (j=0; j<=n-1; j++)
                cout <<" x(" <<j <<")=" <<setw(5) <<x[i*(n+1)+j];
            cout <<" y(" <<i <<")=" <<x[i*(n+1)+n] <<endl;
        }
        cout <<"平均值 : " <<endl;
        for (i=0; i<=n-1; i++)
            cout <<" x(" <<i <<")=" <<xx[i];
        cout <<" y =" <<xx[n] <<endl;
        cout <<"回归系数 :" <<endl;
        for (i=0; i<=n; i++) cout <<"b(" <<i <<")=" <<b[i] <<endl;
            cout <<"各因子的偏回归平方和" <<endl;
        for (i=0; i<=n-1; i++) cout <<"v(" <<i <<")=" <<v[i] <<endl;
        cout <<"残差平方和 =" <<v[n] <<endl;
        cout <<"各因子回归系数的标准偏差 : " <<endl;
        for (i=0; i<=n-1; i++) cout <<"s(" <<i <<")=" <<s[i] <<endl;
        cout <<"估计的标准偏差 =" <<s[n] <<endl;
        cout <<"复相关系数 c=" <<c <<endl;
        cout <<"F-检验值 f =" <<f <<endl;
        cout <<"因变量条件期望值的估计值以及观测值的残差 :" <<endl;
        for (i=0; i<=k-1; i++)
            cout <<"ye(" <<i <<")=" <<ye[i]
                                  <<" yr(" <<i <<")=" <<yr[i] <<endl;
        cout <<"系数相关矩阵 :" <<endl;
        for (i=0; i<=n; i++)
        {
```

```
            for (j=0; j<=n; j++) cout <<setw(11) <<r[i * (n+1)+j];
            cout <<endl;
        }
        cout <<endl;
    return ;
}
```

```
在用文件读入数据时,数据在文件中的顺序为:
<f1><△><f2><△>
<m><△><n><△>
<x00><△><x01><△><x02><△>…<x0,m-1><△><y0><△>
<x10><△><x11><△><x12><△>…<x1,m-1><△><y1><△>
…
<xn-1,0><△><xn-1,1><△><xn-1,2><△>…<xn-1,,m-1><△><yn-1><回车换行>
```

其中,△表示空格或回车换行。即文件中的数据依次为:F-分布值 f_1,F-分布值 f_2,自变量个数 m,观测数据组数 n,n 组自变量 x 与因变量 y 的值,且每两个值之间用一个空格或回车换行分开,最后以回车换行结束。

例 7.4 设 4 个自变量为 x_0,x_1,x_2,x_3,因变量为 y,13 个观测点值如下。

k	x_0	x_1	x_2	x_3	y
0	7.0	26.0	6.0	60.0	78.5
1	1.0	29.0	15.0	52.0	74.3
2	11.0	56.0	8.0	20.0	104.3
3	11.0	31.0	8.0	47.0	87.6
4	7.0	52.0	6.0	33.0	95.9
5	11.0	55.0	9.0	22.0	109.2
6	3.0	71.0	17.0	6.0	102.7
7	1.0	31.0	22.0	44.0	72.5
8	2.0	54.0	18.0	22.0	93.1
9	21.0	47.0	4.0	26.0	115.9
10	1.0	40.0	23.0	34.0	83.8
11	11.0	66.0	9.0	12.0	113.3
12	10.0	68.0	8.0	12.0	109.4

对于不同的 F_1 与 F_2 值进行逐步回归分析。

当取 $\alpha=0.05$ 时,查 F-分布表得 $F_1=4.75$,$F_2=4.67$。

数据文件 grad_reg1.in 的内容如下:

```
4.75  4.67
 4  13
 7  26   6  60   78.5
 1  29  15  52   74.3
11  56   8  20  104.3
11  31   8  47   87.6
```

```
 7  52   6  33   95.9
11  55   9  22  109.2
 3  71  17   6  102.7
 1  31  22  44   72.5
 2  54  18  22   93.1
21  47   4  26  115.9
 1  40  23  34   83.8
11  66   9  12  113.3
10  68   8  12  109.4
```

主函数程序如下：

```
//逐步回归分析例 1
  #include <iostream>
  #include <cmath>
  #include <fstream>
  #include <iomanip>
// #include "逐步回归分析.cpp"
  using namespace std;
  int main()
  {
      char * c1, * c2;
      GRAD h;
      c1="grad_reg1.in";
      c2="grad_reg1.out";                //结果文件名
      h.dataintput(c1);                  //从文件读入数据
      h.grad_reg();                      //逐步回归分析
      h.dataoutput(c2);                  //结果输出
          return 0;
  }
```

运行结果存放在文件 grad_reg1.out 中，其内容如下：

```
f1 =4.75  f2 =4.67
观测值：
x(0)=   7  x(1)=  26  x(2)=   6  x(3)=  60  y(0)=78.5
x(0)=   1  x(1)=  29  x(2)=  15  x(3)=  52  y(1)=74.3
x(0)=  11  x(1)=  56  x(2)=   8  x(3)=  20  y(2)=104.3
x(0)=  11  x(1)=  31  x(2)=   8  x(3)=  47  y(3)=87.6
x(0)=   7  x(1)=  52  x(2)=   6  x(3)=  33  y(4)=95.9
x(0)=  11  x(1)=  55  x(2)=   9  x(3)=  22  y(5)=109.2
x(0)=   3  x(1)=  71  x(2)=  17  x(3)=   6  y(6)=102.7
x(0)=   1  x(1)=  31  x(2)=  22  x(3)=  44  y(7)=72.5
x(0)=   2  x(1)=  54  x(2)=  18  x(3)=  22  y(8)=93.1
x(0)=  21  x(1)=  47  x(2)=   4  x(3)=  26  y(9)=115.9
x(0)=   1  x(1)=  40  x(2)=  23  x(3)=  34  y(10)=83.8
x(0)=  11  x(1)=  66  x(2)=   9  x(3)=  12  y(11)=113.3
x(0)=  10  x(1)=  68  x(2)=   8  x(3)=  12  y(12)=109.4
平均值 ：
  x(0)=7.46154 x(1)=48.1538 x(2)=11.7692 x(3)=30 y =95.4231
```

回归系数如下：

```
各因子的偏回归平方和
v(0)=-0.31241
v(1)=-0.44473
v(2)=0.0036063
v(3)=0.00365708
残差平方和 =57.9045
s(0)=0.121301
s(1)=0.0458547
s(2)=0
s(3)=0
估计的标准偏差 =2.40634
复相关系数 c=0.989282
F-检验值 f=229.504
```

因变量条件期望值的估计值以及观测值的残差如下：

```
ye(0)=80.074     yr(0)=-1.574
ye(1)=73.2509    yr(1)=1.04908
ye(2)=105.815    yr(2)=-1.51474
ye(3)=89.2585    yr(3)=-1.65848
ye(4)=97.2925    yr(4)=-1.39251
ye(5)=105.152    yr(5)=4.04751
ye(6)=104.002    yr(6)=-1.30205
ye(7)=74.5754    yr(7)=-2.07542
ye(8)=91.2755    yr(8)=1.82451
ye(9)=114.538    yr(9)=1.36246
ye(10)=80.5357   yr(10)=3.26433
ye(11)=112.437   yr(11)=0.862756
ye(12)=112.293   yr(12)=-2.89344
```

系数相关阵如下：

```
  1.05513    -0.241181  -0.835985  -0.0243182    0.574137
-0.241181      1.05513  0.0518466   -0.967396    0.685017
 0.835985   -0.0518466   0.318256   -0.125207   0.0338781
0.0243182     0.967396  -0.125207   0.0527981  -0.0138956
-0.574137    -0.685017  0.0338781  -0.0138956   0.0213216
------------------------------------------------------------
```

当取 $\alpha=0.25$ 时，查 F-分布表得 $F_1=1.46$，$F_2=1.45$。

如果此时在主函数中用数组读入数据，则主函数程序如下：

```
//逐步回归分析例 2
  #include <iostream>
  #include <cmath>
  #include <fstream>
  #include <iomanip>
  #include "逐步回归分析.cpp"
  using namespace std;
  int main()
  {
  double x[13][5]={
              {7.0,26.0,6.0,60.0,78.5},
```

```
                {1.0,29.0,15.0,52.0,74.3},
                {11.0,56.0,8.0,20.0,104.3},
                {11.0,31.0,8.0,47.0,87.6},
                {7.0,52.0,6.0,33.0,95.9},
                {11.0,55.0,9.0,22.0,109.2},
                {3.0,71.0,17.0,6.0,102.7},
                {1.0,31.0,22.0,44.0,72.5},
                {2.0,54.0,18.0,22.0,93.1},
                {21.0,47.0,4.0,26.0,115.9},
                {1.0,40.0,23.0,34.0,83.8},
                {11.0,66.0,9.0,12.0,113.3},
                {10.0,68.0,8.0,12.0,109.4}};
    char * c2;
    GRAD h;
    c2="grad_reg2.out";                          //结果文件名
    h.arrayint(1.46,1.45,4,13, &x[0][0]);        //从数组读入数据
    h.grad_reg();                                //逐步回归分析
    h.dataoutput(c2);                            //结果输出
        return 0;
    }
```

运行结果存放在文件 grad_reg2.out 中,其内容如下:

```
————————————————————————————————————————————
f1 =1.46  f2 =1.45
观测值 :
  x(0)=   7  x(1)=  26  x(2)=   6  x(3)=  60  y(0)=78.5
  x(0)=   1  x(1)=  29  x(2)=  15  x(3)=  52  y(1)=74.3
  x(0)=  11  x(1)=  56  x(2)=   8  x(3)=  20  y(2)=104.3
  x(0)=  11  x(1)=  31  x(2)=   8  x(3)=  47  y(3)=87.6
  x(0)=   7  x(1)=  52  x(2)=   6  x(3)=  33  y(4)=95.9
  x(0)=  11  x(1)=  55  x(2)=   9  x(3)=  22  y(5)=109.2
  x(0)=   3  x(1)=  71  x(2)=  17  x(3)=   6  y(6)=102.7
  x(0)=   1  x(1)=  31  x(2)=  22  x(3)=  44  y(7)=72.5
  x(0)=   2  x(1)=  54  x(2)=  18  x(3)=  22  y(8)=93.1
  x(0)=  21  x(1)=  47  x(2)=   4  x(3)=  26  y(9)=115.9
  x(0)=   1  x(1)=  40  x(2)=  23  x(3)=  34  y(10)=83.8
  x(0)=  11  x(1)=  66  x(2)=   9  x(3)=  12  y(11)=113.3
  x(0)=  10  x(1)=  68  x(2)=   8  x(3)=  12  y(12)=109.4
平均值 :
 x(0)=7.46154  x(1)=48.1538  x(2)=11.7692  x(3)=30  y =95.4231
回归系数:
各因子的偏回归平方和
v(0)=-0.302275
v(1)=-0.0098644
v(2)=4.01692e-005
v(3)=-0.00365708
残差平方和 =47.9727
s(0)=0.116998
s(1)=0.18561
s(2)=0
s(3)=0.173288
估计的标准偏差 =2.30874
```

```
复相关系数 c=0.991128
F-检验值 f=166.832
因变量条件期望值的估计值以及观测值的残差:
ye(0)=78.4383     yr(0)=0.0616864
ye(1)=72.8673     yr(1)=1.43266
ye(2)=106.191     yr(2)=-1.89097
ye(3)=89.4016     yr(3)=-1.80164
ye(4)=95.6438     yr(4)=0.256247
ye(5)=105.302     yr(5)=3.89822
ye(6)=104.129     yr(6)=-1.42867
ye(7)=75.5919     yr(7)=-3.09188
ye(8)=91.8182     yr(8)=1.28177
ye(9)=115.546     yr(9)=0.353883
ye(10)=81.7023    yr(10)=2.09773
ye(11)=112.244    yr(11)=1.05561
ye(12)=111.625    yr(12)=-2.22467
系数相关矩阵:
    1.06633     0.20439    -0.893654  0.460588      0.567737
    0.20439    18.7803      -2.24227   18.3226      0.430414
   0.893654     2.24227    0.0213363   2.37143   0.000925778
   0.460588    18.3226      -2.37143   18.9401     -0.263183
  -0.567737   -0.430414  0.000925778  0.263183     0.0176645
————————————————————————————————————————————————————————————————
```

7.3.4 半对数与对数数据相关

1. 一元线性回归分析

设随机变量 y 随自变量 x 变化。给定 n 组观测数据$(x_k, y_k)(k=0,1,\cdots,n-1)$,用直线 $y=ax+b$ 作回归分析。其中 a,b 为回归系数。

为确定回归系数 a 与 b,通常采用最小二乘法,即要使

$$Q=\sum_{i=0}^{n-1}[y_i-(ax_i+b)]^2$$

达到最小,根据极值原理,a 与 b 应满足

$$\begin{cases}\dfrac{\partial Q}{\partial a}=2\displaystyle\sum_{i=0}^{n-1}[y_i-(ax_i+b)](-x_i)=0\\ \dfrac{\partial Q}{\partial b}=2\displaystyle\sum_{i=0}^{n-1}[y_i-(ax_i+b)](-1)=0\end{cases}$$

求解得到

$$\begin{cases}a=\dfrac{\displaystyle\sum_{i=0}^{n-1}(x_i-\bar{x})(y_i-\bar{y})}{\displaystyle\sum_{i=0}^{n-1}(x_i-\bar{x})^2}\\ b=\bar{y}-a\bar{x}\end{cases}$$

其中,

$$\bar{x}=\sum_{i=0}^{n-1}x_i/n,\quad \bar{y}=\sum_{i=0}^{n-1}y_i/n$$

最后可以计算出以下几个量。

(1) 偏差平方和

$$q=\sum_{i=0}^{n-1}[y_i-(ax_i+b)]^2$$

(2) 平均标准偏差

$$s=\sqrt{\frac{q}{n}}$$

(3) 回归平方和

$$p=\sum_{i=0}^{n-1}[(ax_i+b)-\bar{y}]^2$$

(4) 最大偏差

$$u\max=\max_{0\leqslant i\leqslant n-1}|y_i-(ax_i+b)|$$

(5) 最小偏差

$$u\min=\min_{0\leqslant i\leqslant n-1}|y_i-(ax_i+b)|$$

(6) 偏差平均值

$$u=\frac{1}{n}\sum_{i=0}^{n-1}|y_i-(ax_i+b)|$$

一元线性回归分析包含在一般的线性回归分析中,只要自变量个数取 $m=1$ 即可。

2. 半对数数据相关

设给定 n 个数据点 $(x_i,y_i)(i=0,1,\cdots,n-1)$,且 $y_i>0$,用函数

$$y=bt^{ax},\quad t>0$$

进行拟合,又称为指数拟合。为了求拟合参数 a 与 b,两边取对数,即

$$\log_t y=\log_t b+ax$$

令

$$\tilde{y}=\tilde{a}\tilde{x}+\tilde{b}$$

其中,

$$\tilde{y}=\log_t y,\quad \tilde{a}=a,\quad \tilde{x}=x,\quad \tilde{b}=\log_t b$$

此时,问题就化为对 n 个数据点 $(\tilde{x}_i,\tilde{y}_i)$ 作线性拟合。求出 $\tilde{a}$ 与 $\tilde{b}$ 后,就可以得到

$$a=\tilde{a},\quad b=t^{\tilde{b}}$$

算法的 C++ 描述如下:

```
//半对数数据相关.cpp
  #include <iostream>
  #include <cmath>
  #include <fstream>
  using namespace std;
  class INDEXF
  {
      private:
          int n;                                                //数据点数
          double *x, *y;                                        //数据点值
          double a, b;                                          //回归一次项系数与常数项
```

```
        double t;                                                     //指数函数底
        double q;                                                     //偏差平方和
        double s;                                                     //平均标准偏差
        double umax;                                                  //最大偏差
        double umin;                                                  //最小偏差
        double u;                                                     //偏差平均值
    public:                                                           //函数声明
        INDEXF()                                                      //构造函数
        {a=0; b=0; q=0; s=0; t=0; u=0; umax=0; umin=0;}
        void log1();                                                  //半对数数据相关
        void arrayint(double ,int, double * , double * );            //从数组读入数据
        void dataintput(char * );                                     //从文件读入数据
        void dataoutput(char * );                                     //结果输出
        ~INDEXF() {delete[] x;delete[] y;}                            //析构函数
};

//半对数数据相关
  void INDEXF::log1()
  {
    int i;
    double xx,yy,dx,dxy,p;
    xx=0.0; yy=0.0;
    for (i=0; i<=n-1; i++)                                            //计算 x 与 y 的平均值
    {
        xx=xx+x[i]/n;
        yy=yy+log(y[i])/log(t)/n;
    }
    dx=0.0; dxy=0.0;
    for (i=0; i<=n-1; i++)
    {
        p=x[i]-xx; dx=dx+p * p;
        dxy=dxy+p * (log(y[i])/log(t)-yy);
    }
    a=dxy/dx; b=yy-a * xx;
    b=b * log(t); b=exp(b);
    umin=1.0e+30;
    for (i=0; i<=n-1; i++)
    {
        s=a * x[i] * log(t); s=b * exp(s);
        q=q+(y[i]-s) * (y[i]-s);
        dx=fabs(y[i]-s);
        if (dx>umax) umax=dx;
        if (dx<umin) umin=dx;
        u=u+dx/n;
    }
    s=sqrt(q/n);
    return;
    }
   //从数组读入数据
   //tt                                                                  指数底
   //nn                                                                  数据点数
   //xx[],yy[]                                                           数据点值
    void INDEXF::arrayint(double tt, int nn, double xx[], double yy[])
```

```
    {
        int i;
        n=nn; t=tt;
        x=new double[n];                                        //动态分配内存
        y=new double[n];
        for(i=0; i<n; i++) x[i]=xx[i];                          //从数组读入数据
        for(i=0; i<n; i++) y[i]=yy[i];
        return ;
    }

  //从文件读入数据
  //c                                                           数据文件名
    void INDEXF::dataintput(char * c)
    {
        int i;
        ifstream fin(c);
        fin >>t; fin >>n;
        x=new double[n];                                        //动态分配内存
        y=new double[n];
        for(i=0; i<n; i++) fin >>x[i];                          //从文件读入数据
        for(i=0; i<n; i++) fin >>y[i];
        fin.close();                                            //数据读入结束
        return ;
    }

  //结果输出
  //c                                                           结果文件名
    void INDEXF::dataoutput(char * c)
    {
        ofstream fout(c);
        fout <<"回归系数 : " <<endl;
        fout <<"a =" <<a <<" b =" <<b <<endl;
        fout <<"偏差平方和 q=" <<q <<endl;
        fout <<"平均标准偏差 s=" <<s <<endl;
        fout <<"最大偏差 umax=" <<umax <<endl;
        fout <<"最小偏差 umin=" <<umin <<endl;
        fout <<"偏差平均值 u=" <<u <<endl;
        fout.close();
  //结果同时显示输出
        cout <<"拟合系数 :" <<endl;
        cout <<"a =" <<a <<" b =" <<b <<endl;
        cout <<"偏差平方和 q=" <<q <<endl;
        cout <<"平均标准偏差 s=" <<s <<endl;
        cout <<"最大偏差 umax=" <<umax <<endl;
        cout <<"最小偏差 umin=" <<umin <<endl;
        cout <<"偏差平均值 u=" <<u <<endl;
        return ;
    }
```

在从文件读入数据时,数据在文件中的顺序如下:

```
<t><△><n><△>
<x0><△><x1><△><x2><△>…<xn-1><△>
<y0><△><y1><△><y2><△>…<yn-1><回车换行>
```

其中,△表示空格或回车换行。即文件中的数据依次为:指数 t,数据个数 n,n 个自变量 x

与因变量 y 的值,且每两个值之间用一个空格或回车换行分开,最后以回车换行结束。

例 7.5 给定 11 个数据点如下:

x	1	1.4	1.5	1.6	1.8	1.9	2.1	2.3	2.4	2.5	2.8
y	18	43	54	67	104	130	201	313	390	486	939

用函数 $y=b\cdot 3^{ax}$ 进行拟合,并求偏差平方和 q、平均标准偏差 s、最大偏差 $u$max、最小偏差 $u$min、偏差平均值 u。

数据文件 log1.in 中的内容如下:

```
3  11
1  1.4  1.5  1.6  1.8  1.9  2.1  2.3  2.4  2.5  2.8
18  43  54  67  104  130  201  313  390  486  939
```

主函数程序如下:

```
//半对数数据相关例 1
  #include <iostream>
  #include <cmath>
  #include <fstream>
  #include "半对数数据相关.cpp"
  using namespace std;
  int main()
  {
      INDEXF h;
      char *c1, *c2;
      c1="log1.in";              //数据文件名
      c2="log1.out";             //结果文件名
      h.dataintput(c1);          //从数据文件读入数据
      h.log1();                  //指数拟合
      h.dataoutput(c2);          //结果输出
      return 0;
  }
```

运行结果存放在文件 log1.out 中,其内容如下:

```
回归系数 :
a =2.00146  b =1.98987
偏差平方和 q=0.828678
平均标准偏差 s=0.274471
最大偏差 umax=0.516434
最小偏差 umin=0.0197145
偏差平均值 u=0.22899
```

如果要求数据由数组提供,则主函数程序修改如下:

```
//半对数数据相关例 2
  #include <iostream>
  #include <cmath>
```

```
    #include <fstream>
    #include "半对数数据相关.cpp"
    using namespace std;
    int main()
    {
        int n;
        char * c2;
        INDEXF h;
        double t;
        double x[11]={1, 1.4 ,1.5 ,1.6 ,1.8 ,1.9 ,2.1 ,2.3 ,2.4 ,2.5 ,2.8};
        double y[12]={18, 43, 54, 67, 104, 130, 201, 313, 390, 486, 939};
        t=3.0; n=11;
        c2="log2.out";              //结果文件名
        h.arrayint(t,n,x,y);        //从数组读入数据
        h.log1();                   //指数拟合
        h.dataoutput(c2);           //结果输出
        return 0;
    }
```

运行结果存放在文件 log2.out 中，其内容与文件 log1.out 相同。

3. 对数数据相关

设给定 n 个数据点 $(x_k, y_k)(k=0,1,\cdots,n-1)$，且 $x_k, y_k>0$，用函数

$$y=bx^a,\quad x,y>0$$

进行拟合，又称为幂函数拟合。为了求拟合参数 a 与 b，两边取对数，即

$$\ln y=\ln b+a\ln x$$

令

$$\tilde{y}=\tilde{a}\tilde{x}+\tilde{b}$$

其中，

$$\tilde{y}=\ln y, \tilde{a}=a,\quad \tilde{x}=\ln x,\quad \tilde{b}=\ln b$$

此时，问题就化为对 n 个数据点 $(\tilde{x}_i)$ 作线性拟合。求出 $\tilde{a}$ 与 $\tilde{b}$ 后，就可以得到

$$a=\tilde{a},\quad b=e^{\tilde{b}}$$

算法的 C++ 描述如下：

```
//对数数据相关.cpp
  #include <iostream>
  #include <cmath>
  #include <fstream>
  using namespace std;
  class POWERF
  {
      private:
          int n;                                          //数据点数
          double * x, * y;                                //数据点值
          double a, b;                                    //回归一次项系数与常数项
          double q;                                       //偏差平方和
          double s;                                       //平均标准偏差
          double umax;                                    //最大偏差
```

```
        double umin;                                    //最小偏差
        double u;                                       //偏差平均值
    public:                                             //函数声明
        POWERF()                                        //构造函数
        {a=0; b=0; q=0; s=0; u=0; umax=0; umin=0;}
        void power_fun();                               //幂函数拟合
        void arrayint(int, double *, double *);         //从数组读入数据
        void dataintput(char *);                        //从文件读入数据
        void dataoutput(char *);                        //输出结果
        ~POWERF() {delete[] x;delete[] y;}              //析构函数
};

//幂函数拟合
void POWERF::power_fun()
{
    int i;
    double xx,yy,dx,dxy;
    xx=0.0; yy=0.0;
    for (i=0; i<=n-1; i++)
    {
        xx=xx+log(x[i])/n;
        yy=yy+log(y[i])/n;
    }
    dx=0.0; dxy=0.0;
    for (i=0; i<=n-1; i++)
    {
        q=log(x[i])-xx; dx=dx+q*q;
        dxy=dxy+q*(log(y[i])-yy);
    }
    a=dxy/dx; b=yy-a*xx;
    b=exp(b);
    umin=1.0e+30;
    for (i=0; i<=n-1; i++)
    {
        s=a*log(x[i]); s=b*exp(s);
        q=q+(y[i]-s)*(y[i]-s);
        dx=fabs(y[i]-s);
        if (dx>umax) umax=dx;
        if (dx<umin) umin=dx;
        u=u+dx/n;
    }
    s=sqrt(q/n);
    return;
}

//从数组读入数据
//nn                                                    数据点数
//xx[],yy[]                                             数据点值
void POWERF::arrayint(int nn, double xx[], double yy[])
{
    int i;
    n=nn;
```

```
        x=new double[n];                                   //动态分配内存
        y=new double[n];
        for(i=0; i<n; i++) x[i]=xx[i];                     //从数组读入数据
        for(i=0; i<n; i++) y[i]=yy[i];
        return ;
    }

  //从文件读入数据
  //c                                                      数据文件名
    void POWERF::dataintput(char * c)
    {
        int i;
        ifstream fin(c);
        fin >>n;
        x=new double[n];                                   //动态分配内存
        y=new double[n];
        for(i=0; i<n; i++) fin >>x[i];                     //从文件读入数据
        for(i=0; i<n; i++) fin >>y[i];
        fin.close();                                       //数据读入结束
        return ;
    }

  //结果输出
  //c                                                      结果文件名
    void POWERF::dataoutput(char * c)
    {
        ofstream fout(c);
        fout <<"回归系数 : " <<endl;
        fout <<"a =" <<a <<" b =" <<b <<endl;
        fout <<"偏差平方和 q=" <<q <<endl;
        fout <<"平均标准偏差 s=" <<s <<endl;
        fout <<"最大偏差 umax=" <<umax <<endl;
        fout <<"最小偏差 umin=" <<umin <<endl;
        fout <<"偏差平均值 u=" <<u <<endl;
        fout.close();
  //结果同时显示输出
        cout <<"拟合系数 :" <<endl;
        cout <<"a =" <<a <<" b =" <<b <<endl;
        cout <<"偏差平方和 q=" <<q <<endl;
        cout <<"平均标准偏差 s=" <<s <<endl;
        cout <<"最大偏差 umax=" <<umax <<endl;
        cout <<"最小偏差 umin=" <<umin <<endl;
        cout <<"偏差平均值 u=" <<u <<endl;
        return ;
    }
```

在从文件读入数据时,数据在文件中的顺序如下：

```
<n><△>
<x0><△><x1><△><x2><△>…<xn-1><△>
<y0><△><y1><△><y2><△>…<yn-1><回车换行>
```

其中,△表示空格或回车换行。即文件中的数据依次为：数据个数 n,n 个自变量 x 与因变量 y 的值,且每两个值之间用一个空格或回车换行分开,最后以回车换行结束。

例 7.6　给定 11 个数据点如下。

x	1	1.4	1.5	1.6	1.8	1.9	2.1	2.3	2.4	2.5	2.8
y	3	8	10	12	17	20	27	36	41	46	65

用函数 $y=b*x^a$ 进行拟合,并求偏差平方和 q、平均标准偏差 s、最大偏差 $u$max、最小偏差 $u$min、偏差平均值 u。

数据文件 power1.in 中的内容如下:

```
11
1  1.4  1.5  1.6  1.8  1.9  2.1  2.3  2.4  2.5  2.8
3  8  10  12  17  20  27  36  41  46  65
```

主函数程序如下:

```
//对数数据相关例 1
  #include <iostream>
  #include <cmath>
  #include <fstream>
  #include "对数数据相关.cpp"
  using namespace std;
  int main()
  {
      POWERF h;
      char * c1, * c2;
      c1="power1.in";              //数据文件名
      c2="power1.out";             //结果文件名
      h.dataintput(c1);            //从数据文件读入数据
      h.power_fun();               //幂函数拟合
      h.dataoutput(c2);            //结果输出
      return 0;
  }
```

运行结果存放在文件 power1.out 中,其内容如下:

```
回归系数:
a =2.99418  b =2.95455
偏差平方和 q=1.02077
平均标准偏差 s=0.304626
最大偏差 umax=0.529013
最小偏差 umin=0.0454549
偏差平均值 u=0.187522
```

如果要求数据由数组提供,则主函数程序修改如下:

```
//对数数据相关例 2
  #include <iostream>
  #include <cmath>
  #include <fstream>
```

```
#include "对数数据相关.cpp"
using namespace std;
main()
{
    double x[11]={1,1.4,1.5,1.6,1.8,1.9,2.1,2.3,2.4,2.5,2.8};
    double y[11]={3,8,10,12,17,20,27,36,41,46,65 };
    POWERF h;
    char * c2;
    c2="power2.out";                //结果文件名
    h.arrayint(11, x, y);           //从数组读入数据
    h.power_fun();                  //幂函数拟合
    h.dataoutput(c2);               //结果输出
    return 0;
}
```

运行结果存放在文件 power2.out 中，其结果与文件 power1.out 的内容相同。

7.4 大数据查询

大数据查询指的是使用大数据处理技术对海量数据进行搜索和分析的过程。大数据查询的目的通常是获取有价值的信息，并运用这些信息改善决策或做出预测。随着时代的进步，大数据技术已经步入了成熟期，越来越多的企业选择通过大数据查询洞悉行业发展的需求、现状以及前景，从中找到一丝行业发展的规律，从而规避行业发展的风险。

大数据查询平台有着不同的类别，下面是一些主要的类别。

1. 行业分析报告

这类查询平台专注于移动互联网、智能手机、平板电脑和电子商务等产业的研究，利用先进的信息技术，通过深入和广泛研究政府政策、企业经营、资本运作和消费者行为，为网络新经济行业用户提供市场资讯、决策依据、投资策略、市场调研和战略咨询服务等专业的市场调研项目。

2. 实时热点数据

这类查询平台通常应用于新闻事件、娱乐事件等资讯类平台，以排行榜的形式向用户展现，而后台的数据支撑则是借助大数据查询实现的。此外，企业可以通过对热点关键词的把握，在一定程度上保证舆情的走向，避免一些不法分子利用网络热度达成相应的目的。

3. 用户行为数据

这类查询平台以网民行为数据为基础，了解用户的消费需求、喜好、关键词搜索趋势、监测舆情动向、定位受众特征等，通过可视化表达使相关数据内容更清晰，并且用户在网络平台上留下的一切痕迹都会被搜集，然后对其进行统计、整理、分析，并给出相应的趋势走向。

4. 商品交易分析

这类查询平台主要服务于电商等产生交易行为的行业，通过对浏览量、每天浏览的人次、每天新增供求产品数、新增公司数和产品数等方面的动态图表呈现，了解市场发展的综合趋势，例如某个地区的某个产品销量好、某个地区的供应商供应的产品更受欢迎等。

5. 经济数据分析

这类查询平台包括财经、股票、基金、期货、债券、外汇、银行、保险等诸多金融资讯与财经信息，多方位覆盖了各财经领域，每日更新上万条数据及资讯，为用户提供便利的查询，让用户能快速获取财经及理财资讯。

6. 广告、新媒体监测

随着新媒体广告的崛起，大数据查询平台自然拥有其数据监测的类别，从而可以清晰地浏览到广告效果。数据包含粉丝群体偏好、评论互动数量、浏览量等，在帮助自媒体个人运营账号的同时方便企业投放广告，选择合适的合作对象，更好地处理数据内容，调整运营策略与方案。

目前，大数据查询可以通过多种方式进行。例如，微信用户可以通过微信的“大数据信用查询”进行查询；又如，网贷平台查询可以提供信用报告的服务，用户只需输入个人信息即可查询名下的贷款机构、还款记录以及欠款情况等信息；还例如，用户可以携带本人有效身份证件到中国人民银行柜台查询个人信用报告；等等。

大数据查询的内容有很多。例如，通过大数据信用报告可以查询大数据信用评分、是否进入网贷黑名单、网贷申请记录等。

总之，大数据查询是一种重要的金融风控工具，可以帮助金融机构更好地了解客户的状况和风险水平，从而做出更明智的决策。

习题

7.1 什么叫数据？什么叫大数据？

7.2 大数据分哪几种类型？大数据的特点有哪些？

7.3 大数据的技术架构有哪几层？

7.4 大数据的主要作用有哪些？

7.5 大数据处理流程主要分哪几步？

7.6 数据采集有哪些基本方法？

7.7 数据预处理包括哪几方面？

7.8 设直方图中起始区间的值为 91，区间个数为 10，区间长度为 2。将此 3 个数以及 500 个均值为 2.25 的正态分布随机数均存放在文件 ch7_8.in 中，然后计算它们的算术平均值、方差、标准差、各区间上按高斯分布所应有的近似理论点数以及实际点数。将计算结果与直方图分别存放在文件 ch7_8_1.out 和 ch7_8_2.out 中。

7.9 给定数据点如下。

x	0.5	1.0	1.5	2.0	2.5	3.0	3.5	4.0	4.5
y	5	8	10	13	15	18	20	23	25

分别用

(1) $y=ax+b$；(2) $y=b*3^{ax}$；(3) $y=b*x^{a}$

进行拟合，并进行比较。

7.10　给定数据点如下：

x	0.5	1.0	1.5	2.0	2.5	3.0	3.5	4.0	4.5
y	2.71	3.67	4.98	6.75	9.14	12.4	16.8	22.7	30.8

分别用

(1) $y=ax+b$；(2) $y=b*3^{ax}$；(3) $y=b*x^a$

进行拟合，并进行比较。

7.11　给定数据点如下：

x	0.5	1.0	1.5	2.0	2.5	3.0	3.5	4.0	4.5
y	0.2	2	6.7	16	31	54	85	128	182

分别用

(1) $y=ax+b$；(2) $y=b*3^{ax}$；(3) $y=b*x^a$

进行拟合，并进行比较。

7.12　给定 5 个自变量的 10 组数据如下：

k	x_{0k}	x_{1k}	x_{2k}	x_{3k}	x_{4k}	y_k
0	1	3	6	2	8	−28
1	−2	4	−6	1	7	45
2	7	2	−9	3	−1	124
3	5	0	4	−2	8	−66
4	3	3	6	9	−8	108
5	1	2	6	3	4	−8
6	1	1	−3	−5	7	−54
7	6	2	−9	2	1	104
8	2	2	6	5	−3	39
9	−4	−6	2	4	1	−1

请作线性拟合。

第8章 人工智能概述

8.1 人工智能的基本概念

人工智能(Artificial Intelligence)的英文缩写为AI,它是旨在探索和研究智能的本质,以及如何通过理论与技术的结合,研究、开发用于模拟、延伸和扩展人的智能的理论、方法、技术及应用系统的一门新的技术科学。人工智能是新一轮科技革命和产业变革的重要驱动力量。

人工智能是一门极富挑战性的科学,从事这项工作的人必须懂得计算机知识、心理学和哲学等。人工智能是内涵十分广泛的科学,它由不同的领域组成,如机器学习、计算机视觉等。总的来说,人工智能研究的一个主要目标是使机器能够胜任一些通常需要人类智能才能完成的复杂工作。

8.1.1 人工智能的发展与特点

1. 人工智能的发展

随着科技的飞速进步,人工智能已经逐渐融入了人们的日常生活。从最初的计算机程序到如今的智能机器人,人工智能在半个世纪多的时间里实现了质的飞跃。人工智能早在20世纪50年代就已经诞生,近几十年来,人工智能的发展过程大致经历了初期、知识、特征、数据四个时代。

(1) 初期时代。这是一个起步发展期。早在20世纪40年代,科学家们就开始探索人工智能的初步概念。这个阶段的主要成果包括图灵机的提出和神经网络的诞生。然而,由于计算能力有限,人工智能的应用范围非常有限。

(2) 知识时代。这是一个反思发展期。在这个阶段,人工智能的发展遭遇了瓶颈。尽管出现了诸如专家系统等成果,但计算机性能和算法效率的不足严重制约了人工智能的发展。同时,人们开始反思人工智能的定义和研究方向,寻找新的突破点。

(3) 特征时代。这是一个应用发展期。人工智能的发展进入了一个相对平稳的阶段。在这一时期,深度学习、强化学习等新兴技术开始崭露头角,并且在机器学习、自然语言处理等领域取得了重要进展。人工智能开始在医疗、金融、教育等领域发挥重要作用。

(4) 数据时代。这是一个蓬勃发展期。进入21世纪后,人工智能迎来了新一轮的发展高潮。未来,人工智能将进一步渗透到人们的生活中,为人们的工作、学习和生活带来更多的便利。同时,随着技术的不断发展,人工智能还将在更多领域发挥重要作用,为人类创造更加美好的未来。

随着大数据、云计算和GPU等技术的广泛应用,人工智能在各个领域都取得了突破性的进展。我们看到了无人驾驶汽车、智能家居、语音助手等应用的迅速普及,也感受到了人工智能对经济、社会和个人产生的重要影响。

2. 人工智能的特点

人工智能具有以下4个主要特点。

(1) 渗透性。AI能够与其他行业和经济环节相互融合，形成通用的技术，对经济增长产生广泛的、全局的影响，并有望全面融入生产生活活动中。

(2) 协同性。AI能够在生产领域提升要素匹配度，加强上下游环节间的协同，提高运行效率；在消费领域则能实现个性化需求与专业供给的智能匹配，释放消费潜力。

(3) 替代性。AI能够直接替代劳动要素，从简单工作扩展至复杂工作，并对其他资本和劳动要素进行替代，增强了对经济发展的支撑作用。

(4) 创新性。AI不仅能替代劳动要素，还能生成额外的知识，增加人类整体智慧总量，促进技术进步和经济效率提升。

8.1.2 人工智能的主要技术

一般来说，人工智能技术包括机器学习、知识图谱、自然语言处理、人机交互、语音识别以及计算机视觉等。

1. 机器学习

机器学习(Machine Learning)是一门涉及统计学、系统辨识、逼近理论、神经网络、优化理论、计算机科学、脑科学等诸多领域的交叉学科。研究计算机怎样模拟或实现人类的学习行为，以获取新的知识或技能，重新组织已有的知识结构，使之不断改善自身的性能，是人工智能技术的核心。基于数据的机器学习是现代智能技术中的重要方法之一，研究从观测数据(样本)出发寻找规律，利用这些规律对未来数据或无法观测的数据进行预测。根据学习模式、学习方法以及算法的不同，机器学习存在不同的分类方法。

2. 知识图谱

知识图谱本质上是结构化的语义知识库，是一种由节点和边组成的图数据结构，以符号形式描述物理世界中的概念及其相互关系，其基本组成单位是“实体—关系—实体”三元组，以及实体及其相关“属性—值”对。不同实体之间通过关系相互联结，构成网状的知识结构。在知识图谱中，每个节点表示现实世界的“实体”，每条边为实体与实体之间的“关系”。通俗地讲，知识图谱就是把所有不同种类的信息连接在一起而得到的一个关系网络，提供了从“关系”的角度去分析问题的能力。

知识图谱可用于反欺诈、不一致性验证、组团欺诈等公共安全保障领域，需要用到异常分析、静态分析、动态分析等数据挖掘方法。特别地，知识图谱在搜索引擎、可视化展示和精准营销方面有很大的优势，已成为业界的热门工具。

3. 自然语言处理

自然语言处理是计算机科学领域与人工智能领域中的一个重要方向，研究能实现人与计算机之间用自然语言进行有效通信的各种理论和方法，涉及的领域较多，主要包括机器翻译、机器阅读理解和问答系统等。

4. 人机交互

人机交互主要研究人和计算机之间的信息交换，主要包括人到计算机和计算机到人的信息交换，是人工智能领域重要的外围技术。人机交互是与认知心理学、人机工程学、多媒体技术、虚拟现实技术等密切相关的综合学科。传统的人与计算机之间的信息交换主要依靠交互设备进行。人机交互技术除了传统的基本交互和图形交互外,还包括语音交互、情感交互、体感交互及脑机交互等技术。

5. 语音识别

语音识别技术是指让机器通过识别和理解过程把语音信号转变为相应的文本或命令的高新技术。语音识别技术主要包括特征提取技术、模式匹配准则及模型训练技术三方面。语音识别是人机交互的基础,主要解决让机器听懂人在说什么的难题。人工智能目前落地应用最成功的就是语音识别技术。

6. 计算机视觉

计算机视觉是人工智能的一个领域,可训练计算机解释和理解视觉世界。借助摄像机和视频中的数字图像以及深度学习模型,机器可以准确地识别和分类对象,然后对它们"看到的"做出反应。

8.2 关于机器学习

8.2.1 什么是机器学习

机器学习是人工智能领域的关键组成部分,它的核心在于允许计算机系统无须人工干预地从数据中学习并提取知识。机器学习的目标是利用算法和数学模型来提升预测的准确性和分析能力。在这个过程中,机器学习算法能够在大量数据的支持下自我调整和完善,以适应不断变化的环境和新出现的数据。

机器学习与传统程序设计有显著的区别。在传统的程序设计中,开发人员需要手动编写规则和条件来解决问题,而在机器学习中,算法被用来建立预测模型,这样就可以处理更大规模的数据集,并且随着新数据的加入而自动更新模型的预测性能。

机器学习是一个让计算机通过经验学习规律,并对未来数据进行预测的过程,它涉及多种算法,如聚类、分类、决策树、贝叶斯网络、深度学习等,旨在实现从数据到知识的转换,并运用于模式识别、预测和决策等方面。

深度学习是机器学习的一个分支。深度学习和传统机器学习的共同点是要对数据进行分析。不同之处在于,传统机器学习需要人工对数据进行特征提取,然后应用相关算法对数据进行分类,利用已有数据特征和数据标签(或者没有数据标签)对数学模型进行训练以达到最优,继而对新数据进行分类和预测。而深度学习则不需要人工对训练数据进行特征提取,可以直接利用深度神经网络对数据特征进行自学习和分类,因此人类也不知道机器是如何进行学习的。

深度学习的实质是深度神经网络,一般的神经网络有 3～4 层,而深度神经网络包含上百层,深度学习的提出和发展归功于大数据的出现和计算性能的提高。

8.2.2 机器学习的分类

按照学习方式,机器学习可以分为监督学习(Supervised Learning)、非监督学习(Unsupervised Learning)、半监督学习(Semi-supervised Learning)和强化学习

(Reinforcement Learning) 等。其中,监督学习依赖于带有标签的数据作为学习的基准,而非监督学习则侧重于在没有标签或者半标签数据的情况下进行自主学习。

对机器学习的分类方法有很多。例如,按照学习策略可以分为机械学习、示教学习、类比学习、基于解释的学习、归纳学习等;按照学习任务可以分为分类学习、回归学习、聚类学习等;按照应用领域可以分为自然语言处理、计算机视觉、机器人、自动程序设计、智能搜索、数据挖掘和专家系统等。

下面主要对监督学习和非监督学习作简单介绍。

1. 监督学习

监督学习是指在给定的训练集中“学习”出一个函数(模型参数),当新的数据到来时,可以根据这个函数预测结果。监督学习的训练集要求包括输入和输出,即特征值和目标值(标签),训练集中数据的目标值(标签) 是由人工事先进行标注的。

监督学习流程包括准备数据、数据预处理、特征提取及特征选择、训练模型和评价模型。

1) 准备数据

监督学习首先要准备数据,没有现成的数据就需要采集数据或者爬取数据,或者从网站上下载数据。可以将准备好的数据集分为训练集、验证集和测试集。训练集是用来训练模型的数据集,验证集是确保模型没有过拟合的数据集,测试集是用来评估模型效果的数据集。

2) 数据预处理

数据预处理主要包括重复数据检测、数据标准化、数据编码、缺失值处理、异常值处理等。

3) 特征提取及特征选择

特征提取是指结合任务自身特点,通过结合和转换原始特征集构造出新的特征。

特征选择是指从大规模的特征空间中提取与任务相关的特征。

特征提取及特征选择都是对原始数据进行降维的方法,从而去除数据的无关特征和冗余特征。

4) 训练模型

模型就是函数,训练模型就是利用已有的数据,通过一些方法确定函数的参数。

5) 评价模型

对于同一问题,会有不同的数学模型,可以通过模型指标的比较来选取最优模型。对同一数学模型,可以通过模型指标的比较来调整模型参数。

监督学习的主要任务是回归和分类。回归用于预测连续的、具体的数值。分类是指对各种事物进行分类,用于离散预测。

监督学习的主要算法有朴素贝叶斯、决策树、支持向量机、逻辑回归、线性回归、k 近邻等。

2. 非监督学习

非监督学习是指在机器学习过程中,用来训练机器的数据是没有标签的,机器只能依靠自己不断探索,对知识进行归纳和总结,尝试发现数据中的内在规律和特征,从而对训练数据打标签。

非监督学习的目标是对观察值进行分类或者区分。

常见的非监督学习算法主要有聚类、降维和关联。聚类算法是非监督学习中最常用的算法,它将观察值聚成一个一个的组,每个组都含有一个或几个特征。聚类的目的是将相似的东西聚在一起,而并不关心这类东西具体是什么。

8.3 逻辑回归

逻辑回归又称逻辑回归分析,常用于数据挖掘、疾病自动诊断、经济预测等领域。逻辑回归根据给定的自变量数据集来估计事件的发生概率,由于结果是一个概率,因此因变量的范围在0和1之间。

逻辑回归实际上是一种分类方法,主要用于两分类问题(输出只有两种,分别代表两个类别)。在回归模型中,因变量 y 是一个定性变量,例如 $y=0$ 或1,这个方法主要用于研究某些事件发生的概率。

8.3.1 线性逻辑回归

设有 m 个自变量(特征)为 $x_1, x_2, \cdots, x_m$。用Logistic函数(或称为Sigmoid函数)

$$g(z)=\frac{1}{1+\mathrm{e}^{-z}}$$

作为预测函数(如图8.1所示)。设

$$z=w_0+w_1x_1+w_2x_2+\cdots+w_mx_m=\sum_{i=0}^{i=m}w_ix_i$$

其中 $x_0\equiv1$。

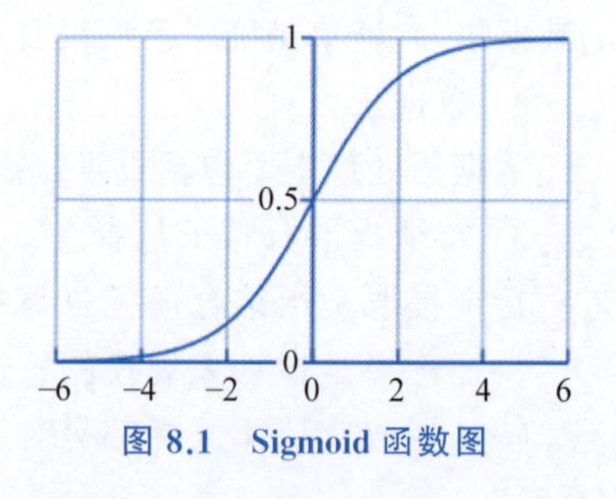

图8.1 Sigmoid函数图

设最佳参数为

$$w=\begin{bmatrix}w_0\\w_1\\\vdots\\w_m\end{bmatrix}$$

则构造的预测函数为

$$h_w(x)=g(wx)=\frac{1}{1+\mathrm{e}^{-wx}}$$

函数 $h(x)$ 的值表示结果取1的概率,因此对于输入 x 分类结果为类别1和类别0的概率分别为

$$P(y=1\mid x;w)=h_w(x)$$

$$P(y=0\mid x;w)=1-h_w(x)$$

综合起来可以写成

$$P(y\mid x;w)=(h_w(x))^y\ (1-h_w(x))^{1-y}$$

对 n 个样本取似然函数为

$$L(w)=\prod_{i=1}^{n}P(y_i\mid x_i;w)=\prod_{i=1}^{n}\ (h_w(x_i))^{y_i}\ (1-h_w(x_i))^{1-y_i}$$

对似然函数取对数为

$$l(w)=\log L(w)=\sum_{i=1}^{n}(y_i\log(h_w(x_i))+(1-y_i)\log\ (1-h_w(x_i)))$$

最大似然估计就是求使 $l(w)$ 取最大值时的 w，求得的 w 就是要求的最佳参数。

基于最大似然估计可以推导得到损失函数为

$$J(w)=\frac{1}{n}\sum_{i=1}^{n}\mathrm{Cost}(h_w(x_i),y_i)$$

$$=-\frac{1}{n}\left[\sum_{i=1}^{n}(y_i\log(h_w(x_i))+(1-y_i)\log(1-h_w(x_i)))\right]$$

其中

$$\mathrm{Cost}(h_w(x),y)=\begin{cases}-\log(h_w(x)), & y=1\\ -\log(1-h_w(x)), & y=0\end{cases}$$

即

$$J(w)=-\frac{1}{n}l(w)$$

可以用下列梯度下降法求 w 的最佳值

$$w_j:=w_j-\alpha\frac{\delta}{\delta_{w_j}}J(w)$$

其中

$$\frac{\delta}{\delta_{w_j}}J(w)=\frac{1}{n}\sum_{i=1}^{n}(h_w(x_i)-y_i)x_i^j$$

最后可以得到

$$w_j:=w_j-\alpha\sum_{i=1}^{n}(h_w(x_i)-y_i)x_i^j$$

对于 m 个自变量 $x_0\equiv1,x_1,x_2,\cdots,x_m$ 与 y 的 n 个样本(数据点)用矩阵表示为

$$x=\begin{bmatrix}1 & x_{11} & \cdots & x_{1m}\\ \vdots & \vdots & & \vdots\\ 1 & x_{n1} & \cdots & x_{nm}\end{bmatrix},\quad y=\begin{bmatrix}y_1\\ \vdots\\ y_n\end{bmatrix}$$

设

$$A=xw=\begin{bmatrix}1 & x_{11} & \cdots & x_{1m}\\ \vdots & \vdots & & \vdots\\ 1 & x_{n1} & \cdots & x_{nm}\end{bmatrix}\begin{bmatrix}w_0\\ w_1\\ \vdots\\ w_m\end{bmatrix}$$

$$=\begin{bmatrix}w_0+w_1x_{11}+w_2x_{12}+\cdots+w_mx_{1m}\\ \vdots\\ w_0+w_1x_{n1}+w_2x_{n2}+\cdots+w_mx_{nm}\end{bmatrix}$$

$$=\begin{bmatrix}A_1\\ \vdots\\ A_n\end{bmatrix}$$

则有

$$g(A_i)=\frac{1}{1+\mathrm{e}^{-(w_0+w_1x_{i1}+w_2x_{i2}+\cdots+w_mx_{im})}}$$

可以得到

$$E = h_w(x) - y = \begin{bmatrix} g(A_1) - y_1 \\ \vdots \\ g(A_n) - y_n \end{bmatrix} = \begin{bmatrix} e_1 \\ \vdots \\ e_n \end{bmatrix}$$

综上所述,最后得到求 w 的迭代格式为

$$w := w - \frac{\alpha}{n} xE$$

计算过程如下:

(1) 初值 $w=0$, $\alpha=0.1$;

(2) 计算 $g(A_i)$, $i=1, 2, \cdots, n$;

(3) 计算$e_i = g(A_i) - y_i$, $i=1, 2, \cdots, n$;

(4) 计算 $w := w - \frac{\alpha}{n} xE$。

最后得到 w,使

$$z = w_0 + w_1 x_1 + w_2 x_2 + \cdots + w_m x_m = 0$$

的所有点构成了取值 0/1 的分类边界,又称为决策边界。其中,使 z 小于 0 的点处取值 0,而大于 0 的点处取值 1。

线性逻辑回归算法的 C++ 描述如下:

```
//线性逻辑回归.cpp
  #include <iostream>
  #include <iomanip>
  #include <cmath>
  #include <fstream>
  using namespace std;
  class LOGIC1
  {
      private:
          int m;                          //自变量个数,数据特征数为 m
          int n;                          //样本点数
          double * w;                     //回归系数 w[0],w[1],...,w[m]
          double * x;                     //样本点值 X
          double * y;                     //各样本点函数值(0/1)
      public://函数声明
          LOGIC1(){;}                     //构造函数
          void dataintput(char * );       //从文件读入样本数据
          void stand();                   //标准化样本数据特征
          void logic1_reg();              //线性逻辑回归
          void dataoutput(char * );       //输出回归分类结果
          ~LOGIC1()                       //析构函数
          {delete[] w; delete[] x;delete[] y; }
  };

//线性逻辑回归
 void LOGIC1::logic1_reg()
```

```
{
    int i, j, k;
    double z, alpha, * e;
    e=new double[n];
    for(i=0; i<=m; i++) w[i]=0.0;                          //初始化
    alpha=0.01/n;
    k=0;
    while (k<10)                                           //迭代 10 次
    {
        for(i=0; i<n; i++)                                 //计算 E
        {
            z=w[0];
            for(j=1; j<=m; j++)
            z=z+w[j] * x[(j-1) * n+i];
            e[i]=1.0/(1.0+exp(-z))-y[i];
        }
        z=0.0;
        for(i=0; i<n; i++) z=z+e[i];
        w[0]=w[0]-alpha * z;
        for(j=1; j<=m; j++)                                //计算 w
        {
            z=0.0;
            for (i=0; i<n; i++) z=z+x[(j-1) * n+i] * e[i];
            w[j]=w[j]-alpha * z;
        }
        k=k+1;
    }
    delete[] e;
    return;
}

//从文件读入数据
//c                                                        数据文件名
void LOGIC1::dataintput(char * c)
{
    int i, j, k;
    ifstream fin(c);
    fin >>m; fin >>n;
    x=new double[m * n];                                   //动态分配内存
    y=new double[n];
    w=new double[m+1];
    k=0;
    for(i=0; i<m; i++)                                     //从文件读入数据
    for(j=0; j<n; j++)
    { fin >>x[k]; k=k+1; }
    for(i=0; i<n; i++) fin >>y[i];
    fin.close();                                           //数据读入结束
    return ;
}

//输出回归分类结果
//c                                                        结果文件名
void LOGIC1::dataoutput(char * c)
```

```
{
    int i, j, k;
    double z;
    ofstream fout(c);
    fout <<"回归系数 w: " <<endl;
    for(i=0; i<=m; i++)
        fout <<"w(" <<i <<")=" <<w[i] <<endl;
    fout <<"(1)样本数据特征 (2)原函数值 (3)模拟函数值" <<endl;
    for(i=0; i<n; i++)
    {
        fout <<"(" <<setw(5) <<x[i];
        for(j=1; j<m; j++) fout <<"," <<setw(5) <<x[j * n+i];
        fout <<") ";
        fout <<setw(10) <<y[i] <<" ";
        z=w[0];
        for(k=1; k<=m; k++) z=z+w[k] * x[(k-1) * n+i];
        fout <<setw(10) <<int(1.0/(1.0+exp(-z))+0.5) <<endl;
    }
    fout.close();
//同时显示
    cout <<"回归系数 w: " <<endl;
    for(i=0; i<=m; i++)
    cout <<"w(" <<i <<")=" <<w[i] <<endl;
        cout <<"(1)样本数据特征 (2)原函数值 (3)模拟函数值" <<endl;
    for(i=0; i<n; i++)
    {
        cout <<"(" <<setw(5) <<x[i];
        for(j=1; j<m; j++) cout <<"," <<setw(5) <<x[j * n+i];
        cout <<") ";
        cout <<setw(10) <<y[i] <<" ";
        z=w[0];
        for(k=1; k<=m; k++) z=z+w[k] * x[(k-1) * n+i];
        cout <<setw(10) <<int(1.0/(1.0+exp(-z))+0.5) <<endl;
    }
    return ;
}
```

在由文件提供样本数据时,数据在文件中的顺序如下:

```
<m><△<n><△>
<x00><△><x01><△><x02><△>…<x0,n-1><△>
<x10><△><x11><△><x12><△>…<x1,n-1><△>
…
<xm0><△><xm1><△><xm2><△>…<xm,n-1><△>
<y0><△><y1><△><y2><△>…<yn-1><回车换行>
```

其中,△表示空格或回车换行。即文件中的数据依次为:自变量个数 m,样本数据组数 n,n 组自变量的值,最后是 n 个因变量 y 的值,且每两个值之间用一个空格或回车换行分开,最后以回车换行结束。

线性逻辑回归不仅可以对样本数据进行 0/1 分类,还可以在对样本数据回归分析的基

础上，利用回归系数预测新数据点的取值。

例 8.1　设文件 logic11.in 中提供了 22 个样本数据以及相对应的函数值，通过逻辑回归分析，对给出的 22 个样本数据进行模拟分类。其中，文件 logic11.in 中的内容如下。

```
2 22
-1 -0.5 0 1 1 1.5 1.5 2 2 2.5 2.5 3 3 3.5 3.5 4 4 4.5 4.5 5 4.5 5
-2 -2.5 0.5 0.5 1 1 1.5 1 1.5 2 1.5 2.5 1 1.5 2 2.5 1.5 3 4 2.5 4.5 3
  1 0 0 1 1 1 1 1 1 0 0 1 1 1 1 1 1 1 0 1 1 1
(m=2 个自变量的情况)
```

主函数程序如下：

```
//线性逻辑回归例 1.cpp
  #include <iostream>
  #include <cmath>
  #include <fstream>
  #include "线性逻辑回归.cpp"
  using namespace std;
  int main()
  {
      LOGIC1 h;
      char * c1="logic1.in";              //数据文件名
      char * c2="logic11.out";            //结果文件名
      h.dataintput(c1);                   //从文件读入样本数据
      h.logic1_reg();                     //线性逻辑回归
      h.dataoutput(c2);                   //输出分类结果
      return 0;
  }
```

模拟分类结果存放在文件 logic11.out 中，其内容如下：

```
回归系数 w:
w(0)=0.0238445
w(1)=0.0758246
w(2)=0.0435481
(1)样本数据特征 (2)原函数值 (3)模拟函数值
(  -1,    -2)      1          0
(-0.5,  -2.5)      0          0
(   0,   0.5)      0          1
(   1,   0.5)      1          1
(   1,     1)      1          1
( 1.5,     1)      1          1
( 1.5,   1.5)      1          1
(   2,     1)      1          1
(   2,   1.5)      1          1
( 2.5,     2)      0          1
( 2.5,   1.5)      0          1
(   3,   2.5)      1          1
(   3,     1)      1          1
```

```
(  3.5,     1.5)  1  1
(  3.5,       2)  1  1
(    4,     2.5)  1  1
(    4,     1.5)  1  1
(  4.5,       3)  1  1
(  4.5,       4)  0  1
(    5,     2.5)  1  1
(  4.5,     4.5)  1  1
(    5,       3)  1  1
-----------------------------------------------------------------------------------
```

由上述运行结果(如图 8.2 所示)可以得到以下结论:

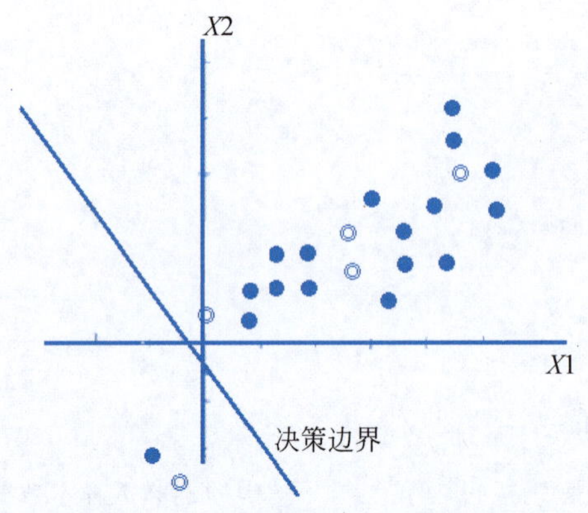

图 8.2　例 8.1 逻辑回归分类结果

(1) 由回归系数可以看出,其决策边界为

$$0.0238445+0.0758246x_1+0.0435481x_2=0$$

(2) 由回归得到的模拟函数值可以看出,模拟结果的准确率约为 17/22=0.77。

8.3.2　非线性决策边界

逻辑回归本质上是线性的,如果样本特征中只包含自变量一次项的值,则决策边界是线性的。如果自变量只有一个,则边界只是一个点 $x=-w_0/w_1$,将一维空间分成了两部分,使 $w_0+w_1x<0$ 的点处取值 0,而使 $w_0+w_1x>0$ 的点处取值 1。如果自变量有两个,则边界是平面上的一条直线 $w_0+w_1x_1+w_2x_2=0$,将平面分成了两部分,使 $w_0+w_1x_1+w_2x_2<0$ 的点处取值 0,而使 $w_0+w_1x_1+w_2x_2>0$ 的点处取值 1。

但以上这种线性的决策边界有时不符合实际情况。

对于一个自变量,实际的分类边界可能不是一个点,而可能是以区间来分类的,在某个有限区间内取值 0/1,而在这区间外取值 1/0。同样,对于两个自变量的情况,实际的分类边界也可能不是一条直线,而是一条曲线,甚至是一条封闭的曲线(例如圆、椭圆等),在封闭曲线包围的区域内取值 0/1,区域外取值 1/0。

1. 决策边界为二次

为了能得到非线性的决策边界,可以在样本中人为地增加一些特征,例如自变量的二次方这个特征使决策边界为非线性的,即可以设

$$z=w_0+w_1x_1+w_2x_1^2+\cdots+w_{2m-1}x_m+w_{2m}x_m^2$$

其分类边界是二次曲线(面等),在曲线(面)(如果是封闭的)所包围的区域内取值 0/1,而区域外取值 1/0。

将原自变量的二次项看作增加的新的特征,此时逻辑回归本质上还是线性的,但实际的决策边界却是非线性的了。因此,为了使逻辑回归的决策边界更接近实际,可以通过这种方法来实现。

下面是增加自变量二次方后的逻辑回归算法,简称为二次逻辑回归算法(再次说明,逻辑回归本质上是线性的,二次逻辑回归是指在样本中增加了自变量的二次项,使决策边界实际是二次的了)。

下面是算法的 C++ 描述:

```
//二次逻辑回归.cpp
  #include <iostream>
  #include <iomanip>
  #include <cmath>
  #include <fstream>
  using namespace std;
  class LOGIC2
  {
      private:
          int m;                          //自变量个数,数据特征数为 2m
          int n;                          //样本数据点数
          double * w;                     //回归系数 w[0],w[1],...,w[2m]
          double * x;                     //样本数据点值 X,X^2
          double * y;                     //各样本点函数值(0/1)
      public://函数声明
          LOGIC2(){;}                     //构造函数
          void dataintput(char * );       //从文件读入数据
          void dataoutput(char * );       //分类结果输出
          void logic2_reg();              //二次逻辑回归
          ~LOGIC2()                       //析构函数
          {delete[] w; delete[] x;delete[] y;}
  };

//二次逻辑回归
  void LOGIC2::logic2_reg()
  {
      int i, j, k;
      double z, alpha, * e;
      e=new double[n];
      for(i=0; i<=2 * m; i++) w[i]=0.0; //初始化
      alpha=0.01/n;
      k=0;
      while (k<10)                        //迭代 10 次
      {
          for(i=0; i<n; i++)              //计算 e
          {
              z=w[0];
              for(j=1; j<=2 * m; j++) z=z+w[j] * x[(j-1) * n+i];
              e[i]=1.0/(1.0+exp(-z))-y[i];
```

```
            }
            z=0.0;
            for(i=0; i<n; i++) z=z+e[i];
            w[0]=w[0]-alpha * z;
            for(j=1; j<=2 * m; j++)                              //计算 w
            {
                z=0.0;
                for (i=0; i<n; i++) z=z+x[(j-1) * n+i] * e[i];
                w[j]=w[j]-alpha * z;
            }
            k=k+1;
        }
        delete[] e;
        return;
    }

//从文件读入数据
//c                                                              数据文件名
    void LOGIC2::dataintput(char * c)
    {
        int i, j;
        ifstream fin(c);
        fin >>m;
        fin >>n;
        x=new double[2 * m * n];                                 //动态分配内存
        y=new double[n];
        w=new double[2 * m+1];
        //从文件读入数据
        for(j=0; j<m; j++)
        for(i=0; i<n; i++)
        {
            fin >>x[j * 2 * n+i];                                //x
            x[(2 * j+1) * n+i]=x[j * 2 * n+i] * x[j * 2 * n+i];  //x^2
        }
        for(i=0; i<n; i++) fin >>y[i];
        fin.close();                                             //数据读入结束
    return ;
    }

//结果输出到文件
//c                                                              结果文件名
    void LOGIC2::dataoutput(char * c)
    {
        int i, j, k;
        double z;
        ofstream fout(c);
        fout <<"回归系数 w: " <<endl;
        for(i=0; i<=2 * m; i++)
        fout <<"w(" <<i <<")=" <<w[i] <<endl;
        fout <<"(1)样本数据特征      (2)原函数值(3)模拟函数值" <<endl;
        for(i=0; i<n; i++)
        {
            fout <<"(" <<setw(5) <<x[i];
```

```
            for(j=1; j<2*m; j=j+1) fout <<"," <<setw(5) <<x[j*n+i];
            fout <<") ";
            fout <<setw(13) <<y[i];
            z=w[0];
            for(k=1; k<=2*m; k++) z=z+w[k]*x[(k-1)*n+i];
            fout <<setw(13) <<int(1.0/(1.0+exp(-z))+0.5) <<endl;
        }
        fout.close();
//同时显示
        cout <<"回归系数 w: " <<endl;
        for(i=0; i<=2*m; i++)
            cout <<"w(" <<i <<")=" <<w[i] <<endl;
        cout <<"(1)样本数据特征          (2)原函数值 (3)模拟函数值" <<endl;
        for(i=0; i<n; i++)
        {
            cout <<"(" <<setw(5) <<x[i];
            for(j=1; j<2*m; j=j+1) cout <<"," <<setw(5) <<x[j*n+i];
            cout <<") ";
            cout <<setw(13) <<y[i];
            z=w[0];
            for(k=1; k<=2*m; k++) z=z+w[k]*x[(k-1)*n+i];
            cout <<setw(13) <<int(1.0/(1.0+exp(-z))+0.5) <<endl;
        }
    return ;
    }
```

在由文件提供样本数据时,数据在文件中的顺序如下:

```
<m><△><n><△>
<x00><△><x01><△><x02><△>…<x0,n-1><△>
<x10><△><x11><△><x12><△>…<x1,n-1><△>
…
<xm0><△><xm1><△><xm2><△>…<xm,n-1><△>
<y0><△><y1><△><y2><△>…<yn-1><回车换行>
```

其中,△表示空格或回车换行。即文件中的数据依次为:自变量个数 m,样本数据组数 n,n 组自变量的值,最后是 n 个因变量 y 的值,且每两个值之间用一个空格或回车换行分开,最后以回车换行结束。特别要指出的是,输入的 m 是实际的自变量个数,而新增加的 m 个特征(自变量的平方),其个数在算法中将自动加上。

二次逻辑回归不仅可以对样本数据进行 0/1 分类,还可以在对样本数据回归分析的基础上,利用回归系数预测新数据点的取值。

例 8.2　设文件 logic2.in 中提供了 33 个样本数据以及相对应的函数值,通过逻辑回归分析,对给出的 33 个样本数据进行模拟分类。其中,文件 logic2.in 中的内容如下:

```
————————————————————————————————————————————————
2  33
0  0  0  -1  1   .7  .7  -.7  -.7  0   0  2  -2  1.4   1.4   -1.4  -1.4  0
0  3  -3  2.1   2.1   -2.1  -2.1  0   0  4   -4  2.8  2.8   -2.8   -2.8
0  1 -1   0  0  -.7  .7   .7  -.7  2  -2  0   0  1.4   -1.4  -1.4  1.4   3
-3  0   0  2.1   -2.1 -2.1  2.1  4  -4  0   0  -2.8  2.8  2.8  -2.8
```

```
1 1 1 1 1 1 1 1 1 1 1 1 1 1 1 1 1 1 1 1 1 1 1
1 1 0 0 0 0 0 0 0 0
——————————————————————————————————————————————
(m=2个自变量的情况)
```

主函数程序如下：

```
//二次逻辑回归例1
  #include <iostream>
  #include <cmath>
  #include <fstream>
  #include "二次逻辑回归.cpp"
  using namespace std;
  int main()
  {
      LOGIC2 h;
      char * c1="logic2.in";              //数据文件名
      char * c2="logic22.out";            //结果文件名
      h.dataintput(c1);                   //从文件读入样本数据
      h.logic2_reg();                     //二次逻辑回归
      h.dataoutput(c2);                   //结果输出到文件
      return 0;
  }
```

模拟分类结果存放在文件 logic22.out 中，其内容如下：

```
——————————————————————————————————————————————
回归系数 w:
w(0)=0.0262501
w(1)=0
w(2)=-0.00846548
w(3)=0
w(4)=-0.00846548
(1)样本数据特征                                  (2)原函数值(3)模拟函数值
(     0,      0,      0,      0)          1         1
(     0,      0,      1,      1)          1         1
(     0,      0,     -1,      1)          1         1
(    -1,      1,      0,      0)          1         1
(     1,      1,      0,      0)          1         1
(   0.7,   0.49,   -0.7,   0.49)          1         1
(   0.7,   0.49,    0.7,   0.49)          1         1
(  -0.7,   0.49,    0.7,   0.49)          1         1
(  -0.7,   0.49,   -0.7,   0.49)          1         1
(     0,      0,      2,      4)          1         0
(     0,      0,     -2,      4)          1         0
(     2,      4,      0,      0)          1         0
(    -2,      4,      0,      0)          1         0
(   1.4,   1.96,    1.4,   1.96)          1         0
(   1.4,   1.96,   -1.4,   1.96)          1         0
(  -1.4,   1.96,   -1.4,   1.96)          1         0
(  -1.4,   1.96,    1.4,   1.96)          1         0
(     0,      0,      3,      9)          1         0
(     0,      0,     -3,      9)          1         0
```

```
(    3,      9,     0,      0)      1     0
(   -3,      9,     0,      0)      1     0
(  2.1,   4.41,   2.1,   4.41)      1     0
(  2.1,   4.41,  -2.1,   4.41)      1     0
( -2.1,   4.41,  -2.1,   4.41)      1     0
( -2.1,   4.41,   2.1,   4.41)      1     0
(    0,      0,     4,     16)      0     0
(    0,      0,    -4,     16)      0     0
(    4,     16,     0,      0)      0     0
(   -4,     16,     0,      0)      0     0
(  2.8,   7.84,  -2.8,   7.84)      0     0
(  2.8,   7.84,   2.8,   7.84)      0     0
( -2.8,   7.84,   2.8,   7.84)      0     0
( -2.8,   7.84,  -2.8,   7.84)      0     0
```

从上述结果输出中可以看出，确实在原始样本中增加了一列自变量的平方值。

从输出的回归系数可知，其决策边界为

$$0.0262501-0.00846548x_1^2-0.00846548x_2^2=0$$

不难看出，这是一个半径约为1.7的圆（如图8.3所示）。在圆内的点处取值1，圆外的点处取值0。

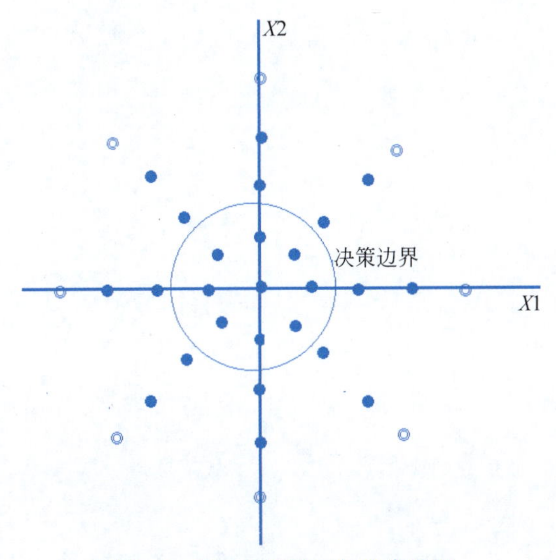

图8.3　例8.2逻辑回归分类结果

2. 决策边界为三次

除了在样本中增加自变量的平方值这个特征外，还可以在样本中同时增加自变量的三次方这个特征，使决策边界为非线性，即可以设

$$z=w_0+w_1x_1+w_2x_1^2+w_3x_1^3+\cdots+w_{3m-2}x_m+w_{3m-1}x_m^2+w_{3m}x_m^3$$

其分类边界是三次曲线（面等）。

下面是同时增加自变量二次方与三次方后的逻辑回归算法，由于一般就做到三次，因此，称三次逻辑回归为非线性逻辑回归算法（再次说明，逻辑回归本质上是线性的，所谓三次逻辑回归是指在样本中增加了自变量的三次项，使决策边界实际是三次的了）。

下面是算法的 C++ 描述：

```
//非线性逻辑回归.cpp
  #include <iostream>
  #include <iomanip>
  #include <cmath>
  #include <fstream>
  using namespace std;
  class LOGIC3
  {
      private:
          int m;                                  //自变量个数,数据特征数为 3m
          int n;                                  //样本数据点数
          double * w;                             //回归系数 w[0],w[1],...,w[3m]
          double * x;                             //样本数据点值 X,X^2,X^3
          double * y;                             //各样本点函数值(0/1)

      public://函数声明
          LOGIC3(){;}                             //构造函数

          void dataintput(char * );               //从文件读入数据
          void dataoutput(char * );               //分类结果输出
          void logic3_reg();                      //非线性逻辑回归
          ~LOGIC3()                               //析构函数
          {delete[] w; delete[] x;delete[] y;}
  };

//非线性逻辑回归
  void LOGIC3::logic3_reg()
  {
      int i, j, k;
      double z, alpha, * e;
      e=new double[n];
      for(i=0; i<=3 * m; i++) w[i]=0.0;       //初始化
      alpha=0.01/n;
      k=0;
      while (k<10)                            //迭代 10 次
      {
          for(i=0; i<n; i++)                  //计算 e
          {
              z=w[0];
              for(j=1; j<=3 * m; j++) z=z+w[j] * x[(j-1) * n+i];
              e[i]=1.0/(1.0+exp(-z))-y[i];
          }
          z=0.0;
          for(i=0; i<n; i++) z=z+e[i];
          w[0]=w[0]-alpha * z;
          for(j=1; j<=3 * m; j++)             //计算 w
          {
              z=0.0;
              for (i=0; i<n; i++) z=z+x[(j-1) * n+i] * e[i];
              w[j]=w[j]-alpha * z;
```

```
        }
        k=k+1;
    }
  delete[] e;
  return;
  }

//从文件读入数据
//c                                                              数据文件名
  void LOGIC3::dataintput(char * c)
  {
      int i, j;
      ifstream fin(c);
      fin >>m;
      fin >>n;
      x=new double[3 * m * n];                                   //动态分配内存
      y=new double[n];
      w=new double[3 * m+1];
      //数据从文件读入
      for(j=0; j<m; j++)
      for(i=0; i<n; i++)
      {
          fin >>x[j * 3 * n+i];                                  //x
          x[(3 * j+1) * n+i]=x[j * 3 * n+i] * x[j * 3 * n+i];   //x^2
          x[(3 * j+2) * n+i]=x[j * 3 * n+i] * x[j * 3 * n+i] * x[j * 3 * n+i];    //x^3
      }
      for(i=0; i<n; i++) fin >>y[i];
      fin.close();                                               //数据读入结束
    return ;
  }

//结果输出到文件
//c                                                              结果文件名
  void LOGIC3::dataoutput(char * c)
  {
      int i, j, k;
      double z;
      ofstream fout(c);
      fout <<"回归系数 w: " <<endl;
      for(i=0; i<=3 * m; i++)
      fout <<"w(" <<i <<")=" <<w[i] <<endl;
      fout <<"(1)样本数据特征      (2)原函数值(3)模拟函数值" <<endl;
      for(i=0; i<n; i++)
      {
          fout <<"(" <<setw(7) <<x[i];
          for(j=1; j<3 * m; j=j+1) fout <<"," <<setw(7) <<x[j * n+i];
          fout <<") ";
          fout <<setw(13) <<y[i];
          z=w[0];
          for(k=1; k<=3 * m; k++) z=z+w[k] * x[(k-1) * n+i];
          fout <<setw(13) <<int(1.0/(1.0+exp(-z))+0.5) <<endl;
      }
      fout.close();
```

```
//同时显示
    cout <<"回归系数 w: " <<endl;
    for(i=0; i<=3 * m; i++)
  cout <<"w(" <<i <<")=" <<w[i] <<endl;
    cout <<"(1)样本数据特征 (2)原函数值(3)模拟函数值" <<endl;
    for(i=0; i<n; i++)
    {
        cout <<"(" <<setw(7) <<x[i];
        for(j=1; j<3 * m; j=j+1) cout <<"," <<setw(7) <<x[j * n+i];
        cout <<") ";
        cout <<setw(13) <<y[i];
        z=w[0];
        for(k=1; k<=3 * m; k++) z=z+w[k] * x[(k-1) * n+i];
        cout <<setw(13) <<int(1.0/(1.0+exp(-z))+0.5) <<endl;
    }
    return ;
}
```

在由文件提供样本数据时,数据在文件中的顺序如下。

```
<m><△><n><△>
<x00><△><x01><△><x02><△>…<x0,n-1><△>
<x10><△><x11><△><x12><△>…<x1,n-1><△>
…
<xm0><△><xm1><△><xm2><△>…<xm,n-1><△>
<y0><△><y1><△><y2><△>…<yn-1><回车换行>
```

其中,△表示空格或回车换行。即文件中的数据依次为:自变量个数 m,样本数据组数 n,n 组自变量的值,最后是 n 个因变量 y 的值,且每两个值之间用一个空格或回车换行分开,最后以回车换行结束。特别要指出的是,输入的 m 是实际的自变量个数,而新增加的 m 个特征(自变量的三次方),其个数在算法中将自动加上。

同样,非线性逻辑回归不仅可以对样本数据进行 0/1 分类,还可以在对样本数据回归分析的基础上,利用回归系数预测新数据点的取值。

例 8.3 用与例 8.2 中相同的数据文件 logic2.in(33 个样本点的数据以及相对应的函数值),通过非线性逻辑回归分析,对给出的 33 个样本数据点进行模拟分类。其中,文件 logic2.in 中的内容如下:

```
2  33
0  0  0  -1  1  .7  .7  -.7  -.7  0  0  2  -2  1.4  1.4  -1.4  -1.4  0  0  3  -
3  2.1  2.1  -2.1  -2.1  0  0  4  -4  2.8  2.8  -2.8  -2.8
0  1 -1  0  0  -.7  .7  .7  -.7  2  -2  0  0  1.4  -1.4  -1.4  1.4  3  -3  0  0
  2.1  -2.1 -2.1  2.1  4  -4  0  0  -2.8  2.8  2.8  -2.8
1  1  1  1  1  1  1  1   1  1  1  1  1   1    1    1     1  1   1  1  1  1
     1     1     1  0  0  0  0    0    0    0    0
```

(m=2 个自变量的情况)

主函数程序如下:

```
//非线性逻辑回归例 1
  #include <iostream>
  #include <cmath>
  #include <fstream>
  #include "非线性逻辑回归.cpp"
  using namespace std;
  int main()
  {
      LOGIC3 h;
      char * c1="logic2.in";                        //数据文件名
      char * c2="logic23.out";                      //结果文件名
      h.dataintput(c1);                             //从文件读入样本数据
      h.logic3_reg();                               //非线性逻辑回归
      h.dataoutput(c2);                             //结果输出到文件
      return 0;
  }
```

运行结果存放在文件 logic23.out 中，其内容如下：

```
w(0)=0.0262501
w(1)=0
w(2)=-0.00846548
w(3)=0
w(4)=0
w(5)=-0.0084)548
w(6)=0
(1)样本数据特征                                                    (2)原函数值 (3)模拟函数值
( 0,      0,       0,        0,      0,       0)         1       1
( 0,      0,       0,        1,      1,       1)         1       1
( 0,      0,       0,        -1,     1,       -1)        1       1
( -1,     1,       -1,       0,      0,       0)         1       1
( 1,      1,       1,        0,      0,       0)         1       1
( 0.7,    0.49,    0.343,    -0.7,   0.49,    -0.343)    1       1
( 0.7,    0.49,    0.343,    0.7,    0.49,    0.343)     1       1
( -0.7,   0.49,    -0.343,   0.7,    0.49,    0.343)     1       1
( -0.7,   0.49,    -0.343,   -0.7,   0.49,    -0.343)    1       1
( 0,      0,       0,        2,      4,       8)         1       0
( 0,      0,       0,        -2,     4,       -8)        1       0
( 2,      4,       8,        0,      0,       0)         1       0
( -2,     4,       -8,       0,      0,       0)         1       0
( 1.4,    1.96,    2.744,    1.4,    1.96,    2.744)     1       0
( 1.4,    1.96,    2.744,    -1.4,   1.96,    -2.744)    1       0
( -1.4,   1.96,    -2.744,   -1.4,   1.96,    -2.744)    1       0
( -1.4,   1.96,    -2.744,   1.4,    1.96,    2.744)     1       0
( 0,      0,       0,        3,      9,       27)        1       0
( 0,      0,       0,        -3,     9,       -27)       1       0
( 3,      9,       27,       0,      0,       0)         1       0
( -3,     9,       -27,      0,      0,       0)         1       0
( 2.1,    4.41,    9.261,    2.1,    4.41,    9.261)     1       0
( 2.1,    4.41,    9.261,    -2.1,   4.41,    -9.261)    1       0
( -2.1,   4.41,    -9.261,   -2.1,   4.41,    -9.261)    1       0
( -2.1,   4.41,    -9.261,   2.1,    4.41,    9.261)     1       0
```

```
( 0,      0,       0,       4,      16,      64)    0     0
( 0,      0,       0,      -4,      16,     -64)    0     0
( 4,      16,      64,      0,      0,       0)     0     0
( -4,     16,     -64,      0,      0,       0)     0     0
( 2.8,    7.84,    21.952, -2.8,    7.84,-21.952)   0     0
( 2.8,    7.84,    21.952,  2.8,    7.84,    21.952) 0    0
( -2.8,   7.84,-21.952,     2.8,    7.84,    21.952) 0    0
( -2.8,   7.84,-21.952,    -2.8,    7.84,   -21.952) 0    0
————————————————————————————————————————————————————————
```

从上述结果可以看出，回归系数与分类结果与二次逻辑回归相同。

8.3.3 样本标准化

为了消除不同变量之间的量级差异，使得不同变量能够在同一尺度上进行比较和分析，通常在做逻辑回归之前要对样本数据做标准化处理。特别是在决策边界为非线性的情况下，其增加的特征与原样本数据(x 与 x^2 与 x^3) 往往不在一个量级，这就需要统一进行标准化处理。当样本数据经过标准化处理后，其分类准确率会得到提高，但决策边界就变得不直观了，不能直接预测判断新数据的类别。

逻辑回归本质上是属于分类算法，即在给定样本数据的情况下，用逻辑回归对这些数据点进行二分类。而当有新的数据点需要判断属于哪一类时，可以直接将它们加入样本中再进行分类。因为执行逻辑回归算法简单方便，没有必要用它来预测和判断新的数据类别。因此，逻辑回归的重点是提高分类的准确率，而不在于实际直观的决策边界。因此，人们往往习惯于在逻辑回归前对样本数据进行标准化处理。

常用的标准化处理方法是对所有样本数据做如下处理：

$$\frac{\text{原数据} - \text{平均值}}{\text{标准偏差}}$$

下面分别给出对样本数据标准化的逻辑回归算法。

1. 标准化样本的线性逻辑回归算法的 C++ 描述

```
//标准化样本的线性逻辑回归.cpp
  #include <iostream>
  #include <iomanip>
  #include <cmath>
  #include <fstream>
  using namespace std;
  class STLOGIC1
  {
     private:
        int m;                       //自变量个数
        int n;                       //样本点数
        double * w;                  //回归系数 w[0],w[1],...,w[m]
        double * x;                  //样本点值 X
        double * y;                  //各样本点函数值(0/1)
        double * stx;                //标准化后的样本特征

     public:                         //函数声明
```

```
        STLOGIC1(){;}                         //构造函数
        void dataintput(char *);              //从文件读入样本数据
        void stand();                         //标准化样本数据特征
        void stlogic1_reg();                  //线性逻辑回归
        void dataoutput(char *);              //输出回归分类结果
        ~STLOGIC1()                           //析构函数
        {delete[] w; delete[] x;delete[] y; delete[] stx;}
};

//标准化样本数据特征
  void STLOGIC1::stand()
  {
      int i, j;
      double av, s;                           //平均值与标准差
      for(j=0; j<m; j++)
      {
          av=0;
          for (i=0; i<n; i++)                 //随机样本的算术平均值
            av=av+x[j * n+i]/n;
          s=0;
          for (i=0; i<n; i++)
            s=s+(x[j * n+i]-av) * (x[j * n+i]-av);
          s=s/n;                              //随机样本的方差
          s=sqrt(s);                          //随机样本的标准差
          for(i=0; i<n; i++)
            stx[j * n+i]=(x[j * n+i]-av)/s;
      }
    return;
  }

//线性逻辑回归
  void STLOGIC1::stlogic1_reg()
  {
      int i, j, k;
      double z, alpha, * e;
      e=new double[n];
      for(i=0; i<=m; i++) w[i]=0.0;          //初始化
      alpha=0.01/n;
      k=0;
      while (k<10)                            //迭代 10 次
      {
          for(i=0; i<n; i++)                  //计算 E
          {
              z=w[0];
              for(j=1; j<=m; j++)
                  z=z+w[j] * stx[(j-1) * n+i];
              e[i]=1.0/(1.0+exp(-z))-y[i];
          }
          for(j=1; j<=m; j++)                 //计算 w
          {
              z=0.0;
              for (i=0; i<n; i++) z=z+stx[(j-1) * n+i] * e[i];
              w[j]=w[j]-alpha * z;
```

```
            }
            k=k+1;
        }
        delete[] e;
        return;
    }

//从文件读入数据
//c 数据文件名
    void STLOGIC1::dataintput(char * c)
    {
        int i, j, k;
        ifstream fin(c);
        fin >>m; fin >>n;
        x=new double[m * n];                           //动态分配内存
        y=new double[n];
        w=new double[m+1];
        stx=new double[m * n];
        k=0;
        for(i=0; i<m; i++)                             //数据从文件读入
        for(j=0; j<n; j++)
        { fin >>x[k]; k=k+1; }
        for(i=0; i<n; i++) fin >>y[i];
        fin.close();                                   //数据读入结束
        return ;
    }

//输出回归分类结果
//c                                                    结果文件名
    void STLOGIC1::dataoutput(char * c)
    {
        int i, j, k;
        double z;
        ofstream fout(c);
        fout <<"回归系数 w: " <<endl;
        for(i=0; i<=m; i++)
            fout <<"w(" <<i <<")=" <<w[i] <<endl;
        fout <<"(1)样本数据特征      (2)标准化数据特征 ";
        fout <<"         (2)原函数值   (3)模拟函数值" <<endl;
        for(i=0; i<n; i++)
        {
            fout <<"(" <<setw(6) <<x[i];
            for(j=1; j<m; j++) fout <<"," <<setw(6) <<x[j * n+i];
            fout <<") ";
            fout <<"(" <<setw(10) <<stx[i];
            for(j=1; j<m; j++) fout <<"," <<setw(10) <<stx[j * n+i];
            fout <<") ";
            fout <<setw(11) <<y[i];
            z=w[0];
            for(k=1; k<=m; k++) z=z+w[k] * stx[(k-1) * n+i];
            fout <<setw(11) <<int(1.0/(1.0+exp(-z))+0.5) <<endl;
        }
        fout.close();
```

```
//同时显示
    cout <<"回归系数 w: " <<endl;
    for(i=0; i<=m; i++)
        cout <<"w(" <<i <<")=" <<w[i] <<endl;
  cout <<"(1)样本数据特征　(2)标准化数据特征　";
    cout <<"　　　(3)原函数值　(4)模拟函数值" <<endl;
    for(i=0; i<n; i++)
    {
        cout <<"(" <<setw(6) <<x[i];
        for(j=1; j<m; j++) cout <<"," <<setw(6) <<x[j * n+i];
        cout <<") ";
        cout <<"(" <<setw(10) <<stx[i];
        for(j=1; j<m; j++) cout <<"," <<setw(10) <<stx[j * n+i];
        cout <<") ";
        cout <<setw(11) <<y[i];
        z=w[0];
        for(k=1; k<=m; k++) z=z+w[k] * stx[(k-1) * n+i];
        cout <<setw(11) <<int(1.0/(1.0+exp(-z))+0.5) <<endl;
    }
    return ;
}
```

2. 标准化样本的二次逻辑回归算法的 C++ 描述

```
//标准化样本的二次逻辑回归.cpp
 #include <iostream>
 #include <iomanip>
 #include <cmath>
 #include <fstream>
 using namespace std;
 class STLOGIC2
 {
    private:
        int m;                          //自变量个数 m,样本特征数为 2m
        int n;                          //样本数据点数
        double * w;                     //回归系数 w[0],w[1],...,w[2m]
        double * x;                     //样本数据点值 X,X^2
        double * y;                     //各样本点函数值(0/1)
        double * stx;                   //标准化后的样本特征

    public:                             //函数声明
        STLOGIC2(){;}                   //构造函数
        void dataintput(char * );       //从文件读入数据
        void stand();                   //样本数据标准化
        void dataoutput(char * );       //分类结果输出
        void stlogic2_reg();            //二次逻辑回归
        ～STLOGIC2()                    //析构函数
        {delete[] w; delete[] x;delete[] y;delete[] stx;}
 };

//样本数据标准化
 void STLOGIC2::stand()
```

```
{
    int i, j;
    double av, s;                                   //平均值与标准差
for(j=0; j<2 * m; j=j+1)
    {
        av=0;
        for (i=0; i<=n-1; i++)                      //随机样本的算术平均值
            av=av+x[j * n+i]/n;
        s=0;
        for (i=0; i<=n-1; i++)
            s=s+(x[j * n+i]-av) * (x[j * n+i]-av);
        s=s/n;                                      //随机样本的方差
        s=sqrt(s);                                  //随机样本的标准差
        for(i=0; i<n; i++)
            stx[j * n+i]=(x[j * n+i]-av)/s;
    }
    return;
}

//二次逻辑回归
void STLOGIC2::stlogic2_reg()
{
    int i, j, k;
    double z, alpha, * e;
    e=new double[n];
    for(i=0; i<=2 * m; i++) w[i]=0.0;         //初始化
    alpha=0.01/n;
    k=0;
    while (k<10)                                //迭代 10 次
    {
        for(i=0; i<n; i++)                      //计算 E
        {
            z=w[0];
            for(j=1; j<=2 * m; j++) z=z+w[j] * stx[(j-1) * n+i];
            e[i]=1.0/(1.0+exp(-z))-y[i];
        }
        for(j=1; j<=2 * m; j++)                 //计算 w
        {
            z=0.0;
            for (i=0; i<n; i++) z=z+stx[(j-1) * n+i] * e[i];
            w[j]=w[j]-alpha * z;
        }
        k=k+1;
    }
  delete[] e;
  return;
}

//从文件读入数据
//c                                                 数据文件名
void STLOGIC2::dataintput(char * c)
{
    int i, j;
```

```
    ifstream fin(c);
    fin >>m;
    fin >>n;

    x=new double[2 * m * n];                              //动态分配内存
    y=new double[n];
    w=new double[2 * m+1];
    stx=new double[2 * m * n];
    //从文件读入数据
    for(j=0; j<m; j++)
      for(i=0; i<n; i++)
    {
        fin >>x[j * 2 * n+i];                             //x
        x[(2 * j+1) * n+i]=x[j * 2 * n+i] * x[j * 2 * n+i];   //x^2
    }
    for(i=0; i<n; i++) fin >>y[i];
    fin.close();                                          //数据读入结束
    return ;
  }

//结果输出到文件
//c                                                       结果文件名
  void STLOGIC2::dataoutput(char * c)
  {
    int i, j, k;
    double z;
    ofstream fout(c);
    fout <<"回归系数 w: " <<endl;
    for(i=0; i<=2 * m; i++)
    fout <<"w(" <<i <<")=" <<w[i] <<endl;
    fout <<"(1)样本数据特征            (2)标准化数据特征";
    fout <<"        (3)原函数值(4)模拟函数值" <<endl;
    for(i=0; i<n; i++)
    {
        fout <<"(" <<setw(6) <<x[i];
        for(j=1; j<2 * m; j=j+1) fout <<"," <<setw(6) <<x[j * n+i];
        fout <<")";
        fout <<"(" <<setw(10) <<stx[i];
        for(j=1; j<2 * m; j=j+1) fout <<"," <<setw(10) <<stx[j * n+i];
        fout <<")";
        fout <<setw(10) <<y[i];
        z=w[0];
        for(k=1; k<=2 * m; k++) z=z+w[k] * stx[(k-1) * n+i];
        fout <<setw(10) <<int(1.0/(1.0+exp(-z))+0.5) <<endl;
    }
    fout.close();
//同时显示
    cout <<"回归系数 w: " <<endl;
    for(i=0; i<=2 * m; i++)
        cout <<"w(" <<i <<")=" <<w[i] <<endl;
    cout <<"(1)样本数据特征              (2)标准化数据特征";
    cout <<"                 (3)原函数值(4)模拟函数值" <<endl;
    for(i=0; i<n; i++)
```

```
    {
        cout <<"(" <<setw(6) <<x[i];
        for(j=1; j<2 * m; j=j+1) cout <<"," <<setw(6) <<x[j * n+i];
        cout <<")";
        cout <<"(" <<setw(10) <<stx[i];
        for(j=1; j<2 * m; j=j+1) cout <<"," <<setw(10) <<stx[j * n+i];
        cout <<")";
        cout <<setw(5) <<y[i];
        z=w[0];
        for(k=1; k<=2 * m; k++) z=z+w[k] * stx[(k-1) * n+i];
        cout <<setw(10) <<int(1.0/(1.0+exp(-z))+0.5) <<endl;
    }
    return ;
}
```

3. 标准化样本的非线性逻辑回归算法的 C++ 描述

```
//标准化样本的非线性逻辑回归.cpp
 #include <iostream>
 #include <iomanip>
 #include <cmath>
 #include <fstream>
 using namespace std;
 class STLOGIC3
 {
     private:
         int m;                          //自变量个数 m,数据特征数为 3m
         int n;                          //样本数据点数
         double * w;                     //回归系数 w[0],w[1],...,w[3m]
         double * x;                     //样本数据点值 X,X^2,X^3
         double * y;                     //各样本点函数值(0/1)
         double * stx;                   //标准化后的样本特征

     public://函数声明
         STLOGIC3(){;}                   //构造函数
         void dataintput(char *);        //从文件读入数据
         void stand();                   //样本数据标准化
         void dataoutput(char *);        //分类结果输出
         void stlogic3_reg();            //非线性逻辑回归
         ~STLOGIC3()                     //析构函数
         {delete[] w; delete[] x;delete[] y;delete[] stx;}
 };

//样本数据标准化
 void STLOGIC3::stand()
 {
     int i, j;
     double av, s;                       //平均值与标准差
     for(j=0; j<3 * m; j=j+1)
     {
         av=0;
         for (i=0; i<=n-1; i++)          //随机样本的算术平均值
```

```
            av=av+x[j * n+i]/n;
        s=0;
        for (i=0; i<=n-1; i++)
            s=s+(x[j * n+i]-av) * (x[j * n+i]-av);
        s=s/n;                                          //随机样本的方差
        s=sqrt(s);                                      //随机样本的标准差
        for(i=0; i<n; i++)
            stx[j * n+i]=(x[j * n+i]-av)/s;
    }
    return;
}

//非线性逻辑回归
void STLOGIC3::stlogic3_reg()
{
    int i, j, k;
    double z, alpha, * e;
    e=new double[n];
    for(i=0; i<=3 * m; i++) w[i]=0.0;               //初始化
    alpha=0.01/n;
    k=0;
    while (k<10)                                    //迭代 10 次
    {
        for(i=0; i<n; i++)                          //计算 E
        {
            z=w[0];
            for(j=1; j<=3 * m; j++) z=z+w[j] * stx[(j-1) * n+i];
            e[i]=1.0/(1.0+exp(-z))-y[i];
        }
        for(j=1; j<=3 * m; j++)                     //计算 w
        {
            z=0.0;
            for (i=0; i<n; i++) z=z+stx[(j-1) * n+i] * e[i];
            w[j]=w[j]-alpha * z;
        }
        k=k+1;
    }
    delete[] e;
    return;
}

//从文件读入数据
//c                                                  数据文件名
void STLOGIC3::dataintput(char * c)
{
    int i, j;
    ifstream fin(c);
    fin >>m;
    fin >>n;
    x=new double[3 * m * n];                        //动态分配内存
    y=new double[n];
    w=new double[3 * m+1];
    stx=new double[3 * m * n];
```

```
        //从文件读入数据
        for(j=0; j<m; j++)
        for(i=0; i<n; i++)
        {
            fin >>x[j * 3 * n+i]; //x
            x[(3 * j+1) * n+i]=x[j * 3 * n+i] * x[j * 3 * n+i]; //x^2
            x[(3 * j+2) * n+i]=x[j * 3 * n+i] * x[j * 3 * n+i] * x[j * 3 * n+i]; //x^3
        }
        for(i=0; i<n; i++) fin >>y[i];
        fin.close();                                    //数据读入结束
        return ;
    }

//结果输出到文件
//c                                                     结果文件名
    void STLOGIC3::dataoutput(char * c)
    {
        int i, j, k;
        double z;
        ofstream fout(c);
        fout <<"回归系数 w: " <<endl;
        for(i=0; i<=3 * m; i++)
            fout <<"w(" <<i <<")=" <<w[i] <<endl;
    fout <<"(1)样本数据特征      (2)标准化数据特征 ";
        fout <<"        (3)原函数值(4)模拟函数值" <<endl;
        for(i=0; i<n; i++)
        {
            fout <<"(" <<setw(6) <<x[i];
            for(j=1; j<3 * m; j=j+1) fout <<"," <<setw(6) <<x[j * n+i];
            fout <<")";
            fout <<"(" <<setw(10) <<stx[i];
            for(j=1; j<3 * m; j=j+1) fout <<"," <<setw(10) <<stx[j * n+i];
            fout <<")";
            fout <<setw(5) <<y[i];
            z=w[0];
            for(k=1; k<=3 * m; k++) z=z+w[k] * stx[(k-1) * n+i];
            fout <<setw(5) <<int(1.0/(1.0+exp(-z))+0.5) <<endl;
        }
        fout.close();
//同时显示
        cout <<"回归系数 w: " <<endl;
        for(i=0; i<=3 * m; i++)
            cout <<"w(" <<i <<")=" <<w[i] <<endl;
    cout <<"(1)样本数据特征      (2)标准化数据特征 ";
        cout <<"          (3)原函数值(4)模拟函数值" <<endl;
        for(i=0; i<n; i++)
        {
            cout <<"(" <<setw(3) <<x[i];
            for(j=1; j<3 * m; j=j+1) cout <<"," <<setw(6) <<x[j * n+i];
            cout <<")";
            cout <<"(" <<setw(9) <<stx[i];
            for(j=1; j<3 * m; j=j+1) cout <<"," <<setw(9) <<stx[j * n+i];
            cout <<")";
```

```
        cout <<setw(5) <<y[i];
        z=w[0];
        for(k=1; k<=3*m; k++) z=z+w[k]*stx[(k-1)*n+i];
        cout <<setw(5) <<int(1.0/(1.0+exp(-z))+0.5) <<endl;
    }
    return ;
}
```

例 8.4　文件 stlogic2.in 中的内容与例 8.2 和例 8.3 中的数据文件 logic2.in(33 个样本点的数据以及相对应的函数值）相同，通过标准化二次逻辑回归分析，对给出的 33 个样本数据点进行模拟分类。其中，文件 stlogic2.in 中的内容如下：

```
2  33
0  0  0  -1  1  .7  .7  -.7  -.7  0  0  2  -2  1.4  1.4  -1.4  -1.4  0  0  3
  -3  2.1  2.1  -2.1  -2.1  0  0  4  -4  2.8  2.8  -2.8  -2.8
0  1 -1  0  0  -.7  .7  .7  -.7  2  -2  0  0  1.4  -1.4  -1.4  1.4  3  -3  0
  0  2.1  -2.1 -2.1  2.1  4  -4  0  0  -2.8  2.8  2.8  -2.8
1  1  1  1  1  1  1  1  1  1  1  1  1  1  1  1  1  1  1  1
  1  1  1  1  1  0  0  0  0  0  0  0  0
(m=2 个自变量的情况)
```

主函数程序如下：

```
#include <iostream>
#include <cmath>
#include <fstream>
#include "标准化样本的二次逻辑回归.cpp"
using namespace std;
int main()
{
    STLOGIC2 h;
        char * c1="stlogic2.in";              //数据文件名
        char * c2="stlogic22.out";            //结果文件名
        h.dataintput(c1);                     //从文件读入样本数据
        h.stand();                            //标准化样本数据特征
    h.stlogic2_reg();                         //二次逻辑回归
    h.dataoutput(c2);                         //结果输出到文件
    return 0;
}
```

运行结果存放在文件 stlogic22.out 中，其内容如下：

```
回归系数 w:
w(0)=0
w(1)=0
w(2)=-0.0239235
w(3)=0
w(4))-0.0239235
```

```
(1)样本数据特征              (2)标准化数据特征                                        (3)原值 (4)模拟值
(      0,     0,     0,     0)(          0,  -0.830344,          0,  -0.830344)   1     1
(      0,     0,     1,     1)(          0,  -0.830344,   0.527046,  -0.599693)   1     1
(      0,     0,    -1,     1)(          0,  -0.830344,  -0.527046,  -0.599693)   1     1
(     -1,     1,     0,     0)(-0.527046,  -0.599693,          0,  -0.830344)   1     1
(      1,     1,     0,     0)( 0.527046,  -0.599693,          0,  -0.830344)   1     1
(    0.7,  0.49,  -0.7,  0.49)( 0.368932,  -0.717325,  -0.368932,  -0.717325)   1     1
(    0.7,  0.49,   0.7,  0.49)( 0.368932,  -0.717325,   0.368932,  -0.717325)   1     1
(   -0.7,  0.49,   0.7,  0.49)(-0.368932,  -0.717325,   0.368932,  -0.717325)   1     1
(   -0.7,  0.49,  -0.7,  0.49)(-0.368932,  -0.717325,  -0.368932,  -0.717325)   1     1
(      0,     0,     2,     4)(          0,  -0.830344,    1.05409,  0.0922604)   1     1
(      0,     0,    -2,     4)(          0,  -0.830344,   -1.05409,  0.0922604)   1     1
(      2,     4,     0,     0)(  1.05409,  0.0922604,          0,  -0.830344)   1     1
(     -2,     4,     0,     0)( -1.05409,  0.0922604,          0,  -0.830344)   1     1
(    1.4,  1.96,   1.4,  1.96)( 0.737865,  -0.378268,   0.737865,  -0.378268)   1     1
(    1.4,  1.96,  -1.4,  1.96)( 0.737865,  -0.378268,  -0.737865,  -0.378268)   1     1
(   -1.4,  1.96,  -1.4,  1.96)(-0.737865,  -0.378268,  -0.737865,  -0.378268)   1     1
(   -1.4,  1.96,   1.4,  1.96)(-0.737865,  -0.378268,   0.737865,  -0.378268)   1     1
(      0,     0,     3,     9)(          0,  -0.830344,    1.58114,    1.24552)   1     0
(      0,     0,    -3,     9)(          0,  -0.830344,   -1.58114,    1.24552)   1     0
(      3,     9,     0,     0)(  1.58114,     1.24552,          0,  -0.830344)   1     0
(     -3,     9,     0,     0)( -1.58114,     1.24552,          0,  -0.830344)   1     0
(    2.1,  4.41,   2.1,  4.41)(   1.1068,    0.186827,     1.1068,   0.186827)   1     0
(    2.1,  4.41,  -2.1,  4.41)(   1.1068,    0.186827,    -1.1068,   0.186827)   1     0
(   -2.1,  4.41,  -2.1,  4.41)(  -1.1068,    0.186827,    -1.1068,   0.186827)   1     0
(   -2.1,  4.41,   2.1,  4.41)(  -1.1068,    0.186827,     1.1068,   0.186827)   1     0
(      0,     0,     4,    16)(          0,  -0.830344,    2.10819,    2.86007)   0     0
(      0,     0,    -4,    16)(          0,  -0.830344,   -2.10819,    2.86007)   0     0
(      4,    16,     0,     0)(  2.10819,     2.86007,          0,  -0.830344)   0     0
(     -4,    16,     0,     0)( -2.10819,     2.86007,          0,  -0.830344)   0     0
(    2.8,  7.84,  -2.8,  7.84)(  1.47573,    0.977961,   -1.47573,   0.977961)   0     0
(    2.8,  7.84,   2.8,  7.84)(  1.47573,    0.977961,    1.47573,   0.977961)   0     0
(   -2.8,  7.84,   2.8,  7.84)( -1.47573,    0.977961,    1.47573,   0.977961)   0     0
(   -2.8,  7.84,  -2.8,  7.84)( -1.47573,    0.977961,   -1.47573,   0.977961)   0     0
```

从上述结果可以看出,同样是二次逻辑回归,决策边界同样是圆,但样本特征经标准化后,其分类准确率要高一些,达到了 25/33=0.76 左右(如图 8.4 所示),而没有经过标准化的分类准确率只有 17/33=0.5 左右(如图 8.3 所示)。

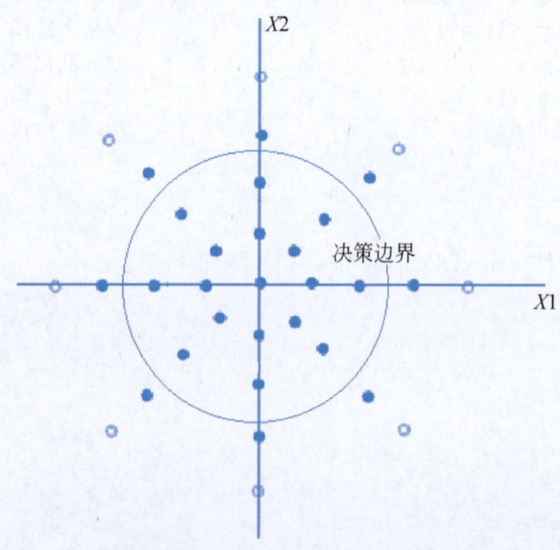

图 8.4　样本数据经标准化后的二次逻辑回归分类效果

8.1　什么叫人工智能？其主要特点是什么？人工智能的发展主要分哪几个阶段？

8.2　人工智能的主要技术有哪些？

8.3　什么是机器学习？机器学习主要有哪几种？

8.4　在逻辑回归算法中，增加“从主函数的数组提供样本数据”的功能。

8.5　给定自变量 x_1 与 x_2 的 30 个样本数据点以及对应的函数值 y 如下：

x_1	−2	−2	−2	−2	−2	−2	−1	−1	−1	−1
x_2	0	1	2	3	4	5	0	1	2	3
y	0	0	0	0	1	1	0	1	1	1

x_1	−1	−1	0	0	0	0	0	0	1	1
x_2	4	5	0	1	2	3	4	5	0	1
y	1	1	1	1	1	1	1	1	0	1

x_1	1	1	1	1	2	2	2	2	2	2
x_2	2	3	4	5	0	1	2	3	4	5
y	1	1	1	1	0	0	0	0	1	1

(1) 用线性逻辑回归进行分类，并确定分类的边界表达式(决策边界)。

(2) 用二次逻辑回归进行分类，并确定分类的边界表达式(决策边界)。

参考文献

[1] 徐士良. 实用数据结构[M]. 北京：清华大学出版社，2000.
[2] 徐士良，朱明方. 软件应用技术基础[M]. 北京：清华大学出版社，1994.
[3] 徐士良. 软件工程(初级)[M]. 北京：清华大学出版社，1999.
[4] 徐士良，葛兵. 软件技术基础[M]. 4版. 北京：高等教育出版社，2014.
[5] 冯博琴. 软件技术基础[M]. 北京：人民邮电出版社，2000.
[6] 沈被娜，刘祖照，姚晓冬. 计算机软件技术基础[M]. 3版. 北京：清华大学出版社，2000.
[7] 徐士良. 常用算法程序集(C++描述)[M]. 6版. 北京：清华大学出版社，2019.
[8] 石川，王啸，胡琳梅. 数据科学导论[M]. 北京：清华大学出版社，2021.
[9] 陈燕，李瑶，魏惠梅，等. 大数据模型与应用[M]. 北京：清华大学出版社，2023.
[10] 马少平. 深入浅出人工智能[M]. 北京：清华大学出版社，2023.
[11] 黄海广，徐震，张笑钦. 机器学习入门基础[M]. 北京：清华大学出版社，2023.